Mastering Python Networking
Third Edition

精通 Python
网络编程（第三版）

[美] 埃里克周 (Eric Chou)　著

邹延涛　译

中国电力出版社
CHINA ELECTRIC POWER PRESS

内 容 提 要

本书首先从 Python 的基本概述开始，介绍如何与遗留设备以及支持 API 的网络设备交互。了解如何利用高级 Python 包和框架来实现网络自动化任务、监控、管理和增强的网络安全性，然后介绍 Azure 和 AWS 云网络。最后，使用 Jenkins 实现持续集成，并使用测试工具验证网络。

本书适合希望使用 Python 和其他工具迎接网络挑战的 IT 专业人员和运维工程师。

图书在版编目（CIP）数据

精通 Python 网络编程：第三版/（美）埃里克周（Eric Chou）著；邹延涛译 . —北京：中国电力出版社，2021.1

书名原文：Mastering Python Networking - Third Edition

ISBN 978 - 7 - 5198 - 4990 - 0

Ⅰ.①精…　Ⅱ.①埃…②邹…　Ⅲ.①软件工具－程序设计　Ⅳ.①TP311.561

中国版本图书馆 CIP 数据核字（2020）第 182583 号

北京市版权局著作权合同登记 图字：01 - 2020 - 2467 号

出版发行：中国电力出版社

地　　址：北京市东城区北京站西街 19 号（邮政编码 100005）

网　　址：http://www.cepp.sgcc.com.cn

责任编辑：刘　炽　何佳煜（010 - 63412758）

责任校对：黄　蓓　郝军燕

装帧设计：王红柳

责任印制：杨晓东

印　　刷：北京天宇星印刷厂

版　　次：2021 年 1 月第一版

印　　次：2021 年 1 月北京第一次印刷

开　　本：787 毫米×1092 毫米　16 开本

印　　张：31.5

字　　数：665 千字

定　　价：128.00 元

版 权 专 有　侵 权 必 究

本书如有印装质量问题，我社营销中心负责退换献给我的妻子 Joanna 与孩子 Mikaelyn 和 Esmie。
献给我的父母，感谢你们多年前点燃了我心中的火焰。

序一

如果你仔细研读，你手中或者正在屏幕上看的这本书会给予你力量。就像雷神之锤或钢铁侠的盔甲一样，编程是一种超能力，能扩充你现有的知识和技能。

很多人认为或者被告知："要为自己学习编程和 Python""编程技能很有需求，所以你应当成为一个程序员"。这可能是个好建议。不过，更好的建议是回答下面这个问题："如何通过自动化和扩展软件技能的相关经验，提升你现有的专业水平并超越同行？"。这本书旨在帮助网络专业人员做到这一点。你将在网络配置、管理、监控等上下文中学习 Python。

如果你厌倦了登录并输入一堆命令来配置网络，Python 正是你需要的。如果你要确定网络配置是可靠而且可重复的，Python 正是你需要的。如果你需要实时监控网络上发生的状况，嗯，你可能已经猜到了，Python 正是你需要的。

你可能也同意应当学习可以应用于网络工程的软件技能。毕竟，诸如**软件定义网络(SDN)** 之类的术语在过去几年里一直是热门话题。但是为什么选择 Python？你可能已经学过 JavaScript 或 Go 或者其他语言，或者也许你更想使用 Bash 和 shell 脚本。

Python 适合网络工程有两个原因。

首先，正如作者 Eric 在这本书中展示的，有很多专门针对网络工程设计的 Python 库（有时称为包）。在 https：//pypi.org 上搜索网络主题就能发现超过 500 个用于网络自动化和监控的不同库。利用类似 Ansible 的库，可以使用简单的配置文件声明性地创建复杂的网络和服务器配置。

通过使用 Pexpect 或 Paramiko，能够对远程遗留系统进行编程，就好像它们有自己的脚本 API 一样。如果你要配置的设备有 API，那么很可能已经有一个专门构建的 Python 库可以用来进行处理。显然，Python 非常适合这个工作。

其次，Python 在编程语言中很特殊。Python 是我所说的全谱语言（**full spectrum language**）。我对这个术语的定义是，它既是一种非常容易上手的语言［还有比 print（" hello world"）更简单的吗？］，同时也是一种非常强大的语言，它是诸如 youtube.com 等超级软件使用的底层技术。

这很不寻常。我们确实有一些不错的初学者语言，可以用来快速构建软件。这里我想到了 Visual Basic。另外还有 MATLAB 和其他一些商业语言。不过，如果对它们过于苛求，让它们完成太过复杂的任务，这些语言就力不从心了。你能想象用这样一些语言创建 Linux、Firefox 或者一个复杂的视频游戏吗？那是不可能的。

而另一方面，我们也有一些非常强大的语言，如 C++、.NET、Java 以及很多其他语言。实际上，在某种程度上，C++ 正是用来构建一些 Linux 内核模块和大型开源软件（如 Firefox）的语言。不过，这些语言对初学者并不友好。一开始你就必须学习指针、编译器、链接器、头文件、类和可访问性（公共/私有）等。

Python 在这两个领域都游刃有余。一方面，它极其简单，只需要几行代码和简单的编程概念，就可以完成大量工作。另一方面，它正日益成为世界上最重要的一些软件选择的语言；比如 YouTube、Instagram、Reddit 和其他一些软件。Microsoft 选择 Python 作为实现 Azure 命令行界面（CLI）的语言（当然，使用 CLI 并不要求你知道或使用 Python）。

所以，编程确实是一种超能力，它能大大提升你的网络工程专业水平。Python 是当今世界发展最快、最流行的编程语言之一。此外，Python 有很多非常优秀的库，可以从很多方面处理网络。本书涵盖了所有这些内容，它将改变你对网络的看法。祝你旅途愉快！

Michael Kennedy
俄勒冈州，波特兰
Talk Python 创始人

序二

2014 年，我在 Cisco Live 的 DevNetZone 为网络工程师第一次讲授了关于 Python 和 REST API 的 Coding 101 研讨课程。会议室里坐满了杰出的网络工程师和架构师，他们中很多人都是在这个研讨课程上做出了他们的第一个 API 调用。自那以后，我很荣幸地与世界各地决心增加编程技能的网络工程师们在这个领域共同努力。

IT 和运维团队正在改变。我相信网络工程师和软件开发人员在同一个团队中并肩工作将成为新的常态。现代应用部署对网络提出了可伸缩性、复杂性和安全性需求，这就要求实现自动化，从而使网络管理是可重复和可靠的，并能实现规模化敏捷。

网络工程师是拥有很强专业技能的解决问题的人。在网络工程工具集增加 Python、网络自动化和 API 技能会创建一个强大的组合。利用这些新增技能，工程师可以采用新的方法来解决问题、克服新的挑战。对于想要学习编码技能的网络工程师和想要利用新的可编程基础设施的软件工程师，这本书都是一个极有价值的资源。

我经常从工程师那里听到这样一个问题，"我要从哪里开始?"。我的建议是：从简单的问题开始。寻找你的团队面临的挑战，这是"只读的"，并且重点关注使用自动化排除故障和收集信息。然后可以使用自动化将收集到的信息传送到技术支持系统或聊天应用，很快就可以构建一个工作流。这种安全启动、只读的演进过程可以帮助团队建立自动化的信心，并熟悉工具。

一开始，要重点学习每个项目中都会有帮助的核心编码技能，包括 Python 编码和 RESTful API，并强调使用 Git 和 GitHub 之类的工具来管理你的源代码并与其他人协作。要花点时间设置你的开发环境。需要尝试不同的代码编辑器和工具（如 Postman 和 curl）来研究 API，深入理解如何使用 JSON 和 XML，还应当探索诸如测试驱动开发（**TDD**）等软件开发方法以及 DevOps 的核心原则。

本书是学习这些技能的一个非常好的资源，因为它会帮助你在网络上下文中学习这些内容。这本书首先介绍如何使用 Python 利用 CLI 和 API 进行基本的网络设备交互，然后转向技术栈的更高层次，介绍一个通用的自动化框架，所有这些都会从网络工程师的角度来考虑。在这个过程中，作者 Eric 提供了关于网络安全、监控和使用 Flask 框架构建 API 的 Python 示例。Eric 还介绍了云网络，包括 AWS 和 Azure，另外还介绍了一些常用的 DevOps 工具，如 Git、Jenkins 和 TDD。在整本书中，Eric 使用了一种基于从业者的实用方法来解释各个主题，从而帮助你在工作中具体运用这些概念。

DevOps 和云技术正在改变我们的行业。开发、运维、安全和网络团队会基于共同的目标和责任，以新的方式连接在一起交付业务成果。学习软件技能的网络工程师将有助于完成这种转变。

所以，找到你的第一个项目，并在这个项目中具体学习和实践这些技能。选择你每天都要做而且希望能可靠重复的一些工作，并尝试自动化完成这些工作。尽早并经常动手编写代码。构建或找到一个可以使用的开发实验室。尝试得越多，你就会学得越快。

未来五年里，网络工程师和软件工程师共同协作所带来的创新将改变游戏规则。迈出你的第一步，得到第一个成功的 200 OK API 响应时别忘了庆祝一下。

编码快乐！

Mandy Whaley
Cisco DevNet 研发高级主管

前　　言

正如查尔斯·狄更斯在《双城记》中所写:"*这是最好的时代,这是最坏的时代;这是智慧的时代,这是愚昧的时代*"。这些看似矛盾的语句完美地描述了变革与转型时期的混乱和情绪。毫无疑问,随着网络工程领域的快速变化,我们正经历着类似的时期。随着软件开发日益集成到网络的各个方面,传统的命令行界面和垂直集成的网络栈方法不再是管理当今网络的最佳方法。对网络工程师来说,我们看到的变化充满了兴奋和机遇,但也充满挑战,尤其是对于那些需要快速适应并跟上变化的人。写这本书的目的是要提供一个实用指南,介绍如何从一个传统平台发展为基于软件驱动实践构建的平台,帮助网络专业人员更轻松地适应这种转型。

在这本书中,我们选择使用 Python 作为掌握和处理网络工程任务的编程语言。Python是一个易于学习的高级编程语言,可以有效地激发网络工程师的创造力,并提供他们解决问题的能力,以优化日常操作。Python 正在成为很多大型网络不可少的组成部分,我希望能够通过这本书与你分享我的一些经验教训。

自这本书第 1 版和第 2 版出版以来,我与本书的很多读者进行了有趣而有意义的对话。前两版的成功让我受宠若惊,并把收到的反馈铭记于心。在第 3 版中,我努力加入了很多更新的库,使用最新的软件和更新的硬件平台来更新现有的例子,另外还增加了我认为对当今网络工程师很重要的两章。

变革的时代为技术进步提供了巨大机遇。这本书中的概念和工具对我的职业生涯有很大帮助,希望对你也能有同样的帮助。

本书面向对象

这本书非常适合 IT 专业人员和运维工程师,他们已经在管理网络设备组,希望扩展他们的知识使用 Python 和其他工具来迎接网络挑战。学习这本书建议具备基本的网络和 Python知识。

本书内容

第 1 章　TCP/IP 协议簇和 Python 回顾回顾了当今互联网通信的基础技术,从 OSI 和客户-服务器模型谈到 TCP、UDP 和 IP 协议簇。这一章还回顾了 Python 语言的基础知识,例如类型、操作符、循环、函数和包。

第2章 低层网络设备交互使用实际示例来说明如何在一个网络设备上使用 Python 执行命令，还将讨论自动化中只使用 CLI 接口面对的挑战。这一章将使用 Pexpect、Paramiko、Netmiko 和 Nornir 库给出一些例子。

第3章 API 和意图驱动网络讨论支持应用编程接口（API）和其他高层交互方法的更新的网络设备。这里还介绍了支持低层任务抽象同时关注网络工程师意图的工具。这一章对 Cisco NX - API、Meraki、Juniper PyEZ、Arista Pyeapi 和 VyattaVyOS 做了讨论并给出了相关示例。

第4章 Python 自动化框架：Ansible 基础讨论了 Ansible 基础知识，这是一个开源的、基于 Python 的自动化框架。Ansible 比 API 更进了一步，重点关注声明性的任务意图。这一章中，我们将介绍使用 Ansible 及其高层架构的优势，还会看到在 Cisco、Juniper 和 Arista 设备上使用 Ansible 的一些实际例子。

第5章 Python 自动化框架：进阶建立在前一章知识的基础上，涵盖了更高级的 Ansible 主题，包括条件、循环、模板、变量、Ansible Vault 和角色。此外，还会介绍编写自定义模块的基础知识。

第6章 使用 Python 实现网络安全将介绍几个帮助保护网络安全的 Python 工具，这里将讨论使用 Scapy 完成安全性测试、使用 Ansible 快速实现访问列表，以及使用 Python 进行网络取证分析。

第7章 使用 Python 实现网络监控：第 1 部分将介绍使用不同的工具监控网络。这一章包含使用 SNMP 和 PySNMP 来查询以获得设备信息的一些例子。另外会给出 Matplotlib 和 Pygal 示例，绘图显示结果，这一章最后会给出一个使用 Python 脚本作为输入源的 Cacti 示例。

第8章 使用 Python 实现网络监控：第 2 部分将介绍更多网络监控工具。这一章首先介绍使用 Graphviz 由 LLDP 信息绘制网络图。接下来使用 NetFlow 和其他技术实现基于推送机制的网络监控示例。我们将使用 Python 解码流数据包并使用 ntop 可视化结果，还将对 Elasticsearch 做一个概述，并介绍这个工具如何用于网络监控。

第9章 使用 Python 构建网络 Web 服务将介绍如何使用 Python Flask Web 框架创建你自己的网络自动化 API。网络 API 有很多好处，如从网络详细信息抽象请求者、整合和定制操作，以及通过限制可用操作来提供更好的安全性。

第10章 AWS 云网络将展示如何使用 AWS 构建一个功能强大而且有弹性的虚拟网络。我们将介绍一些虚拟私有云技术，如 CloudFormation、VPC 路由表、访问列表、弹性 IP、NAT 网关、Direct Connect 以及其他一些相关主题。

第11章 Azure 云网络将介绍 Azure 提供的网络服务以及如何由此构建网络服务。我们将讨论 Azure VNet、ExpressRoute 和 VPN、Azure 网络负载均衡器以及其他一些相关的网络服务。

第 12 章　使用 Elastic Stack 完成网络数据分析会展示如何使用 Elastic Stack 作为一组紧密集成的工具来帮助我们分析和监控网络。我们将介绍从安装、配置、用 Logstash 和 Beats 导入数据，以及使用 Elasticsearch 搜索数据，直到用 Kibana 进行可视化的各个方面。

第 13 章　使用 Git 将介绍怎样充分利用 Git 进行协作和代码版本控制。这一章将给出使用 Git 完成网络操作的实际示例。

第 14 章　使用 Jenkins 持续集成将介绍使用 Jenkins 自动创建操作流水线，从而节省时间并提高可靠性。

第 15 章　网络测试驱动开发将解释如何使用 Python 的 unittest 和 pytest 创建简单的测试来验证代码。我们还会看到为验证可达性、网络延迟、安全性和网络事务编写网络测试的例子。另外会介绍如何在持续集成工具（例如 Jenkins）中集成测试。

充分利用这本书

为了充分利用这本书，建议读者要具备一些基本的网络实际操作知识和 Python 知识。除了第 4 章和第 5 章需要按顺序阅读外，大部分章节都可以按任意的顺序阅读。除了本书开头介绍的基本软件和硬件工具外，在后面还会介绍与各章相关的新工具。

强烈建议在你自己的网络实验室中学习和实践这里给出的例子。

下载示例代码文件

可以从你的 www. packt. com 账户下载这本书的示例代码文件。如果你在其他地方购买了这本书，可以访问 www. packtpub. com/support 并注册，我们将直接通过 email 为你提供这些文件。

可以按照以下步骤下载代码文件：

（1）登录或注册 www. packtpub. com。

（2）选择 **Support** 标签页。

（3）点击 **Code Downloads& Errata**。

（4）在 **Search** 框中输入书名，并按照屏幕上的说明下载。

一旦下载了文件，确保使用以下最新版本的解压缩软件解压缩文件夹：

- WinRAR/7 - Zip（Windows）。
- Zipeg/iZip/UnRarX（Mac）。
- 7 - Zip/PeaZip（Linux）。

我们还在 GitHub 上托管了本书的代码包（https：//github. com/PacktPublishing/Mas-tering - Python - Networking - Third - Edition）。如果代码有更新，会在 GitHub 存储库上更

新。另外，https：//github.com/PacktPublishing/上提供了我们的大量图书和视频的其他代码包。看看有什么！

彩色图片下载

我们还提供了一个 PDF 文件，其中包含这本书中使用的截图/图表的彩色图片。可以从这里下载：https：//static.packt-cdn.com/downloads/9781839214677_ColorImages.pdf。

排版约定

这本书使用了以下排版约定。

正文中的代码（CodeInText）：指示正文中的代码、数据库表名、文件夹名、文件名、文件扩展名、路径名、虚拟 URL、用户输入和推特句柄。例如："auto-config 还会为 telnet 和 SSH 生成 vty 访问"。

代码块格式如下：

```
# This is a comment
print("hello world")
```

命令行输入或输出格式如下：

```
$ Python
Python 3.6.8 (default, Oct 7 2019, 12：59：55)
[GCC 8.3.0] on linux
Type "help", "copyright", "credits" or "license" for more information.
>>>exit()
```

粗体（Bold）：指示一个新术语、重要单词或者屏幕上看到的单词。例如，菜单或对话框中的单词在正文中就会以这种形式显示。例如："在下一节中，我们继续讨论网络监控的 SNMP 主题，不过会介绍一个名为 **Cacti** 的功能完备的网络监控系统"。

这表示警告或重要说明。

这表示提示和技巧。

联系我们

非常欢迎读者的反馈。

一般反馈：如果你对这本书的任何方面有问题，请发电子邮件给我们：customercare@

packtpub.com，并在消息主题中提到本书书名。

勘误：尽管我们竭尽所能想要确保内容的准确性，但还是会有错误发生。如果你发现本书中的错误，请告诉我们，我们将非常感谢。请访问 http：//www.packt.com/submit-errata，选择这本书，点击 Errata Submission Form（勘误提交表）链接，并填入详细信息。

非法复制：如果你看到我们的作品在互联网上有任何形式的非法拷贝，希望能向我们提供地址或网站名，我们将不胜感谢。请联系 copyright@packtpub.com 并提供相应链接。

如果你有兴趣成为一名作者：如果你在某个领域很有经验，而且有兴趣写书或者希望做些贡献，请访问 http：//authors.packtpub.com。

评论

请留言评论。阅读并使用了这本书之后，你可以在购买这本书的网站上留言评论，这样潜在读者就能看到你的公正观点，并以此决定是否购买这本书。作为出版商，Packt 能从中了解你对我们的书有什么想法，另外作者也能看到对他们的作品的反馈。非常感谢！

关于 Packt 的更多信息，请访问 packtpub.com。

目　　录

第 1 章　TCP/IP 协议簇和 Python 回顾

欢迎来到激动人心的网络工程新时代！在 20 世纪初，我开始成为一个网络工程师，那时候网络工程师的角色显然与今天不同。当时，网络工程师主要需要掌握领域特定知识，并利用命令行界面来完成局域网和广域网的管理和运维。尽管他们可能偶尔会跨领域处理通常与系统管理和开发人员相关的任务，但显然不能指望网络工程师编写代码或者理解编程概念。不过，如今情况已经大不相同了。

这些年来，DevOps 和软件定义网络（**Software - Defined Networking，SDN**）运动以及其他一些因素大大模糊了网络工程师、系统工程师和开发人员之间的界限。

既然你选择了这本书，这就说明你可能已经采用了网络 DevOps，或者也许你在考虑沿着网络可编程性这条路走下去。有可能你像我一样，已经做了多年的网络工程师，想知道 Python 编程语言为什么这么火。甚至你可能已经精通 Python 编程语言，但是不清楚它在网络工程领域有哪些应用。

如果你属于其中任何一个阵营，或者只是对网络工程领域中的 Python 应用感到好奇，我相信这本书会很适合你，本书涉及范围如图 1 - 1 所示。

市面上有很多书分别深入探讨了网络工程和 Python 主题。这本书中，我不想重复这些工作。实际上，这本书假设你已经有管理网络的一些实际经验，而且对网络协议也有基本的了解。如果你已经熟悉 Python 语言，这会很有帮助，不过这一章后面我们也会介绍 Python 的一些基本内容。要想充分利用这本书，并不需要你是一个 Python 或网络工程领域的专家。这本书将在网络工程和 Python 的基础上，帮助读者学习和实践各种应用，使他们的生活更轻松。

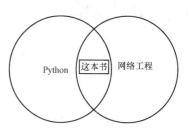

图 1 - 1　Python 与网络工程的交集

这一章中，我们将对网络和 Python 的一些概念进行概述。为了能充分利用这本书，这一章后面会简要介绍需要掌握的预备知识。如果你想更深入地了解这一章的内容，有大量免费或者很廉价的资源可以提供帮助。建议你参考免费的 Khan Academy（https：//www. khanacademy. org/）和 Python 教程（https：//www. Python. org/）。

这一章会在高层次上简要回顾一些重要的网络主题，这里不会过于深入地探究细节。根据我在这个领域多年的工作经验，一般的网络工程师或开发人员在完成日常任务时可能并不记得准确的 **TCP**（**Transmission Control Protocol**，传输控制协议）状态机（我自己就记不住），不过他们可能很熟悉 **OSI**（**Open Systems Interconnection**，开放系统互连）模型的基础知识、TCP 和 **UDP**（**User Datagram Protocol**，用户数据报协议）操作、不同的 IP 首部字段以及其他基本概念。

我们还会概要介绍 Python 语言，这里介绍的内容足以让平时不使用 Python 编程的读者也能顺利地读完这本书。

具体地，我们会介绍以下主题：

- 互联网概述。
- OSI 和客户—服务器模型。
- TCP、UDP 和 IP 协议簇。
- Python 语法、类型、操作符和循环。
- 用函数、类和包扩展 Python。

当然，这一章介绍的信息并不完备，如果需要，请查阅参考资料来了解更多有关信息。

作为网络工程师，我们通常面对的一个挑战是所管理网络的规模和复杂性。有各种各样的网络，从很小的家用网络，适合小型企业的中等规模网络，到跨全球的大型跨国企业网络。其中最大的网络当然是互联网（Internet）。如果没有互联网，就没有电子邮件（email）、网站、API、流媒体或者我们所说的云计算。因此，在更深入地介绍协议和 Python 的具体内容之前，下面先对互联网做一个概述。

1.1　互联网概述

什么是互联网？这看上去是一个很简单的问题，但取决于你的背景，可能会得到不同的答案。互联网对于不同的人有不同的含义，年轻人、老年人、学生、教师、商业人士、诗人等等，不同的人会对同样的这个问题给出不同的答案。

对于一个网络工程师，互联网是一个全球计算机网络，由连接大网络和小网络的一系列互联网络组成。换句话说，这是一个"网络的网络"，没有一个中心所有者。以你的家用网络为例。它可能包括一个集成了路由、以太网交换机和无线接入点等功能的设备，可以连接你的智能手机、平板电脑、计算机和互联网电视，使这些设备能相互通信。这就是你的局域网（**local area network**，**LAN**）。

如果你的家用网络需要与外界通信，将信息从你的 LAN 传递到一个更大的网络，这个网络通常称为 **ISP**（**internet service provider**，互联网服务提供商）网络，这个名字很贴切。一般会把 ISP 想成是一个让你交钱上网的公司。为此，他们将小网络聚合为他们维护的更大的网络。你的 ISP 网络通常包括将流量聚合到核心网络的边缘节点。核心网络的功能是通过一个更高速的网络使这些边缘网络互联。

在特殊的边缘节点上，你的 ISP 会连接到其他 ISP，将流量适当地传递到目标。从目标到你的家用计算机、平板电脑或智能手机的返回路径可能是经过所有这些网络的相同路径从而返回到你的设备，也可能并不是同样的路径，不过源和目标是相同的。

下面来看这样一个"网络的网络"由哪些组件组成。

1.1.1　服务器、主机和网络组件

主机（Host）是网络上与其他节点通信的终端节点。在当今世界，主机可以是一个传统计算机，或者也可以是你的智能手机、平板电脑或电视。随着物联网（**Internet of Things，IoT**）的兴起，主机的广义定义可以进一步扩展到包括 **IP（Internet Protocol，**互联网协议）摄像机、电视机顶盒以及我们在农业、牧业、汽车等等领域使用的不断增加的各类传感器。随着连接到互联网的主机数量激增，所有这些主机都需要进行寻址、路由和管理，这就要求有适当的网络，这个需求从来没有像现在这样突出。

在互联网上，大多数时间我们都会请求获得服务。这可能是浏览一个网页、发送或接收电子邮件、传输文件等。这些服务由服务器（**server**）提供。顾名思义，服务器会向多个节点提供服务，通常有更高的硬件规格。某种程度上讲，服务器是网络上特殊的超级节点，可以为其他节点提供额外的功能。在后面的"1.3　客户—服务器模型"一节还会介绍服务器。

如果把服务器和主机想成是城市和乡镇，网络组件（*network components*）就是连接城市和乡镇的道路和高速公路。实际上，在描述跨全球传输不断增加的比特和字节的网络组件时，就会想到信息高速公路这个词。在稍后要介绍的 OSI 模型中，这些网络组件是第 1 层到第 3 层的设备，有时可能还涉及第 4 层。这包括第 2 层和第 3 层引导流量的路由器和交换机，以及第 1 层传输设备，如光纤电缆、同轴电缆、双绞线和一些 **DWDM（Dense wavelength division multiplexing，**高密度波分多路复用）设备等。

总体来讲，主机、服务器、存储和网络组件构成了我们今天所知的互联网。

1.1.2　数据中心的兴起

上一节中，我们介绍了服务器、主机和网络组件在互联网中的不同角色。由于服务器需要有更高的硬件能力，它们往往集中放在一个中心位置来更有效地管理。我们通常把这些位置称为数据中心。

1.1.2.1　企业数据中心

在一般的企业中，公司通常有一些使用内部工具的业务需求，如电子邮件、文档存储、销售跟踪、订购、人力资源工具和知识共享内部网。这些服务会转换到文件和邮件服务器、数据库服务器和 web 服务器。与用户计算机不同，这些服务器通常是高端计算机，需要大量电力、冷却和网络连接。这些硬件带来的一个副产品是它们制造的噪音，由于噪音太大，不

适合放在平常的工作场所。这些服务器通常会放在企业大楼中的一个中央位置，称为主配线架或总配线架（**main distribution frame，MDF**），来提供必要的供电、电源冗余、冷却和网络连接。

要连接到 MDF，用户的流量通常会在一个靠近用户的位置聚合，有时这称为中间配线架或分配线架（**intermediate distribution frame，IDF**），然后再打包并连接到 MDF。IDF - MDF 的分布往往遵循企业大楼或校园的物理布局，这很常见。例如，大楼每一层有一个 IDF，它们接入到同一个大楼另一层的中心 MDF。如果这个企业有多个大楼，可以通过组合各个大楼的流量进一步聚合，之后再连接到企业数据中心。

企业数据中心通常遵循三层网络设计。这些层包括接入层、分布层和一个核心层。当然，与所有设计一样，并没有固定的规则或适合所有情况的万能模型，这种三层设计只是一个一般原则。举例来说，将这个三层设计与前面的用户 IDF - MDF 例子做个对照，接入层类似于每个用户连接的端口，IDF 可以认为是分布层，而核心层包括 MDF 连接和企业数据中心。当然，这只是普遍意义上的企业网络，因为有些企业网络并不遵循同样的模型。

1.1.2.2　云数据中心

随着云计算和软件或基础架构即服务（**Infrastructure as a Service，IaaS**）的兴起，云提供商建立的数据中心规模非常大，有时被称为超大规模数据中心。我们所说的云计算是指 Amazon、Microsoft 和 Google 之类的公司提供的可以按需访问的计算资源，而用户无需直接管理这些资源。由于云数据中心需要容纳大量服务器，因此与企业数据中心相比，通常需要更大容量的电力、冷却和网络能力。尽管我参与云提供商数据中心工作已经很多年了，但每次参观云提供商数据中心时，仍然对它们的规模惊叹不已。为了说明云数据中心的巨大规模，举例来说，由于云数据中心如此庞大，并且耗电量巨大，所以它们通常建在发电厂附近，那里电价最便宜，不会在电力传输过程中有太大能耗损失。另外云数据中心的冷却需求相当高，以至于人们不得不对数据中心的建造地点有些创意。例如，Facebook 在瑞典北部（北极圈以南 70 英里的地方）建造了他们的 Lulea 数据中心，部分原因就是为了利用那里的低温天气来帮助冷却。从任何搜索引擎查询为 Amazon、Microsoft、Google 和 Facebook 等公司建造和管理云数据中心的有关技术时，都能查到一些惊人的数字。例如，位于艾奥瓦州西得梅因（West Des Moines）的 Microsoft 数据中心占地 200 英亩，设施用地 120 万平方英尺，需要该市花费约 6500 万美元用于公共基础设施升级。Utah 数据中心如图 1 - 2 所示。

按照云提供商的规模，如果把他们提供的服务放在一台服务器上，这通常不具有成本效益，也不可行。这些服务往往会分布在一组服务器上，有时还会跨多个不同的机架，为服务所有者提供冗余性和灵活性。

延迟和冗余需求以及服务器的物理扩展对网络带来了巨大的压力。连接服务器集群所需的互联设备数量对应于电缆、交换机和路由器等网络设备的爆炸式增长。这些需求转化为需要上

图 1 - 2　Utah 数据中心

（来源：https：//en. wikipedia. org/wiki/Utah _ Data _ Center）

架、置备和管理这些网络设备的次数。一个典型的网络设计是多级 Clos 网络（见图 1 - 3）。

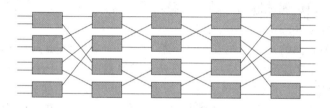

图 1 - 3　Clos 网络

在某种程度上，云数据中心的网络自动化是保证速度、灵活性和可靠性所必需的。如果我们遵循传统的方式，即通过终端和命令行界面管理网络设备，所需的工时数将导致无法在合理的时间内提供服务。这还没有考虑到人类的重复操作很容易出错、效率低下，而且也是对工程才能的严重浪费。通常还需要很快改变一些网络配置，以适应快速变化的业务需求，这更增加了复杂性。

就我个人而言，几年前我就是从云数据中心开始走上使用 Python 实现网络自动化之路，而且在那以后从未回头。

1.1.2.3　边缘数据中心

既然我们已经有数据中心级的足够的计算能力，为什么还要在其他地方维护数据，而不是都保存在这些数据中心呢？来自世界各地客户的所有连接都可以路由回到提供服务的数据中心服务器，这就行了，是这样吗？当然，答案是：这取决于具体的用例。如果将请求和会话从客户机一直路由回到大型数据中心，这样做的最大限制在于传输中引入的延迟。换句话说，大延迟会成为网络的瓶颈。

当然，所有基础物理教科书都可能告诉你，网络延迟永远不会为零：即使光在真空中传播得如此之快，物理传输仍然需要时间。在现实世界里，实际延迟远比光在真空中的传播延迟大得多。为什么？因为网络数据包必须经过多个网络，有时要通过海底电缆、慢速卫星链路、3G 或 4G 蜂窝链路或者 Wi-Fi 连接来传送。

如果要降低网络延迟，该怎么做？一种解决方案是减少最终用户请求经过的网络数。在用户进入网络的边缘位置上尽可能更近地连接最终用户，并在边缘位置上放置足够的资源来满足请求。这对于提供音乐和视频等媒体内容的服务尤其常见。

我们来花点时间想象一下，你正在构建下一代视频流服务。客户希望得到流畅的流媒体服务，为了提高客户的满意度，你可能希望把视频服务器放置在尽可能靠近客户的位置，可以在客户 ISP 内部，也可能非常靠近客户 ISP。此外，为了增加冗余和提高连接速度，视频服务器场或服务器群组的推流（upstreaming）不只是连接到一个或两个 ISP，而会连接所能连接的所有 ISP 以减少跳数。所有连接都要有所需的足够带宽，以减少高峰时段的延迟。这种需求催生了大型 ISP 的边缘数据中心与内容提供商的对等交换。尽管网络设备的数量不如云数据中心那么多，但也能从网络自动化获益，可以得到网络自动化带来的更高的可靠性、灵活性、安全性和可见性。

我们将在这本书后面的几章介绍安全性（**第 6 章　使用 Python 实现网络安全**）和可见性（**第 7 章　使用 Python 实现网络监控：第 1 部分**和**第 8 章　使用 Python 实现网络监控：第 2 部分**）。很多复杂主题可以分解复杂性，划分为更小、更可理解的部分，类似的，网络也可以分解，会基于层的概念。多年来，已经开发了很多不同的网络模型。这本书中将介绍两个最重要的模型，首先来看 OSI 模型。

1.2　OSI 模型

如果没有首先回顾 OSI 模型，这样一本网络书肯定是不完整的。OSI 模型是一个概念模型，它将电信功能组件化到不同的层中。这个模型定义了 7 层，每一层都有明确的结构和特征，独立地位于另一层之上。

例如，在网络层中，IP 位于不同类型的数据链路层（如以太网或帧中继）之上。OSI 参考模型是一种很好的方法，可以将不同的多样化技术规范化为人们认同的一组通用语言。这大大缩小了各层参与方的工作范围，使他们能深入研究特定的任务，而不必过多担心兼容性，OSI 模型如图 1-4 所示。

有关 OSI 模型的工作最早始于 20 世纪 70 年代后期，后来由国际标准化组织（**International Organization for Standardization，ISO**）联合发布，现在称为国际电信联盟电信标准化部门（**Telecommunication Standardization Sector of the International Telecommunication Union，ITU-T**）。这个模型被广泛接受，在电信领域引入一个新主题时通常都会提到这个模型。

OSI 模型			
	层	协议数据单元（PDU）	功能
主机层	7. 应用层	数据	高层 API，包括资源共享，远程文件访问
	6. 表示层		网络服务与应用之间的数据转换；包括字符编码、数据压缩和加密/解密
	5. 会话层		管理通信会话，也就是两个节点之间通过多次来回传送完成的连续信息交换
	4. 传输层	报文段（TCP）/数据报（UDP）	网络上不同节点之间数据段的可靠传送，包括分段、确认和多路复用
介质层	3. 网络层	数据包	构建和管理一个多节点网络，包括寻址、路由和流量控制
	2. 数据链路层	帧	由物理层连接的两个节点之间数据帧的可靠传输
	1. 物理层	比特	在物理介质上发送和接收原始比特流

图 1 - 4　OSI 模型

大约在开发 OSI 模型的同一时期，互联网开始形成。原先设计者使用的参考模型通常称为 TCP/IP 模型。这与 OSI 模型有些类似，因为它同样将端对端的数据通信划分为多个抽象层。

区别在于，这个模型将 OSI 模型中的第 5 层到第 7 层合并到应用层（**Application**），并将 OSI 模型中的物理层（**Physical**）和数据链路层（**Data link**）合并到链路层（**Link**），如图 1 - 5 所示。

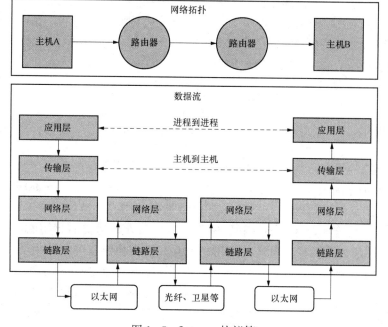

图 1 - 5　Internet 协议簇

OSI 和 TCP/IP 模型对于为端到端数据通信提供标准都很有用。不过，大多数情况下，这本书更多的是指 TCP/IP 模型，因为这是最初互联网建立的基础。我们会在需要时参考 OSI 模型，如后面的章节中讨论 web 框架时。类似于传输层的模型，应用层也有一些控制通信的参考模型。在现代网络中，大多数应用都基于客户 - 服务器模型。我们将在下一节讨论客户 - 服务器模型。

1.3　客户 - 服务器模型

客户 - 服务器参考模型展示了两个节点之间实现数据通信的一种标准方法。当然，现在我们都知道，并不是所有节点都一样。即使在最早的美国高级研究计划署网络（**Advanced Research Projects Agency Network，ARPANET**）时代，也有工作站节点，还有一些用来为其他节点提供内容的服务器节点。这些服务器节点通常有更高的硬件规格，由工程师更密切地管理。由于这些节点为其他节点提供资源和服务，所以它们被很贴切地称为服务器。服务器一般处于空闲状态，等待客户发起对其资源的请求。这种由客户请求分布式资源的模型就称为客户 - 服务器模型。

为什么这很重要？可以想想看，正是这个客户 - 服务器模型突显了网络的重要性。如果不需要在客户和服务器之间传递服务，实际上对网络互联并没有太大的需求。正是因为需要从客户向服务器传送比特和字节，才突显出网络工程的重要性。当然，我们都知道，所有网络中最大的网络（也就是互联网）已经改变了我们所有人的生活，而且改变还将继续。

你可能会问，每个节点每次互相通信时如何确定时间、速度、来源和目标？这就需要谈谈网络协议。

1.4　网络协议簇

在计算机网络的早期阶段，协议是专有的，由设计连接方法的公司严密控制。如果你的主机上使用了 **Novell** 的 **IPX/SPX** 协议，这些主机就不能与 Apple 的 **AppleTalk** 主机通信，反之亦然。这些专有协议簇通常有与 OSI 参考模型类似的层，并遵循客户 - 服务器通信方法，但相互之间不兼容。这些专有协议一般只用于不需要与外界通信的封闭的 LAN 中。数据流需要超出本地 LAN 的范围时，通常会使用一个互联网转换设备（如路由器）来完成协议的转换。例如，为了将基于 AppleTalk 的网络连接到互联网，要使用一个路由器连接两个网络，并把 AppleTalk 协议转换为基于 IP 的协议。这种额外的转换往往并不完美，不过由于早期大多数通信都发生在 LAN 内部，所以网络管理员也能接受。

不过，随着对超越 LAN 的网络间通信的需求不断增加，对标准化网络协议簇的需求也越来越迫切。这些专有协议最终被标准化协议簇（TCP、UDP 和 IP）所取代，这个协议簇大大增强了一个网络与另一个网络通信的能力。互联网作为所有网络中最大的网络，就依赖于这些协议来正常工作。在接下来几节中，我们将分别介绍这个协议簇中的各个协议。

1.4.1　传输控制协议

传输控制协议（TCP）是如今互联网上使用的主要协议之一。如果你打开一个网页或者发送一个电子邮件，你就使用了 TCP 协议。这个协议位于 OSI 模型的第 4 层，它负责以一种可靠并提供差错校验的方式在两个节点之间传送数据报文段。TCP 包括一个 160 位的首部，其中包含源和目标端口、序列号、确认号、一些控制标志和一个校验和，以及其他一些信息，如图 1-6 所示。

偏移	字节	0								1								2								3							
字节	比特	0	1	2	3	4	5	6	7	8	9	10	11	12	13	14	15	16	17	18	19	20	21	22	23	24	25	26	27	28	29	30	31
0	0	源端口																目标端口															
4	32	序列号																															
8	64	确认号（如果 ACK 设置为 1）																															
12	96	数据偏移				保留 000			N S	C W R	E C E	U R G	A C K	P S H	R S T	S Y N	F I N	窗口大小															
16	128	校验和																紧急指针（如果 URG 设置为 1）															
20	160	选项（如果数据偏移>5，必要时在末尾填充"0"字节）																															
...	...	...																															

图 1-6　TCP 首部

1.4.1.1　TCP 的功能和特征

TCP 使用数据报套接字或端口来建立主机到主机的通信。标准组织互联网数字分配机构（Internet Assigned Numbers Authority，IANA）指定了一些已知端口来指示某些服务，如端口 80 提供 HTTP（Web）服务，端口 25 提供 SMTP（邮件）服务。客户-服务器模型中的服务器一般会监听其中一已知端口，来接收从客户端发送的通信请求。TCP 连接由操作系统通过套接字管理（套接字表示连接的本地端点）。

这个协议操作包括一个状态机，需要跟踪监听一个接入连接时、通信会话时以及关闭连接后释放资源时的不同状态。每个 TCP 连接会经历一系列状态，如 Listen、SYN-SENT、SYN-RECEIVED，ESTABLISHED、FIN-WAIT、CLOSE-WAIT、CLOSING、LAST-ACK、TIME-WAIT 和 CLOSED。

1.4.1.2　TCP 报文和数据传输

UDP 是 TCP 同一层上的"兄弟"协议，TCP 与 UDP 之间最大的区别是，TCP 会用一种有序而且可靠的方式传送数据。TCP 操作能保证可靠传输，所以通常称 TCP 是面向连接的协议。为了实现这一点，它首先建立三次握手来同步发送者和接收者的序列号（SYN、SYN-ACK 和 ACK）。

然后使用确认跟踪会话中的后续报文段。在会话的最后，一方会发送一个 FIN 报文，另一方用 ACK 确认这个 FIN 报文，并发送它自己的一个 FIN 报文。然后发起 FIN 的一方再用 ACK 确认它接收到的 FIN 报文。

很多曾经为 TCP 连接排除故障的人都会告诉你，这个操作会非常复杂。可以肯定的是，大多数时候这个操作只是在后台悄无声息地进行。

关于 TCP 协议可以写一整本书，事实上，已经有很多专门介绍这个协议的很好的书。

 这一节只是一个简单的概述，如果你感兴趣，可以参考"TCP/IP 指南"（http://www.tcpipguide.com/），这是一个非常棒的免费资源，可以用来深入了解这个主题。

1.4.2　用户数据报协议

用户数据报协议（UDP）也是互联网协议簇中的一个核心成员。与 TCP 类似，它也在 OSI 模型的第 4 层，负责在应用层和 IP 层之间传送数据报文段。但与 TCP 不同的是，它的首部只有 64 位，只包括一个源和目标端口、长度和校验和。这个轻量级首部非常适合那些希望快速传输数据的应用，这些应用不必在两个主机之间建立会话或者不需要可靠的数据传输。如今我们可以使用速度非常快的互联网连接，所以可能很难想象这么做的意义，不过，在早期使用 X.21 和帧中继连接的年代，额外的首部确实会对传输速度产生很大的影响。

除了速度上的差别，由于不用像 TCP 那样维护各种状态，这也能节省两个端点上的计算机资源，UDP 首部如图 1-7 所示。

UDP 首部																															
偏移	字节	0														1								2								3		
字节	比特	0	1	2	3	4	5	6	7	8	9	10	11	12	13	14	15	16	17	18	19	20	21	22	23	24	25	26	27	28	29	30	31
0	0	源端口																目标端口															
4	32	长度																校验和															

图 1-7　UDP 首部

现在你可能想知道，在当今这个时代，为什么还会使用 UDP？既然不能提供可靠的传输，为什么还要使用这个协议，难道我们不希望所有连接都是可靠而且没有差错的吗？可以考虑多媒体视频流或 Skype 呼叫，如果应用只想尽可能快地传送数据报，这些应用就能从更轻量级的首部受益。还可以考虑基于 UDP 协议的快速域名系统（**Domain Name System，DNS**）查找过程，在这里，在准确性和延迟之间权衡时，通常会倾向于更小的延迟。

你在浏览器中键入的地址转换为计算机可理解的一个地址时，轻量级过程会对用户很有好处，因为在你喜欢的网站向你传送信息的第一个比特之前，必须先完成这个转换。

同样的，这一节并不能全面介绍 UDP，如果有兴趣更多地了解 UDP，建议读者通过各种资源进一步探索这个主题。

 维基百科上关于 UDP 的一篇文章（https：//en. wikipedia. org/wiki/User _ Datagram _ Protocol）可以作为一个不错的起点来更多地了解 UDP。

1. 4. 3　Internet 协议

网络工程师会告诉你，我们在 IP（Internet 协议）层上，这是 OSI 模型的第 3 层。IP 的任务是在终端节点之间进行寻址和路由，以及其他一些工作。IP 的寻址可能是它最重要的任务。地址空间划分为两部分：网络部分和主机部分。子网掩码用于指示网络地址中哪个部分是网络，而哪个部分是主机，这里网络部分与 1 匹配，主机部分与 0 匹配。IPv4 用点分表示法表示地址，例如，192.168.0.1。

子网掩码可以采用点分表示法（255.255.255.0），也可以使用一个斜线表示网络位要考虑的位数（/24），IPv4 首部格式如图 1-8 所示。

偏移	字节	\multicolumn{8}{c}{0}	\multicolumn{8}{c}{1}	\multicolumn{8}{c}{2}	\multicolumn{8}{c}{3}

IPv4 首部格式

偏移	字节	0								1								2								3							
字节	比特	0	1	2	3	4	5	6	7	8	9	10	11	12	13	14	15	16	17	18	19	20	21	22	23	24	25	26	27	28	29	30	31
0	0	\multicolumn{4}{l}{版本}	\multicolumn{4}{l}{IHL}	\multicolumn{6}{l}{DSCP}	\multicolumn{2}{l}{ECN}	\multicolumn{16}{l}{总长度}
4	32	\multicolumn{16}{l}{标识字段}	\multicolumn{3}{l}{标记}	\multicolumn{13}{l}{分片偏移}
8	64	\multicolumn{8}{l}{生存期}	\multicolumn{8}{l}{协议}	\multicolumn{16}{l}{首部检验和}
12	96	\multicolumn{32}{c}{源 IP 地址}
16	128	\multicolumn{32}{c}{目标 IP 地址}
20	160																																
24	192																																
28	224	\multicolumn{32}{c}{选项（如果 IHL＞5）}
32	256																																

图 1-8　IPv4 首部

IPv4 的下一代 IP 即 IPv6 的首部有一个固定部分和多个扩展首部，IPv6 首部如图 1-9 所示。

固定首部格式																																	
偏移	字节	0								1								2								3							
字节	比特	0	1	2	3	4	5	6	7	8	9	10	11	12	13	14	15	16	17	18	19	20	21	22	23	24	25	26	27	28	29	30	31
0	0	版本				通信类								.				流标签															
4	32	有效载荷长度																下一个首部								跳数限制							
8	64	源地址																															
12	96																																
16	128																																
20	160																																
24	192	目标地址																															
28	224																																
32	256																																
36	288																																

图 1-9　IPv6 首部

IPv6 首部固定部分中的下一个首部（**Next Header**）字段可以指示后面的一个扩展首部，其中包含额外的一些信息。它还可以标识上一层协议，如 TCP 和 UDP。扩展首部可能包括路由和分片信息。尽管协议设计者希望从 IPv4 迁移到 IPv6，但是今天的互联网仍然使用 IPv4 地址，只有一些服务提供商网络在内部使用 IPv6 地址。

1.4.3.1　IP 网络地址转换（NAT）和网络安全

网络地址转换（NAT）通常用于将一系列私有 IPv4 地址转换为可公开路由的 IPv4 地址。不过，这还表示 IPv4 与 IPv6 之间的转换，例如运营商可能在网络内部使用 IPv6，在运营商网络边缘，数据包离开网络时要转换到 IPv4。有时，出于安全考虑，也会使用 NAT 将 IPv4 转换到 IPv6。

安全性是一个持续的过程，它集成了网络的所有方面，包括自动化和 Python。本书旨在帮助你使用 Python 管理网络；安全性将在这本书后面几章讨论，比如使用 Python 实现访问列表、在日志中搜索违规行为等。我们还会介绍如何使用 Python 和其他工具获得网络的可见性，例如基于网络设备信息动态得到网络拓扑图。

1.4.3.2　IP 路由概念

IP 路由是指由两个端点之间的中间设备基于 IP 首部在端点之间传输数据包。对于所有通过互联网的通信，数据包将经过各种中间设备传输。如前所述，中间设备包括路由器、交换机、光学设备以及不在网络层和传输层之外进行检查的各种其他设备。如果对照自驾游，假设你在美国旅游，从加利福尼亚州的圣地亚哥市到华盛顿州的西雅图市。IP 源地址类似于圣地亚哥，目标 IP 地址可以看作是西雅图。在你的公路旅行中，可能会在很多不同的中间点稍做停留，如洛杉矶、旧金山和波特兰，这些城市就可以看作是源和目标之间的中间路由器和交换机。

　　为什么这很重要？在某种程度上讲，本书就是要介绍这些中间设备的管理和优化。在这个大型数据中心的时代，数据中心可能跨越多个美式足球场大小，需要有高效、灵活、可靠和具有成本效益的网络管理方法，这会成为公司竞争优势的一个主要方面。在后面的章节中，我们将深入探讨如何使用 Python 编程来有效地管理网络。

　　既然我们已经了解了网络参考模型和协议簇，下面来具体研究 Python 语言本身。在这一章中，我们先对 Python 做一个一般性的概述。

1.5　Python 语言概述

　　简而言之，这本书就是要介绍如何用 Python 使我们更轻松地实现网络工程。不过，什么是 Python，为什么它会成为很多 DevOps 工程师选择的语言？援引 Python 基金会执行概要（https：//www.Python.org/doc/essays/blurb/）中的描述：

　　" Python 是一种有动态语义的解释型、面向对象的高级编程语言。基于其高级内置数据结构，并结合动态类型和动态绑定，使其对快速应用开发非常有吸引力，并且可以用作为一个脚本或"胶水"语言，将现有组件连接在一起。Python 简单易学的语法很强调可读性，因此可以降低程序维护的成本。"

　　如果你对编程还不太熟悉，那么前面提到的"面向对象"和"动态语义"对你来说可能并不重要。不过，我认为有一点大家都会认同，那就是"快速应用开发"和"简单易学的语法"听起来很不错。作为一种解释型语言，Python 意味着在执行之前几乎不需要编译过程，因此编写、测试和编辑 Python 程序的时间大大减少。对于简单的脚本，如果脚本失败，通常只需要一个打印语句就能调试当前的问题。

　　使用解释器还意味着可以很容易地将 Python 移植到不同类型的操作系统，比如 Windows 和 Linux，在一个操作系统上编写的 Python 程序可以在另一个操作系统上使用，而几乎不需要做任何修改。

　　利用函数、模块和包，可以将大型程序分解为简单的可重用部分，从而鼓励代码重用。由于 Python 的面向对象性质，这使它更进了一步，可以将组件分组为对象。实际上，所有 Python 文件都是模块，可以重用或者导入到另一个 Python 程序。这样工程师之间就能很容易地共享程序，并鼓励代码重用。Python 还有一个"自带电池"的说法，这表示对于常见的任务，你不需要下载除 Python 语言本身之外的任何额外的包。为了实现这个目标，同时又不会让代码过于臃肿，安装 Python 解释器时会安装一组 Python 模块，即标准库。对于正则表达式、数学函数和 JSON 解码等常见任务，只需要使用 import 语句，解释器就会把这些函数移到你的程序中。我认为这个"自带电池"是 Python 语言的一个杀手锏。

　　最后一点，Python 代码可以从一个只有几行代码的较小脚本开始，发展成为一个完整的生产系统，这对于网络工程师来说会非常方便。众所周知，网络通常会在没有总体规划的情况下自然生长。一个能够随网络规模增长而增长的语言将是无价的。你会惊讶地发现，被很多人看作是脚本语言的 Python 语言居然被很多尖端公司（使用 Python 的组织；https：//wiki. Python. org/moin/OrganizationsUsingPython）用于实现完整的生产系统。

如果你工作过的环境中要求切换使用不同的供应商平台（如 Cisco IOS 和 Juniper Junos），你就会知道，为实现相同的任务在不同的语法和用法之间切换是多么痛苦。由于 Python 对于小型和大型程序都足够灵活，因此不存在这种剧烈的上下文切换。不论是小程序还是大程序，都是同样的 Python 代码！

在本章的其余部分，我们将在高层次简要地回顾 Python 语言。如果你已经熟悉这些基础知识，可以快速地浏览一下，或者也可以跳过这一章的其余部分。

1.5.1　Python 版本

很多读者已经知道，在过去的几年里，Python 经历了从 Python 2 到 Python 3 的转变。Python 3 于 2008 年发布，距今已经有 10 多年，并在积极开发最新的 3.7 版本。遗憾的是，Python 3 并不向后兼容 Python 2。

写这本书的第 3 版时，也就是 2019 年年底，Python 社区已经大体转移到 Python 3。事实上，Python 2 将于 2020 年 1 月 1 日正式退出历史舞台（https：//Pythonclock.org/）。最新的 Python 2.x 版本（2.7 版本）发布于 6 年前，即 2010 年代中期。幸运的是，这两个版本可以在同一台机器上共存。考虑到 Python 2 即将"寿终正寝"，当你读到这段文字时，有可能已经不再维护 Python 2，所以我们都应该转换到 Python 3。下一节会介绍有关调用 Python 解释器的更多信息，不过这里先给出一个在 Ubuntu Linux 机器上调用 Python 2 和 Python 3 的例子：

```
$ python2
Python 2.7.15 + (default, Jul 9 2019, 16：51：35)
[GCC 7.4.0] on linux2
Type "help", "copyright", "credits" or "license" for more information.
>>>exit()
 $ python3.7
Python 3.7.4 (default, Sep 2 2019, 20：47：34)
[GCC 7.4.0] on linux
Type "help", "copyright", "credits" or "license" for more information.
>>>exit()
```

随着 2.7 版本的即将终结，大多数 Python 框架现在都支持 Python 3。Python 3 还有很多很好的特性，比如异步 I/O，需要优化代码时就可以利用这些特性。本书的代码示例将使用 Python 3，除非另有说明。我们还会在适当的时候指出 Python 2 与 Python 3 的区别。

如果某个特定的库或框架更适用于 Python 2，比如 Ansible（参见下面的信息），我们会特别指出这种情况下将使用 Python 2。要把使用 Python 3 作为默认选项，只在绝对必要的时候才使用 Python 2。

> 写这本书时，Ansible 2.8 及以上版本支持 Python 3。Ansible 2.5 版本之前，对 Python 3 的支持被认为是一个技术预览功能。由于这个支持还相对较新，许多社区模块尚未完全迁移到 Python 3。要了解有关 Ansible 和 Python 3 的更多信息，请参见 https：//docs. ansible. com/ansible/2. 5/dev _ guide/developing _ python _ 3. html。

1.5.2　操作系统

前面已经提到，Python 是跨平台的。Python 程序可以在 Windows、Mac 和 Linux 上运行。在现实中，需要确保跨平台兼容性时要特别注意，比如要当心一些细微的差别，如 Windows 文件名中使用反斜线，另外不同平台上会启动一个虚拟环境。由于这本书面向 DevOps、系统和网络工程师，所以 Linux 是目标读者的首选平台，特别是在生产环境中。这本书中的代码将在一台 Linux Ubuntu 18.04 LTS 机器上进行测试。另外我会尽力确保这些代码在 Windows 和 macOS 平台上也能同样地运行。

如果你对操作系统详细信息感兴趣，如下所示：

```
$ uname - a

Linux network - dev - 2 4. 18. 0 - 25 - generic ＃26～18. 04. 1 - Ubuntu SMP Thu Jun 27
07：28：31 UTC 2019 x86_64 x86_64x86_64 GNU/Linux
```

1.5.3　运行 Python 程序

Python 程序由一个解释器执行，这表示代码要提供给这个解释器，从而由底层操作系统执行并显示结果。Python 开发社区提供了解释器的多个不同的实现，如 IronPython 和 Jython。在本书中，我们将使用当今最常用的 Python 解释器，CPython。只要这本书中提到 Python，都是指 CPython，除非另有说明。

使用 Python 的一种方法是利用交互式提示。如果你想快速测试一段 Python 代码或概念，而不想写完整的程序，这会很有用。

为此，通常只需要键入 python 关键字：

```
$ python3.7
Python 3.7.4 (default, Sep 2 2019, 20:47:34)
[GCC 7.4.0] on linux
Type "help", "copyright", "credits" or "license" for more information.
>>>print("hello world")
hello world
```

 在 Python 3 中，print 是一个函数，因此它要有小括号。在 Python 2 中，可以省略小括号。

　　交互模式是 Python 最有用的特性之一。在交互式 shell 中，可以键入任何合法语句或语句序列，然后会立即得到一个结果。我一般使用交互模式来探索一个不熟悉的特性或库。交互模式还可以用于更复杂的任务，如试验数据结构的行为，例如可变和不可变的数据类型。这里的重点是能立即得到结果！

 在 Windows 上，如果没有看到一个 Python shell 提示符，可能是你的系统搜索路径中没有这个程序。最新的 Windows Python 安装程序提供了一个复选框，可以将 Python 添加到你的系统路径中，确保在安装过程中选中了这个复选框。或者，也可以通过"环境设置"（environment settings）手动将这个程序增加到系统路径中。

　　不过，运行 Python 程序的一种更常见的方法是保存你的 Python 文件，然后通过解释器来运行。这样你就不用像在交互式 shell 中那样，反复地输入同样的语句。Python 文件只是常规的文本文件，通常以 .py 扩展名保存。在 * Nix 世界里，还可以在最上面增加 shebang（#!）行，指定用来运行文件的解释器。# 字符可以用来指定解释器不会执行的注释。下面的文件 helloworld.py 包含以下语句：

```
# This is a comment
print("hello world")
```

可以如下执行这个程序：

```
$ python helloworld.py
hello world
$
```

1.5.4　Python 内置类型

　　Python 实现了动态类型（dynamic - typing）或鸭子类型（duck typing），会尝试在你声

明对象时自动确定它们的类型。Python 解释器中内置有多个标准类型：

- 数值（**Numerics**）：int、float、complex 和 bool（这是 int 的子类，只有一个 True 或 False 值）。
- 序列（**Sequences**）：str、list、tuple 和 range。
- 映射（**Mappings**）：dict。
- 集（**Sets**）：set 和 frozenset。
- 空（**None**）：null 对象。

1.5.4.1　None 类型

None 类型指示一个没有值的对象。未显式返回任何结果的函数会返回 None 类型。None 类型还可以用在函数参数中，表示调用者没有传入实际值。

1.5.4.2　数值

Python 数值对象基本上都是数字。只有布尔类型（Boolean）除外，数值类型 int、long、float 和 complex 都是有符号的，这表示它们可以是正数或者负数。布尔类型是整数的一个子类，它可以有两个值：1 表示 True，0 表示 False。在实际中，我们几乎总是用 True 或 False 测试布尔值，而不是数值 1 和 0。其余的数值类型按其表示数字的精度来区分，在 Python 3 中，int 没有最大值，而在 Python 2 中，int 是有一个有限范围的整数。浮点数是使用机器上双精度表示（64 位）的数。

1.5.4.3　序列

序列是一个有序的对象集合，以非负整数作为索引。在这一节和后面的几小节中，我们将使用交互式解释器展示不同的序列类型。

你可以在自己的计算机上试试看。

有时，人们会惊讶地发现，字符串实际上是一个序列类型。不过如果仔细看，字符串就是把一系列字符放在一起。字符串用单引号、双引号或三引号包围。

注意在下面的例子中，引号必须匹配，三引号允许字符串跨行：

```
>>> a = "networking is fun"
>>> b = 'DevOps is fun too'
>>> c = """what about coding?
... super fun!"""
>>>
```

另外两个常用的序列类型是列表（list）和元组（tuple）。列表是任意对象的序列。可以用中括号包围对象来创建列表。与字符串类似，列表以从 0 开始的非负整数作为索引。可以通过引用索引号来获取列表的值：

```
>>> vendors = ["Cisco", "Arista", "Juniper"]
>>>vendors[0]
'Cisco'
>>>vendors[1]
'Arista'
>>>vendors[2]
'Juniper'
```

元组与列表类似，可以将值包围在小括号里来创建元组。类似于列表，同样可以通过引用索引号来获取元组中的值。但与列表不同的是，元组创建之后值就不能修改了：

```
>>> datacenters = ("SJC1", "LAX1", "SFO1")
>>>datacenters[0]
'SJC1'
>>>datacenters[1]
'LAX1'
>>>datacenters[2]
'SFO1'
```

有些操作对所有序列类型是通用的，如按索引返回一个元素以及分片：

```
>>> a
'networking is fun'
>>>a[1]
'e'
>>> vendors
['Cisco', 'Arista', 'Juniper']
>>>vendors[1]
'Arista'
>>> datacenters
('SJC1', 'LAX1', 'SFO1')
>>>datacenters[1]
'LAX1'
>>>
>>>a[0:2]
'ne'
>>>vendors[0:2]
['Cisco', 'Arista']
>>>datacenters[0:2]
```

```
('SJC1', 'LAX1')
>>>
```

 要记住索引从 0 开始。因此，索引 1 实际上是序列中第二个元素。

另外还有一些可用于序列类型的常用函数，如检查元素个数以及最小和最大值：

```
>>>len(a)
17
>>>len(vendors)
3
>>>len(datacenters)
3
>>>
>>> b = [1, 2, 3, 4, 5]
>>> min(b)
1
>>> max(b)
5
```

毫不奇怪，有一些方法只适用于字符串。值得注意的是，这些方法不会修改底层字符串数据本身，而总是返回一个新的字符串。简而言之，可变对象（例如列表和字典）在创建之后可以更改，而不可变对象（例如字符串）创建后就不能更改了。如果你想使用新值，就需要捕获返回值，并把它赋给一个不同的变量：

```
>>> a
'networking is fun'
>>>a.capitalize()
'Networking is fun'
>>>a.upper()
'NETWORKING IS FUN'
>>> a
'networking is fun'
>>> b = a.upper()
>>> b
'NETWORKING IS FUN'
```

```
>>>a.split()
['networking', 'is', 'fun']
>>> a
'networki ng is fun'
>>> b = a.split()
>>> b
['networking', 'is', 'fun']
>>>
```

下面是列表的一些常用方法。Python 列表数据类型是一种很有用的结构，可以将多个元素放在一起，一次迭代处理一个元素。例如，我们可以创建一个数据中心脊（spine）交换机列表，通过逐个地迭代访问每个交换机，对所有这些交换机应用相同的访问列表。由于列表的值在创建之后可以修改（这与元组不同），所以我们还可以在程序中扩展和缩减现有列表：

```
>>> routers = ['r1', 'r2', 'r3', 'r4', 'r5']
>>>routers.append('r6')
>>> routers
['r1', 'r2', 'r3', 'r4', 'r5', 'r6']
>>>routers.insert(2, 'r100')
>>> routers
['r1', 'r2', 'r100', 'r3', 'r4', 'r5', 'r6']
>>>routers.pop(1)
'r2'
>>> routers
['r1', 'r100', 'r3', 'r4', 'r5', 'r6']
```

Python 列表类型非常适合存储数据，但是由于需要根据位置来引用数据，有时跟踪数据会有点麻烦。接下来我们来看 Python 映射类型。

1.5.4.4　映射

Python 提供了一种映射类型，称为字典（**dictionary**）。我把字典想成是一个可怜人的数据库，因为它包含可以由键索引的对象。在其他编程语言中，这通常称为关联数组（*associated array*）或散列表（*hashing table*）。如果你用过其他语言中与字典类似的类型，就会知道这是一个功能很强大的类型，因为你可以使用人可读的键来引用对象。对于那些要维护代码和排除代码故障的可怜人来说，这个键会更有意义（而不只是一个元素列表）。

这个可怜人可能就是你，也许在你写完代码几个月之后，却要在某一天凌晨 2 点排除代码故障。字典值中的对象也可以是另一种数据类型，例如列表。因为我们已经为列表使用了中括号，对元组使用了小括号，所以可以使用大括号来创建字典：

```
>>> datacenter1 = {'spines': ['r1', 'r2', 'r3', 'r4']}
>>> datacenter1['leafs'] = ['l1', 'l2', 'l3', 'l4']
>>> datacenter1
{'leafs': ['l1', 'l2', 'l3', 'l4'], 'spines': ['r1',
'r2', 'r3', 'r4']}
>>> datacenter1['spines']
['r1', 'r2', 'r3', 'r4']
>>> datacenter1['leafs']
['l1', 'l2', 'l3', 'l4']
```

Python 字典是我在网络脚本中最喜欢使用的数据容器之一。还有其他一些很方便的数据容器，集就是其中之一。

1.5.4.5　集

集（set）用于包含无序的对象集合。与列表和元组不同，集是无序的，不能通过数字建立索引。不过，集有一个特点使它很有用：集的元素绝对不会重复。假设你有一个 IP 列表，需要把它放入一个访问列表。这个 IP 列表中唯一的问题是其中包含大量重复。

现在，如果要循环遍历这个 IP 列表，一次查看一项，从而筛选出所有唯一项，想想看要用多少行代码来完成这个工作。不过，如果利用内置的集类型，你只用一行代码就能消除所有重复项。说实话，我不经常使用 Python 的集数据类型，不过当我需要时，我总是很感谢有这样一个数据类型。一旦创建了一个或多个集，就可以使用 union、intersection 和 differences 来相互比较：

```
>>> a = "hello"
# Use the built-in function set() to convert the string to a set
>>> set(a)
{'h', 'l', 'o', 'e'}
>>> b = set([1, 1, 2, 2, 3, 3, 4, 4])
>>> b
{1, 2, 3, 4}
>>> b.add(5)
>>> b
{1, 2, 3, 4, 5}
>>> b.update(['a', 'a', 'b', 'b'])
>>> b
{1, 2, 3, 4, 5, 'b', 'a'}
>>> a = set([1, 2, 3, 4, 5])
```

```
>>> b = set([4, 5, 6, 7, 8])
>>> a.intersection(b)
{4, 5}
>>> a.union(b)
{1, 2, 3, 4, 5, 6, 7, 8}
>>> 1 *
{1, 2, 3}
>>>
```

我们已经了解了不同的数据类型，下面来看看 Python 的操作符。

1.5.5　Python 操作符

Python 有一些你能想到的数值操作符，如＋、－等；需要注意，截断除法（//，也称为取整除法）将结果截断为一个整数和一个浮点数，并返回整数值。取模（%）操作符则返回除法中的余数值：

```
>>> 1 + 2
3
>>> 2 - 1
1
>>> 1 * 5
5
>>> 5 / 1 # returns float
5.0
>>> 5 // 2 # // floor division
2
>>> 5 % 2 # modular operator
1
```

另外还有比较操作符（*comparison operators*）。注意双等号用于比较，一个等号用于变量赋值：

```
>>> a = 1
>>> b = 2
>>> a == b
False
>>> a > b
False
```

```
>>> a < b
True
>>> a <= b
True
```

还可以使用两个常用的成员操作符查看一个对象是否在某个序列类型中：

```
>>> a = 'hello world'
>>> 'h' in a
True
>>> 'z' in a
False
>>> 'h' not in a
False
>>> 'z' not in a
True
```

利用 Python 操作符，我们可以高效地完成简单操作。下一节中，我们来看如何使用控制流重复这些操作。

1.5.6　Python 控制流工具

if、else 和 elif 语句可以控制条件代码的执行。与其他一些编程语言不同，Python 使用缩进来构造代码块。如我们所料，条件语句的格式如下：

```
if expression：
   do something
elif expression：
   do something if the expression meets
elif expression：
   do something if the expression meets
...
else：
   statement
```

下面是一个简单的例子：

```
>>> a = 10
>>> if a > 1：
...     print("a is larger than 1")
```

```
... elif a < 1:
...         print("a is smaller than 1")
... else:
...         print("a is equal to 1")
...
a is larger than 1
>>>
```

while 循环会继续执行，直到条件为 False，所以如果你不希望无休止地执行下去（并导致系统崩溃），就要特别当心循环：

```
while expression:
do something
```

```
>>> a = 10
>>> b = 1
>>> while b < a:
...       print(b)
...       b + = 1
...
1
2
3
4
5
6
7
8
9
>>>
```

for 循环适用于任何支持迭代的对象，这意味着所有内置的序列类型（如列表、元组和字符串）都可以在 for 循环中使用。以下 for 循环中的字母 i 是一个迭代变量，通常可以在你的代码上下文中选择某个有意义的变量名：

```
for i in sequence:
do something
```

```
>>> a = [100, 200, 300, 400]
>>> for number in a:
...     print(number)
...
100
200
300
400
```

我们已经了解了 Python 数据类型、操作符和控制流，下面要把它们组织在一起，建立可重用的代码片段，这称为函数。

1.5.7　Python 函数

大多数情况下，如果你发现自己总是在复制和粘贴一些代码段，就应该把它分解为自包含的函数块。这种做法允许更好的模块化，更容易维护，而且允许代码重用。Python 函数使用 def 关键字和函数名来定义，后面跟着函数参数。函数体由要执行的 Python 语句组成。在函数的末尾，可以选择向函数调用者返回一个值，或者在默认情况下，如果没有指定返回值，将返回 None 对象：

```
def name(parameter1, parameter2):
    statements
    return value
```

在后面的章节中我们还会看到更多函数示例，所以这里只给出一个简单的例子。在下面的示例中，我们使用了位置参数，所以总是引用第一个参数作为函数的第一个变量。引用参数的另一种方式是作为有默认值的关键字，例如 def subtract（a＝10，b＝5）：

```
>>> def subtract(a, b):
...     c = a - b
...     return c
...
>>> result = subtract(10, 5)
>>> result
5
>>>
```

Python 函数很适合将任务分组在一起。可以把不同的函数分组到一个更大的可重用代码块中吗？答案是肯定的，可以通过 Python 类做到这一点。

1.5.8　Python 类

Python 是一个面向对象编程（**object - oriented programming，OOP**）语言。Python 使用 class 关键字创建对象。Python 对象通常是函数（方法）、变量和属性的一个集合。一旦定义了一个类，就可以创建这个类的实例。类相当于后续实例的一个蓝图。

关于 OOP 的主题超出了这一章的范围，下面给出一个 router 对象定义的简单例子：

```
>>> class router(object)：
...      def __init__(self, name, interface_number, vendor)：
...          self.name = name
...          self.interface_number = interface_number
...          self.vendor = vendor
...
>>>
```

一旦定义这个类，就能根据需要创建这个类的任意多个实例：

```
>>> r1 = router("SFO1 - R1", 64, "Cisco")
>>> r1.name
'SFO1 - R1'
>>> r1.interface_number
64
>>> r1.vendor
'Cisco'
>>>
>>> r2 = router("LAX - R2", 32, "Ju niper")
>>> r2.name
'LAX - R2'
>>> r2.interface_number
32
>>> r2.vendor
'Juniper'
>>>
```

当然，关于 Python 对象和 OOP 还有很多内容。我们将在以后的章节中看到更多例子。

1.5.9　Python 模块和包

任何 Python 源文件都可以用作为模块，实际上，Python 文件就是一个模块，这个源文件中定义的任何函数和类都可以重用。要加载代码，引用模块的文件需要使用 import 关键字。导入文件时会发生 3 件事：

（1）为源文件中定义的对象创建一个新的命名空间。

（2）调用者执行模块中包含的所有代码。

（3）在调用者中创建一个名来引用所导入的模块，这个名与模块名匹配。

还记得你在交互式 shell 中定义的 subtract（）函数吗？要重用这个函数，可以把它放在一个名为 subtract.py 的文件中：

```
def subtract(a, b):
  c = a – b
  return c
```

在 subtract.py 所在的同一个目录下，可以启动 Python 解释器并导入这个函数：

```
Python 2.7.12 (default, Nov 19 2016, 06:48:10)
[GCC 5.4.0 20160609] on linux2
Type "help", "copyright", "credits" or "license" for more information.
>>> import subtract
>>> result = subtract.subtract(10, 5)
>>> result
5
```

这会正常工作，因为默认情况下，Python 首先会在当前目录搜索可用的模块。还记得我们前面提到的标准库吗？可以猜到，标准库就是用作为模块的 Python 文件。

 如果你在一个不同的目录中，可以使用 sys 模块利用 sys.path 手动地增加一个搜索路径位置。

包允许将一组模块分组在一起。这会进一步组织 Python 模块来获得更多命名空间保护，从而进一步提高可重用性。要定义一个包，需要创建一个目录（使用你希望的命名空间名作为目录名），然后可以将模块源文件放在这个目录下。

为了让 Python 识别出这是一个 Python 包，只需要在这个目录中创建一个 __init__.py 文件。__init__.py 文件通常可以是一个空文件。在 subtract.py 文件的例子中，可以创建一个名为 math_stuff 的目录，并创建一个 __init__.py 文件：

```
echou@pythonicNeteng:~/Master_Python_Networking/Chapter1 $ mkdir math_
stuff
```

```
echou@pythonicNeteng：～/Master_Python_Networking/Chapter1 $ touch math_
stuff/__init__.py
echou@pythonicNeteng：～/Master_Python_Networking/Chapter1 $ tree
.
├── helloworld.py
└── math_stuff
    ├── __init__.py
    └── subtract.py
1 directory, 3 files
echou@pythonicNeteng：～/Master_Python_Networking/Chapter1 $
```

现在引用模块时，需要使用点记法包括包名，例如 math_stuff.subtract：

```
>>> from math_stuff.subtract import subtract
>>> result = subtract(10, 5)
>>> result
5
>>>
```

可以看到，模块和包是组织大型代码文件的好办法，这会使共享 Python 代码容易得多。

1.6　小结

在这一章中，我们介绍了 OSI 模型并回顾了网络协议簇，如 TCP、UDP 和 IP。它们作为不同的层来处理任意两个主机之间的寻址和通信协商。这些协议在设计时考虑到了可扩展性，与最初的设计相比基本上没有太大改变。考虑到互联网的爆炸式增长，这确实是一个相当大的成就。

我们还快速回顾了 Python 语言，包括内置类型、操作符、控制流、函数、类、模块和包。Python 是可用于生产环境的一种强大而且易读的语言，这使它成为网络自动化的理想选择。网络工程师可以利用 Python 从简单的脚本开始，逐步转向其他高级特性。

在*第 2 章　低层网络设备交互*中，我们将开始讨论如何使用 Python 以编程方式与网络设备交互。

第 2 章　低层网络设备交互

在*第 1 章　TCP/IP 协议簇和 Python 回顾*中，我们研究了网络通信协议的基础理论和规范，还简要介绍了 Python 语言。在这一章中，我们要开始更深入地讨论使用 Python 管理网络设备。具体地，我们将介绍使用 Python 通过编程与遗留网络路由器和交换机通信的不同方式。

这里所说的遗留网络路由器和交换机是什么意思？虽然很难想象如今出品的哪个网络设备没有用于编程方式通信的应用程序接口（**application program interface，API**），但众所周知的事实是，前些年部署的很多网络设备都不包含 API 接口。一般都使用终端程序通过命令行界面（**command line interfaces，CLI**）来管理这些设备，命令行界面最初就是为人类工程师开发的。工程师对从设备返回的数据做出解释，管理员依靠工程师的这些解释采取适当的措施。可见，随着网络设备数量和网络复杂性的增加，逐个手动地管理网络设备变得越来越困难。

Python 有一些非常好的库和框架可以帮助完成这些任务，比如 Pexpect、Paramiko、Netmiko、NAPALM 和 Nornir 等。值得注意的是，这些库在代码、依赖关系和项目维护者方面存在一些重叠。例如，Netmiko 库是 Kirk Byers 在 2014 年基于 Paramiko SSH 库创建的。2017 年，Kirk 等人与 NAPALM 项目的 David Barroso 合作，创建了 Nornir 框架，以提供一个纯 Python 网络自动化框架。

大多数情况下，这些库可以同时使用，例如 Ansible（将在*第 4 章　Python 自动化框架：Ansible 基础*和*第 5 章　Python 自动化框架：进阶*中介绍）就同时使用了 Paramiko 和 Ansible - NAPALM 来实现其网络模块。

由于如今有这么多的库，不可能在有限的篇幅里全面涵盖所有这些库。本章我们将首先介绍 Pexpect，然后介绍 Paramiko 的一些例子。一旦了解了 Paramiko 的基础知识和操作，就能很容易地扩展到其他库，比如 Netmiko 和 NAPALM。在这一章中，我们将介绍以下主题：

- CLI 的挑战。
- 构建虚拟实验室。
- Python Pexpect 库。
- Python Paramiko 库。
- 其他库的例子。
- Pexpect 和 Paramiko 的缺点。

我们简要讨论了通过命令行界面管理网络设备的不足。已经证明，这对于中等规模网络的网络管理是不可行的。这一章将介绍能克服这一限制的 Python 库。首先，我们来更详细地讨论 CLI 面对的一些挑战。

2.1　CLI 的挑战

在 2014 年拉斯维加斯的 Interop 展会上，Big Switch Networks 的首席执行官 Douglas Murray 展示了下面的幻灯片，来说明从 1993 年～2013 年这 20 年间数据中心网络（**data center networking，DCN**）发生的变化，如图 2‑1 所示。

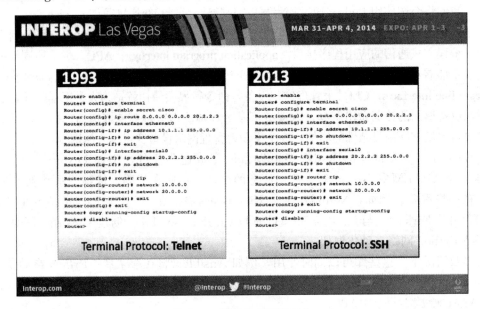

图 2‑1　数据中心网络变化

（来源：https://www.bigswitch.com/sites/default/files/presentations/murraydouglasstartuphotseatpanel.pdf）

他的观点很明确：在这 20 年里，我们管理网络设备的方式没有多大改变。虽然他在展示这张幻灯片时可能对现有供应商有些负面偏见，但他的观点很有道理。在他看来，在过去的 20 年里，管理路由器和交换机的唯一改变就是协议从不太安全的 Telnet 变成了更安全的 SSH。

大约在 2014 年的同一时间，我们开始看到业界逐步达成共识，认识到显然需要从手动的、人驱动的 CLI 转向自动化的、以计算机为中心的自动化 API。毫无疑问，进行网络设计、最初的概念验证以及首次部署拓扑时，我们仍然需要与设备直接通信。不过，一旦完成了初始部署，网络管理需求通常就会改变，会变成要在网络设备上一致可靠地做出相同的变更，保证变更不会出错，而且要能够反复重复这些变更，而不会让工程师感到心烦或疲惫。这个需求听起来非常适合计算机和我们最喜欢的 Python 语言来处理。

　　再来看这张幻灯片，如果网络设备只能利用命令行管理，那么主要挑战就是要用计算机程序复制以前路由器与管理员之间的交互。在命令行中，路由器将输出一系列信息，期望管理员根据工程师对输出的解释手动输入一系列命令。例如，在一个 Cisco **IOS**（Internetwork 操作系统，**Internetwork Operating System**）设备中，必须输入 enable 进入特权模式，收到返回的带♯的提示符后，再输入 configure terminal 进入配置模式。这个过程可以进一步扩展到接口配置模式和路由协议配置模式。这与计算机驱动的可编程思想形成了鲜明的对比。计算机想要完成一个任务时，比如，要在一个接口上指定一个 IP 地址，它希望一次性地将所有信息交给路由器，并希望路由器返回一个 yes 或 no 来指示任务是否成功。

　　Pexpect 和 Paramiko 实现的解决方案是，将这个交互过程看作是一个子进程，并监视这个子进程与目标设备之间的交互。父进程将根据返回的值来决定后续的操作（如果有）。

　　我相信大家都急切地想要立即开始使用这些 Python 库，不过先来构建我们的网络实验室，要有一个网络来测试我们的代码。首先来看构建网络实验室的不同方法。

2.2　构建虚拟实验室

　　在深入讨论 Python 库和框架之前，下面先来研究搭建实验室以便于学习的几种选择。正如老话所说，"熟能生巧"，我们需要一个隔离的沙箱，从而可以安全地试错，尝试新做法，并重复一些步骤来强化第一次尝试时不明确的概念。为管理主机安装 Python 和必要的包很容易，不过我们想要模拟的那些路由器和交换机呢？

　　要搭建一个网络实验室，基本上有两种选择：物理设备或虚拟设备。下面来看看这两个选择各自的优点和缺点。

2.2.1　物理设备

　　这个选择是指，用看得见摸得着的物理网络设备搭建一个实验室。如果你足够幸运，甚至可以构建一个完全复制生产环境的实验室。这个实验室的优缺点如下：

　　• **优点**：从实验室到生产环境的过渡很容易。对于管理员和其他工程师来说，拓扑结构更容易理解，如果需要，他们可以查看和操作这些设备。简而言之，由于比较熟悉，使用物理设备会非常方便。

　　• **缺点**：只是为了在实验室使用而购买设备，这样成本相对较高。物理设备的上架堆叠需要花费大量的工程时间，而且一旦构建就不能灵活改变。

2.2.2　虚拟设备

　　这些是对实际网络设备的模拟或仿真。它们要么由供应商提供，要么由开源社区提供：

- **优点**：虚拟设备更容易设置，相对廉价，并且可以快速更改拓扑。
- **缺点**：它们通常是相应物理设备的缩小版。有时，虚拟设备和物理设备之间存在一些特性差异。

当然，选择虚拟实验室还是物理实验室取决于个人，需要在多个方面进行权衡来决定，包括成本、实现的容易程度以及实验室与生产环境之间的差距可能带来的风险。在我工作过的一些环境中，进行最初的概念验证时使用了虚拟实验室，而在接近最终设计时使用了物理实验室。

在我看来，随着越来越多的供应商决定生产虚拟设备，在学习环境中，虚拟实验室更为适合。虚拟设备的特性差异相对较小，而且有明确的文档，特别是由供应商提供虚拟实例时。与购买物理设备相比，虚拟设备的成本相对较低。使用虚拟设备的构建时间更短，因为它们通常只是软件程序。

在这本书中，我会结合使用物理设备和虚拟设备来提供概念演示，但会优先使用虚拟设备。对于我们将要看到的例子，物理设备与虚拟设备的差异应该是透明的。如果与我们的目标相关的虚拟设备和物理设备之间存在任何已知差异，我会特别说明。

你会看到，在这本书的例子中，我总是让网络拓扑尽可能简单，同时仍然能演示所介绍的概念。每个虚拟网络通常只包括几个节点，而且常常在多个实验室中重用同一个虚拟网络。

在本书前两版中，读者已经能够使用很多流行的虚拟网络实验室，如 GNS3、Eve - NG 和其他虚拟机。

对于本书中的示例，我使用了不同供应商（如 Juniper 和 Arista）的虚拟机。写这本书时，可以从 Arista 网站免费下载 Arista vEOS。我使用的 Juniper JunOS Olive 并不是官方支持的平台，不过 Juniper 为 vMX 提供了一个可转换的免费试用许可。我还使用了 Cisco 的一个网络实验室程序，名为 **Virtual Internet Routing Lab**（**VIRL**），见 https：//learningnet-workstore. cisco. com/virtual - internet - routing - lab - virl/cisco - personal - edition - pe - 20 - nodesvirl - 20。这是一个付费程序，不过下面几节我会解释为什么我认为这是虚拟网络实验室的一个很好的选择。

 再次指出，使用 VIRL 程序完全是可选的。如果愿意，你也可以使用其他免费的程序。强烈建议使用一些实验室设备跟着我们实践这本书中的例子。

2.2.3　Cisco VIRL

我记得，第一次为我的 Cisco 认证互联网专家（**Cisco Certified Internetwork Expert**，**CCIE**）考试做准备时，我从 eBay 上购买了一些二手 Cisco 设备供学习使用。即使已经打折，每个路由器和交换机也要数百美元，所以为了省钱，我买了 20 世纪 80 年代的一些相当过时的 Cisco 路由器（如果有兴趣，可以在你喜欢的搜索引擎上搜索 Cisco AGS 路由器），显然它们的功能和性能都很欠缺，甚至无法达到实验室标准。打开这些设备时噪音确实很大，这经常成为我家里一个有趣的话题，不过连接这些物理设备可不那么有趣。它们又大又笨重，把所有的电缆连起来是件很痛苦的事情，而且为了制造链路故障，我需要真的拔掉电缆。

再向前快进几年。后来出现了 Dynamips，用它可以很容易地创建不同的网络场景，这让我深深着迷。在我尝试学习新概念时，这一点尤其重要。你只需要 Cisco 的 IOS 映像和一些精心构建的拓扑文件，就可以轻松地建立一个虚拟网络，用来检验你学到的知识。我有一个文件夹专门存放网络拓扑、预先保存的配置和不同场景需要的不同映像版本。GNS3 前端的加入为整个设置提供了漂亮的 GUI 外观。使用 GNS3，你可以点击拖放连接和设备，甚至可以直接从 GNS3 设计面板为你的经理或客户打印网络拓扑。

唯一不足的是，这个工具没有得到供应商（也就是 Cisco）的官方认证，也因此被认为缺乏可信度。

2015 年，Cisco 社区决定发布 Cisco VIRL 来满足这一需求。这是我开发和测试大部分 Python 代码的首选方法，不只是用于这本书，我自己在生产环境中也会使用 VIRL。

 截至 2019 年 11 月 14 日，可以购买个人版 20 节点的许可，每年价格仅为 199.99 美元。

尽管有一定费用，但在我看来，VIRL 平台相比其他选择有一些优点：

- **易于使用**：前面已经提到，一次下载就包含了 IOSv、IOS－XRv、CSR1000v、NX－OSv 和 ASAv 的所有映像。
- **（某种程度上）官方**：尽管由社区提供支持，不过这是 Cisco 内部广泛使用的一个工具。由于它的流行程度，bug 能很快得到修复，会仔细建立新特性的文档，而且会在用户之间广泛共享有用的知识。
- **云迁移路径**：如果你的仿真超出了所拥有的硬件的能力，这个项目提供了一个逻辑迁移路径，例如 Cisco dCloud（https：//dcloud. cisco. com/）、VIRL on Packet（http：//virl. cisco. com/cloud/）和 Cisco DevNet（https：//developer. cisco. com/）。这是一个有时会被忽视的重要特性。
- **链路和控制平面仿真**：这个工具可以模拟每一个链路的延迟、抖动和丢包，来获得真实的链路特征。此外，还有一个用于外部路由注入的控制平面流量发生器。
- **其他**：这个工具提供了一些不错的特性，比如 VM Maestro 拓扑设计和仿真控制，AutoNetKit 用于自动配置生成，以及用户工作区管理（如果共享服务器）。还有一些开源项目，如 virlutils（https://github. com/CiscoDevNet/virlutils），社区正在积极开发这个项目，以增强这个工具的可用性。

　　这本书中我们并不会使用 VIRL 的所有特性。不过，由于这是一个值得考虑的相对较新的工具，如果你确实想使用这个工具，我会提供我使用的一些设置。

 　　要想跟着我们实践本书的例子，我要再次强调有一个实验室的重要性。并不一定是 Cisco VIRL 实验室。只要运行的软件类型和版本相同，这本书中提供的代码示例在任何实验室设备上都应该能正常工作。

VIRL 提示

　　VIRL 网站（http：//virl. cisco. com/）提供了大量指南、准备工作和文档。另外我发现 VIRL 用户社区总能提供快速准确的帮助。我不打算重复这两个地方已经提供的信息，不过，下面会给出本书所用实验室的一些设置。

　　我的 VIRL 实验室要使用两个虚拟以太网接口进行连接。第一个接口设置为主机互联网连接的网络地址转换（NAT），第二个用于本地管理接口连接（下例中的 VMnet2）。我使用了一个单独的有类似网络设置的虚拟机来运行我的 Python 代码，第一个主以太网用于互联网连接，第二个与 VMnet2 的以太网连接用于实验室设备管理网络（见图 2 - 2）。

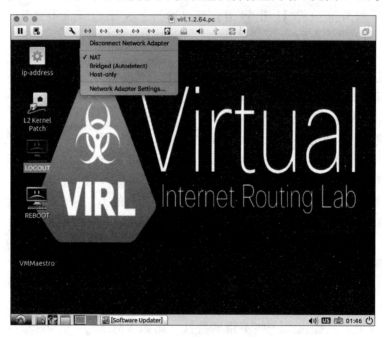

图 2 - 2　VIRL 以太网适配器 1 改为 NAT

（1）VMnet2 是为了连接 Ubuntu 主机和 VIRL 虚拟机而创建的一个自定义网络（见图 2 - 3）。

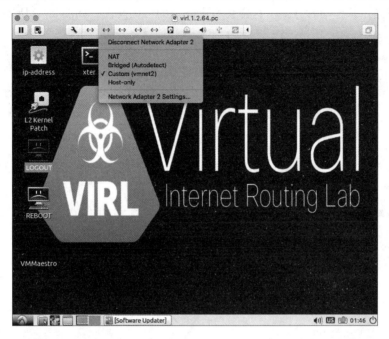

图 2 - 3　VIRL 以太网适配器 2 连接到 VMNet2

在 **Topology（拓扑）** 设计选项中，为了将 VMnet2 用作为虚拟路由器上的管理网络，我将 **Management Network**（管理网络）选项设置为 **Shared flat network**（共享平面网络）（见图 2 - 4）。

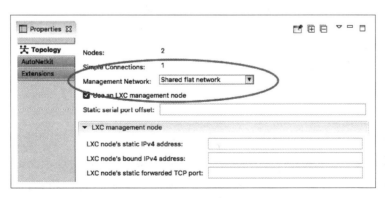

图 2 - 4　VIRL 管理网络使用共享平面网络

（2）在 **Node**（节点）配置下面，有一个选项可以静态配置管理 IP。我想静态设置管理 IP 地址，而不是由软件动态分配。这样会有更确定的可访问性，如图 2-5 所示。

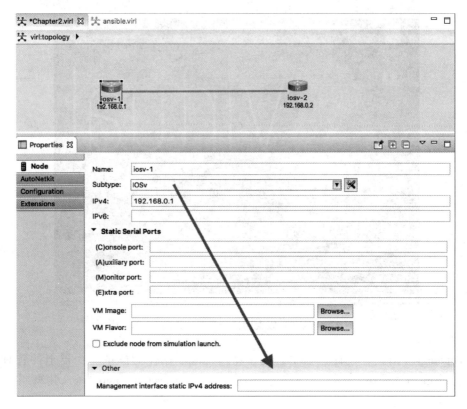

图 2-5　IOSv1 有静态管理 IP

 这个 VIRL 实验室拓扑将随各章代码示例提供。

2.2.4　Cisco DevNe 和 dCloud

写这本书时，Cisco 还提供了另外两个非常好的免费方法，可以使用各种 Cisco 设备实现网络自动化。这两个工具都需要登录"Cisco 网上联络"（**Cisco Connection Online，CCO**）。它们都很不错，尤其是在价格方面（这两个工具是免费的！）。

第一个工具是 Cisco DevNet（https：//developer.cisco.com/）沙箱（见图 2-6），其中

包括指导学习的课程、完整的文档、沙箱远程实验室等内容。有些实验室总是打开的，另外一些则需要预约。实验室是否可用取决于使用情况。如果你还没有自己的实验室，这是一个很好的选择。无论你是否有一个本地运行的 VIRL 主机，DevNet 无疑是应当充分利用的一个工具。

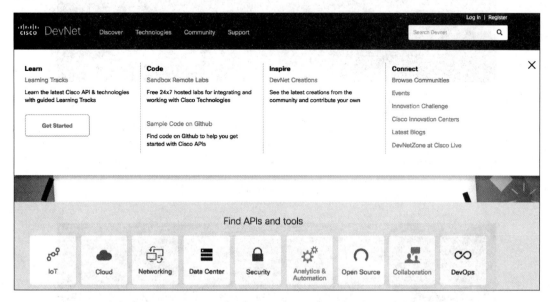

图 2 - 6   Cisco DevNet

 从一开始，Cisco DevNet 就成为 Cisco 网络可编程性和自动化相关内容的事实目标。实际上，2019 年 6 月，Cisco 发布了很多 DevNet 认证新课程（https：//developers. cisco. com/certification/）。

Cisco 的另一个免费在线实验室是 https：//dcloud. cisco. com/。可以把 dCloud 看作是在其他人的服务器上运行 VIRL，而无需管理或为这些资源支付费用。看起来 Cisco 似乎将 dCloud 作为一个独立的产品，同时也是 VIRL 的一个扩展。例如，无法在本地运行太多 IOS - XR 或 NX - OS 实例时，这种情况下，可以使用 dCloud 扩展你的本地实验室。

这是一个相当新的工具，不过绝对值得了解，如图 2 - 7 所示。

2. 2. 5   GNS3

我还在其他项目中使用了另外一些虚拟实验室，GNS3 工具就是其中之一，如图 2 - 8 所示。

图 2 - 7　Cisco dCloud

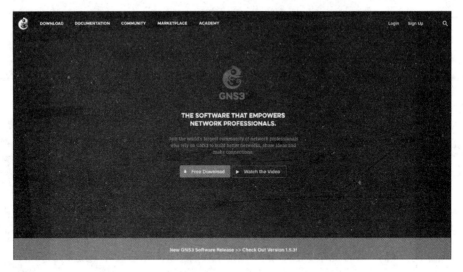

图 2 - 8　GNS3 网站

前面已经提到，我们很多人都习惯用 GNS3 来准备认证考试和进行实践。这个工具已经从早期简单的 Dynamips 前端发展成为一个可用的商业产品。Cisco 出品的工具（如 VIRL、DevNet 和 dCloud）有一个缺点，它们只包含 Cisco 技术。尽管它们为虚拟实验室设备提供了与外部世界通信以及与其他供应商设备通信的方法，但这些步骤不是很直观。GNS3 独立于供应商，可以在实验室中直接包含一个多供应商虚拟化平台。这通常可以通过克隆映像（如 Arista vEOS）或者通过其他虚拟机管理程序（如 Juniper Olive 模拟器）直接启动网络设备映像来完成。如果需要在同一个实验室中融合多个供应商的技术，GNS3 就很有用。

另一个获得大量好评的多供应商网络模拟环境是下一代仿真虚拟环境（**Emulated Virtual Environment Next Generation，Eve‐NG**）：http：//www. eve‐ng. net/。我个人对这个工具没有多少经验，但是我在这个行业的很多同事和朋友都在他们的网络实验室中使用了这个虚拟环境。

还有其他一些虚拟平台，比如 Arista vEOS（https：//eos. arista. com/tag/veos/）、Juniper vMX（http：//www. juniper. net/us/en/products‐services/routing/mx‐series/vmx/）和 vSRX（http：//www. juniper. net/us/en/products‐services/security/srx‐series/vsrx/），你可以在测试期间将它们用作为独立的虚拟设备。测试特定于平台的特性时（如平台上不同 API 版本之间的差异），它们是很好的补充工具。其中很多工具都在公共云提供商市场上以付费产品的形式提供，以便访问。它们通常能提供与相应物理设备同样的特性。

我们已经构建了我们的网络实验室，下面可以利用帮助管理网络和实现自动化的 Python 库开始试验了。首先来看 Pexpect 库。

2. 3　Python Pexpect 库

Pexpect 是一个纯 Python 模块，用于生成子应用、控制子应用以及对输出中的预期模式做出响应。Pexpect 的工作类似于 Don Libes 的 Expect。Pexpect 允许你的脚本生成一个子应用并进行控制，就好像一个人正在输入命令一样。

Pexpect 文档参见 https：//pexpect. readthedocs. io/en/stable/index. html。

下面来看 Python Pexpect 库。与 Don Libes 原先开发的工具命令语言（**Tool Command Language，TCL**）**Expect** 模块类似，Pexpect 会启动或创建另一个进程并监视，以控制交互。Expect 工具最初是为自动化交互式过程（如 FTP、Telnet 和 rlogin）开发的，后来扩展到包括网络自动化。与早先的 Expect 不同，Pexpect 完全用 Python 编写，它不需要编译 TCL 或 C 扩展，这就允许我们在代码中使用熟悉的 Python 语法及其丰富的标准库。

2. 3. 1　Python 虚拟环境

首先要使用 Python 虚拟环境，这使我们能够为不同项目分别管理单独的包安装。这是通过创建一个"虚拟的"隔离 Python 安装环境并将包安装到这个虚拟安装环境来实现的，我们不用担心会破坏全局安装的包或者其他虚拟环境的包。首先要安装 Python pip 工具，然后创建虚拟环境：

```
$ sudo apt update
$ sudo apt install python3 - pip
$ python3 - m venvvenv
$ source venv/bin/activate
(venv) $
(venv) $ which python
/h ome/echou/venv/bin/python
(venv) $ deactivate
```

从输出中可以看到，我们使用了 Python 3 标准库的 venv 包，创建了包含这个环境的目录，然后激活这个虚拟环境。虚拟环境激活时，会在你的主机名前面看到（venv）标签，这表示当前在这个虚拟环境中。工作结束时，可以使用 deactivate 命令退出虚拟环境。如果感兴趣，可以在这里更多地了解 Python 虚拟环境：https：//packaging. python. org/guides/installing - using - pip - and - virtualenvironments/♯installing - virtualenv。

Python 2 虚拟环境的使用和安装稍有不同。在网上可以找到大量关于 Python 2 虚拟环境的教程。

2.3.2　Pexpect 安装

Pexpect 安装过程非常简单：

```
(venv) $ pip install pexpect
```

如果在全局环境中安装 Python 包，需要使用根权限，如 sudo pip install pexpect。

下面做一个简单的测试来确保这个包是可用的，要从虚拟环境启动 Python 交互式 shell：

```
(venv) $ python
Python 3. 6. 8 (default, Oct 7 2019, 12：59：55)
[GCC 8. 3. 0] on linux
Type "help", "copyright", "credits" or "license" for more information.
>>> import pexpect
```

```
>>>dir(pexpect)
['EOF', 'ExceptionPexpect', 'Expecter', 'PY3', 'TIMEOUT', '__all__',
'__builtins__', '__cached__', '__doc__', '__file__', '__loader__',
'__name__', '__package__', '__path__', '__revision__', '__spec__', '__
version__', 'exceptions', 'expect', 'is_executable_file', 'pty_spawn',
'run', 'runu', 'searcher_re', 'searcher_string', 'spawn', 'spawnbase',
'spawnu', 'split_command_line', 'sys', 'utils', 'which']
```

2.3.3　Pexpect 概述

对于我们的第一个实验室，下面要构建一个简单的网络，其中包括两个相互连接的 IOSv 设备，如图 2 - 9 所示。

这两个设备分别有 192.16.0.x/24 范围内的一个回送地址，管理 IP 的范围是 172.16.1.x/24。这个 VIRL 拓扑文件包含在附带的可下载文件中，另外也可以从本书的 GitHub 存储库（https://github.com/PacktPublishing/ Mastering-Python-Networking-Third-Edition）得到。可以把这个拓扑导入你自己的 VIRL 软件。如果你没有

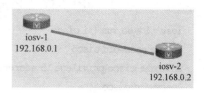

图 2 - 9　实验室拓扑

VIRL，也可以用一个文本编辑器打开这个拓扑文件查看必要的信息。这个文件只是一个 XML 文件，每个节点的信息放在 node 元素下面，如图 2 - 10 所示。

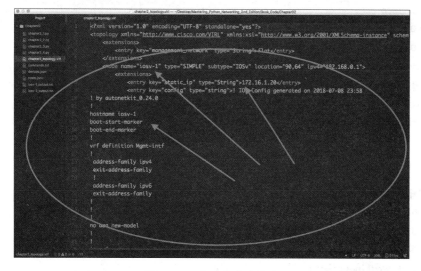

图 2 - 10　实验室节点信息

准备好了设备，下面来看如果使用 telnet 登录设备，要如何与路由器交互：

```
(venv) $ telnet 172.16.1.20
Trying 172.16.1.20...
Connected to 172.16.1.20.
Escape character is '^]'.
<skip>
User Access Verification

Username: cisco
Password:
```

我使用了 VIRL AutoNetKit 自动生成路由器的初始配置，它会生成默认用户名 cisco 和密码 cisco。注意，由于在配置中指定了特权，所以用户已经处于特权模式：

```
iosv-1#sh run | i cisco
enable password cisco
username cisco privilege 15 secret 5 $1$SXY7$Hk6z8OmtloIzFpyw6as2G.
 password cisco
 password cisco
```

auto-config 还会为 telnet 和 SSH 生成 vty 访问：

```
line con 0
 password cisco
line aux 0
line vty 0 4
 exec-timeout 720 0
 password cisco
 login local
 transport input telnet ssh
!
```

下面使用 Python 交互式 shell 来看一个 Pexpect 例子：

```
>>> import pexpect
>>> child = pexpect.spawn('telnet 172.16.1.20')
>>> child.expect('Username')
0
>>> child.sendline('cisco')
6
```

```
>>>child.expect('Password')
0
>>>child.sendline('cisco')
6
>>>child.expect('iosv-1#')
0
>>>child.sendline('show version | i V')
19
>>>child.before
b": \r\n*****************************************************
**********\r\n* IOSv is strictly limited to use for evaluation,
demonstration and IOS *\r\n* education. IOSv is provided as-is and
is not supported by Cisco's *\r\n* Technical Advisory Center. Any
use or disclosure, in whole or in part, *\r\n* of the IOSv Software
or Documentation to any third party for any *\r\n* purposes is
expressly prohibited except as otherwise authorized by *\r\n* Cisco
in writing. *\r\n***
*****************************************************
*******\r\n"
>>>child.sendline('exit')
5
>>>exit()
```

从 Pexpect 4.0 开始，在 Windows 平台上也可以运行 Pexpect。不过，正如 Pexpect 文档中所指出的，在 Windows 上运行 Pexpect 目前应该还是实验性的。

在前面的交互例子中，Pexpect 创建了一个子进程，并用一种交互方式监视这个子进程。这个例子中显示了两个重要的方法：expect（）和 sendline（）。expect（）行指示 Pexpect 进程中查找的字符串是一个指示符，表示什么时候可以认为返回的字符串已经完成。这是期望模式。在我们的例子中，当返回主机名提示符（iosv-1#）时，我们就知道路由器已经向我们发送了全部信息。sendline（）方法指示哪些词要作为命令发送到远程设备。另外还有一个名为 send（）的方法，但不同的是 sendline（）还包括一个换行符，它类似于在前一个 telnet 会话中发送的单词末尾按回车。从路由器的角度来看，这就好像有人从终端输入文本一样。换句话说，尽管路由器实际上在与计算机通信，但我们会"欺骗"路由器，让它们认为正在与某个人通信。

before 和 after 属性将设置为子应用打印的文本。before 属性会设置为子应用打印的文本中直到期望模式的部分。after 字符串将包含与期望模式匹配的文本。在我们的例子中，before 文本设置为两个期望匹配（iosv-1♯）之间的输出，包括 show version 命令。after 文本是路由器主机名提示符：

```
>>>child.sendline('show version | i V')
19
>>>child.expect('iosv-1♯')
0
>>>child.before
b'show version | i V\r\nCisco IOS Software, IOSv Software (VIOSADVENTERPRISEK9-
M), Version 15.6(3)M2, RELEASE SOFTWARE (fc2)\r\
nProcessor board ID 9YOKJ2ZL98EQQVUED5T2Q\r\n'
>>>child.after
b'iosv-1♯'
```

你可能想知道返回文本前面的 b'是什么，这是一个 Python 字节串（https：//docs. python. org/3. 7/library/stdtypes. html）

如果你的期望模式有错误会发生什么？例如，生成子应用之后，如果你输入了 username（小写"u"）而不是 Username，Pexpect 进程将从子进程查找字符串 username。在这种情况下，Pexpect 进程将挂起，因为路由器永远也不会返回单词 username。会话最终会超时，或者你可以通过 Ctrl ＋ C 手动退出。

expect（）方法等待子应用返回给定的字符串，所以在前面的示例中，如果希望同时接受小写和大写的 u，可以使用以下模式：

```
>>>child.expect('[Uu]sername')
```

中括号用作为"或"（or）操作，它告诉子应用，期望字符串是一个小写或大写的"u"后面跟着 sername。这就会告诉进程，我们将接受 Username 或 username 作为期望的字符串。

有关 Python 正则表达式的更多信息可以参见：https：//docs. python. org/3. 7/library/re. html。

expect（）方法还可以包含一个选项列表，而不只是单个字符串，这些选项本身也可以是正则表达式。回到前面的例子，可以使用下面的选项列表接受两个不同的候选字符串：

```
>>>child.expect(['Username', 'username'])
```

一般来讲，如果可以用一个正则表达式表示不同的主机名，那就使用正则表达式作为 expect 字符串，但如果需要从路由器捕获完全不同的响应，比如拒绝密码，则要使用候选选项。例如，如果可以使用多个不同的密码登录，你可以捕获 % Login invalid 以及设备提示符。

Pexpect 正则表达式和 Python 正则表达式之间的一个重要区别是，Pexpect 匹配是非贪婪匹配，这意味着，使用特殊字符时，它们会尽可能少地匹配。因为 Pexpect 在流上执行正则表达式，所以不能向前看，因为生成流的子进程可能还没有结束。这说明，通常与行尾匹配的特殊美元符号 $ 是没有用的，因为 . + 总是不返回任何字符，而 . * 模式会尽可能少地匹配。一般来说，要记住 expect 匹配串应当尽可能特定。

考虑以下场景：

```
>>>child.sendline('show run | i hostname')
22
>>>child.expect('iosv - 1')
0
>>>child.before
b'show version | i V\r\nCisco IOS Software, IOSv Software (VIOSADVENTERPRISEK9 -
M), Version 15.6(3)M2, RELEASE SOFTWARE (fc2)\r\
nProcessor board ID 9Y0KJ2ZL98EQQVUED5T2Q\r\n'
>>>
```

嗯…这里不太对劲。与前面的终端输出做个比较，你期望的输出原本是 hostname iosv - 1：

```
iosv - 1# sh run | i hostname
hostname iosv - 1
```

仔细观察期望字符串就会发现错误。在这个例子中，我们少了 iosv - 1 主机名后面的井字符（♯）。因此，子应用把返回字符串的第二部分当作了期望字符串：

```
>>>child.sendline('show run | i hostname')
22
>>>child.expect('iosv - 1#')
0
>>>child.before
b'# show run | i hostname\r\nhostname iosv - 1\r\n'
```

看过几个例子之后，可以看出 Pexpect 的用法呈现出一种模式，用户要明确 Pexpect 进程与子应用之间的交互序列。利用一些 Python 变量和循环，我们可以开始构建一个有用的程序，帮助我们收集信息并对网络设备做出更改。

2.3.4　第一个 Pexpect 程序

我们的第一个程序 chapter2_1.py 通过额外的一些代码扩展了上一节的工作：

```python
#! /usr/bin/env python
import pexpect
devices = {'iosv-1': {'prompt': 'iosv-1#', 'ip': '172.16.1.20'},
           'iosv-2': {'prompt': 'iosv-2#', 'ip': '172.16.1.21'}}
username = 'cisco'
password = 'cisco'

for device in devices.keys():
    device_prompt = devices[device]['prompt']
    child = pexpect.spawn('telnet ' + devices[device]['ip'])
    child.expect('Username:')
    child.sendline(username)
    child.expect('Password:')
    child.sendline(password)
    child.expect(device_prompt)
    child.sendline('show version | i V')
    child.expect(device_prompt)
    print(child.before)
    child.sendline('exit')
```

我们在第 5 行使用了一个嵌套字典：

```python
devices = {'iosv-1': {'prompt': 'iosv-1#', 'ip': '172.16.1.20'},
           'iosv-2': {'prompt': 'iosv-2#', 'ip': '172.16.1.21'}}
```

这个嵌套字典允许我们用适当的 IP 地址和提示符引用同一个设备（如 iosv-1）。然后在后面的循环中可以让 expect () 方法使用这些值。

最后会在屏幕上为每一个设备打印 show version | i V 输出：

```
(venv) $ python chapter2_1.py
b'show version | i V\r\nCisco IOS Software, IOSv Software (VIOSADVENTERPRISEK9-
M), Version 15.6(3)M2, RELEASE SOFTWARE (fc2)\r\
nProcessor board ID 9Y0KJ2ZL98EQQVUED5T2Q\r\n'
b'show version | i V\r\nCisco IOS Software, IOSv Software (VIOSADVENTERPRISEK9-
```

M)，Version 15. 6(3)M2，RELEASE SOFTWARE (fc2)\r\n'

以上我们看到了一个基本的 Pexpect 例子，下面将更深入地分析这个库的更多其他特性。

2.3.5　更多 Pexpect 特性

在这一节中，我们将了解更多 Pexpect 特性，某些情况下这些特性可能会派上用场。

如果你的远程设备有一个慢速或快速连接，expect（）方法默认的超时时间是 30 秒，可以通过 timeout 参数增加或减少这个时间：

>>>child. expect('Username', timeout = 5)

可以使用 interact（）方法将命令传回用户。如果只想自动化初始任务的某些部分，这会很有用：

>>>child. sendline('show version | i V')

19

>>>child. expect('iosv - 1 #')

0

>>>child. before

b'show version | iVrnCisco IOS Software, IOSv Software (VIOSADVENTERPRISEK9 -

M)，Version 15. 6(2)T，RELEASE SOFTWARE (fc2)rnProcessor

board ID 9MM4BI7B0DSWK40KV1IIRrn'

>>>child. interact()

show version | i V

Cisco IOS Software, IOSv Software (VIOS - ADVENTERPRISEK9 - M)，Version

15. 6(3)M2，RELEASE SOFTWARE (fc2)

Processor board ID 9Y0KJ2ZL98EQQVUED5T2Q

iosv - 1 # sh run | i hostname

hostname iosv - 1

iosv - 1 # exit

Connection closed by foreign host.

>>>

通过用字符串格式打印 child. spawn 对象，可以得到它的大量信息：

>>> str(child)

"<pexpect. pty_spawn. spawn object at 0x7f95f25ff780>\ncommand：/usr/

bin/telnet\nargs：['/usr/bin/telnet', '172. 16. 1. 20']\nbuffer (last 100

chars)：b'\nbefore (last 100 chars)：b' * \\r\\n * * * * *

```
*************************************************************
*********** \\r\\n'\nafter: b'iosv-1#'\nmatch: <_sre. SRE_Match object;
span=(612, 619), match=b'iosv-1#'>\nmatch_index: 0\nexitstatus: 1\
nflag_eof: False\npid: 5676\nchild_fd: 5\nclosed: False\ntimeout: 30\
ndelimiter: <class 'pexpect. exceptions. EOF'>\nlogfile: None\nlogfile_
read: None\nlogfile_send: None\nmaxread: 2000\nignorecase: False\
nsearchwindowsize: None\ndelaybeforesend: 0. 05\ndelayafterclose: 0. 1\
ndelayafterterminate: 0. 1"
>>>
```

Pexpect 最有用的调试工具是将输出记录到一个文件：

```
>>> child = pexpect. spawn('telnet 172. 16. 1. 20')
>>>child. logfile = open('debug', 'wb')
```

 对于 Python 2，要使用 child. logfile = open（'debug', 'w'）。Python 3 默认使用字节串。关于 Pexpect 特性的更多信息，参见 https: //pexpect. readthedocs. io/en/stable/api/index. html。

到目前为止，我们的例子一直在使用 telnet，这使得我们在会话中以明文形式进行通信。在现代网络中，通常会使用安全 shell（**secure shells**，SSH）进行管理。下一节我们就会介绍使用 SSH 的 Pexpect。

2. 3. 6　Pexpect 和 SSH

如果尝试使用前面的 Telnet 示例并把它插入到一个 SSH 会话中，你会发现这种体验很让人恼火。总是要在会话中包含用户名，要回答 ssh 新密钥问题，还要完成很多常规任务。让 SSH 会话工作的方法有很多，不过幸运的是，Pexpect 有一个名为 pxssh 的子类，专门用于建立 SSH 连接。这个类为登录、注销和各种复杂问题增加了一些方法来处理 ssh 登录过程中不同情况。

下面为 iosv-1 生成连接 ssh 的 ssh-key：

```
iosv-1(config)#crypto key generatersa general-keys
The name for the keys will be: iosv-1. virl. info
Choose the size of the key modulus in the range of 360 to 4096 for your
General Purpose Keys. Choosing a key modulus greater than 512 may take a
few minutes

How many bits in the modulus [512]: 2048
% Generating 2048 bit RSA keys, keys will be non-exportable...
```

[OK] (elapsed time was 2 seconds)

过程基本上是一样的，只有 login（）和 logout（）有所不同：

```
>>> from pexpect import pxssh
>>> child = pxssh.pxssh()
>>> child.login('172.16.1.20', 'cisco', 'cisco', auto_prompt_reset = False)
True
>>> child.sendline('show version | i V')
19
>>> child.expect('iosv-1#')
0
>>> child.before
b'show version | iVrnCisco IOS Software, IOSv Software (VIOSADVENTERPRISEK9 -
M), Version 15.6(2)T, RELEASE SOFTWARE (fc2) Processor
board ID 9MM4BI7B0DSWK40KV1IIRrn'
>>> child.logout()
>>>
```

注意 login（）方法中的 auto_prompt_reset=False 参数。默认情况下，pxssh 使用 shell 提示符来同步输出。不过，由于它对大多数 bash-shell 或 c-shell 都使用 PS1 选项，在 Cisco 或其他网络设备上会报错。

2.3.7　Pexpect 示例集成

作为最后一步，下面把目前为止关于 Pexpect 学到的所有内容都集成到一个脚本中。通过将代码放入一个脚本，这样可以在生产环境中更容易地使用，另外也更容易与你的同事共享。下面将编写我们的第二个脚本 chapter2_2.py。

可以从本书 GitHub 存储库下载这个脚本，https：//github.com/PacktPublishing/Mastering-Python-Networking-Third-Edition。

如果还没有在另一个路由器（iosv-2）上生成 ssh 密钥，现在就应当生成这个密钥：

```
iosv-2(config)#crypto key generatersa general-keys
The name for the keys will be: iosv-2.virl.info
Choose the size of the key modulus in the range of 360 to 4096 for your
General Purpose Keys. Choosing a key modulus greater than 512 may take a
```

few minutes

How many bits in the modulus [512]: 2048

% Generating 2048 bit RSA keys, keys will be non-exportable...

[OK] (elapsed time was 2 seconds)

参考下面的代码：

```python
#! /usr/bin/env python

import getpass
from pexpect import pxssh

devices = {'iosv-1': {'prompt': 'iosv-1#', 'ip': '172.16.1.20'},
           'iosv-2': {'prompt': 'iosv-2#', 'ip': '172.16.1.21'}}

commands = ['term length 0', 'show version', 'show run']
username = input('Username: ')
password = getpass.getpass('Password: ')

# Starts the loop for devices
for device in devices.keys():
    outputFileName = device + '_output.txt'
    device_prompt = devices[device]['prompt']
    child = pxssh.pxssh()
    child.login(devices[device]['ip'], username.strip(), password.strip(), auto_prompt_reset=False)
    # Starts the loop for commands and write to output
    with open(outputFileName, 'wb') as f:
        for command in commands:
            child.sendline(command)
            child.expect(d evice_prompt)
            f.write(child.before)

    child.logout()
```

这个脚本扩展了我们的第一个 Pexpect 程序，增加了以下特性：

• 使用 SSH 而不是 Telnet。

• 将命令放在一个列表中（第 8 行）并循环处理这些命令（从第 20 行开始），从而支持多个命令而不只是一个命令。

- 提示用户提供用户名和密码，而不是硬编码写在脚本中。
- 将输出写入两个文件，iosv‑1_output.txt 和 ios‑2_output.txt，以便进一步分析。

对于 Python 2，要使用 raw_input（）而不是 input（）来提示输入用户名。另外文件模式要用 w 而不是 wb。

2.4　Python Paramiko 库

Paramiko 是 SSHv2 协议的 Python 实现。与 Pexpect 的 pxssh 子类一样，Paramiko 简化了主机和远程设备之间的 SSHv2 交互。但不同于 pxssh，Paramiko 只关注 SSHv2，而没有 Telnet 支持。它还提供了客户和服务器操作。

Paramiko 是高级自动化框架 Ansible 网络模块的底层 SSH 客户端。我们将在**第 4 章　Python 自动化框架：Ansible 基础**和**第 5 章　Python 自动化框架：进阶**介绍 Ansible。下面来看 Paramiko 库。

2.4.1　Paramiko 安装

使用 Pythonpip 安装 Paramiko 非常简单。不过，它严格依赖密码库（**cryptography**）。这个库为 SSH 协议提供了底层基于 C 的加密算法。

对于 Windows、Mac 和其他 Linux 版本，安装说明参见：https://cryptography.io/en/latest/installation/。

我们将通过下面的输出展示 Ubuntu 18.04 虚拟机上的 Paramiko 安装。以下输出显示了安装步骤，以及如何在 Python 交互式环境中成功导入 Paramiko：

```
sudo apt-get install build-essential libssl-dev libffi-dev python3-dev
pip install cryptography
pip install paramiko
```

下面用 Python 解释器导入 Paramiko 来测试这个库的用法：

```
$ python
Python 3.6.8 (default, Aug 20 2019, 17:12:48)
[GCC 8.3.0] on linux
Type "help", "copyright", "credits" or "license" for more information.
```

```
>>> import paramiko
>>>exit()
```

下一节就来介绍 Paramiko。

2.4.2 Paramiko 概述

下面使用 Python 3 交互式 shell 来看一个简单的 Paramiko 例子：

```
>>> import paramiko, time
>>> connection = paramiko.SSHClient()
>>>connection.set_missing_host_key_policy(paramiko.AutoAddPolicy())
>>>connection.connect('172.16.1.20', username = 'cisco', password = 'cisco',
look_for_keys = False, allow_agent = False)
>>>new_connection = connection.invoke_shell()
>>> output = new_connection.recv(5000)
>>> print(output) b"r
\n\ ************************************************************
**********
*** rn * IOSv is strictly limited to use for evaluation, demonstration
and IOS * rn * education. IOSv is provided as - is and is not supported by
Cisco's
* rn * Technical Advisory Center. Any use or disclosure, in whole or in
part,
* rn * of the IOSv Software or Documentation to any third party for any
* rn * purposes is expressly prohibited except as otherwise authorized by
* rn * Cisco in writing.
* rn ************************************************************
**********
** rniosv - 1#"
>>>new_connection.send("show version | i V\n")
19
>>>time.sleep(3)
>>> output = new_connection.recv(5000)
>>> print(output)
b'show version | iVrnCisco IOS Software, IOSv Software (VIOSADVENTERPRISEK9 -
M), Version 15.6(2)T, RELEASE SOFTWARE (fc2)rnProcessor
board ID 9MM4BI7B0DSWK40KV1IIRrniosv - 1#'
```

```
>>>new_connection.close()
>>>
```

 time.sleep（）函数插入一个时间延迟，以确保捕获所有输出。这对于较慢的网络连接或繁忙的设备尤其有用。这个命令不是必要的，不过根据你的具体情况建议使用这个命令。

即使你是第一次看到 Paramiko 操作，但由于 Python 的美妙和它清晰的语法，这意味着，你能很有根据地猜测这个程序要做什么：

```
>>> import paramiko
>>> connection = paramiko.SSHClient()
>>>connection.set_missing_host_key_policy(paramiko.AutoAddPolicy())
>>>connection.connect('172.16.1.20', username = 'cisco', password = 'cisco',
look_for_keys = False, allow_agent = False)
```

前 4 行代码创建了 Paramiko SSHClient 类的一个实例。下一行设置客户端应当使用的密钥策略；在这里，iosv‑1 既不在系统主机密钥中，也不在应用的密钥中。在这种情况下，我们会自动将密钥增加到应用的 HostKeys 对象。此时，如果登录路由器，会看到额外的一个 Paramiko 登录会话：

```
iosv‑1#who
Line User Host(s) Idle Location
 *578 vty 0 cisco idle 00：00：00 172.16.1.1
579 vty 1 cisco idle 00：01：30 172.16.1.173
Interface User Mode Idle Peer Address
iosv‑1#
```

接下来几行从这个连接调用一个新的交互式 shell，然后是发送命令并获取输出的一个可重复的模式。最后关闭这个连接。

以前用过 Paramiko 的一些读者可能很熟悉 exec_command（）方法，而不是调用一个 shell。为什么我们要调用一个交互式 shell，而不是直接使用 exec_command（）呢？因为很遗憾，Cisco IOS 上的 cxec_command（）只允许执行一个命令。考虑以下对这个连接使用 exec_command（）的例子：

```
>>>connection.connect('172.16.1.20', username = 'cisco', password = 'cisco',
look_for_keys = False, allow_agent = False)
>>> stdin, stdout, stderr = connection.exec_command('show version | i
V\n')
```

```
>>>stdout.read()
b'Cisco IOS Software, IOSv Software (VIOS - ADVENTERPRISEK9 - M),
Version 15.6(2)T, RELEASE SOFTWARE (fc2)rnProcessor board ID
9MM4BI7B0DSWK40KV1IIRrn'
>>>
```

一切都很好。不过，如果查看 Cisco 设备上的会话数，你会注意到这个连接被 Cisco 设备关掉了，而你并没有关闭这个连接：

```
iosv - 1#who
Line User Host(s) Idle Location
* 578 vty 0 cisco idle 00：00：00 172.16.1.1
Interface User Mode Idle Peer Address
iosv - 1#
```

由于 SSH 会话不再处于活动状态，如果想要向远程设备发送更多命令，exec_command () 将返回一个错误：

```
>>> stdin, stdout, stderr = connection.exec_command('show version | i
V\n')
Traceback (most recent call last)：
File "<stdin>", line 1, in <module>
File "/usr/local/lib/python3.5/dist - packages/paramiko/client.py", line
435, in exec_command
chan = self._transport.open_session(timeout = timeout)
File "/usr/local/lib/python3.5/dist - packages/paramiko/transport.py", line
711, in open_session
timeout = timeout)
File "/usr/local/lib/python3.5/dist - packages/paramiko/transport.py", line
795, in open_channel
raise SSHException('SSH session not active') paramiko.ssh_exception.
SSHException：SSH session not active
>>>
```

在前面的例子中，new_connection.recv () 命令显示了缓冲区中的内容，并隐式地为我们将其清空。如果不清空接收到的缓冲区会发生什么呢？输出将继续填充缓冲区并把它覆盖：

```
>>>new_connection.send("show version | i V\n")
```

19

```
>>>new_connection.send("show version | i V\n")
19
>>>new_connection.send("show version | i V\n")
19
>>>new_connection.recv(5000)
b'show version | iVrnCisco IOS Software, IOSv Software (VIOSADVENTERPRISEK9 -
M), Version 15.6(2)T, RELEASE SOFTWARE (fc2)rnProcessor
board ID 9MM4BI7B0DSWK40KV1IIRrniosv - 1#show version | iVrnCisco IOS
Software, IOSv Software (VIOS - ADVENTERPRISEK9 - M), Version 15.6(2)T,
RELEASE SOFTWARE (fc2)rnProcessor board ID 9MM4BI7B0DSWK40KV1IIRrniosv -
1#show version | iVrnCisco IOS Software, IOSv Software (VIOSADVENTERPRISEK9 -
M), Version 15.6(2)T, RELEASE SOFTWARE (fc2)rnProcessor
board ID 9MM4BI7B0DSWK40KV1IIRrniosv - 1#'
>>>
```

为了保证确定性输出的一致性，我们将在每次执行一个命令时从缓冲区获取输出。

2.4.3　第一个 Paramiko 程序

我们的第一个 Paramiko 程序所采用的基本结构与前面集成的 Pexpect 程序相同。我们将循环处理设备和命令列表，只不过要使用 Paramiko 而不是 Pexpect。这样就能对 Paramiko 和 Pexpect 之间的差异做一个很好的比较。

现在可以从本书 GitHub 存储库下载代码 chapter2 _ 3.py（如果你还没有下载），地址是 https://github.com/PacktPublishing/Mastering - Python - Networking - Third - Edition。这里我会列出一些明显的差异：

```
devices = {'iosv - 1': {'ip': '172.16.1.20'}, 'iosv - 2': {'ip':
'172.16.1.21'}}
```

使用 Paramiko 时不再需要匹配设备提示符，因此，设备字典可以简化：

```
commands = ['show version', 'show run']
```

Paramiko 中没有与 sendline 对应的命令，实际上，我们要在每个命令中手动地加入换行符：

```
def clear_buffer(connection):
    if connection.recv_ready():
        return connection.recv(max_buffer)
```

这里包含了一个新方法来清空缓冲区，以发送诸如 terminal length 0 或 enable 的命令，因为我们不需要这些命令的输出。我们只想清空缓冲区并得到执行提示符。稍后将在循环中使用这个函数，如脚本的第 25 行：

```
output = clear_buffer(new_connection)
```

这个程序的其余部分应该是不言自明的，与这一章前面介绍的内容类似。最后要指出的是，由于这是一个交互式程序，我们设置了一个缓冲区，并等待命令在远程设备上完成，然后再获取输出：

```
time.sleep(5)
```

清空缓冲区之后，执行命令之间的时间里，我们将等待 5 秒。如果设备繁忙，这将为设备提供足够的时间来做出响应。

2.4.4 更多 Paramiko 特性

在*第 4 章　Python 自动化框架：Ansible 基础*讨论 Ansible 时，我们还会再来介绍 Paramiko，因为 Paramiko 是很多网络模块的底层传输方法。这里先来看 Paramiko 的其他一些特性。

Paramiko 用于服务器

Paramiko 也可以通过 SSHv2 用来管理服务器。下面来看如何使用 Paramiko 管理服务器的一个例子。我们将为 SSHv2 会话使用基于密钥的认证。

在这个例子中，我使用了目标服务器所在同一个虚拟机管理程序中的另一个 Ubuntu 虚拟机。也可以使用 VIRL 模拟器上的一个服务器，或者某个公共云提供商（如 Amazon AWS EC2）的一个实例。

为我们的 Paramiko 主机生成一个公钥 - 私钥对：

```
ssh-keygen -t rsa
```

默认地，这个命令将生成一个名为 id_rsa.pub 的公钥（作为用户主目录～/.ssh 下的公钥）和一个名为 id_rsa 的私钥。正如你不希望与任何人分享你的私人密码一样，同样要小心保护私钥。可以把公钥看作是识别你的身份的名片。通过使用私钥和公钥，消息将在本地用你的私钥加密，再由远程主机使用公钥解密。我们要把公钥复制到远程主机。在生产环境中，这可以使用一个外置 USB 驱动器做到，在我们的实验室中，可以简单地将公钥复制到远程主机的～/.ssh/authorized_keys 文件。为远程服务器打开一个终端窗口，以便粘贴公钥。

在安装 Paramiko 的管理主机上复制～/.ssh/id_rsa.pub 的内容：

```
$ cat ~/.ssh/id_rsa.pub
ssh-rsa<your public key>
```

然后，把它粘贴到远程主机的 user 目录下，在这里，我在两端都使用了 echou：

＜Remote Host＞ $ vim ~/.ssh/authorized_keys

ssh-rsa＜your public key＞

现在可以使用 Paramiko 管理远程主机了。注意，在本例中，我们将使用私钥进行认证，并使用 exec_command () 方法发送命令：

```
>>> import paramiko
>>> key = paramiko.RSAKey.from_private_key_file('/home/echou/.ssh/id_rsa')
>>> client = paramiko.SSHClient()
>>> client.set_missing_host_key_policy(paramiko.AutoAddPolicy())
>>> client.connect('192.168.199.182', username='echou', pkey=key)
>>> stdin, stdout, stderr = client.exec_command('ls -l')
>>> stdout.read()
b'total 44ndrwxr-xr-x 2 echouechou 4096 Jan 7 10：14 Desktopndrwxr-xr-x 2
echouechou 4096 Jan 7 10：14 Documentsndrwxr-xr-x 2 echouechou 4096 Jan
7
10：14 Downloadsn-rw-r--r-- 1 echouechou 8980 Jan 7 10：03
examples.desktopndrwxr-xr-x 2 echouechou 4096 Jan 7 10：14 Musicndrwxrxr-
x
echouechou 4096 Jan 7 10：14 Picturesndrwxr-xr-x 2 echouechou 4096 Jan
7 10：14 Publicndrwxr-xr-x 2 echouechou 4096 Jan 7 10：14 Templatesndrwxrxr-
x
2 echouechou 4096 Jan 7 10：14 Videosn'
>>> stdin, stdout, stderr = client.exec_command('pwd')
>>> stdout.read()
b'/home/echoun'
>>> client.close()
>>>
```

注意，在这个服务器示例中，我们不需要创建一个交互式会话来执行多个命令。现在，可以在你的远程主机 SSHv2 配置中关闭基于密码的认证，而使用更安全的基于密钥的认证（并支持自动化）。有些网络设备（如 Cumulus 和 Vyatta 交换机）也支持基于密钥的认证。

2.4.5　Paramiko 示例集成

这一章就要结束了。在最后这一节中，我们要让这个 Paramiko 程序更具可重用性。现在的脚本有一个缺点：每当我们想要增加或删除一个主机时，或者每当需要修改在远程主机上执行的命令时，都需要打开脚本。

这是因为，主机和命令信息都是静态写入脚本的。硬编码写入主机和命令的出错概率更大。不仅如此，如果把这个脚本传给同事，他们可能并不愿意使用 Python、Paramiko 或 Linux。

通过将主机和命令文件都作为脚本的参数读入，就能消除这样一些问题。需要更改主机或命令时，用户（以及将来的你）只需要简单地修改这些文本文件。

我们在名为 chapter2＿4.py 的脚本中做了一个变更。

不过并不是硬编码写入命令，我们将命令分解到一个单独的 commands.txt 文件。到目前为止，我们一直在使用 show 命令；在这个例子中，我们将做一些配置更改。具体地，我们要把日志缓冲区的大小改为 30000 字节：

```
$ cat commands.txt
config t
logging buffered 30000
end
copy run start
```

设备的信息会写入一个 devices.json 文件。我们选择 JSON 格式表示设备的信息，这是因为 JSON 数据类型可以很容易地转换为 Python 字典数据类型：

```
$ cat devices.json
{
"iosv-1": {"ip": "172.16.1.20"},
"iosv-2": {"ip": "172.16.1.21"}
}
```

在这个脚本中，我们做了以下修改：

```
with open('devices.json', 'r') as f:
    devices = json.load(f)

with open('commands.txt', 'r') as f:
    commands = f.readlines()
```

下面是执行这个脚本得到的输出（有所缩减）：

```
(venv) $ python chapter2_4.py
Username: cisco
Password:
b'terminal length 0\r\niosv-1#config t\r\nEnter configuration commands,
```

```
one per line. End with CNTL/Z. \r\nios v-1(config)#'
b'logging buffered 30000\r\niosv-1(config)#'
b'end\r\niosv-1#'
<skip>
```

快速做个检查，确保 running-config 和 startup-config 中都已经做了这个更改：

```
iosv-1#sh run | i logging
logging buffered 30000
iosv-1#sh start | i logging
logging buffered 30000

iosv-2#sh run | i logging
logging buffered 30000
iosv-2#sh start | i logging
logging buffered 30000
```

Paramiko 库是一个用于处理交互式命令行程序的通用库。对于网络管理，还有另一个 Netmiko 库，它是 Paramiko 的一个分支，专门为网络设备管理而构建。我们将在下一节介绍这个库。

2.5　Netmiko 库

Paramiko 是一个非常好的库，可以与 Cisco IOS 和其他供应商设备进行低层交互。不过，在前面的例子中，你有没有注意到？在 iosv-1 和 isov-2 之间对于设备登录和执行会重复很多相同的步骤。一旦有更多的自动化命令，我们还会开始反复捕获输出，并把它们格式化为可用的格式。如果有人能写一个 Python 库来简化这些底层步骤，并与其他网络工程师共享，那该多好！

自 2014 年以来，Kirk Byers（https：//github.com/ktbyers）一直致力于简化网络设备管理的开源计划。在这一节中，我们将介绍他创建的 Netmiko（https：//github.com/ktbyers/netmiko）库的一个例子。

首先，使用 pip 安装 netmiko 库：

```
(venv) $ pip install netmiko
```

我们可以使用 Kirk 网站上发布的例子：https：//pynet.twb-tech.com/blog/automation/netmiko.html，并应用到我们的实验室。首先导入这个库及其 ConnectHandler 类。然后将我们的 device 参数定义为一个 Python 字典，并把它传递给 ConnectHandler。注意，我们在 device 参

数中定义 device _ type 为 cisco _ ios。

```
>>> from netmiko import ConnectHandler
>>> ios_v1 = {'device_type': 'cisco_ios', 'host': '172.16.1.20',
'username': 'cisco', 'password': 'cisco'}
>>> net_connect = ConnectHandler(**ios_v1)
```

从这里开始就可以简化了。注意，这个库会自动确定设备提示符，并格式化 show 命令返回的输出：

```
>>> net_connect.find_prompt()
'iosv-1#'
>>> output = net_connect.send_command('show ip int brief')
>>> print(output)
Interface                IP-Address       OK? Method Status
Protocol
GigabitEthernet0/0       172.16.1.20      YES NVRAM up
up
GigabitEthernet0/1       10.0.0.5         YES NVRAM up
up
Loopback0                192.168.0.1      YES NVRAM up
up
```

下面来看另一个例子，这是我们的实验室中第二个 Cisco IOS 设备，不过这一次启动 ConnectHandler 对象时我们会定义 iosv-2 参数，并且将发送 configuration 命令而不是 show 命令。需要说明，command 属性是一个可以包含多个命令的列表：

```
>>> net_connect_2 = ConnectHandler(device_type='cisco_ios',
host='172.16.1.21', username='cisco', password='cisco')
>>> output = net_connect_2.send_config_set(['logging buffered 19999'])
>>> print(output)
config term
Enter configuration commands, one per line. End with CNTL/Z.
iosv-2(config)#logging buffered 19999
iosv-2(config)#end
iosv-2#
>>> exit()
```

netmiko 库是一个非常节省时间的库，很多网络工程师都在使用这个库。在下一节中，我们将介绍 Nornir（https：//github. com/nornirautomation/nornir）框架，这个框架的目的是简化低层交互。

2.6　Nornir 框架

Nornir（https：//nornir. readthedocs. io/en/latest/）是一个直接从 Python 使用的纯 Python 自动化框架。我们将在*第 4 章　Python 自动化框架：Ansible 基础*和*第 5 章　Python 自动化框架：进阶*中讨论用 Python 编写的另一个自动化框架 Ansible。我之所以想要在这一章介绍这个框架，是为了说明还可以采用另一种方法通过低层交互实现设备自动化。不过，如果你刚刚开始自动化之旅，那么读完*第 5 章　Python 自动化框架：进阶*之后再来学习这个框架会更合适。你可以先简单浏览一下这里的例子，以后再回来仔细研究。

当然，首先要在我们的环境中安装 nornir：

(venv) $ pip install nornir

Nornir 希望我们定义一个清单文件 hosts. yaml，其中包含 YAML 格式的设备信息。这个文件中指定的信息与我们之前在 Netmiko 示例中使用 Python 字典定义的信息并没有什么不同：

```
- - -
iosv－1：
    hostname：'172. 16. 1. 20'
    port：22
    username：'cisco'
    password：'cisco'
    platform：'cisco_ios'

iosv－2：
    hostname：'172. 16. 1. 21'
    port：22
    username：'cisco'
    password：'cisco'
    platform：'cisco_ios'
```

可以使用 nornir 库的 netmiko 插件与我们的设备交互，如 chapter2_5. py 文件所示：

```
from nornir import InitNornir
from nornir. plugins. tasks. networking import netmiko_send_command
from nornir. plugins. functions. text import print_result
```

```
nr = InitNornir()

result = nr.run(
    task = netmiko_send_command,
    command_string = "show arp"
)

print_result(result)
```

执行输出如下所示：

```
(venv) $ python chapter2_5.py
netmiko_send_
command************************************************************
* iosv-1 ** changed : False **************************************
******
vvvvnetmiko_send_command ** changed : False vvvvvvvvvvvvvvvvvvvvvvv
vvvvvvv INFO
Protocol Address          Age (min)  Hardware Addr    Type   Interface
Internet 10.0.0.5                -   fa16.3e0e.a3a3   ARPA
GigabitEthernet0/1
Internet 10.0.0.6               40   fa16.3ed7.1041   ARPA
GigabitEthernet0/1
^^^^ END netmiko_send_command ^^^^^^^^^^^^^^^^^^^^^^^^^^^^^^^^^^^^^^
^^^^^^^
* iosv-2 ** changed : False **************************************
******
vvvvnetmiko_send_command ** changed : False vvvvvvvvvvvvvvvvvvvvvvv
vvvvvvv INFO
Protocol Address          Age (min)  Hardware Addr    Type   Interface
Internet 10.0.0.5               40   fa16.3e0e.a3a3   ARPA
GigabitEthernet0/1
Internet 10.0.0.6                -   fa16.3ed7.1041   ARPA
GigabitEthernet0/1
^^^^ END netmiko_send_command ^^^^^^^^^^^^^^^^^^^^^^^^^^^^^^^^^^^^^^
^^^^^^^
```

除了 Netmiko，Nornir 中还有其他一些插件，如常用的 NAPALM 库（https：//github.com/napalm-automation/napalm）。可以查看 Nornir 项目主页了解最新的插件：https：//nornir.

readthedocs. io/en/latest/plugins/index. html。

 我们在第 15 章　网络测试驱动开发介绍测试和验证时还会讨论另一个自动化框架 pyATS&Genie。

在这一章中，我们在使用 Python 实现网络自动化方面迈出了很大一步。不过，我们使用的一些方法感觉像是自动化的变通方法。我们试图哄骗远程设备，让它们以为在与另一端的一个人进行交互。尽管我们使用了 Netmiko 或 Nornir 框架之类的库，不过底层方法还是一样的。只是其他人做了一些工作来帮助抽象低层交互的烦琐工作，但处理只支持 CLI 的设备的诸多缺点仍然存在。

展望未来，下面来讨论 Pexpect 和 Paramiko 与其他工具相比的一些缺点，为下一章讨论 API 驱动的方法做好准备。

Pexpect 和 Paramiko 相比其他工具的缺点

到目前为止，对于只支持 CLI 的设备，我们的自动化方法最大的缺点是远程设备不能返回结构化数据。它们返回的数据很适合显示在终端上，由人来解释，而不是由计算机程序解释。人的眼睛可以很容易地解释一个空白，而计算机只能看到返回字符。

下一章我们会介绍一种更好的方法。作为*第 3 章　API 和意图驱动网络*的前奏，下面来讨论幂等性的概念。

2.6.1.1　幂等网络设备交互

取决于上下文，幂等性（*idempotency*）一词有多种不同的含义。不过，在本书上下文中，这个术语的含义是，当客户对一个远程设备做同样的调用时，结果应该总是相同的。我相信我们都同意这是必要的。设想这样一个场景：每次执行相同的脚本时，返回的结果却都不一样。我发现这种情况非常可怕。如果是这样，怎么能相信你的脚本呢？这会使我们的自动化工作变得毫无用处，因为我们要准备处理不同的返回结果。

由于 Pexpect 和 Paramiko 会交互式地执行一系列命令，因此更有可能进行非幂等的交互。另外再考虑到需要筛选返回结果来找出有用的元素，这使得出现差异的风险会更大。在我们编写脚本和第 100 次执行这个脚本之间，远程端的某些内容可能已经发生了变化。例如，如果供应商在不同版本之间对屏幕输出做了更改，而我们没有更新脚本，那么脚本就会无法正常工作。

如果生产环境中需要依赖这个脚本，就要尽可能保证脚本的幂等性。

2.6.1.2　糟糕的自动化会加快糟糕的事情发生

糟糕的自动化会让你更快地后悔，就这么简单。计算机执行任务的速度要比我们人类工程师快得多。如果我们让人类与脚本执行相同的一组操作流程，脚本将比人类更快地完成，有时甚至没能在流程之间建立一个稳固的反馈循环。互联网上到处是类似这样的恐怖故事：有人按下回车键后，马上就后悔了。

我们需要确保尽可能减少糟糕的自动化脚本造成破坏的可能性。我们都会犯错，在生产环境完成任何工作之前都要仔细测试你的脚本，另外要有一个小的爆炸半径（blast radius），这是确保在错误出现并造成破坏之前先将它捕获的两个关键。任何工具或人都不能完全消除错误，但我们可以尽最大努力减少错误。正如我们看到的，尽管我们在这一章中使用的一些库非常棒，但是低层基于 CLI 的方法本质上是有缺陷的，而且容易出错。我们将在下一章介绍 API 驱动的方法，它能解决 CLI 驱动的管理方法存在的一些缺陷。

2.7　小结

在这一章中，我们介绍了与网络设备直接通信的低层方法。如果没有办法以编程方式进行通信并对网络设备做出更改，就不可能实现自动化。我们介绍了 Python 的两个库，它们允许我们管理原本用 CLI 管理的设备。尽管很有用，但是很容易看到这个过程是多么脆弱。这主要是因为这些网络设备原本就是要由人来管理，而不是由计算机管理。

在*第 3 章　API 和意图驱动网络*中，我们会介绍支持 API 的网络设备和意图驱动网络。

第 3 章　API 和意图驱动网络

在**第 2 章　低层网络设备交互**中，我们介绍了使用 Pexpect 和 Paramiko 与网络设备交互的方法。这两个工具都使用一个持久会话模拟用户输入命令，就像他们坐在终端前一样。在某种程度上这是可行的。可以很容易地发送命令在设备上执行并捕获输出。但是，如果输出不只是几行字符，计算机程序将很难解释这些输出。Pexpect 和 Paramiko 返回的输出是原本要由人阅读的一系列字符。输出的结构中包括一些行和空白，这对人类是友好的，计算机程序却很难理解。

为了让计算机程序自动执行我们想完成的任务，我们需要解释返回的结果，并根据返回的结果采取后续行动。如果不能准确而且可预测地解释返回的结果，我们就不能信心十足地执行下一个命令。

幸运的是，这个问题已经被互联网社区解决了。想象一下计算机和人在阅读网页时有哪些不同。人类会看到浏览器解释的文字、图片和空白，计算机看到的是原始的 HTML 代码、Unicode 字符和二进制文件。如果一个网站需要成为另一个计算机的 web 服务，会发生什么？同样的 web 资源不仅需要适应人类客户，还要适应其他计算机程序。这个问题听起来是不是很熟悉？是不是很像我们之前介绍过的一个问题？

答案就是应用程序接口（**application program interface，API**）。需要指出，根据维基百科的描述，API 是一个概念，而不是某个特定的技术或框架：

在计算机编程中，应用编程接口（application programming interface，API）是一组用于构建应用软件的子例程定义、协议和工具。一般说来，这是在不同软件组件之间进行通信的一组明确定义的方法。一个好的 API 通过提供所有构建块，可以让程序员更容易地组合这些构建块来开发计算机程序。

对我们来说，这组明确定义的通信方法就是要在 Python 程序和目标设备之间通信。网络设备的 API 为计算机程序提供了一个单独的接口。具体的 API 实现是特定于供应商的。一个供应商可能比较喜欢 XML，而另一个供应商可能使用 JSON；有些可能提供 HTTPS 作为底层传输协议，而另外一些可能提供 Python 库作为包装器。我们将在这一章分别介绍相应的例子。

尽管存在诸多差别，但 API 的概念都是一样的：这是一种针对其他计算机程序而优化的通信方法。

在这一章中，我们将介绍以下主题：

- 基础设施即代码（**infrastructure as code，IaC**）、意图驱动网络和数据建模。
- Cisco NX - API 和应用为中心的基础设施（**Application Centric Infrastructure，ACI**）。
- Juniper 网络配置协议（**Network Configuration Protocol，NETCONF**）和 PyEZ。
- Arista eAPI 和 pyeapi。

首先来分析为什么我们想要把基础设施作为代码。

3.1　基础设施即代码

在一个完美的世界里，设计和管理网络的网络工程师和架构师应该关注他们希望网络实现的目标，而不是设备级的交互。但我们都知道，这个世界远非完美。多年前，我在一家二级 ISP 实习时，既好奇又兴奋，我的第一项任务是在客户站点上安装一个路由器，来建立他们的分级帧中继链路（还记得吗？）。我要怎么做？我问。我拿到建立帧中继链路的一个标准操作程序。我去了客户站点，盲目地输入命令，看到绿灯闪烁，然后高高兴兴地打包回家，为自己出色地完成了工作沾沾自喜。尽管这个任务很令人兴奋，但我并不完全明白自己在做什么。我只是简单地按照说明操作，而没有考虑我输入的命令是什么含义。如果亮的是红灯而不是绿灯，我要如何排除故障呢？我想我肯定会打电话到办公室求救的（可能还会抹眼泪）。

当然，网络工程绝对不只是在设备中键入命令，而是要建立一种方法，从而使服务可以从一处传送到另一处，而且要尽可能减少摩擦。我们使用的命令和所要解释的输出只是达到最终目的的手段。换句话说，应该关注我们对网络的意图。**为了让设备做我们想让它做的事情，我们会使用一些命令，不过与这些命令的语法相比，我们希望网络实现的目标要重要得多。**如果进一步抽象这个概念，即把我们的意图描述为代码行，可以将整个基础设施描述为一个特定的状态。基础设施将用代码行描述，并由必要的软件或框架保证这一状态。

3.1.1　意图驱动网络

自这本书第 1 版出版以来，主要网络供应商选择用基于意图的网络（**intent - based networking，IBN**）和意图驱动网络（**intent - driven networking，IDN**）描述他们的下一代设备之后，这些术语的使用大幅上升。这两个术语的意思大致相同。*在我看来，意图驱动网络的概念是：定义网络应该处于的一种状态，并使用软件代码保证这种状态。*举例来说，如果我的目标是阻止从外部访问端口 80，这就要声明为网络的意图。底层软件负责了解具体语法在边界路由器上配置和应用必要的访问列表，来实现这一目标。当然，IDN 只是一个概念，并不会对具体实现给出明确的答案。为了保证我们声明的意图，我们使用的软件可以是一个库、一个框架，或者是从供应商那里购买的一个完整的包。

使用 API 时，在我看来，它会使我们更接近意图驱动网络的状态。简而言之，因为我们将目标设备上执行的特定命令抽象为一个层，所以我们关注的是意图，而不是特定的命令。例如，再来看阻止访问端口 80 的访问列表示例，我们可能在 Cisco 上使用访问列表和访问组，也可能在 Juniper 上使用过滤列表。不过，如果使用 API，我们的程序可以向执行者询问意图，并屏蔽与这个软件通信的物理设备。甚至可以使用更高层的声明性框架，如 Ansible，这会在**第 4 章　Python 自动化框架：Ansible 基础**中介绍。不过现在我们重点考虑网络 API。

3.1.2　屏幕抓取与 API 结构化输出

想象这样一个常见的场景：我们需要登录到网络设备，并确保设备上的所有接口都处于 up/up 状态（状态和协议都显示为 up）。对于使用 Cisco NX - OS 设备的人类网络工程师来说，在终端中执行 show ip interface brief 命令很简单，可以很容易地从输出得出哪个接口为 up 状态：

```
nx - osv - 2＃ show ip int brief
IP Interface Status for VRF "default"(1) Interface IP Address Interface
Status
Lo0 192.168.0.2 protocol - up/link - up/admin - up
Eth2/1 10.0.0.6 protocol - up/link - up/admin - up
nx - osv - 2＃
```

换行符、空白符和列标题的第一行用肉眼很容易区分。实际上，它们可以帮助我们排列输出，例如将每个接口的 IP 地址从第一行排到第 2 行再到第 3 行。如果换位思考，把我们自己想成是计算机，所有这些空格和换行符只会使我们偏离真正重要的输出，即哪些接口处于 up/up 状态？为了说明这一点，下面来看同一个操作的 Paramiko 输出：

```
>>>new_connection.send('show ip int brief/n')
16
>>> output = new_connection.recv(5000)
>>> print(output)
b'ship int briefrrnIP Interface Status for VRF "default"(1)r\nInterface
IP Address Interface StatusrnLo0 192.168.0.2 protocol - up/link - up/admin - up
rnEth2/1 10.0.0.6 protocol - up/link - up/admin - up r\nrnx - osv - 2＃ '
>>>
```

如果要解析"output"变量中包含的数据，我会采用以下做法将这个文本缩减为我需要的信息，这里采用伪代码的方式描述（伪代码是指所要编写的实际代码的一个简化表示）：

（1）通过换行符划分各行。

（2）我不需要包含所执行命令 showip interface brief 的第一行，所以忽视这一行。

（3）取出第二行上 VRF 之前的所有内容，并保存在一个变量中，因为我们想知道输出显示哪个 VRF。

（4）对于其余各行，由于我们不知道有多少个接口，所以会使用一个正则表达式语句搜索一行是否以接口名开头，如 lo 对应回送接口，Eth 对应以太网接口。

（5）需要将这一行分解为由空格分隔的 3 部分，每一行包括接口名、IP 地址和接口状态。

（6）然后使用斜线（/）进一步分解接口状态，确定协议状态、链路状态和管理状态。

哇，对于人们一眼就能看出来的东西，要做这么多工作！你可能可以优化代码，减少代码行数；但一般来讲，需要抓取非结构化的文本时，这些步骤是少不了的。这种方法有很多缺点，下面列出我看到的一些比较严重的问题：

- **可伸缩性**：为了解析各个命令的输出，我们在细节上花费了太多的时间，而我们通常要运行数百个命令，所以很难想象如何能做到这一点。

- **可预测性**：确实无法保证输出在不同软件版本之间都保持不变。如果输出稍有变化，就可能使我们艰苦卓绝的信息收集之战变得毫无意义。

- **供应商和软件锁定**：也许最大的问题是，一旦我们花费了大量时间解析这个特定供应商和软件版本的输出（在这里就是 Cisco NX - OS），还需要对我们选择的下一个供应商重复这个过程。我不知道你的情况，但是要让我评估一个新的供应商，如果我必须重写所有屏幕抓取代码，这会对这个新供应商的入选很不利。

下面与一个 NX−API 调用的输出做个比较，这里还是执行同样的 show ipinterface brief 命令。这一章后面会详细介绍如何从设备得到这个输出，不过这里的重点是将以下输出与前面的屏幕抓取输出进行比较：

```
{
"ins_api" : {
"outputs" : {
"output" : {
"body" : { "TABLE_intf" : [
{
"ROW_intf" : {
"admin - state" : "up",
"intf - name" : "Lo0",
"iod" : 84,
"ip - disabled" : "FALSE",
```

```
"link - state" : "up",
"prefix" : "192. 168. 0. 2",
"proto - state" : "up"
}
},
{
"ROW_intf":{
"admin - state":"up",
"intf - name":"Eth2/1",
"iod":36,
"ip - disabled":"FALSE",
"link - state":"up",
"prefix":"10. 0. 0. 6",
"proto - state":"up"
}
}
],
"TABLE_vrf":[
{
"ROW_vrf":{
"vrf - name - out":"default"
}
},
{
"ROW_vrf":{
"vrf - name - out":"default"
}
}
]
},
"code":"200",
"input":"showip int brief",
"msg":"Success"
}
},
"sid":"eoc",
```

```
"type":"cli_show",
"version":"1.2"
}
}
```

NX - API 可以返回 XML 或 JSON 格式的输出，以上我们看到的是 JSON 输出。可以看到，现在这个输出是结构化的，并且可以直接映射到 Python 字典数据结构。一旦将其转换为 Python 字典，则不需要任何解析，你可以简单地选择键，然后获取与这个键关联的值。从这个输出还可以看到，输出中有多个元数据，如命令的成功或失败。如果命令失败，会有一个消息告诉发送方失败的原因。不再需要跟踪程序执行的命令，因为这个命令已经在 input 字段中返回。这个输出中还有其他一些有用的元数据，比如 NX - API 版本。

这种转换会让供应商和运营商都更轻松。对于供应商，他们可以很容易地传送配置和状态信息。需要用相同的数据结构提供额外的信息时，只需要增加额外的字段。对于运营商，可以很容易地摄取信息并围绕这些信息构建他们的基础设施。网络供应商和运营商都非常需要网络自动化和可编程性，这一点已经得到了普遍认同。问题通常集中在自动化的格式和结构上。在这一章后面会看到，在 API 的大伞下有很多相互竞争的技术。仅以传输语言为例，就有 REST API、NETCONF 和 RESTCONF 等。

最后，整体市场会决定未来的最终数据格式。与此同时，我们每个人都可以形成自己的观点，帮助推动行业向前发展。

3.1.3　基础设施即代码的数据建模

根据维基百科（https：//en. wikipedia. org/wiki/Data _ model），数据模型的定义如下：

数据模型是一种抽象模型，用于组织数据元素，并标准化数据元素相互之间以及与真实实体属性之间的关系。例如，数据模型可以指定表示汽车的数据元素由多个其他元素组成，这些元素进一步表示汽车的颜色和大小并定义其所有者。

数据建模过程如图 3 - 1 所示。

将数据模型概念应用到网络时，我们说网络数据模型是描述网络的一个抽象模型，无论它是一个数据中心、校园网还是全球广域网。如果仔细查看一个物理数据中心，可以将第 2 层以太网交换机看作是包含一个映射表的设备，这个映射表将 MAC 地址映射到各个端口。我们的交换机数据模型要描述如何将 MAC 地址保存在一个表中，其中包括键和其他特征（考虑 VLAN 和私有 VLAN）等。类似的，并不局限于设备，我们还可以进一步将整个数据中心映射到一个模型中。首先可以是接入层、分布层和核心层分别有多少个设备，它们如何连接，以及它们在生产环境中的行为。例如，如果有一个胖树网络（fat - tree network），我们可以在模型中声明每个脊路由器有多少个链路，它们应当包含的路由数，以及各个前驱节

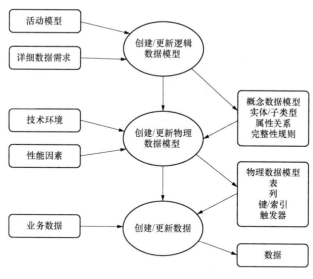

图 3-1　数据建模过程

点的下一跳个数。

这些特征可以映射为某种格式，作为参考的理想状态，我们可以使用软件程序对照检查这个理想状态。

3.1.4　YANG 和 NETCONF

逐渐受到关注的一个相对较新的网络数据建模语言是 **YANG**（**Yet Another Next Generation**），（与人们对 IETF 工作组的一般看法不同，有些 IETF 工作组确实很有幽默感。）这个语言于 2010 年首次在 RFC 6020 中发布，自此之后，逐步获得了供应商和运营商的青睐。

写这本书时，不同供应商对 YANG 的支持有很大差异。它在生产环境中的应用率还相对较低。不过，在各种数据建模格式中，这似乎是发展势头最迅猛的一个。

作为一个数据建模语言，YANG 用来对设备配置进行建模，它还可以表示 NETCONF 协议管理的状态数据、NETCONF 远程过程调用和 NETCONF 通知。其目的是在使用的协议（如 NETCONF）与底层实现配置和操作的供应商特定语法之间提供一个公共抽象层。这一章中，我们会介绍这些用法的一些例子。

我们已经讨论了基于 API 的设备管理和数据建模的高层概念，下面来看 Cisco API 结构和 ACI 平台的一些例子。

3.2　Cisco API 和 ACI

作为网络领域的行业巨头，Cisco Systems 公司没有错过网络自动化的大趋势。在推动网络自动化的过程中，他们进行了各种内部开发、产品改进、建立合作以及很多外部收购。不过，由于产品线涵盖路由器、交换机、防火墙、服务器（统一计算）、无线、协作软件和硬件以及分析软件等等，很难确定从哪里开始介绍。

由于本书主要关注 Python 和网络，所以这一节只介绍主要网络产品。具体地，我们将讨论以下内容：

- 使用 NX - API 实现 Nexus 产品自动化。
- Cisco NETCONF 和 YANG 示例。
- 面向数据中心的 Cisco ACI。
- 面向企业的 Cisco ACI。

对于这一章中的 NX - API 和 NETCONF 例子，我们可以使用*第 2 章　低层网络设备交互*中提到的 Cisco DevNet 始终打开的实验室设备，或者使用本地运行的 CiscoVIRL 虚拟实验室。由于 Cisco ACI 是 Cisco 的一个单独的产品，他们对物理交换机提供了使用许可。对于下面的 ACI 示例，我建议使用 DevNet 或 dCloud 实验室来了解这些工具。如果你是一个幸运的工程师，有一个自己使用的私人 ACI 实验室，那么完全可以用来完成相关的例子。

我们使用的实验室拓扑与*第 2 章　低层网络设备交互*中相同，只不过其中一个设备运行 **NX - OSv**，如图 3 - 2 所示。

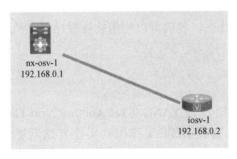

图 3 - 2　实验室拓扑

下面来看 NX - API。

3.2.1　Cisco NX - API

Nexus 是 Cisco 数据中心交换机的主要产品线。NX - API（http：//www. cisco. com/c/en/us/td/docs/switches/datacenter/nexus9000/sw/6 - x/programmability/guide/b _ Cisco _ Nexus _ 9000 _ Series _ NX - OS _ Programmability _ Guide/b _ Cisco _ Nexus _ 9000 _ Series _ NX - OS _ Programmability _ Guide _ chapter _ 011. html）允许工程师通过多种传输协议（包括 SSH、HTTP 和 HTTPS）与设备外部的交换机进行交互。

3.2.1.1　实验室软件安装和设备准备

下面是我们要安装的 Ubuntu 包。在前面几章的基础上，你可能已经有一些包，比如 pip 和 git：

```
(venv) $ sudo apt-get install -y python3-dev libxml2-dev libxslt1-dev
libffi-dev libssl-dev zlib1g-dev pytho n3-pip git python3-requests
```

 如果你在使用 Python 2，则要使用以下的包：
sudo apt-get install-y python-dev libxml2-dev libxslt1-dev libffi-dev libssl-dev zlib1g-dev python-pip git python-requests.

ncclient（https：//github.com/ncclient/ncclient）库是一个面向 NETCONF 客户端的 Python 库。还要启用上一章创建的虚拟环境（如果你还没有这样做）。我们将从 GitHub 存储库中安装 ncclient，从而能安装最新的版本：

```
(venv) $ git clone https://github.com/ncclient/ncclient
(venv) $ cd ncclient/
(venv) $ python setup.py install
```

默认情况下 Nexus 设备上的 NX-API 是关闭的，所以我们要将它打开。可以使用已创建的用户（如果使用 VIRL 自动配置），或者也可以为 NETCONF 过程创建一个新用户：

```
feature nxapi
username cisco password 5 $1$Nk7ZkwHO$fyiRmMMfIheqE3BqvcLOC1 role
network-operator
username cisco role network-admin
username cisco passphrase lifetime 99999 warntime 14 gracetime 3
```

对于我们的实验室，我们要打开 HTTP 和沙箱配置；要记住，在生产环境中它们都应当关闭：

```
nx-osv-2(config)# nxapi http port 80
nx-o sv-2(config)# nxapi sandbox
```

现在可以介绍我们的第一个 NX-API 例子了。

3.2.1.2　NX-API 示例

NX-API 沙箱是一种尝试不同命令和数据格式的好办法，甚至可以直接从 web 页面复制 Python 脚本。在前面的最后一步，我们出于学习目的打开了沙箱。重申一次，在生产环境中要关闭沙箱。

下面用 Nexus 设备的管理 IP 打开一个 web 浏览器，根据我们熟悉的 CLI 命令，来看看各种消息格式、请求和响应，如图 3-3 所示。

图 3-3　NX-API 开发者沙箱

在下面的例子中，我为 show version 命令选择了 JSON-RPC（消息格式）和 CLI（命令类型）。点击 **POST**，可以看到 **REQUEST** 和 **RESPONSE**，如图 3-4 所示。

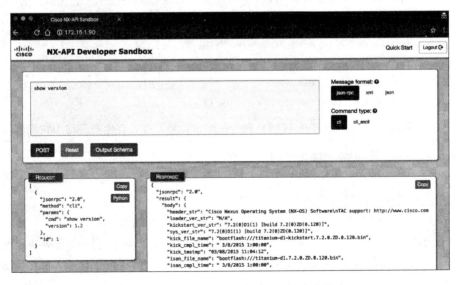

图 3-4　Cisco NX-API 开发者沙箱命令输出

　　如果不确定是否支持某个消息格式，或者对于希望在代码中获取的值，如果对其中的响应数据字段键有疑问，沙箱会很有用。

　　在我们的第一个例子（cisco _ nxapi _ 1. py）中，只是要连接到 Nexus 设备，并打印第一次建立连接时交换的功能：

```python
#! /usr/bin/env python3

from ncclient import manager

conn = manager.connect(
        host = '172. 16. 1. 90',
        port = 22,
        username = 'cisco',
        password = 'cisco',
        hostkey_verify = False,
        device_params = {'name': 'nexus'},
        look_for_keys = False
        )

for value in conn.server_capabilities:
    print(value)

conn.close_session()
```

　　这里的主机、端口、用户名和密码等连接参数都不言自明。设备参数（device _ params）指定客户端连接到哪种设备。使用 ncclient 库时，我们将在 Juniper NETCONF 部分看到不同的响应。hostkey _ verify 指示要绕过 SSH 的 known _ host 需求，如果没有这个 hostkey _ verify 参数，这个主机必须列在～/. ssh/known _ hosts 文件中。look _ for _ keys 选项禁用了公钥－私钥认证，而要使用用户名和密码组合来进行认证。

　　有人向 https：//github. com/paramiko/paramiko/issues/748 报告了 Python 3 和 Paramiko 的问题。在第二版中，这个问题已经由底层 Paramiko 行为修复。

　　输出将显示这个版本 NX - OS 支持的 XML 和 NETCONF 特性：

```
(venv) $ python cisco_nxapi_1. py
urn:ietf:params:xml:ns:netconf:base:1. 0
urn:ietf:params:netconf:base:1. 0
urn:ietf:params:netconf:capability:validate:1. 0
urn:ietf:params:netconf:capability:writable - running:1. 0
urn:ietf:params:netconf:capability:url:1. 0? scheme = file
```

urn：ietf：params：netconf：capability：rollback－on－error：1.0

urn：ietf：params：netconf：capability：candidate：1.0

urn：ietf：params：netconf：cap ability：confirmed－commit：1.0

在 SSH 上使用 ncclient 和 NETCONF 很不错，因为这样我们更接近原生实现和语法。这本书后面我们将使用同一个库。对于 NX－API，也可以使用 HTTPS 和 JSON－RPC。在之前的 **NX－API Developer Sandbox**（NX－API 开发者沙箱）截屏图中，你可能注意到了，**RE-QUEST** 框中有一个标为 **Python** 的框。如果单击这个框，就能得到基于 requests 库自动转换的一个 Python 脚本。

 下面的脚本使用发一个名为 requests 的外部 Python 库。requests 是一个非常流行的自称面向全人类的 HTTP 库，得到了 Amazon、Google、NSA 等公司和机构的使用。可以在官方网站（http：//docs. python－requests. org/en/master/）了解更多有关信息。

对于在 NX－API 沙箱执行 show version 的示例，会自动为我们生成以下 Python 脚本。下面我会粘贴得到的输出，这里未做任何修改：

```
"""
NX-API-BOT
"""
import requests
import json

"""
Modify these please
"""
url = 'http://YOURIP/ins'
switchuser = 'USERID'
switchpassword = 'PASSWORD'

myheaders = {'content-type':'application/json-rpc'}
payload = [
  {
    "jsonrpc": "2.0",
    "method": "cli",
    "params": {
      "cmd": "show version",
```

```
    "version": 1.2
    },
    "id": 1
  }
]
```

```
response = requests.post(url,data = json.dumps(payload), headers = myheaders,
auth = (switch user,switchpassword)). json()
```

在 cisco_nxapi_2.py 脚本中，可以看到，我只修改了上一个文件的 URL、用户名和密码。输出解析为只包括软件版本。输出如下：

```
(venv) $ python cisco_nxapi_2.py
7.3(0)D1(1)
```

使用这个方法最好的一点是，对于 configuration 命令以及 show 命令，整体可以使用相同的语法结构。如 cisco_nxapi_3.py 文件所示，它用一个命令行为设备配置一个新主机名。命令执行之后，可以看到设备主机名从 nx-osv-1 改为 nx-osv-new：

```
nx-osv-1-new# sh run | i hostname
hostname nx-osv-1-new
```

对于多行配置，可以使用 ID 字段指定操作的顺序。如 cisco_nxapi_4.py 所示。下面列出的有效载荷用于更改接口配置模式中接口 Ethernet 2/12 的描述：

```
{
  "jsonrpc": "2.0",
  "method": "cli",
  "params": {
    "cmd": "interface ethernet 2/12",
    "version": 1.2
  },
  "id": 1
},
{
  "jsonrpc": "2.0",
  "method": "cli",
  "params": {
    "cmd": "description foo-bar",
    "version": 1.2
```

```
        },
      "id": 2
    },
    {
      "jsonrpc": "2.0",
      "method": "cli",
      "params": {
        "cmd": "end",
        "version": 1.2
      },
      "id": 3
    },
    {
      "jsonrpc": "2.0",
      "method": "cli",
      "params": {
        "cmd": "copy run start",
        "version": 1.2
      },

      "id": 4
      }
  ]
```

可以查看 Nexus 设备的运行配置来验证以上配置脚本的结果：

```
hostname nx-osv-1-new
...
interface Ethernet2/12
description foo-bar
shutdown
no switchport
mac-address 0000.0000.002f
```

下一节中，我们来看 Cisco NETCONF 和 YANG 模型的一些例子。

3.2.2　Cisco YANG 模型

在这一章前面，我们讨论了使用数据建模语言 YANG 表示网络的可能性。下面通过例子来进一步研究。

首先，我们应该知道，YANG 模型只定义了通过 NETCONF 协议发送的模式（schema）类型，而没有指定数据应该是什么。其次，需要指出，NETCONF 是作为一个独立的协议存在的，这在介绍 NX - API 的一节中已经看到。对于相对较新的 YANG，不同的供应商和产品线提供的支持也参差不齐。例如，如果我们为运行 IOS - XE 的 Cisco CSR 1000v 运行一个功能交换脚本，可以看到所支持的不同 YANG 模型：

```
urn:cisco:params:xml:ns:yang:cisco - virtual - service? module = cisco - virtualservice&
revision = 2015 - 04 - 09
http://tail - f.com/ns/mibs/SNMP - NOTIFICATION - MIB/200210140000Z?
module = SNMP - NOTIFICATION - MIB&revision = 2002 - 10 - 14
urn:ietf:params:xml:ns:yang:iana - crypt - hash? module = iana - crypthash&
revision = 2014 - 04 - 04&features = crypt - hash - sha - 512,crypt - hash - sha -
256,crypt - hash - md5
urn:ietf:params:xml:ns:yang:smiv2:TUNNEL - MIB? module = TUNNELMIB&
revision = 2005 - 05 - 16
urn:ietf:params:xml:ns:yang:smiv2:CISCO - IP - URPF - MIB? module = CISCO - IP - URPFMIB&
revision = 2011 - 12 - 29
urn:ietf:params:xml:ns:yang:smiv2:ENTITY - STATE - MIB? module = ENTITY - STATEMIB&
revision = 2005 - 11 - 22
urn:ietf:params:xml:ns:yang:smiv2:IANAifType - MIB? module = IA NAifType -
MIB&revision = 2006 - 03 - 31
〈omitted〉
```

将这个输出与前面看到的 NX - OS 输出进行比较。显然，与 NX - OS 相比，IOS - XE 支持的 YANG 模型特性更多。

如果支持全行业网络数据建模，显然可以跨设备使用，这有利于网络自动化。不过，考虑到供应商和产品的支持参差不齐，在我看来，这还不够成熟，不能完全用于生产网络。可以看看面向 Cisco APIC - EM 控制器的 cisco_yang_1.py 脚本，它展示了如何使用名为 urn：ietf：params：xml：ns：yang：ietf - interfaces 的 YANG 过滤器解析 NETCONF XML 输出，以此作为起点来查看现有的标记覆盖。

可以在 YANG GitHub 项目页面（https://github.com/YangModels/yang/tree/master/vendor）查看最新的供应商支持。

3.2.3　Cisco ACI 和 APIC - EM

　　Cisco ACI 旨在为所有网络组件提供一种集中化方法。在数据中心上下文中，这表示中央控制器知道并管理机架交换机的脊（spine）、叶（leaf）和顶（top），以及所有网络服务功能。这可以通过 GUI、CLI 或 API 来实现。有些人可能认为，ACI 是 Cisco 对更广泛的基于控制器的软件定义网络提供的解决方案。

　　对于 ACI，让人有些困惑的一点是 ACI 与 APIC - EM 之间的区别。简单地讲，ACI 专注于数据中心操作，而 APIC - EM 强调企业模块。两者都提供了网络组件的集中视图和控制，但它们分别有自己的重点和工具集。例如，很少看到有大型数据中心部署面向客户的无线基础设施，而无线网络是当今企业的一个关键部分。另一个例子是实现网络安全的方法不同。虽然安全性在任何网络中都很重要，但是在数据中心环境中，为了实现可伸缩性，大量安全策略都被推到服务器的边缘节点。对于企业安全，安全策略则会以某种程度在网络设备和服务器之间共享。

　　不同于 NETCONF RPC，ACI API 遵循 REST 模型使用 HTTP 动词（GET、POST 和 DELETE）来指定所要完成的操作。

　　可以查看 cisco_apic_em_1.py 文件，这是 lab2 - 1 - get - network - device - list.py（https：//github.com/CiscoDevNet/apicem - 1.3 - LL - sample - codes/blob/master/basic - labs/lab2 - 1 - get - network - device - list.py）上 Cisco 示例代码的一个修改版本。这个代码展示了与 ACI 和 APIC - EM 控制器交互的一般工作流。

　　下一节会给出不加注释和空格的缩减版本。

　　第一个名为 getTicket() 的函数在控制器上使用 HTTPS POST，路径为/api/v1/ticket，并在首部嵌入用户名和密码。这个函数会返回已解析的响应，作为只在有限时间内有效的一个票据：

```
def getTicket():
    url = "https://" + controller + "/api/v1/ticket"
    payload = {"username":"usernae","password":"password"}
    header = {"content - type": "application/json"}
    response = requests.post(url,data = json.dumps(payload),
headers = header, verify = False)
    r_json = response.json()
    ticket = r_json["response"]["serviceTicket"]
    return ticket
```

　　然后第二个函数调用另一个路径/api/v1/network - devices，将新得到的票据嵌入首部，然后解析结果：

```
url = "https://" + controller + "/api/v1/network-device"
header = {"content-type": "application/json", "X-Auth-Token":ticket}
```

这是一个相当常见的 API 交互工作流。客户端在第一个请求中向服务器认证自己的身份，并接收一个基于时间的令牌。这个令牌将在后续请求中使用，作为身份认证的证据。

输出会显示原始 JSON 响应输出，还会显示一个已解析的表。这里给出了在一个 DevNet 实验室控制器上执行时得到的部分输出：

```
Network Devices =
 {
  "version": "1.0",
  "response": [
  {
   "reachabilityStatus": "Unreachable",
   "id": "8dbd8068-1091-4cde-8cf5-d1b58dc5c9c7",
   "platformId": "WS-C2960C-8PC-L",
 <omitted> "lineCardId": null,
   "family": "Wireless Controller",
   "interfaceCount": "12",
   "upTime": "497 days, 2:27:52.95"
   }
 ]
}
8dbd8068-1091-4cde-8cf5-d1b58dc5c9c7 Cisco Catalyst 2960-C Series
Switches
cd6d9b24-839b-4d58-adfe-3fdf781e1782 Cisco 3500I Series Unified Access
Points
<omitted>
55450140-de19-47b5-ae80-bfd741b23fd9 Cisco 4400 Series Integrated
Services Routers
ae19cd21-1b26-4f58-8ccd-d265deabb6c3 Cisco 5500 Series Wireless LAN
Controllers
```

可以看到，我们只查询了一个控制器设备，不过能得到这个控制器知道的所有网络设备的一个高层视图。在我们的输出中，Catalyst 2960-C 交换机、3500 接入点、4400ISR 路由器和 5500 无线控制器都可以进一步研究。当然，缺点是 ACI 控制器目前只支持 Cisco 设备。

Cisco IOS - XE

大多数情况下，Cisco IOS - XE 脚本在功能上与我们为 NX - OS 编写的脚本类似。不过，IOS - XE 确实有一些额外的特性可以提高 Python 网络可编程性，比如 on - box Python 和 guest shell（https：//developer. cisco. com/docs/ios - xe/#! on - boxpython - and - guestshell - quick - start - guide/on-boxpython）。

类似于 ACI 控制器，Cisco Meraki 也是一个集中管理的主机，可以提供多个有线和无线网络的可见性。但与 ACI 控制器不同的是，Meraki 是基于云的，因此在本地位置之外托管。下一节将介绍 Cisco Meraki 的一些特性和示例。

3.3　Cisco Meraki 控制器

Cisco Meraki 是一个基于云的 Wi - Fi 集中控制器，可以简化设备的 IT 管理。这个方法与 APIC 非常类似，只是控制器位于一个基于云的公共 URL。用户通常通过 GUI 接收 API 键，然后可以在一个 Python 脚本中使用这个键获取组织 ID：

```
#! /usr/bin/env python3
import requests
import pprint

myheaders = {'X - Cisco - Meraki - API - Key': <skip>}
url = 'https://dashboard. meraki. com/api/v0/organizations'
response = requests. get(url, headers = myheaders, verify = False)
pprint. pprint(response. json())
```

下面来执行以上脚本：

```
(venv) $ python cisco_meraki_1.py
[{'id': '681155',
  'name': 'DeLab',
  'url': 'https://n6. meraki. com/o/49Gm_c/manage/organization/overview'},
 {'id': '865776',
  'name': 'Cisco Live US 2019',
  'url': 'https://n22. meraki. com/o/CVQqTb/manage/organization/overview'},
 {'id': '549236',
  'name': 'DevNet Sandbox',
```

```
'url': 'https://n149.meraki.com/o/t35Mb/manage/organization/overview'},
{'id': '52636',
  'name': 'Forest City - Other',
  'url': 'https://n42.meraki.com/o/E_utnd/manage/organization/overview'}]
```

由此，可以用组织 ID 进一步获取信息，如主机清单、网络信息等：

```
#! /usr/bin/env python3
import requests
import pprint

myheaders = {'X-Cisco-Meraki-API-Key': <skip>}
orgId = '549236'
url = 'https://dashboard.meraki.com/api/v0/organizations/' + orgId +
'/networks'
response = requests.get(url, headers=myheaders, verify=False)
pprint.pprint(response.json())
(venv) $ python cisco_meraki_2.py
<skip>
[{'disableMyMerakiCom': False,
  'disableRemoteStatusPage': True,
  'id': 'L_646829496481099586',
  'name': 'DevNet Always On Read Only',
  'organizationId': '549236',
  'productTypes': ['appliance', 'switch'],
  'tags': ' Sandbox ',
  'timeZone': 'America/Los_Angeles',
  'type': 'combined'},
{'disableMyMerakiCom': False,
  'disableRemoteStatusPage': True,
  'id': 'N_646829496481152899',
  'name': 'test - mx65',
  'organizationId': '549236',
  'productTypes': ['appliance'],
  'tags': None,
  'timeZone': 'America/Los_Angeles',
  'type': 'appliance'},
<skip>
```

如果你没有 Meraki 实验室设备，可以像我在这一节中一样，使用免费的 DevNet 实验室（https：//developer.cisco.com/learning/tracks/meraki）。

我们已经看到了使用 NX‑API、ACI 和 Meraki 控制器的 Cisco 设备的例子。在下一节中，我们来看处理 Juniper Networks 设备的一些 Python 例子。

3.4　Juniper Networks 的 Python API

Juniper Networks 一直是服务提供商的最爱。如果我们退一步看看垂直服务提供商，自动化网络设备很可能是其首要需求。在云级别数据中心出现之前，服务提供商是拥有最多网络设备的组织。一个典型的企业网络可能在公司总部只有几个冗余的互联网连接，另外有几个轴辐式远程站点使用服务提供者的私有多协议标签交换（**multiprotocol label switching，MPLS**）网络连接回总部。但是对于服务提供商来说，他们需要构建、置备、管理连接和底层网络并排除故障。他们通过出售带宽和增值管理服务赚钱。对服务提供商来说，为自动化投资，从而用最少的工程时间来保持网络稳定运行是很有意义的。在他们的用例中，网络自动化是其竞争优势的关键。

在我看来，服务提供商的网络需求与云数据中心的区别在于，传统上，服务提供商会在一个设备中聚合更多的服务。MPLS 就是一个很好的例子，几乎所有主要服务提供商都提供 MPLS，但这在企业或数据中心网络中却很少使用。作为一个非常成功的公司，Juniper 发现了这种网络可编程性需求，并且很擅长满足服务提供商的自动化需求。下面来看 Juniper 的一些自动化 API。

3.4.1　Juniper 和 NETCONF

NETCONF 是一个 IETF 标准，2006 年作为 RFC 4741 首次发布，后来在 RFC 6241 中进行了修订。Juniper Networks 对这两个 RFC 标准做出了重大贡献。事实上，Juniper 正是 RFC 4741 的唯一作者。Juniper 设备完全支持 NETCONF，这是有道理的，NETCONF 是 Juniper 大部分自动化工具和框架的底层。NETCONF 的一些主要特性如下：

（1）它使用可扩展标记语言（**extensible markup language，XML**）进行数据编码。

（2）它使用远程过程调用（**remote procedure calls，RPC**），因此使用 HTTP（s）作为传输协议的情况下，URL 端点都相同，所要完成的操作在请求体中指定。

（3）在概念上基于从上到下的多个层。这些层包括内容层、操作层、消息层和传输层，如图 3‑5 所示。

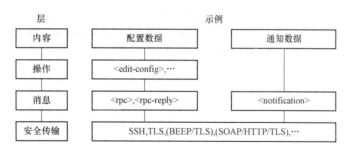

图 3 - 5　NETCONF 模型

Juniper Networks 在他们的技术库中提供了一个详尽的 NETCONF XML 管理协议开发指南（https：//www. juniper. net/techpubs/en _ US/junos13. 2/information - products/path-way - pages/netconf - guide/netco nf. html♯overview）。下面来看它的用法。

3.4.1.1　设备准备

要开始使用 NETCONF，下面创建一个单独的用户并打开所需的服务：

```
set system login user netconfuid 2001
set system login user netconf class super - user
set system login user netconf authentication encrypted - password "$1$0EkA.
XVf$cm80A0GC2dgSWJIYWv7Pt1"
set system services ssh
set system services telnet
set system services netconfssh port 830
```

对于 Juniper 设备实验室，我使用的是一个比较老的不再支持的平台，名为 **JunOS Olive**。这个平台只用于实验目的。你可以用喜欢的搜索引擎找到关于 Juniper JunOS Olive 的一些有趣事实和历史。

在 Juniper 设备上，总是可以查看配置，可能是平面文件，也可能采用 XML 格式。如果需要指定一个单行命令来更改配置，平面文件（flat file）会很方便：

```
netconf@foo> show configuration | display set
set version 12. 1R1. 9
set system host - name foo set system domain - name bar
<omitted>
```

需要查看配置的 XML 结构时，XML 格式会很有用：

```
netconf@foo> show configuration | display xml
```

```
<rpc - reply xmlns:junos = "http://xml.juniper.net/junos/12.1R1/junos">
<configuration junos:commit - seconds = "1485561328" junos:commitlocaltime = "
2017 - 01 - 27 23:55:28 UTC" junos:commit - user = "netconf">
<version>12.1R1.9</version>
<system>
<host - name>foo</host - name>
<domain - name>bar</domain - name>
```

 在 3.2.1 节 Cisco NX - API 的 3.2.1.1　实验室软件安装和设备准备小节中，我们已经安装了必要的 Linux 库和 ncclient Python 库。如果你还没有这样做，请参考这一节安装必要的包。

下面来看我们的第一个 Juniper NETCONF 例子。

3.4.1.2　Juniper NETCONF 示例

我们将使用一个非常简单的例子来执行 show version。我们将这个文件命名为 junos _ netconf _ 1.py：

```python
#! /usr/bin/env python3

from ncclient import manager

conn = manager.connect(
        host = '192.168.24.252',
        port = '830',
        username = 'netconf',
        password = 'juniper! ',
        timeout = 10,
        device_params = {'name':'junos'},
        hostkey_verify = False)

result = conn.command('show version', format = 'text')
print(result.xpath('output')[0].text)
conn.close_session()
```

除了 device _ params 之外，脚本中的所有字段都应该不言自明。从 ncclient 0.4.1 开始，增加了设备处理器来指定不同的供应商或平台。例如，名字可以是 Juniper、CSR、Nexus 或 Huawei。这里还增加了 hostkey _ verify＝False，因为我们使用的是 Juniper 设备的自签名证书。

返回的输出是用 XML 编码的 rpc - reply，有一个 output 元素：

```
<rpc-reply message-id = "urn:uuid:7d9280eb-1384-45fe-be48-b7cd14ccf2b7">
<output>
Hostname: foo
Model: olive
JUNOS Base OS boot [12.1R1.9]
JUNOS Base OS Software Suite [12.1R1.9]
<omitted>
JUNOS Runtime Software Suite [12.1R1.9] JUNOS Routing Software Suite
[12.1R1.9]
</output>
</rpc-reply>
```

可以将这个 XML 输出解析为只包含输出文本：

```
print(result.xpath('output')[0].text)
```

在 junos_netconf_2.py 中，我们将更改设备配置。首先是一些新的导入语句，以构造新的 XML 元素和连接管理器对象：

```
#! /usr/bin/env python3

from ncclient import manager
from ncclient.xml_ import new_ele, sub_ele

conn = manager.connect(host = '192.168.24.252', port = '830',
username = 'netconf', password = 'juniper! ', timeout = 10, device_
params = {'name':'junos'}, hostkey_verify = False)
```

我们将锁定这个配置，并完成配置变更：

```
# lock configuration and make configuration changes conn.lock()

# build configuration
config = new_ele('system')
sub_ele(config, 'host-name').text = 'master'
sub_ele(config, 'domain-name').text = 'python'
```

在构建配置部分，我们要创建一个新元素 system，它包含子元素 host-name 和 domain-name。如果想了解层次结构，可以从 XML 显示看到这个节点结构，其中 system 是 host-name 和 domain-name 的父节点：

```
<system>
```

```
<host-name>foo</host-name>
<domain-name>bar</domain-name>
...
</system>
```

建立配置之后，脚本将推送配置并提交配置变更。以下是常规的实现 Juniper 配置变更的最佳实践步骤（lock, configure, unlock, commit）：

```
# send, validate, and commit config conn.load_
configuration(config = config)
conn.validate()
commit_config = conn.commit()
print(commit_config.tostring)

# unlock config
conn.unlock()

# close session
conn.close_session()
```

总地来说，这里的 NETCONF 步骤与 CLI 步骤中所做的工作可以很好地对应。请查看 junos_netconf_3.py 脚本，其中提供了更可重用的代码。下面的例子结合了这个分步骤示例和一些 Python 函数：

```
# make a connection object
def connect(host, port, user, password):
    connection = manager.connect(host = host, port = port,
        username = user, password = password, timeout = 10,
        device_params = {'name':'junos'}, hostkey_verify = False)
    return connection

# execute show commands
def show_cmds(conn, cmd):
    result = conn.command(cmd, format = 'text')
    return result

# push out configuration
def config_cmds(conn, config):
    conn.lock()
    conn.load_configuration(config = config)
```

```
commit_config = conn.commit()
return commit_config.tostring
```

这个文件可以单独执行，也可以导入到其他 Python 脚本使用。

Juniper 还为其设备提供了一个 Python 库，名为 PyEZ。下一节中，我们将介绍使用这个库的几个例子。

3.4.2　面向开发人员的 Juniper PyEZ

PyEZ 是一个高层 Python 库实现，可以与现有的 Python 代码更好地集成。这些 Python API 包装了底层配置，通过使用这些 Python API，你可以执行常见的操作和配置任务，而不需要非常了解 Junos CLI。

> Juniper 在他们的技术库中维护了一个很全面的 Junos PyEZ 开发指南（https：//www.juniper.net/techpubs/en _ US/junospyez1.0/information - products/pathway - pages/junospyez - developer - guide.html # configuration）。如果你有兴趣使用 PyEZ，强烈建议至少浏览一下这个指南中的各个主题。

3.4.2.1　安装和准备

针对每个操作系统的安装说明参见*"Installing Junos PyEZ"*页面（https：//www.juniper.net/techpubs/en _ US/junospyez1.0/topics/task/installation/junos - pyez - server - installing.html）。我们将展示 Ubuntu 18.04 上的安装说明。

下面是一些依赖包，通过运行前面的例子，其中很多包应该已经在主机上了：

(venv) $ sudo apt - get install - y python3 - pip python3 - dev libxml2 - dev

libxslt1 - dev libssl - dev libffi - dev

PyEZ 包可以通过 pip 安装：

(venv) $ pip install junos - eznc

在 Juniper 设备上，需要配置 NETCONF 作为 PyEZ 的底层 XMLAPI：

set system services netconfssh port 830

对于用户认证，可以使用密码认证或者 SSH 密钥对认证。创建本地用户很简单：

set system login user netconfuid 2001

set system login user netconf class super - user

set system login user netconf authentication encrypted - password " $ 1 $ 0EkA.

```
XVf $ cm80AOGC2dgSWJIYWv7Pt1"
```

对于 ssh 密钥认证，首先，在你的管理主机上生成密钥对（如果在**第 2 章　低层网络设备交互**中没有这样做过）：

```
$ ssh-keygen -t rsa
```

默认情况下，公钥在～/.ssh/下命名为 id_rsa.pub，而私钥命名为 id_rsa，在同一目录下。要把私钥看作是你永远不会共享的密码。公钥可以自由分发。在我们的用例中，我们将把公钥复制到/tmp 目录，并启用 Python 3 HTTP 服务器模块创建一个可达的 URL：

```
(venv) $ cp ～/.ssh/id_rsa.pub /tmp
(venv) $ cd /tmp
(ven v) $ python3 -m http.server
(venv) Serving HTTP on 0.0.0.0 port 8000 ...
```

 对于 Python 2，要使用 python2-m SimpleHTTPServer。

可以由这个 Juniper 设备创建用户，并通过从 Python 3 web 服务器下载公钥来关联这个公钥：

```
netconf@foo# set system login user echou class super-user authentication
load-key-file http://<management host ip>:8000/id_rsa.pub
/var/home/netconf/...transferring.file.......100% of 394 B 2482 kBps
```

现在，如果尝试用管理主机上的私钥执行 ssh，用户会自动得到认证：

```
(venv) $ ssh -i ～/.ssh/id_rsa<Juniper device ip>
--- JUNOS 12.1R1.9 built 2012-03-24 12:52:33 UTC
echou@foo>
```

下面来确保这两种认证方法对 PyEZ 都适用。首先来看用户名和密码组合：

```
>>> from jnpr.junos import Device
>>> dev = Device(host='<Juniper device ip, in our case 192.168.24.252>',
user='netconf', password='juniper!')
>>> dev.open()
Device(192.168.24.252)
>>> dev.facts
{'serialnumber': '', 'personality': 'UNKNOWN', 'model': 'olive', 'ifd_
```

```
style': 'CLASSIC', '2RE': False, 'HOME': '/var/home/juniper', 'version_
info': junos. version_info(major = (12, 1), type = R, minor = 1, build = 9),
'switch_style': 'NONE', 'fqdn': 'foo. bar', 'hostname': 'foo', 'version':
'12. 1R1. 9', 'domain': 'bar', 'vc_capable': False}
>>>dev. close()
```

还可以尝试使用 SSH 密钥认证：

```
>>> from jnpr. junos import Device
>>> dev1 = Device(host = '192. 168. 24. 252', user = 'echou', ssh_private_key_
file = '/home/echou/. ssh/id_rsa')
>>> dev1. open()
Device(192. 168. 24. 252)
>>> dev1. facts
{'HOME': '/var/home/echou', 'model': 'olive', 'hostname': 'foo', 'switch_
style': 'NONE', 'personality': 'UNKNOWN', '2RE': False, 'domain': 'bar',
'vc_capable': False, 'version': '12. 1R1. 9', 'serialnumber': '', 'fqdn':
'foo. bar', 'ifd_style': 'CLASSIC', 'version_info': junos. version_
info(major = (12, 1), type = R, minor = 1, build = 9)}
>>> dev1. close()
```

真不错！现在来看 PyEZ 的一些例子。

3.4.2.2　PyEZ 示例

在前面的交互提示中，我们已经看到，当设备连接时，对象会自动获取关于设备的一些
fact（事实）。在我们的第一个例子（junos_pyez_1.py）中，我们要连接设备，并执行一个
show interface em1 RPC 调用：

```
# ! /usr/bin/env python3
from jnpr. junos import Device
import xml. etree. ElementTree as ET
import pprint

dev = Device(host = '192. 168. 24. 252', user = 'juniper', passwd = 'juniper! ')

try:
    dev. open()
except Exception as err:
    print(err)
    sys. exit(1)
```

```
result = dev.rpc.get_interface_information(interface_name = 'em1',
terse = True)
pprint.pprint(ET.tostring(result))

dev.close()
```

Device 类有一个 rpc 属性，其中包含所有操作命令。这非常棒，因为用 CLI 能做的事情用 API 也能做到。关键是，我们需要找到对应 CLI 命令的 xml rpc 元素标记。在第一个例子中，怎么知道 show interface em1 对应 get _ interface _ information？ 我们有 3 种方法来得出这个信息：

（1）可以参考《*Junos XML API Operational Developer Reference*》。

（2）可以使用 CLI 并显示相应的 XML RPC，另外把单词之间的短横线（-）替换为一个下划线（_）。

（3）还可以使用 PyEZ 库通过编程来得到。

我一般使用第 2 种做法直接得到输出：

```
netconf@foo> show interfaces em1 | display xml rpc
<rpc-reply xmlns:junos = "http://xml.juniper.net/junos/12.1R1/junos">
  <rpc>
  <get-interface-information>
  <interface-name>em1</interface-name>
  </get-interface-information>
  </rpc>
  <cli>
  <banner></banner>
  </cli>
</rpc-reply>
```

下面是使用 PyEZ 采用编程方式得到这个信息的一个例子（第 3 种做法）：

```
>>> dev1.display_xml_rpc('show interfaces em1', format = 'text')
'<get-interface-information>/n <interface-name>em1</interface-name>/n</get-interface-information>/n'
```

当然，我们也可以更改配置。在 junos _ pyez _ 2.py 配置示例中，我们将从 PyEZ 导入一个额外的 Config（）方法：

```
#! /usr/bin/env python3
from jnpr.junos import Device
```

```
from jnpr.junos.utils.config import Config
```

我们将利用同样的代码块连接设备：

```
dev = Device(host = '192.168.24.252', user = 'juniper',
    passwd = 'juniper!')

try:
    dev.open()
except Exception as err:
    print(err)
    sys.exit(1)
```

这个新的 Config（）方法将加载 XML 数据并完成配置变更：

```
config_change = """
<system>
    <host-name>master</host-name>
    <domain-name>python</domain-name>
</system>
"""
cu = Config(dev)
cu.lock()
cu.load(config_change)
cu.commit()
cu.unlock()

dev.close()
```

PyEZ 例子的设计很简单。希望这些例子能展示如何使用 PyEZ 来满足你的 Junos 自动化需求。在下面的例子中，我们将了解如何使用 Python 库处理 Arista 网络设备。

3.5　Arista Python API

Arista Networks 一直专注于大型数据中心网络。在公司概况页面上（https：//www.arista.com/en/company/companyoverview）有以下描述：

"*Arista Networks 成立的目标是为大型数据中心存储和计算环境提供领先的软件驱动云网络解决方案*"。

注意这句话里特别提到了大型数据中心（**large data centers**），我们知道，这些数据中心的服务器、数据库还有网络设备正呈爆炸式增加。自动化一直是 Arista 的主要特色之一，这是有道理的。事实上，他们的操作系统背后得到了 Linux 支持，所以有很多额外的好处，比如这个平台上可以直接运行 Linux 命令和一个内置的 Python 解释器。从第一天起，Arista 对于向网络运营商提供 Linux 和 Python 特性就持开放态度。

与其他供应商一样，你可以通过 eAPI 直接与 Arista 设备交互，或者也可以选择充分利用他们的 Python 库。下面会看到这两种做法的例子。在后面的章节中还会介绍 Arista 与 Ansible 框架的集成。

3.5.1　Arista eAPI 管理

Arista 的 eAPI 是几年前在 EOS 4.12 中首次引入的。它通过 HTTP 或 HTTPS 传输一个 show 或 configuration 命令列表，并用 JSON 格式做出响应。一个重要的区别是，它是 RPC 和 **JSON - RPC**，而不是 HTTP 或 HTTPS 上提供的纯 RESTFul API。总而言之，区别在于，我们使用相同的 HTTP 方法（POST）向相同的 URL 端点发出请求。不过，不是使用 HTTP 动词（GET、POST、PUT、DELETE）来表示我们的操作，而只是在请求体中指定我们想要的操作。对于 eAPI，我们将指定一个值为 runCmds 的 method 键。

对于下面的例子，我要使用一个运行 EOS 4.16 的 Arista 物理交换机。

3.5.1.1　eAPI 准备

默认情况下，Arista 设备上的 eAPI 代理是禁用的，所以在使用之前需要在设备上先启用：

```
arista1(config)#management api http-commands
arista1(config-mgmt-api-http-cmds)#no shut
arista1(config-mgmt-api-http-cmds)#protocol https port 443
arista1(config-mgmt-api-http-cmds)#no protocol http
arista1(config-mgmt-api-http-cmds)#vrf management
```

可以看到，我们关闭了 HTTP 服务器，而使用 HTTPS 作为唯一的传输协议。默认情况下，管理接口位于一个名为 **management** 的 VRF 中。在我的拓扑中，要通过管理接口访问这个设备；因此，我为 eAPI 管理指定了这个 VRF。可以通过 show management api http-commands 命令检查 API 管理状态：

```
arista1#sh management
api http-commands Enabled: Yes
HTTPS server: running, set to use port 443 HTTP server: shutdown, set to
use port 80
Local HTTP server: shutdown, no authentication, set to use port 8080
```

Unix Socket server：shutdown, no authentication

VRF：management

Hits：64

Last hit：33 seconds ago Bytes in：8250

Bytes out：29862

Requests：23

Commands：42

Duration：7. 086

seconds SSL Profile：none

QoS DSCP：0

User Requests Bytes in Bytes out Last hit

---------- ---------------------------- -------------------------

admin 23 8250 29862 33 seconds ago

URLs

---------- ------------------------------

Management1 ：https://192. 168. 199. 158：443

arista1＃

　　启用代理后，通过在 web 浏览器中访问设备的 IP 地址，就能访问 eAPI 的资源管理器页面。如果更改了默认的访问端口，只需要在地址末尾追加这个端口号。认证与交换机上的认证方法关联。我们将使用设备上本地配置的用户名和密码。默认地，会使用一个自签名证书，如图 3 - 6 所示。

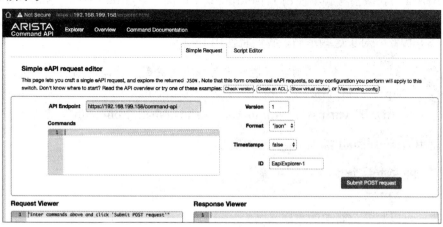

图 3 - 6　Arista EOS 资源管理器

你会进入一个资源管理器（Explorer）页面，在这里可以输入 CLI 命令，对于你的请求体将得到一个不错的输出。例如，如果我想看如何为 show version 创建请求体，下面是这个资源管理器中看到的输出，如图 3 - 7 所示。

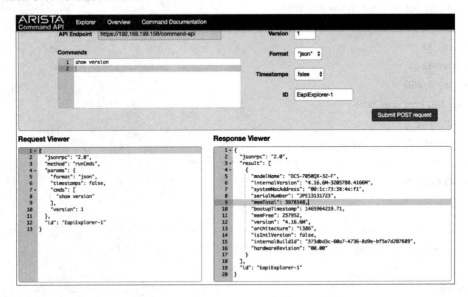

图 3 - 7   Arista EOS 资源管理器查看器

概览（Overview）链接会为你提供示例用法和背景信息，命令文档（Command Documentation）将作为 show 命令的参考点。每个命令参考都包含返回值字段名、类型和一个简要描述。Arista 的在线参考脚本使用了 jsonrpclib（https：//github. com/joshmarshall/jsonrpclib/），我们也将使用这个库。不过，在写这本书时，它依赖于 Python 2.6＋，还没有移植到 Python 3，因此，对于这些示例，我们将使用 Python 2.7。

当你读到这本书时，可能状态已经有所更新。请阅读 GitHub 拉取请求（https：//github. com/joshmarshall/jsonrpclib/issues/38）和 GitHub RE-ADME（https：//github. com/joshmarshall/jsonrpclib/）来了解最新状态。

可以使用 easy＿install 或 pip 很容易地安装这个库：

```
(venv) $ pip install jsonrpclib
```

3.5.1.2   eAPI 示例
然后我们可以写一个简单的程序（名为 eapi＿1. py）来查看响应文本：

```
#! /usr/bin/python2

from __future__ import print_function
from jsonrpclib import Server
import ssl
ssl._create_default_https_context = ssl._create_unverified_context
switch = Server("https://admin:arista@192.168.199.158/command-api")
response = switch.runCmds( 1, [ "show version" ] )
print('Serial Number: ' + response[0]['serialNumber'])
```

 注意，由于这是 Python 2，所以在这个脚本中，我使用了 from __future__ import print_function 函数来简化将来的迁移。与 ssl 相关的代码行适用于 2.7.9 以上的 Python 版本。有关的更多信息请参见：https：//www.python.org/dev/peps/pep-0476/。

下面是我从之前的 runCmds（）方法收到的响应：

```
[{u'memTotal': 3978148, u'internalVersion': u'4.16.6M-3205780.4166M',
u'serialNumber': u'<omitted>', u'systemMacAddress': u'<omitted>',
u'bootupTimestamp': 1465964219.71, u'memFree': 277832, u'version':
u'4.16.6M', u'modelName': u'DCS-7050QX-32-F', u'isIntlVersion':
False, u'internalBuildId': u'373dbd3c-60a7-4736-8d9e-bf5e7d207689',
u'hardwareRevision': u'00.00', u'architecture': u'i386'}]
```

可以看到，结果是一个列表，其中包含一个字典元素。如果需要获得序列号，可以简单地引用这个元素编号（0）和相应的键（serialNumber）来得到：

```
print('Serial Number: ' + response[0]['serialNumber'])
```

输出只包含序列号：

```
$ python eapi_1.py
Serial Number: <omitted>
```

为了熟悉命令参考，建议你点击 eAPI 页面上的 **Command Documentation**（命令文档）链接，将你的输出与文档中 **show version** 的输出进行比较。

如前所述，与 REST 不同，JSON-RPC 客户端使用相同的 URL 端点来调用服务器资源。从前面的例子可以看到，runCmds（）方法包含一个命令列表。对于配置命令的执行，可以遵循同样的框架，通过一个命令列表来配置设备。

下面是一个配置命令示例，名为 eapi_2.py。在这个例子中，我们编写了一个函数，它接受 switch 对象和命令列表作为属性：

```python
#! /usr/bin/python2

from __future__ import print_function
from jsonrpclib import Server
import ssl, pprint

ssl._create_default_https_context = ssl._create_unverified_context

# Run Arista commands thru eAPI
def runAristaCommands(switch_object, list_of_commands):
    response = switch_object.runCmds(1, list_of_commands)
    return response

switch = Server("https://admin:arista@192.168.199.158/command-api")

commands = ["enable", "configure", "interface ethernet 1/3",
"switchport access vlan 100", "end", "write memory"]

response = runAristaCommands(switch, commands)
pprint.pprint(response)
```

下面是执行命令的输出：

```
$ python2 eapi_2.py
[{}, {}, {}, {}, {}, {u'messages': [u'Copy completed successfully.']}]
```

下面对 switch 做一个快速检查，验证命令的执行情况：

```
arista1#sh run int eth 1/3
interface Ethernet1/3
    switchport access vlan 100
arista1#
```

总体来说，eAPI 非常简单易用。大多数编程语言都有类似于 jsonrpclib 的库，会对 JSON-RPC 内部细节进行抽象。只使用几个命令就可以在你的网络中集成 Arista EOS 自动化。

3.5.2　Arista Pyeapi 库

Python 客户端 Pyeapi 库（http://pyeapi.readthedocs.io/en/master/index.html）是一

个包装了 eAPI 的原生 Python 库包装器。它提供了一组绑定来配置 Arista EOS 节点。既然我们已经有了 eAPI，为什么还需要 Pyeapi 呢？答案是"要看情况"。如果你已经在使用 Python 实现自动化，那么在 Pyeapi 和 eAPI 之间做出选择主要是一种主观判断。

不过，如果是在非 Python 环境中，可能就应该选择 eAPI。从我们的例子可以看到，eAPI 的唯一需求是一个支持 JSON－RPC 的客户端。因此，它与大多数编程语言都兼容。我刚开始涉足这个领域时，Perl 是编写脚本和实现网络自动化的主导语言。仍然有很多企业依赖 Perl 脚本作为他们的主要自动化工具。如果公司已经投入了大量资源，而且代码库使用的不是 Python 语言，在这种情况下，使用 JSON - RPC 和 eAPI 就是一个不错的选择。

不过，对于我们这些喜欢用 Python 编写代码的人来说，原生 Python 库意味着编写代码时会有一种更自然的感觉。当然这样可以更容易地扩展 Python 程序来支持 EOS 节点，而且还能更容易地跟上 Python 的最新变化。例如，我们可以使用 Pyeapi 和 Python 3！

> 写这本书时，如文档（http：//pyeapi. rea dthedocs. io/en/master/require-ments. html）所述，官方称 Python 3（3.4＋）支持还在开发中。请查看文档了解更多详细信息。

3.5.2.1　Pyeapi 安装

使用 pip 安装 Pyeapi 很简单：

(venv) $ pip install pyeapi

> 注意，pip 还将安装 netaddr 库，因为它是 Pyeapi 规定的需求（http：//pyeapi. readthedocs. io/en/master/requirements. html）的一部分。

默认情况下，Pyeapi 客户端将在主目录中查找一个名为 eapi. conf 的 INI 式隐藏文件（前面有一个点号）。可以指定 eapi. conf 文件路径来覆盖这个行为。将连接凭据与脚本本身分开并锁定通常是一个好主意。可以查看 Arista Pyeapi 文档（http：//pyeapi. readthedocs. io/en/master/configfile. html♯configfile）来了解这个文件中包含的字段。

下面是我在实验室中使用的文件：

```
cat ~/. eapi. conf
[connection:Arista1]
host: 192. 168. 199. 158
username: admin
password: arista
transport: https
```

第一行［connection：Arista1］包含我们将在 Pyeapi 连接中使用的名字；其余字段都不言自明，应该很好理解。对于使用这个文件的用户，可以将这个文件锁定为只读：

```
$ chmod 400 ~/.eapi.conf
$ ls -l ~/.eapi.conf
-r-------- 1 echouechou 94 Jan 27 18:15 /home/echou/.eapi.conf
```

既然已经安装了 Pyeapi，下面来看一些例子。

3.5.2.2　Pyeapi 示例

现在来看 Pyeapi 的用法。首先在交互式 Python shell 中创建一个对象连接 EOS 节点：

```
>>> import pyeapi
>>> arista1 = pyeapi.connect_to('Arista1')
```

可以对这个节点执行 show 命令，并接收输出：

```
>>> import pprint
>>> pprint.pprint(arista1.enable('show hostname'))
[{'command': 'show hostname',
'encoding': 'json',
'result': {'fqdn': 'arista1', 'hostname': 'arista1'}}]
```

配置字段可以是单个命令，也可以使用 config() 方法指定一个命令列表：

```
>>> arista1.config('hostname arista1-new')
[{}]
>>> pprint.pprint(arista1.enable('show hostname'))
[{'command': 'show hostname',
 'encoding': 'json',
 'result': {'fqdn': 'arista1-new', 'hostname': 'arista1-new'}}]
>>> arista1.config(['interface ethernet 1/3', 'description my_link'])
[{}, {}]
```

注意命令缩写（show run 而不是 show running-config）和一些扩展可能无法使用：

```
>>> pprint.pprint(arista1.enable('show run'))
Traceback (most recent call last):
...
File "/usr/local/lib/python3.5/dist-packages/pyeapi/eapilib.py", line
396, in send
raise CommandError(code, msg, command_error=err, output=out) pyeapi.
```

```
eapilib.CommandError: Error [1002]: CLI command 2 of 2 'show run' failed:
invalid command [incomplete token (at token 1: 'run')]
>>>
>>>pprint.pprint(arista1.enable('show running-config interface ethernet
1/3'))
Traceback (most recent call last):
...
pyeapi.eapilib.CommandError: Error [1002]: CLI command 2 of 2 'show
running-config interface ethernet 1/3' failed: invalid command
[incomplete token (at token 2: 'interface')]
```

不过，使用完整命令（show running-config）总是能捕获结果，并得到所需要的值：

```
>>> result = arista1.enable('show running-config')
>>>pprint.pprint(result[0]['result']['cmds']['interface Ethernet1/3'])
{'cmds': {'description my_link': None, 'switchport access vlan 100':
None}, 'comments': []}
```

到目前为止，我们一直在使用 eAPI 执行 show 和 configuration 命令。Pyeapi 提供了各种 API 来简化工作。在下面的示例中，我们将连接节点，调用 VLAN API，并开始对设备的 VLAN 参数进行操作。下面就来看看：

```
>>> import pyeapi
>>> node = pyeapi.connect_to('Arista1')
>>>vlans = node.api('vlans')
>>> type(vlans)
<class 'pyeapi.api.vlans.Vlans'>
>>>dir(vlans)
[...'command_builder', 'config', 'configure', 'configure_interface',
'configure_vlan', 'create', 'default', 'delete', 'error', 'get', 'get_
block', 'getall', 'items', 'keys', 'node', 'remove_trunk_group', 'set_
name', 'set_state', 'set_trunk_groups', 'values']
>>>vlans.getall()
{'1': {'vlan_id': '1', 'trunk_groups': [], 'state': 'active', 'name':
'default'}}
>>>vlans.get(1)
{'vlan_id': 1, 'trunk_groups': [], 'state': 'active', 'name': 'default'}
>>>vlans.create(10) True
```

```
>>>vlans.getall()
{'1': {'vlan_id': '1', 'trunk_groups': [], 'state': 'active', 'name':
'default'}, '10': {'vlan_id': '10', 'trunk_groups': [], 'state':
'active', 'name': 'VLAN0010'}}
>>>vlans.set_name(10, 'my_vlan_10') True
```

下面来验证设备上是否确实创建了 VLAN 10：

```
arista1#sh vlan
VLAN Name Status Ports
----- -----------------------------------------------------------
-----
1 default active
10 my_vlan_10 active
```

可以看到，EOS 对象上的 Python 原生 API 确实是 Pyeapi 优于 eAPI 的一个方面。它将较低层属性抽象到设备对象，使代码更清晰、更易于阅读。

> Pyeapi API 还在不断增加，要得到完整的列表，请查看官方文档（http://pyeapi.readthedocs.io/en/master/api_modules/_list_of_modules.html）。

在这一节的最后，假设我们要把前面的步骤重复很多次，以至于我们希望编写另一个 Python 类来为我们节省一些工作。

pyeapi_1.py 脚本如下所示：

```python
#!/usr/bin/env python3

import pyeapi
class my_switch():

    def __init__(self, config_file_location, device):
        # loads the config file
        pyeapi.client.load_config(config_file_location)
        self.node = pyeapi.connect_to(device)
        self.hostname = self.node.enable('show hostname')[0]['result']
['hostname']
        self.running_config = self.node.enable('show running-config')

    def create_vlan(self, vlan_number, vlan_name):
```

```
vlans = self. node. api('vlans')
vlans. create(vlan_number)
vlans. set_name(vlan_number, vlan_name)
```

从这个脚本可以看到，我们会自动连接节点，设置主机名，并在连接时加载 running_config。我们还为这个类创建了一个方法，可以使用 VLAN API 创建 VLAN。下面在交互式 shell 中尝试运行这个脚本：

```
>>> import pyeapi_1
>>> s1 = pyeapi_1. my_switch('/tmp/. eapi. conf', 'Arista1')
>>> s1. hostname
'arista1'
>>> s1. running_config
[{'encoding': 'json', 'result': {'cmds': {'interface Ethernet27':
{'cmds':
{}, 'comments': []}, 'ip routing': None, 'interface face Ethernet29':
{'cmds': {}, 'comments': []}, 'interface Ethernet26': {'cmds': {},
'comments': []}, 'interface Ethernet24/4': h. ':
<omitted>
'interface Ethernet3/1': {'cmds': {}, 'comments': []}}, 'comments': [],
'header': ['! device: arista1 (DCS - 7050QX - 32, EOS - 4. 16. 6M)n! n']},
'command': 'show running - config'}]
>>> s1. create_vlan(11, 'my_vlan_11')
>>> s1. node. api('vlans'). getall()
{'11': {'name': 'my_vlan_11', 'vlan_id': '11', 'trunk_groups': [],
'state':
'active'}, '10': {'name': 'my_vlan_10', 'vlan_id': '10', 'trunk_groups':
[], 'state': 'active'}, '1': {'name': 'default', 'vlan_id': '1', 'trunk_
groups': [], 'state': 'active'}}
>>>
```

我们已经了解了三家顶级网络供应商的 Python 脚本：Cisco Systems、Juniper Networks 和 Arista Networks。下一节中，我们将介绍这个领域中发展势头很迅猛的一个开源网络操作系统。

3. 6　VyOS 示例

VyOS 是一个完全开源的网络操作系统，可以在众多硬件、虚拟机和云提供商环境上运行（https：//vyos.io/）。由于其开源性质，它在开源社区中获得了广泛的支持。很多开源项目都使用 VyOS 作为默认的测试平台。在本章的最后一节，我们来看一个简单的 VyOS 示例。

可以下载不同格式的 VyOS 映像：https：//wiki.vyos.net/wiki/Installation。一旦下载并初始化，就可以在我们的管理主机上安装这个 Python 库：

(venv) $ pip install vymgmt

示例脚本 vyos_1.py 非常简单：

```
#! /usr/bin/env python3

import vymgmt

vyos = vymgmt. Router('192.168.2.116', 'vyos', password = 'vyos')
vyos. login()
vyos. configure()
vyos. set("system domain - name networkautomationnerds. net")
vyos. commit()
vyos. save()
vyos. exit()
vyos. logout()
```

可以执行这个脚本来更改系统域名：

```
(venv) $ python vyos_1. py
We can log in to the device to verify the change：
vyos@vyos：~ $ show configuration | match domain
domain - name networkautomationnerds. net
```

从这个例子可以看到，与之前见过的专有供应商的其他例子相比，我们对 VyOS 使用的方法与前面非常相似。这主要是设计决定的，因为可以很容易地从使用其他供应商设备过渡到开源 VyOS。这一章快要结束了，不过还有一些库很值得一提，应当关注它们的发展，我们将在下一节介绍这些库。

3.7　其他库

在这一章的最后，我们要提到对于供应商中立的库做出的一些杰出工作，如 Nornir（https：//nornir.readthedocs.io/en/stable/index.html）、Netmiko（https：//github.com/ktbyers/netmiko）和 NAPALM（https：//github.com/napalm - automation/napalm）。第 2 章

我们已经见过它们的一些例子。对于大多数供应商中立的库，在支持最新平台或特性方面，它们往往会慢一步。不过，由于这些库是供应商中立的，所以如果不希望你的工具锁定到某一个供应商，这些库就是很好的选择。使用这些供应商中立的库时，另一个好处是它们通常是开源的，所以你也能对新特性和 bug 修正做出贡献来回馈开源社区。

Cisco 最近还发布了他们的 pyATS 框架（https：//developer. cisco. com/py-ats/）和相关的 pyATS 库（只面向 Genie）。我们将在第 15 章　网络测试驱动开发介绍 pyATS 和 Genie。

3.8　小结

在这一章中，我们介绍了 Cisco、Juniper、VyOS 和 Arista 网络设备的各种通信和管理方法。我们介绍了利用 NETCONF 和 REST 等直接通信，还介绍了使用供应商提供的库（如 PyEZ 和 Pyeapi）进行通信。它们是不同的抽象层，目的是提供一种方法以编程方式管理网络设备，而不需要人工干预。

在*第 4 章　Python 自动化框架：Ansible 基础*中，我们将了解一个更高层次的供应商中立的抽象框架，名为 Ansible。Ansible 是一个开源、通用的自动化工具，用 Python 编写。它可以用于自动化服务器、网络设备、负载均衡器等。当然，对我们而言，我们将重点考虑对网络设备使用这个自动化框架。

第 4 章　Python 自动化框架：Ansible 基础

前两章中我们循序渐进地介绍了与网络设备交互的不同方式。**第 2 章　低层网络设备交互**中，我们讨论了 Pexpect 和 Paramiko 库，它们会管理一个交互式会话来控制与网络设备的交互。**第 3 章　API 和意图驱动网络**中，我们开始从 API 和意图的角度考虑网络。我们介绍了多个 API，它们包含一个明确定义的命令结构，并且提供了一种从设备获得反馈的结构化方法。从**第 2 章　低层网络设备交互**转向**第 3 章　API 和意图驱动网络**，我们开始考虑对网络的意图，并逐步用代码来表示网络。

在这一章中，我们将在这种想法（即把我们的意图转换为网络需求）之上进一步扩展。如果你做过网络设计，这个过程中最有挑战的部分可能不是处理不同的网络设备，而是如何确定业务需求并转换为具体的网络设计。你的网络设计需要解决业务问题。例如，你可能在一个较大的基础设施团队中工作，你的团队需要支持一个热门的在线电子商务网站，这个网站在高峰时段的响应很慢。如何判断网络是否是问题所在？如果网站响应缓慢确实是由于网络阻塞造成的，那么应当升级网络的哪一部分？系统的其余部分能充分利用更高的速度和更大容量的数据馈送吗？

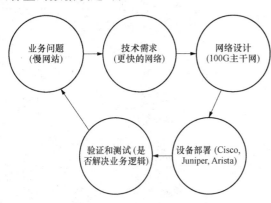

图 4-1　网络部署的业务逻辑

图 4-1 展示了将业务需求转换为网络设计时可能经过的一个简单过程。

在我看来，网络自动化不仅仅是更快的配置。它还应当涵盖解决业务问题，并准确而可靠地将我们的意图转化为设备行为。在实现网络自动化的征程中，这是我们要始终牢记的目标。在本章中，我们开始研究一个基于 Python 的框架，名为 **Ansible**，它允许我们声明对网络的意图，并且对 API 和 CLI 做了进一步抽象。

在这一章中，我们将讨论以下主题：

- Ansible 介绍。
- 一个简单的 Ansible 示例。
- Ansible 的优点。
- Ansible 架构。

- Ansible Cisco 模块和示例。
- Ansible Juniper 模块和示例。
- Ansible Arista 模块和示例。

4.1　Ansible：更具声明性的框架

下面想象一个假想的情况：一天早上，你从噩梦中惊醒，一身冷汗，因为你梦到了一个潜在的网络安全漏洞。你意识到你的网络中包含一些无价的数字资产要加以保护。作为一个网络管理员，你一直在兢兢业业地工作，所以网络很安全，但是你希望对网络设备再增加一些安全措施以确保安全。

首先，要把这个目标分成可操作的两部分：

- 将设备升级到软件的最新版本，这要求：

（1）为设备上传映像。

（2）指示设备从这个新映像启动。

（3）重启设备。

（4）验证设备在用这个新的软件映像运行。

- 在网络设备上配置适当的访问控制列表，这包括

（1）在设备上构造访问列表。

（2）在接口上配置这个访问列表，大多数情况下这都在接口配置部分下面，从而能应用于接口。

作为一个关注自动化的网络工程师，你想编写脚本从而可靠地配置设备，并从这些操作获得反馈。你开始研究每个步骤所需的命令和 API，在实验室里进行验证，最后将它们部署到生产环境中。为 OS 升级和 ACL 部署完成了大量工作之后，你希望这些脚本能转移到下一代设备。

如果有一个工具能缩短这个设计—开发—部署周期，那该多好！

在本章和**第 5 章　Python 自动化框架：进阶**中，我们将使用一个开源的自动化工具，名为 Ansible。这是一个框架，可以简化从业务逻辑到网络命令的过程。Ansible 可以配置系统、部署软件和协调任务组合。

Ansible 用 Python 编写，它已经成为 Python 开发人员的主要自动化工具之一，另外也是得到网络设备供应商最多支持的工具之一。在 Python 软件基金会（Python Software Foundation）主办的"2018 年 Python 开发人员调查"（Python Developers Survey 2018）中（见图 4 - 2），Ansible 在配置管理工具中排名第一。

写本书的第 3 版时，Ansible 2.8 版本可以在任何有 Python 2（2.7 版本）或 Python 3

配置管理

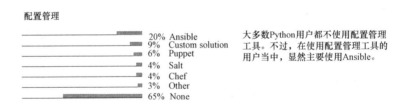

大多数Python用户都不使用配置管理工具。不过，在使用配置管理工具的用户当中，显然主要使用Ansible。

图 4-2　Python 软件基金会对配置管理工具的调查结果

（来源：https://www.jetbrains.com/research/python-developers-survey-2018/）

（Python 3.5 或更高版本）的机器上运行。与 Python 一样，Ansible 的很多有用的特性都来自社区驱动的扩展模块。尽管 Ansible 内核模块支持 Python 3，但很多扩展模块和生产部署仍采用 Python 2 模式。将所有的扩展模块从 Python 2 提升到 Python 3 还需要一些时间。由于这个原因，在本书的余下部分，我们将使用 Python 2.7 和 Ansible 2.8。

　　Ansible 2.5 于 2018 年 3 月发布，这是网络自动化的一个重要版本。在 2.5 及更高版本中，Ansible 开始提供很多新的网络模块特性，包括新的连接方法、playbook 语法和最佳实践。由于这是相对较新的版本，很多生产部署仍是 2.5 之前的版本。为了保持向后兼容性，我们的做法是，前面的一些示例将包含 2.5 版本之前的格式，然后会给出最新版本的一些示例。在学习这一章的过程中，我们会指出它们的区别。从较老的格式转换到新格式也是一个很好的学习体验，这样能更好地理解为什么有这些新的变化。

关于 Ansible 对 Python 3 的支持，最新信息请参见 http://docs.ansible.com/ansible/python_3_support.html。

　　从前面几章可以看出，我坚信要通过例子来学习。类似于 Ansible 的底层 Python 代码，Ansible 结构的语法很容易理解，即使你以前从来没有使用过 Ansible，也不会感觉有困难。如果你对 YAML 或 Jinja2 有一些经验，会很快在语法和要完成的过程之间找到相关性。下面先来看一个例子。

4.2　一个简单的 Ansible 示例

　　与其他自动化工具一样，Ansible 最初用来管理服务器，后来扩展到能够管理网络设备。大多数情况下，模块与 Ansible 所说的"playbook"就类似于服务器模块与网络模块，只是稍有区别。在这一章中，我们首先来看一个服务器任务示例，然后再与网络模块进行比较。

4.2.1　控制节点安装

首先来解释我们在 Ansible 上下文中使用的术语。我们把安装了 Ansible 的虚拟机称为控制机或控制节点，所管理的机器称为目标机或托管节点。Ansible 可以安装在大多数 UNIX 系统上，只依赖于 Python 2.7 或 Python 3.5＋。目前，还没有正式支持 Windows 操作系统作为控制机。Windows 主机仍然可以用 Ansible 管理，只是还不支持它们作为控制机。

 随着 Windows 10 开始采用适用于 Linux 的 Windows 子系统，Ansible 可能很快就可以在 Windows 上运行了。更多有关信息请查看面向 Windows 的 Ansible 文档（https：//docs. ansible. com/ansible/latest/user ＿ guide/windows ＿ faq. html）。

在托管节点需求中，你可能会注意到，有些文档提到需要有 Python 2.7 或更高版本。管理使用 Linux 等操作系统的目标节点时，确实如此，但显然不是所有网络设备都支持 Python。我们将看到如何通过在控制节点上本地执行来绕过网络模块的这个需求。

 对于 Windows，Ansible 模块用 PowerShell 实现。如果想看看这些模块，内核和额外存储库中的 Windows 模块位于 Windows 子目录中。

我们将在 Ubuntu 虚拟机上安装 Ansible。其他操作系统上的安装说明请参阅安装文档（http：//docs. ansible. com/ansible/intro ＿ installation. html）。在下面的代码块中，可以看到安装这些软件包的步骤：

```
$ sudo apt update
$ sudo apt - get install software - properties - common
$ sudo apt - add - repository ppa：ansible/ansible
$ sudo apt - get install ansible
```

 我们也可以使用 pip 来安装 Ansible：pip install ansible。我个人喜欢使用操作系统的包管理系统，比如 Ubuntu 上的 Apt。

现在可以做一个简单的验证，如下所示：

```
$ ansible -- version
ansible 2. 8. 5
  config file = /etc/ansible/ansible. cfg
```

下面来看如何在同一个控制节点上运行不同版本的 Ansible。如果你想尝试最新的开发特性，但不想永久安装，这会是一个很有用的特性。如果我们试图在一个没有根权限的控制节点上运行 Ansible，也可以使用这个方法。

4.2.2　从源代码运行不同版本的 Ansible

可以由一个源代码签出运行 Ansible（**第 13 章　使用 Git** 将介绍 Git 版本控制机制）：

```
$ git clone https://github.com/ansible/ansible.git -- recursive
$ cd ansible/
$ source ./hacking/env - setup
...
Setting up Ansible to run out of checkout...
$ ansible -- version
ansible 2.10.0.dev0
config file = /etc/ansible/ansible.cfg
...
```

如前所述，现在我们在 shell 中运行了 ansible 2.10.0.dev0，这不同于系统版本 2.8.5。要运行另一个版本，可以直接使用 git checkout 签出不同的分支或标记，再次完成环境设置：

```
$ git branch - a
$ git tag -- list
$ git checkout v2.5.6
...
HEAD is now at 0c985fee8a New release v2.5.6
$ source ./hacking/env - setup
$ ansible -- version
ansible 2.5.6 (detached HEAD 0c985fee8a) last updated 2019/09/23 07:05:28
(GMT - 700)
  config file = /etc/ansible/ansible.cfg
```

 如果这些 Git 命令对你来说还有些陌生，我们将在*第 13 章　使用 Git* 更详细地介绍 Git。

下面切换到 Ansible 2.2 版本，并为内核模块运行更新：

```
$ git checkout v2.2.3.0 - 1
HEAD is now at f5be18f409 New release v2.2.3.0 - 1
```

```
$ source ./hacking/env-setup
$ ansible --version
ansible 2.2.3.0 (detached HEAD f5be18f409) last updated 2019/09/23
07:09:11 (GMT-700)
```

Git 允许维护人员在存储库中包含其他 Git 存储库，称为子模块。根据 Ansible 对于从源代码运行的建议（https://docs.ansible.com/ansible/latest/installation_guide/intro_installation.html#running-from-source），应当更新子模块与当前版本同步：

```
$ git submodule update --init --recursive Submodule 'lib/ansible/modules/
core'
(https://github.com/ansible/ansible-modules-core) registered for path
'lib/ansible/modules/core'
```

下面来看这一章和下一章将使用的实验室拓扑。

4.2.3　实验室设置

这一章和*第 5 章　Python 自动化框架：进阶*中，我们的实验室有一个安装了 Ansible 的 Ubuntu18.04 控制机（控制节点）。这个控制机对我们的 VIRL 设备管理网络（包括 IOSv 和 NX-OSv 设备）是可达的。对于我们的 playbook 示例，当目标机是 Linux 主机时，还会有一个单独的 Ubuntu 虚拟机（见图 4-3）。

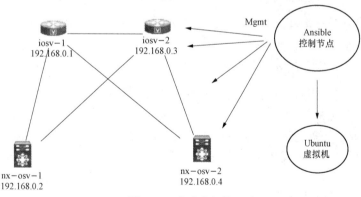

图 4-3　实验室拓扑

下面来看我们的第一个 Ansible playbook 示例。

4.2.4　第一个 Ansible playbook

我们的第一个 playbook 将在控制节点和一个远程 Ubuntu 主机之间使用。我们将采用以下步骤：

（1）确保控制节点可以使用基于密钥的授权。

（2）创建一个清单文件。

（3）创建一个 playbook。

（4）执行并测试。

4.2.4.1　公钥授权

首先要做的是将 SSH 公钥从你的控制机复制到目标机。这里不会提供完整的公钥基础设施教程，这超出了本书的范围，不过下面简单给出了控制节点上的做法：

```
$ ssh-keygen -t rsa<<<< generates public-private key pair on the host
machine if you have not done so already
$ cat ~/.ssh/id_rsa.pub <<<< copy the content of the output and paste it
to the ~/.ssh/authorized_keys file on the target host for the same user,
create the file with a text editor such as VI or Emac if the file does
not exist.
```

可以在这里更多地了解 PKI：https：//en. wikipedia. org/wiki/Public _ key _ infrastructure。

因为我们使用基于密钥的认证，所以可以关闭远程节点上基于密码的认证，这样更安全。现在，你可以使用 SSH 利用私钥从控制节点连接远程节点，而不会提示你输入密码。

能自动复制初始公钥吗？这是可以的，但是相当依赖于你的用例、管理规则和环境。这类似于为建立初始 IP 可达性而对网络设备完成的初始控制台设置。你能自动化完成这个工作吗？为什么能或者为什么不能？

在下一节中，我们来看如何指示目标机将由 Ansible 管理。

4.2.4.2　清单文件

如果我们没有要管理的远程目标，就不需要 Ansible，对不对？一切的源头都在于这样一个事实：我们需要在一个远程主机上完成一些任务。在 Ansible 中，指定潜在远程目标的方法是使用清单文件（inventory file）。我们可以将这个清单文件作为/etc/ansible/hosts 文件，也可以在 playbook 运行时使用 -i 选项指定这个文件。就我个人而言，我更喜欢把这个文件放在 playbook 所在的同一个目录中，并使用 -i 选项来指定。

从技术上讲，这个文件可以命名为你喜欢的任何名字，只要它采用一种合法的格式。不过，一般惯例是将这个文件命名为 hosts。如果遵循这个约定，将来可以使你自己和你的同事避免一些麻烦。

清单文件是一个简单的纯文本 INI 式文件（https：//en. wikipedia. org/wiki/INI _ file），会指定你的目标。默认地，目标可以是一个 DNS FQDN，也可以是一个 IP 地址：

```
$ cat hosts
192.168.2.122
```

在这里，192.168.2.122 是从 Ansible 控制主机可达的一个 Linux 机器的 IP 地址。现在可以使用命令行选项测试 Ansible 和这个 hosts 文件：

```
$ ansible - i hosts 192.168.2.122 - m ping
192.168.2.122 | SUCCESS => {
    "changed": false,
    "ping": "pong"
}
```

默认地，Ansible 假设远程主机上也有执行 playbook 的同一个用户。例如，我在本地作为 echou 执行 playbook；我的远程主机上也有同样的用户。如果你想作为不同的用户来执行，执行时可以使用 - u 选项，即 - u REMOTE _ USER。

前面显示的命令行执行时会读取 hosts 文件作为清单文件，并在 IP 地址为 192.168.2.122 的主机上执行 ping 模块。Ping（http：//docs. ansible. com/ansible/ping _ module. html）是一个简单的测试模块，它会连接到远程主机，验证是否有一个可用的 Python 安装，成功时会返回输出 pong。

如果你对 Ansible 提供的模块的使用有任何疑问，可以查看这个不断扩展的模块列表（http：//docs. ansible. com/ansible/list _ of _ all _ modules. html）。

如果控制节点的～/. ssh/known _ hosts 文件中没有这个主机的键，你会得到一个提示。回答"yes"增加这个主机。可以检查/etc/ansible/ansible. cfg 或～/. ansible. cfg 用以下代码禁用这个功能：

```
[defaults]
host_key_checking = False
```

现在我们有了经过验证的清单文件和 Ansible 包，下面可以建立我们的第一个 playbook 了。

4.2.4.3　第一个 playbook

Playbook 是 Ansible 的蓝图，用来描述你想使用模块对主机做什么。使用 Ansible 时，作为运维人员，我们的大部分时间都花费在这里。如果把 Ansible 比作建造一个树屋，play-book 就是你的手册，模块是你的工具，而清单文件是使用这些工具时要处理的组件。

Playbook 被设计为是人可读的，采用 YAML 格式。我们将在"Ansible 架构"一节中介绍常用的语法。现在，我们的重点是运行一个示例 playbook，对 Ansible 有些感觉。

 最初，YAML 被认为是"另一种标记语言"（Yet Another Markup Language），但是现在 http：//yaml.org/将这个缩略语重新描述"为 YAML 不是标记语言"（YAML Ain't Markup Language）。

下面来看这个简单的 playbook，df _ playbook. yml，它只有 6 行：

```
---
- hosts：192.168.2.122

    tasks：
      - name：check disk usage
          shell：df > df_temp.txt
```

在一个 playbook 中，可以有一个或多个 play。在这里，我们有一个 play（第 2 行到第 6 行）。在任何 play 中，可以有一个或多个任务。这个示例 play 中，我们只有一个任务（第 4 行到第 6 行）。name 字段以人可读的格式指定任务的目的，并使用了 shell 模块。这个模块有一个参数 df。shell 模块读取参数中的命令，并在远程主机上执行命令。在这里，我们会执行 df 命令来检查磁盘使用情况，并把输出复制到一个名为 df _ temp. txt 的文件中。

可以通过以下代码执行这个 playbook：

```
$ ansible-playbook -i hosts df_playbook.yml
PLAY [192.168.2.122] ********************************************************
*******
TASK [setup] ***************************************************************
*******
ok：[192.168.2.122]
TASK [check disk usage] ****************************************************
*******
changed：[192.168.2.122]
PLAY RECAP *****************************************************************
*******
192.168.2.122                  ：ok = 2      changed = 1     unreachable = 0
failed = 0
```

如果你登录到托管主机（本例中为 192.168.2.122），会看到 df_temp.txt 文件包含了 df 命令的输出。真不错，是不是？

你可能已经注意到了，我们的输出中实际上执行了两个任务，尽管我们在 playbook 中只指定了一个任务，默认情况下，会自动增加 setup 模块。它由 Ansible 执行，来收集有关远程主机的信息，然后可以在 playbook 中使用这些信息。例如，setup 模块收集的一个信息是主机的操作系统类型。收集有关远程目标的信息有什么目的呢？你可以使用这些信息作为同一个 playbook 中其他任务的一个条件。例如，playbook 可能包含其他任务来安装软件包。如果知道操作系统类型，Ansible 可以为基于 Debian 的主机用 apt 安装软件包，而为基于 Red hat 的主机用 yum 安装软件包。

如果你对 setup 模块的输出感兴趣，可以通过 $ ansible-i hosts<host>-m setup 得出 Ansible 会收集哪些信息。

在底层，对于这个简单的任务，实际上发生了相关的一些事情。执行这个 playbook 时，控制节点将 Python 模块复制到远程主机，执行这个模块，将模块输出复制到一个临时文件，然后捕获输出并删除这个临时文件。现在，我们可以安全地忽略这些底层细节，除非我们需要这些细节。

重要的是，我们要充分理解前面完成的这个简单过程，因为这一章后面还会再谈到这些元素。我有意选择在这里展示了一个服务器示例，因为随着我们深入了解网络模块，有时需要避开网络模块（应该记得，前面提到过，我们想管理的网络设备上可能没有 Python 解释器），这种情况下这个服务器示例更显重要。

祝贺你执行了你的第一个 Ansible playbook！我们将进一步研究 Ansible 架构，不过下面先来看看为什么 Ansible 非常适合网络管理。应该记得，Ansible 模块是用 Python 编写的。对于喜欢 Python 的网络工程师，这是一个优点，对不对？

4.3　Ansible 的优点

除了 Ansible 之外，还有很多基础设施自动化框架，如 Chef、Puppet 和 SaltStack。每个框架都有自己独特的特性和模型，没有一个适合所有组织的正确框架。在这一节中，我会列出 Ansible 相对于其他框架的一些优点，并解释为什么我认为这是实现网络自动化的一个好工具。

我将列出 Ansible 的优点，但不会与其他框架做比较。其他框架可能也采用了 Ansible 的一些理念或某些方面，但它们很少包含我提到的所有特性。我认为，正是以下所有这些特性和理念的组合使得 Ansible 成为网络自动化的理想选择。

4.3.1　无代理

与其他框架不同，Ansible 不需要严格的主 - 客户模式。不需要在与服务器通信的客户机上安装任何软件或代理。除了 Python 解释器之外（很多平台默认都有 Python 解释器），不再需要其他软件。

对于网络自动化模块，Ansible 不依赖远程主机代理，而是使用 SSH 或 API 调用将所需的变更推送到远程主机。这进一步减少了对 Python 解释器的需求。这对于网络设备管理很有意义，因为网络供应商通常不愿意将第三方软件放在他们的平台上。另一方面，网络设备上已经有 SSH。在过去的几年中，这种状况稍有一些改变，但是总的来说，SSH 是所有网络设备都具备的特性，即所谓的 "公分母"，但不是所有网络设备都支持配置管理代理。应该还记得，**第 3 章　API 和意图驱动网络**中介绍过，较新的网络设备还提供了一个 API 层，Ansible 还可以利用这一层。

由于远程主机上没有代理，Ansible 使用一个推送模型将变更推送到设备，而不是使用拉取模型，即代理从主服务器拉取信息。在我看来，推送模型更有确定性，因为一切都从控制机开始。在拉取模型中，pull（拉取）的时间可能因客户而异，因此会带来计时差异。

重申一次，使用现有的网络设备时，无代理的重要性再强调都不为过。这通常是网络运营商和供应商接纳 Ansible 的主要原因之一。

4.3.2　幂等性

根据维基百科，幂等性是数学和计算机科学中某些运算的属性，这些运算可以多次应用，与第一次应用相比，结果不会改变（https：//en. wikipedia. org/wiki/Idempotence）。按照更常见的说法，这表示第一次运行一个过程之后，反复运行同一个过程不会改变系统。Ansible 着力实现幂等，这对于需要某种操作顺序的网络操作很有利。

要了解幂等性的优点，最好与我们编写的 Pexpect 和 Paramiko 脚本做个比较。应该记得，我们编写那些脚本来发出命令，就像一个工程师坐在终端前一样。如果你要执行 10 次脚本，这个脚本就会完成 10 次变更。如果通过 Ansible playbook 编写同样的任务，会首先检查现有的设备配置，只有当这些变更不存在时，playbook 才会执行。如果我们执行 10 次 playbook，只会在第一次运行时应用变更，接下来的 9 次运行都不会完成配置变更。

幂等性意味着我们可以重复执行 playbook，而不用担心完成不必要的变更。这很重要，因为我们需要自动检查状态一致性，而不希望有任何额外的开销。

4.3.3　简单而且可扩展

Ansible 是用 Python 编写的，并使用 YAML 作为 playbook 语言，一般认为这两种语言都很容易学习。还记得 Cisco IOS 语法吗？这是一种领域特定的语言，只有当你管理 Cisco IOS 设备或其他类似结构的设备时才适用；它不是一种通用语言，无法超出其有限的使用范围。幸运的是，与其他一些自动化工具不同，对于 Ansible，不要求学习额外的领域特定语言或 DSL，因为 YAML 和 Python 都作为通用语言得到了广泛使用。

从前面的例子可以看到，即使你以前没有见过 YAML，也很容易准确地猜出 playbook 要做什么。Ansible 还使用 Jinja2 作为模板引擎，这是 Python web 框架（如 Django 和 Flask）使用的一种常用工具，因此知识是可以转移的。

关于 Ansible 的可扩展性，再强调也不为过。如前面的例子所示，Ansible 首先考虑的是自动化服务器（主要是 Linux）的工作负载。然后扩展到使用 PowerShell 管理 Windows 机器。随着越来越多的业内人士开始采用 Ansible，网络自动化成为一个越来越受到关注的话题。

Ansible 聘用了合适的人员和团队，网络专业人士开始参与进来，客户也开始要求供应商提供支持。从 Ansible 2.0 开始，网络自动化已经成为与服务器管理同样重要的"一等公民"。这个生态系统很活跃，每个版本都在不断改进。

就像 Python 社区一样，Ansible 社区很友好，它对新成员和新想法的态度很包容。在这方面我有第一手的经验，作为一个新手，我曾经想了解贡献过程，希望编写模块在上游合并。我可以证明，无论何时我的观点都受到了欢迎和尊重。

简单性和可扩展性实际上很好地体现了未来的适用性。技术世界正在飞速发展，我们也在不断适应这个变化的世界。如果一种技术学习一次之后，不管最新的趋势如何，都可以继续使用，那该多好。显然，没有人有水晶球来准确地预测未来，不过 Ansible 的成绩很好地说明了未来技术的适应性。

4.3.4　网络供应商支持

要面对现实，我们并不是生活在真空中。业内流传着这样一个笑话：OSI 层应该包括第 8 层（钱）和第 9 层（政治）。每一天，我们都需要使用不同供应商提供的网络设备。

以 API 集成为例。在前面的几章中，我们已经看到了 Pexpect 与 API 方法之间的区别。在网络自动化方面，API 显然占了上风。不过，对于供应商来说，API 接口并不便宜。每个供应商需要投入时间、金钱和工程资源来实现集成。在我们的世界里，供应商是否愿意支持一项技术会有很大影响。幸运的是，所有主要供应商都支持 Ansible，这一点从不断增加的可用网络模块（http：//docs. ansible. com/ansible/list _ of _ network _ modules. html）就可见一斑。

为什么供应商更愿意支持 Ansible 而不是其他自动化工具？无代理当然是一个因素，因为 SSH 作为唯一的依赖条件，这大大降低了进入门槛。理解供应商的工程师都知道，特性请求过程通常需要几个月的时间，而且需要跨越很多障碍。任何时候要增加一个新特性，都意味着在回归测试、兼容性检查、集成审查等方面要花费更多的时间。降低进入门槛通常是获得供应商支持的第一步。

Ansible 基于 Python（这是很多网络专业人士喜欢的一个语言），这一点是获得供应商支持的另一个重要推动力。对于 Juniper 和 Arista 等等已经在 PyEZ 和 Pyeapi 上有大量投入的供应商，他们可以很容易地利用现有的 Python 模块，并将其特性快速集成到 Ansible。正如*第 5 章　Python 自动化框架：进阶*中将要看到的，我们可以使用现有的 Python 知识，轻松地编写我们自己的模块。

在专注于网络之前，Ansible 已经有大量社区驱动的模块。它的贡献过程相对成熟，或者作为一个开源项目已经足够成熟。核心 Ansible 团队常常与社区一起完成提交和贡献。

网络供应商支持不断增加还有另一个原因，这与 Ansible 能够让供应商在模块上下文中表现其优势有关。在下一节中我们将会看到，除了 SSH，Ansible 模块还可以在本地执行，通过使用 API 与这些设备通信。这样一来，一旦有新特性，可以确保供应商能够通过 API 提供他们最新、最强大的特性。对网络专业人员来说，这意味着使用 Ansible 作为自动化平台时，可以用最先进的特性来选择供应商。

我们花了相当多的篇幅来讨论供应商支持，因为我觉得，在 Ansible 的故事里，这常常是被忽视的一个部分。如果供应商愿意支持这个工具，这意味着作为网络工程师的你晚上可以安心睡觉，因为你知道，网络领域的下一个大事件很有可能会得到 Ansible 支持，而且随着你的网络需求不断增长，不会锁定到你目前的供应商。

我们已经介绍了 Ansible 的优点，下面来研究它的架构。

4.4　Ansible 架构

Ansible 架构由 playbook、play 和任务（task）组成。来看之前使用的 df_playbook.yml（见图 4-4）。

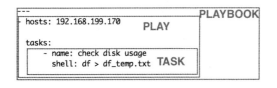

整个文件称为 playbook，其中包含一个或多个 play。每个 play 可以包含一个或多个任务。在这个简单示例中，我们只有一个 play，它包含一个任务。在这一节中，我们来看以下与 Ansible 相关的组件和术语，其中一些我们已经见过：

图 4-4　一个 Ansible playbook

- **YAML**：这个格式在 Ansible 中广泛用于表示 playbook 和变量。

　　• 清单文件（**Inventory**）：可以在清单文件中指定基础设施中的主机并分组。可选地，还可以在清单文件中指定主机和组变量。

　　• 变量（**Variables**）：每个网络设备都是不同的，有不同的主机名、IP、邻居关系等。基于变量，可以有一组标准的 play，同时仍能体现这些差异。

　　• 模板（**Templates**）：模板在网络中并不新鲜。事实上，你可能正在使用一个模板，但没有把它想成是模板。需要置备一个新设备或替换一个退货授权（**return merchandise authorization，RMA**）时，我们通常会做什么？我们会复制原来的配置，替换有差异的地方，比如主机名和回送 IP 地址。Ansible 使用 Jinja2 对模板格式进行标准化，稍后我们会更深入地讨论这个内容。

　　在*第 5 章　Python 自动化框架：进阶*中，我们将介绍一些更高级的主题，如条件、循环、块、处理器、playbook 角色，以及如何将它们包含在网络管理中。

4.4.1　YAML

　　YAML 是用于 Ansible playbook 和一些其他文件的语法。官方的 YAML 文档包含了这个语法的完整规范。这里给出一个精简版本，这是 Ansible 最常见的用法：

　　• YAML 文件以 3 个短横线（---）开头。

　　• 使用空白符缩进来指示结构，这与 Python 类似。

　　• 注释以井字符（#）开头。

　　• 列表成员由一个前导连字符（-）表示，每行一个成员。

　　• 列表还可以用中括号（[]）表示，元素之间用一个逗号（,）分隔。

　　• 字典用键：值对表示，用冒号分隔。

　　• 字典可以由大括号指示，元素之间用逗号（,）分隔。

　　• 字符串可以不加引号，不过也可以包围在双引号或单引号中。

　　可以看到，YAML 可以很好地对应 JSON 和 Python 数据类型。如果把 df_playbook.json 重写为 df_playbook.yml，可能如下所示：

```
[
  {
    "hosts": "192.168.199.170",
    "tasks": [
      {"name": "check disk usage"},
      {"shell": "df > df_temp.txt"}
    ]
  }
```

```
]
```

这显然不是一个合法的 playbook，不过使用 JSON 格式作为比较时，可以帮助理解 YAML 格式。大多数情况下，playbook 中只会看到注释（♯）、列表（-）和字典（key：value）。

4.4.2　清单文件

默认情况下，Ansible 会查看 playbook 中为主机指定的/etc/ansible/hosts 文件。前面已经提到，我认为通过 - i 选项指定主机文件更灵活。这也是我们目前为止所采用的做法。为了扩展前面的示例，清单文件可以写为：

```
[ubuntu]
192.168.2.122
[nexus]
172.16.1.142
172.16.1.143

[nexus：vars]
username = cisco
password = cisco

[nexus_by_name]
switch1 ansible_host = 172.16.1.142
switch2 ansible_host = 172.16.1.143
```

你可能已经猜到，加中括号的标题指定了组名，这样在 playbook 后面就可以指示这个组。例如，在 cisco _ 1. yml 和 cisco _ 2. yml 中，我可以为 nexus 组下面指定的所有主机设置组名为 nexus：

```
---

- name：Configure SNMP Contact
  hosts："nexus"
  gather_facts：false
  connection：local
  <skip>
```

一个主机可以存在于多个组中。组还可以作为 children 嵌套：

```
[cisco]
router1
```

router2

[arista]

switch1

switc h2

[datacenter：children]

cisco

arista

在前面的例子中，datacenter 组包括 cisco 和 arista 成员，总共有 4 个设备。

我们将在下一节讨论变量。有很多地方可以声明变量，事实上，你已经见过变量的一些用法。在我们的第一个清单文件示例中，就为这个清单文件中的主机和组声明了变量。[nexus：vars] 为整个 nexus 组指定变量。ansible_host 变量为同一行上的各个主机声明变量。

关于清单文件的更多信息，参见官方文档（http：//docs.ansible.com/ansible/intro_inventory.html）。

4.4.3 变量

我们在前一节中对变量做了一些讨论。为什么需要变量？因为我们的托管节点并不完全相同，所以需要通过变量来适应这些差异。变量名应当包括字母、数字和下划线，而且总是以字母开头。通常在三个位置定义变量：

- playbook。
- 清单文件。
- 包含在文件和角色中的单独文件。

下面来看在 playbook（cisco_1.yml）中定义变量的一个例子：

```
---
- name：Configure SNMP Contact
  hosts："nexus"
  gather_facts: false
  connection: local

  vars:
    cli:
      host: "{{ inventory_hostname }}"
```

```
        username：cisco
        password：cisco
        transport：cli

    tasks：
      - name：configure snmp contact
        nxos_snmp_contact：
          contact：TEST_1
          state：present
          provider："{{ cli }}"

        register：output

      - name：sh ow output
        debug：
          var：output
```

在这个 playbook 中，可以看到 vars 节下声明的 cli 变量，在 nxos _ snmp _ contact 任务中用双大括号（"{{ cli }}"）引用这个变量。

有关 nxos _ snmp _ contact 模块的更多信息，请参阅在线文档（http：// docs. ansible. com/ansible/nxos _ snmp _ contact _ module. html）。

要引用一个变量，可以使用 Jinja2 模板系统的约定，也就是使用双大括号来引用。并不需要在大括号两边加引号，除非用它开始一个值，不过通常我发现，总是在大括号两边加引号会更简单，这样就不需要考虑这种区别。

你可能还注意到了 {{ inventory_hostname}} 引用，这个 playbook 中并没有声明这个变量。这是 Ansible 自动为你提供的一个默认变量。它会引用清单文件中的 IP 地址或一个 DNS 可解析的主机名。在文档中，这些变量有时被称为"魔法"变量。

魔法变量并不多，可以在文档（http：//docs. ansible. com/ansible/play-books _ variables. html # magic - variables - and - howto - access - information - about - other - hosts）中找到魔法变量的列表。

在上一节中，我们在一个清单文件中声明了变量：

```
[nexus：vars]
username = cisco
```

```
password = cisco

[nexus_by_name]
switch1 ansible_host = 172. 16. 1. 142
switch2 ansible_host = 172. 16. 1. 143
```

为了使用清单文件中的变量而不是在 playbook 中声明变量，下面在主机文件中为［nex-us_by_name］增加组变量：

```
[nexus_by_name]
switch1 ansible_host = 172. 16. 1. 142
switch2 ansible_host = 172. 16. 1. 143

[nexus_by_name：vars]
username = cisco
password = cisco
```

然后修改 playbook（与这里的 cisco_2. yml 一致），来引用这些变量：

```
---

- name：Configure SNMP Contact
  hosts："nexus_by_name"
  gather_facts：false
  connection：local

  vars：
    cli：
      host："{{ ansible_host }}"
      username："{{ username }}"
      password："{{ password }}"
      transport：cli

  tasks：
    - name：configure snmp contact
      nxos_snmp_contact：
        contact：TEST_1
        state：present
        provider："{{ cli }}"

      register：output
```

```
   - name：show output
     debug：
        var：output
```

注意，在本例中，我们要引用清单文件中的 [nexus＿by＿name] 组、ansible＿host 主机变量以及 username 和 password 组变量。

通过将用户名和密码放在一个单独的文件中，可以使文件得到写保护，有更好的安全性。

 要看变量的更多例子，可以参见 Ansible 文档（http：//docs．ansible．com/ansible/playbooks＿variables．html）。

要访问一个嵌套数据结构中提供的复杂变量数据，可以使用两种不同的记法。注意在 nxos＿snmp＿contact 任务中，我们将输出记入一个变量，并使用调试模块来显示。

执行这个 playbook 时，会看到类似下面的输出：

```
$ ansible－playbook － i hosts cisco_2.yml
TASK [show output] **************************************************
*******
ok：[switch1] ＝＞{
    "output"：{
        "changed"：false,
        "end_state"：{
            "contact"："TEST_1"
        },
        "existing"：{
            "contact"："TEST_1"
        },
        "proposed"：{
            "contact"："TEST_1"
        },
        "updates"：[]
    }
}
```

为了访问嵌套数据，可以使用以下记法，如 cisco＿3.yml 所示：

```
tasks：
  - name：configure snmp contact
```

```
    nxos_snmp_contact:
      contact: TEST_1
      state: present
      provider: "{{ cli }}"

    register: output

 - name: show output in output["end_state"]["contact"]
   debug:
     msg: '{{ output["end_state"]["contact"] }}'

 - name: show output in output. end_state. contact
   debug:
     msg: '{{ output. end_state. contact }}'
```

只会接收所指示的值：

```
$ ansible - playbook - i hosts cisco_3. yml
TASK [show output in output["end_state"]["contact"]]
* * * * * * * * * * * * * * * * * * * * * * * * * * *
ok: [switch1] = > {
    "msg": "TEST_1"
}
ok: [switch2] = > {
    "msg": "TEST_1"
}

TASK [show output in output. end_state. contact] * * * * * * * * * * * * * * * * * * * * * *
* * * * * * * * * * *
ok: [switch1] = > {
    "msg": "T EST_1"
}
ok: [switch2] = > {
    "msg": "TEST_1"
}
```

最后，我们提到过，变量也可以存储在单独的文件中。要了解如何使用一个角色或被包含文件中的变量，我们要分析更多的例子，因为这会有些复杂。我们将在**第 5 章　Python 自动化框架：进阶**中看到角色的更多例子。

4.4.4　使用 Jinja2 模板

在前一节中，我们利用 Jinja2 语法 ｛｛variable｝｝ 使用了变量。尽管可以在 Jinja2 中做很多复杂的工作，不过幸运的是，我们只需要掌握一些基本知识就可以开始使用 Ansible 模板。

Jinja2（http：//jinja.pocoo.org/）是一个功能完备的强大的模板引擎，起源于 Python 社区，广泛用于 Python web 框架中（如 Django 和 Flask）。

现在，只要记住 Ansible 使用 Jinja2 作为模板引擎就足够了。我们会在需要的情况下再来讨论 Jinja2 过滤、测试和查找等主题。

在这里可以找到有关 Ansible Jinja2 模板的更多信息：http：//docs.ansible.com/ansible/playbooks _ templating.html。

这样我们就结束了对 Ansible 架构的简要介绍。在下一节中将介绍 Ansible 网络模块，我们遇到的大部分网络任务都将在 Ansible 网络模块中处理。

4.5　Ansible 网络模块

Ansible 最初用于管理有完整操作系统（如 Linux 和 Windows）的节点，后来扩展到支持网络设备。你可能已经注意到目前为止我们对网络设备使用的 playbook 中的细微差别，例如 gather _ facts：false 和 connection：local 行，下面几节将仔细研究这些差异。

Ansible 在'How NetworkAutomation is Different'（https：//docs.ansible.com/ansible/latest/network/getting _ started/network _ differences.html）上提供了很不错的文档。

4.5.1　本地连接和 fact

默认情况下，Ansible 模块是远程主机上执行的 Python 代码。由于大多数网络设备不直接提供 Python，或者根本不包含 Python，所以我们几乎总是在控制节点上本地执行 playbook。这意味着 playbook 首先在本地解释，以后再根据需要推送命令或配置。

回想一下，在我们的服务器示例中，远程主机 fact 是通过默认增加的 setup 模块收集的。因为我们在本地执行 playbook，setup 模块将在本地主机而不是远程主机上收集 fact。这当然是不需要的，因此当连接设置为本地时，我们可以将 fact 收集设置为 no 或 false，以减少这个不必要的步骤。从 2.5 版开始，有了特定于各个平台的 fact 收集模块。可以看看 fact-demo. yml 示例：https：//docs. ansible. com/ansible/latest/network/user_guide/network_best_practices_2.5. html♯step-2-creating-the-playbook。

因为网络模块在本地执行，对于那些提供备份选项的模块，文件也会在控制节点上本地备份。

Ansible 2.5 中最重要的变化之一是引入了不同的网络通信协议（https：//docs. ansible. com/ansible/latest/network/getting_started/network_differences. html♯multiple-communication-protocols）。

现在的连接方法包括 network_cli、netconf、httpapi 和 local。如果网络设备使用 SSH 上的 CLI，则在某个设备变量中指示连接方法为 network_cli。最好同时了解 2.5 版本前和 2.5 版本后的连接语法。一般来说，你会发现 2.5 版本之后的语法更流畅、更简洁。

4.5.2　provider 参数

正如我们在**第 2 章　低层网络设备交互**和**第 3 章　API 和意图驱动网络**中看到的，网络设备可以通过 SSH 和 API 连接，这取决于平台和软件发布版本。所有核心网络模块都实现了一个 provider 参数，这是一个参数集合，用于定义如何连接网络设备。有些模块只支持 cli，有些则支持其他值，例如 Arista 支持 eAPI，Cisco 支持 Nexus 平台上的 NX-API。

从 Ansible 2.5 开始，指定传输方法的推荐做法是使用 connection 变量。你会看到 provider 参数将在未来的 Ansible 版本中逐渐淘汰。以 ios_command 模块为例（https：//docs. ansible. com/ansible/latest/modules/ios_command_module. html♯ios-command-module），provider 参数仍然可用，不过被标记为"废弃"（deprecated）。我们将在本章后面看到这样一个例子。

provider 传输支持的一些基本参数如下：

- **host**：这定义了远程主机。
- **port**：这定义了要连接的端口。
- **username**：这是要认证的用户名。
- **password**：这是要认证的密码。
- **transport**：这是连接的传输类型。
- **authorize**：这会对有需要的设备启用特权升级。
- **auth_pass**：这定义了特权升级密码。

可以看到，并不需要指定 provider 变量中的所有参数。例如，对于我们之前的 playbook，用户登录时总是有管理员权限，因此我们不需要指定 authorize 或 auth_pass 参数。

这些参数都是变量，所以它们遵循同样的变量优先级规则。例如，假设我把 cisco _ 3. yml 改为 cisco _ 4. yml，观察以下优先级：

```
---
- name: Configure SNMP Contact
  hosts: "nexus_by_name"
  gather_facts: false
  connection: local

  vars:
    cli:
      host: "{{ ansible_host }}"
      username: "{{ username }}"
      password: "{{ password }}"
      transport: cli

  tasks:
    - name: configure snmp contact
      nxos_snmp_contact:
        contact: TEST_1
        state: present
        username: cisco123 #new
        password: cisco123 #new
        provider: "{{ cli }}"

      register: output

    - name: show output in output["end_state"]["contact"]
      debug:
        msg: '{{ output["end_state"]["contact"] }}'

    - name: show output in output.end_state.con tact
      debug:
        msg: '{{ output.end_state.contact }}'
```

在任务级定义的用户名和密码将覆盖 playbook 级的用户名和密码。试图连接时，我会收到以下错误，因为这个用户在设备上不存在：

```
PLAY [Configure SNMP Contact] **************************************************
```

```
TASK [configure snmp contact] ********************************************
*******
fatal: [switch2]: FAILED! => {"changed": false, "failed": true, "msg":
"failed to connect to 172.16.1.143:22"}
fatal: [switch1]: FAILED! => {"changed": false, "failed": true, "msg":
"failed to connect to 172.16.1.142:22"}
to retry, use: --limit @/home/echou/Mastering_Python_Networking_third_
edition/Chapter04/cisco_4.retry

PLAY RECAP **************************************************************
*******
switch1        : ok = 0     changed = 0     unreachable = 0     failed = 1
switch2        : ok = 0     changed = 0     unreachable = 0     failed = 1
```

下一节中，我们将更深入地研究管理 Cisco 设备的例子。

4.6　Ansible Cisco 示例

Ansible 中的 Cisco 支持可以按操作系统来划分：IOS、IOS-XR 和 NX-OS。我们已经看到了很多 NX-OS 例子，因此这一节中我们将尝试管理基于 IOS 的设备。

我们的主机文件包括两个主机：ios-r1 和 ios-r2：

```
[ios-devices]
ios-r1 ansible_host = 172.16.1.134
ios-r2 ansible_host = 172.16.1.135

[ios-devices:vars]
username = cisco
password = cisco
```

我们的 playbook（cisco_5.yml）将使用 ios_command 模块执行任意的 show 命令：

```
---
- name: IOS Show Commands
  hosts: "ios-devices"
  gather_facts: false
  connection: local

  vars:
```

```
cli:
  host: "{{ ansible_host }}"
  username: "{{ username }}"
  password: "{{ password }}"
  transport: cli

tasks:
  - name: ios show commands
    ios_command:
      commands:
        - show version | i IOS
        - show run | i hostname
      provider: "{{ cli }}"

    register: output

  - name: show output in output["end_state"]["contact"]
    debug:
      var: output
```

结果是我们预期的 show version 和 show run 输出：

```
$ ansible-playbook -i hosts cisco_5.yml

PLAY [IOS Show Commands] *********************************************
*******

TASK [ios show commands] *********************************************
*******
ok: [ios-r1]
ok: [ios-r2]

TASK [show output in output["end_state"]["contact"]]
***************************
ok: [ios-r1] => {
    "output": {
        "changed": false,
        "stdout": [
            "Cisco IOS Software, IOSv Software (VIOS-ADVENTERPRISEK9-M),
Version 15.6(3)M2, RELEASE SOFTWARE (fc2)\nROM: Bootstrap program is
```

```
IOSv\nCiscoIOSv (revision 1.0) with with 460033K/62464K bytes of
memory. ",
            "hostname iosv-1"
        ],
        "stdout_lines": [
            [
                "Cisco IOS Software, IOSv Software (VIOSADVENTERPRISEK9-
M), Version 15.6(3)M2, RELEASE SOFTWARE (fc2)",
                "ROM: Bootstrap program is IOSv",
                "Cisco IOSv (revision 1.0) with with 460033K/62464K
bytes of memory. "
            ],
            [
                "hostname iosv-1"
            ]
        ],
        "warnings": []
    }
}
ok: [ios-r2] => {
    "output": {
        "changed": false,
        "stdout": [
            "Cisco IOS Software, IOSv Software (VIOS-ADVENTERPRISEK9-M),
Version 15.6(3)M2, RELEASE SOFTWARE (fc2)\nROM: Bootstrap program is
IOSv\nCiscoIOSv (revision 1.0) with with 460033K/62464K bytes of
memory. ",
            "hostname iosv-2"
        ],
        "stdout_lines": [
            [
                "Cisco IOS Software, IOSv Software (VIOSADVENTERPRISEK9-
M), Version 15.6(3)M2, RELEASE SOFTWARE (fc2)",
                "ROM: Bootstrap program is IOSv",
                "Cisco IOSv (revision 1.0) with with 460033K/62464K
bytes of memory. "
```

```
            ],
            [
                "hostname iosv - 2"
            ]
        ],
        "warnings": []
    }
}
```

PLAY RECAP **
****

```
ios - r1     : ok = 2     changed = 0     unreachable = 0     failed = 0
ios - r2     : ok = 2     changed = 0     unreachable = 0     failed = 0
```

我想指出这个例子所说明的几点：

- NX - OS 和 IOS 的 playbook 大致相同。

- nxos _ snmp _ contact 和 ios _ command 模块的语法遵循相同的模式，唯一的区别是模块的参数。

- 设备的 IOS 版本很老，不了解 API，不过模块看起来仍然相同。

从前面的例子可以看到，一旦确定了 playbook 的基本语法，对于我们所要完成的任务，细微的差别在于相应的不同模块。

4.7　Ansible 2.8 playbook 示例

我们已经简要地讨论了 2.5 及以后版本 Ansible playbook 中增加的网络连接变化。伴随这些变化，Ansible 还发布了一个网络最佳实践文档：https：//docs. ansible. com/ansible/latest/network/user _ guide/network _ best _ practices _ 2.5. html。下面根据这个最佳实践指南构建一个示例。由于这个例子涉及多个文件，这些文件连同代码文件分组放在一个名为 ansible _ 2 - 8 _ example 的子目录中。

可以使用系统安装的版本，也可以如前所示使用 Git 源代码切换回 Ansible 2.8 版本：

```
$ ansible -- version
ansible 2.8.5
```

在前面的示例中，我们主要只使用清单文件来包含清单信息以及相关的变量。在本例中，我们将把变量卸载（offload）到另外一个名为 host _ vars 的目录中：

```
$ tree.
.
├── hosts
├── host_vars
│   ├── iosv-1
│   └── iosv-2
└── my_playbook.yml
1 directory, 4 files
```

我们的清单文件缩减为只有组和主机名：

```
$ cat hosts
[ios-devices]
iosv-1
iosv-2
```

host_vars 目录中有两个文件，分别对应清单文件中指定的一个主机名：

```
$ ls host_vars/
iosv-1
iosv-2
```

对应主机的变量文件包含之前 CLI 变量中的内容。额外的 ansible_connection 变量指定 network_cli 作为传输方法：

```
$ cat host_vars/iosv-1
---
ansible_host: 172.16.1.134
ansible_user: cisco
ansible_ssh_pass: cisco
ansible_connection: network_cli
ansible_network_os: ios
ansbile_become: yes
ansible_become_method: enable
ansible_become_pass: cisco

$ cat host_vars/iosv-2
---
ansible_host: 172.16.1.135
ansible_user: cisco
```

```
ansible_ssh_pass：cisco
ansible_connection：network_cli
ansible_network_os：ios
ansbile_become：yes
ansible_become_method：enable
ansible_become_pass：cisco
```

我们的 playbook 将使用 ios _ config 模块，并启用备份选项。注意这个例子中使用了
when 条件，所以如果有其他运行不同操作系统的主机，将不会应用这个任务：

```
$ cat ansible2 - 8_playbook. yml
- - -
- name：Chapter 4 Ansible 2. 8 Best Practice Demonstration
connection：network_cli
gather_facts：false
hosts：all
tasks：
  - name：backup
    ios_config：
      backup：yes
  register：backup_ios_location
  when：ansible_network_os = = 'ios'
```

运行这个 playbook 时，会创建一个新的备份（backup）文件夹，其中会备份每个主机的
配置：

```
$ ansible - playbook  - i hosts ansible2 - 8_playbook. yml
PLAY [Chapter 4 Ansible 2. 8 Best Practice Demonstration] ＊＊＊＊＊＊＊＊＊＊＊＊＊＊＊＊＊
＊＊＊＊＊＊＊＊＊＊＊＊＊＊＊＊＊
TASK [backup] ＊＊＊＊＊＊＊＊＊＊＊＊＊＊＊＊＊＊＊＊＊＊＊＊＊＊＊＊＊＊＊＊＊＊＊＊＊＊＊＊＊＊＊＊＊＊＊＊＊＊＊
＊＊＊＊＊＊＊＊＊＊＊＊＊ ＊＊＊
changed：[iosv - 2]
changed：[iosv - 1]
PLAY RECAP ＊＊＊＊＊＊＊＊＊＊＊＊＊＊＊＊＊＊＊＊＊＊＊＊＊＊＊＊＊＊＊＊＊＊＊＊＊＊＊＊＊＊＊＊＊＊＊＊＊＊＊＊＊
＊＊＊＊＊＊＊＊＊＊＊＊＊＊＊＊＊
iosv - 1    ：ok = 1    changed = 1    unreachable = 0    failed = 0    skipped = 0
rescued = 0    ignored = 0
iosv - 2    ：ok = 1    changed = 1    unreachable = 0    failed = 0    skipped = 0
```

rescued = 0   ignored = 0

可以看到，这个新创建的备份（backup）目录包含两个文件：

```
$ tree
.
├── ansible2 – 8_playbook. yml
├── backup
│       ├── iosv – 1_config. 2019 – 09 – 24@10:40:36
│       └── iosv – 2_config. 2019 – 09 – 24@10:40:36
├── hosts
└── host_vars
        ├── iosv – 1
        └── iosv – 2
2 directories, 6 files
$  head – 20 backup/iosv – 1_config. 2019 – 09 – 24@10\:40\:36
Building configuration...

Current configuration : 4598 bytes
!
! Last configuration change at 17:02:29 UTC Sun Sep 22 2019
!
version 15. 6
service timestamps debug datetime msec
service timestamps log datetime msec
no service password – encryption
!
hostname iosv – 1
!
boot – start – marker
boot – end – marker
!
!
vrf definition Mgmt – intf
  !
```

这个例子展示了 network _ connection 变量和基于 Ansible 网络最佳实践的推荐结构。我们将在**第 5 章 Python 自动化框架：进阶**中看到如何将变量卸载到 host _ vars 目录和条件。

这个结构也可以用于本章的 Juniper 和 Arista 例子。对于不同的设备，只需要使用不同的 network _ connection 值，在下一节中的 Juniper 示例中就会看到。

4.8 Ansible Juniper 示例

Ansible Juniper 模块需要 Juniper PyEZ 包和 NETCONF。如果你已经学习了**第 3 章 API 和意图驱动网络**中的 API 示例，说明你已经做好了准备。如果还没有，可以再查阅那一节的安装说明和一些测试脚本，确保 PyEZ 能正常工作。另外还需要一个名为 jxmlease 的 Python 包：

```
(venv) $ pip install jxmlease
```

在主机文件中，我们要指定设备和连接变量：

```
[junos_devices]
J1 ansible_host = 192. 168. 24. 252

[junos_devices:vars]
username = juniper
password = juniper!
```

在我们的 Juniper playbook 中，将使用 junos _ facts 模块为设备收集基本 fact。这个模块等价于 setup 模块，如果我们需要根据返回值采取措施，这个模块可以派上用场。注意这个示例中不同的 transport 和 port 值：

```
---

- name: Get Juniper Device Facts
  hosts: "junos_devices"
  gather_facts: false
  connection: local

  vars:
    netconf:
      host: "{{ ansible_host }}"
      username: "{{ username }}"
      password: "{{ password }}"
      port: 830
      transport: netconf
```

```
tasks：
  - name：collect default set of facts
    junos_facts：
      provider："{{ netconf }}"

    register：output

  - name：show output
    debug：
      var：output
```

执行时，将从 Juniper 设备收到以下输出：

PLAY [Get Juniper Device Facts]

****

TASK [collect default set of facts]

** **ok：[J1]**

TASK [show output]

****

ok：[J1] "

<skip>

PLAY RECAP

** **J1**

：ok = 2 changed = 0 unreachable = 0 failed = 0

我们已经见过管理 Cisco 和 Juniper 设备的例子，下面来看目标机为 Arista 设备的一些例子，并对所有这些例子做个比较。

4.9　Ansible Arista 示例

我们要介绍的最后一个 playbook 例子是 Arista 命令模块。至此，我们已经非常熟悉 playbook 的语法和结构了。Arista 设备可以配置为使用 cli 或 eapi 传输，在本例中，我们将使用 cli。

主机文件如下：

```
[eos - devices]
arista1 ansible_host = 192.168.199.158
```

这个 playbook 与我们之前见过的也很类似：

```yaml
---
- name: EOS Show Commands
  hosts: "eos_devices"
  gather_facts: false
  connection: local

  vars:
    cli:
      host: "{{ ansible_host }}"
      username: "arista"
      password: "arista"
      authorize: true
      transport: cli
  tasks:
    - name: eos show commands
      eos_command:
        commands:
          - show version | i Arista
        provider: "{{ cli }}"

      register: output

    - name: show output
      debug:
        var: output
```

从这个 Arista 例子可以看出，从结构上讲，它与 Cisco 或 Juniper 例子并没有太大区别。这体现了使用 Ansible 的优势，即使对于一个我们从未接触过的新供应商，使用 Ansible 能提供一个可遵循的结构。

4.10　小结

在这一章中，我们对开源自动化框架 Ansible 进行了全面的介绍。与基于 Pexpect 和 API 驱动的网络自动化脚本不同，Ansible 提供了一个更高层次的抽象（称为 playbook）来自动化我们的网络设备。

Ansible 最初是用来管理服务器的，后来扩展到管理网络设备；因此，我们介绍了一个服务器示例，然后比较了它与网络管理 playbook 的差异。之后，我们又介绍了 Cisco IOS、Juniper JUNOS 和 Arista EOS 设备的 playbook 示例，还研究了 Ansible 推荐的最佳实践（如果你在使用最新的 Ansible 2.8 版本）。

在*第 5 章 Python 自动化框架：进阶*中，我们将利用在这一章获得的知识，学习 Ansible 的一些更高级的特性，如组变量、模板和条件语句。

第5章 Python 自动化框架：进阶

在*第4章 Python 自动化框架：Ansible 基础*中，我们介绍了一些基本结构来设置和运行 Ansible。我们讨论了 Ansible 清单文件、变量和 playbook，还介绍了使用网络模块管理 Cisco、Juniper 和 Arista 设备的一些例子。

在这一章中，我们将在前几章获得的知识基础上更进一步，更深入地学习 Ansible 更高级的主题。已经有很多介绍 Ansible 的书，而且 Ansible 的内容很多，无法在两章中全面涵盖。这里的目标是介绍我认为作为一个网络工程师需要掌握的大部分 Ansible 特性和功能，同时还要尽可能缩短学习曲线。

要指出重要的一点，如果你还不太清楚*第4章 Python 自动化框架：Ansible 基础*中介绍的一些内容，现在可以返回去复习一下，因为那是学习这一章的先决条件。

这一章我们将介绍以下内容：
- Ansible 条件。
- Ansible 循环。
- 模板。
- 组和主机变量。
- Ansible Vault。
- Ansible 角色。
- 编写你自己的模块。

我们要讨论的内容很多，下面就开始吧！

5.1 实验室准备

在这一章中，我们将继续使用*第4章 Python 自动化框架：Ansible 基础*中所用的同一个实验室拓扑。我们还会遵循建议的最佳实践，把主机变量卸载到一个 host_vars 目录中。另外我们还在 ansible.cfg 中使用了一些选项，如禁用 host_key_checking 和 Python 解释器发现。

 有关 ansible.cfg 选项的更多信息请参阅：host_key_checking（https://docs.ansible.com/ansible/latest/user_guide/intro_getting_started.html#host-keychecking）；Python 解释器发现（https://docs.ansible.com/ansible/latest/reference_appendices/config.html）。

我们采用的 Ansible 版本和文件结构如下所示：

```
$ ansible -- version
ansible 2. 8. 5
$ tree host_vars/
host_vars/
├── ios-r1
└── ios-r2
<skip>

$ cat ansible. cfg
[defaults]
host_key_checking = False
interpreter_python = auto
```

5.2　Ansible 条件

Ansible 条件与编程语言中的条件语句很类似。在**第 1 章　TCP/IP 协议簇和 Python 回顾**中，我们已经看到 Python 会使用条件语句，通过使用 if、then 或 while 语句只执行代码的一部分。在 Ansible 中，会使用条件关键字，只在满足给定条件时才运行一个任务。在很多情况下，一个 play 或任务的执行可能取决于一个 fact、变量或上一个任务结果的值。例如，如果你有一个 play 要升级路由器映像，可能需要包含一个步骤，确保这个新路由器映像确实在设备上，之后才会继续执行下一个 play 来重启路由器。

在这一节中，我们将讨论所有模块都支持的 when 子句，以及 Ansible 网络命令模块中支持的唯一条件状态。其中一些条件如下：

- 等于（eq）。
- 不等于（neq）。
- 大于（gt）。
- 大于或等于（ge）。
- 小于（lt）。
- 小于或等于（le）。
- 包含。

下面来看 when 子句的实际使用。

5.2.1　when 子句

需要检查一个变量的输出或一个 play 执行结果并相应地采取行动时，when 子句就很有用。*第 4 章 Python 自动化框架：Ansible 基础*中讨论 Ansible 2.8 最佳实践时，我们已经见过 when 子句的一个简单例子。如果还记得，那个任务只在设备的网络操作系统为 Cisco IOS 时才会运行。下面来看 chapter5_1.yml 中使用 when 子句的另一个例子：

```
---
- name：IOS Command Output
  hosts："ios - devices"
  gather_facts：false
  connection：network_cli

  tasks：
    - name：show hostname
      ios_command：
        commands：
          - show run | i hostname

      register：output
    - name：show output with when conditions
      when："'iosv - 2' in "{{ output. stdout }}'"
      debug：
        msg：'{{ output }}'
```

在第 4 章 *Python 自动化框架：Ansible 基础*中，我们已经见过这个 playbook 中直到第一个任务结束前的所有元素。对于这个 play 中的第二个任务，我们使用 when 子句检查输出是否包含 iosv-2 关键字。如果为真，就继续执行这个任务，它会使用调试（debug）模块显示输出。这个 playbook 运行时，我们会看到以下输出：

```
$ ansible - playbook - i hosts chapter5_1.yml
<skip>
TASK [show output with when conditions] ********************************
******************************************
skipping：[ios - r1]
ok：[ios - r2] => {
    "msg"：{
        <skip>
        "failed"：false,
        "stdout"：[
            "hostname iosv - 2"
```

```
        ],
        "stdout_lines": [
            [
                "hostname iosv-2"
            ]
        ]
    }
}
```

可以看到，输出中跳过了 iosv-r1 设备，因为 when 子句没有通过。可以在 chapter5_2.yml 中进一步扩展这个例子，只在满足条件时才应用某些配置变更：

```
<skip>
    tasks:
      - name: show hostname
        ios_command:
          commands:
            - show run | i hostname

        register: output

      - name: config example
        when: '"iosv-2" in "{{ output.stdout }}"'
        ios_config:
          lines:
            - logging buffered 30000
```

可以看到以下执行输出：

```
$ ansible-playbook -i hosts chapter5_2.yml
<skip>
TASK [config example] *************************************************
*************************
skipping: [ios-r1]

changed: [ios-r2]

PLAY RECAP ************************************************************
**************
ios-r1     : ok=1    changed=0    unreachable=0    failed=0    skipped=1
```

```
rescued = 0      ignored = 0
ios - r2     : ok = 2      changed = 1      unreachable = 0      failed = 0      skipped = 0
rescued = 0      ignored = 0
```

同样地，在这个执行输出中可以注意到，只对 ios‑r2 应用了变更，而跳过了 ios‑r1。在这种情况下，只更改了 ios‑r2 上的日志缓冲区大小：

```
iosv - 2 # sh run | i logging
logging buffered 30000
```

使用 setup 或 fact 模块时，when 子句也非常有用，可以根据最初收集的一些 fact 信息采取行动。例如，下面的语句在子句中设置了一个条件，来确保只有主版本为 16 或更高版本的 Ubuntu 主机才会采取行动：

```
when: ansible_os_family = = "Debian" and ansible_lsb. major_release|int> =
16
```

有关条件的更多信息，可以参阅 Ansible 条件文档（http：//docs. ansible. com/ansible/playbooks_conditionals. html）。

下一节中，我们将介绍 Ansible 如何收集网络设备 fact 并在网络 playbook 上下文中使用。

5.2.2　Ansible 网络 fact

在 2.5 版本之前，Ansible 网络附带了很多供应商特定的 fact 模块。网络 fact 模块在 2.5 版本之前就已经存在，但是不同供应商的命名和用法有所不同。从 2.5 版本开始，Ansible 开始标准化它的网络 fact 模块。Ansible 网络 fact 模块从系统中收集信息，并将结果存储在以 ansible_net_ 为前缀的 fact 中。这些模块收集的数据在模块文档中的"返回值"（*return values*）部分有详细描述。对于 Ansible 网络模块，这是一个相当重要的里程碑，因为默认地它会为你做大量繁重的工作来抽象 fact 收集过程。

下面使用*第 4 章　Python 自动化框架：Ansible 基础*Ansible 2.8 最佳实践中所见的同样的结构，不过对它有所扩展来了解如何使用 ios_facts 模块收集 fact。回顾一下，我们的清单文件包含两个 IOS 主机，主机变量在 host_vars 目录中：

```
$ cat hosts
[ios - devices]
iosv - 1
iosv - 2
```

```
$ cat host_vars/iosv-1
---
ansible_host: 172.16.1.134
ansible_user: cisco
ansible_ssh_pass: cisco
ansible_connection: network_cli
ansible_network_os: ios
ansbile_become: yes
ansible_become_method: enable
ansible_become_pass: cisco
```

我们的 playbook 有 3 个任务。第一个任务是使用 ios_facts 模块为两个网络设备收集 fact。第二个任务是显示分别为这两个设备收集和存储的某些 fact。你会看到，我们显示的 fact 是默认的 ansible_net fact，而不是第一个任务中注册的变量。

第三个任务是显示我们为 iosv-1 主机收集的所有 fact：

```
$ cat ios_facts_playbook.yml
---
- name: Chapter 5 Ansible 2.8 network facts
  connection: network_cli
  gather_facts: false
  hosts: all
  tasks:
    - name: Gathering facts via ios_facts module
      ios_facts:
      when: ansible_network_os == 'ios'

    - name: Display certain facts
      debug:
        msg: "The hostname is {{ ansible_net_hostname }} running {{ ansible_net_version }}"

    - name: Display all facts for a host
      debug:
        var: hos tvars['iosv-1']
```

运行这个 playbook 时，可以看到前两个任务的结果与我们预想的一样：

```
$ ansible-playbook -i hosts ios_facts_playbook.yml
```

```
PLAY [Chapter 5 Ansible 2.8 network facts] *******************************
**********************************************
TASK [Gathering facts via ios_facts module] *****************************
*********************************************
ok: [iosv - 2]
ok: [iosv - 1]
TASK [Display certain facts] ********************************************
**********************************************
ok: [iosv - 1] => {
    "msg": "The hostname is iosv - 1 running 15.6(3)M2"
}
ok: [iosv - 2] => {
    "msg": "The hostname is iosv - 2 running 15.6(3)M2"
}
```

第三个任务将显示为 IOS 设备收集的所有网络设备 fact。为 IOS 设备收集的信息相当丰富，可以帮助你满足网络自动化需求；在第三个任务中可以看到所有这些信息：

```
TASK [Display all facts for a host] *************************************
**********************************************
ok: [iosv - 1] => {
"hostvars['iosv - 1']": {
    "ansbile_become": true,
    "ansible_become_method": "enable",
    "ansible_become_pass": "cisco",
    "ansible_check_mode": false,
    "ansible_connection": "network_cli",
    "ansible_diff_mode": false,
    "ansible_facts": {
        "discovered_interpreter_python": "/usr/bin/python",
        "net_all_ipv4_addresses": [
            "10.0.0.13",
            "10.0.0.5",
            "10.0.0.17",
            "172.16.1.134",
            "192.168.0.1"
        ],
```

```
    "net_all_ipv6_addresses": [],
    "net_api": "cliconf",
    "net_filesystems": [
        "flash0:"
    ],
<skip>
```

从 Ansible 2.5 开始，网络 fact 模块在优化工作流方面向前迈出了一大步，使它与其他服务器模块可谓并驾齐驱。

5.2.3　网络模块条件

下面使用这一章开头看到的比较关键字来看另一个网络设备条件示例。我们可以利用这样一个事实：IOSv 和 Arista EOS 都为 show 命令提供 JSON 格式的输出。例如，可以检查接口的状态：

```
veos 01 # sh int eth 1 | json
{
    "interfaces": {
        "Ethernet1": {
            "lastStatusChangeTimestamp": 1569573423.6540787,
            "name": "Ethernet1",
            "interfaceStatus": "disabled",
            "autoNegotiate": "off",
            "loopbackMode": "loopbackNone",
            "interfaceStatistics": {
<skip>
```

假设我们有一个操作，希望只有当 Ethernet1 禁用时才执行这个操作。在 chapter5_3.yml playbook 中可以使用以下任务在继续执行之前先检查这个条件是否满足。它使用 eos_command 模块收集接口状态输出，并在继续执行下一个任务之前使用 wait_for 和 eq 关键字检查这个接口状态：

```
<skip>
    tasks:
      - name: "sh int ethernet 1 | json"
        eos_command:
          commands:
              - "show interface ethernet 1 | json"
```

```
        wait_for:
          - "result[0]. interfaces. Ethernet1. interfaceStatus eq
disabled"
        register: output
    - name: show output
      debug:
        msg: "Interface Disabled, Safe to Proceed"
```

如果条件满足，就执行第二个任务：

```
$ ansible-playbook -i hosts chapter5_3.yml
<skip>
TASK [sh int ethernet 1 | json] ********************************************
**********************************
ok: [arista1]
TASK [show output] *********************************************************
*********************
ok: [arista1] => {
    "msg": "Interface Disabled, Safe to Proceed"
}
```

如果接口是启用的，如以下输出所示，会给出一个错误。执行第一个任务之后，从输出可以知道，由于条件不满足，所以未发生更改：

```
TASK [sh int ethernet 1 | json] ********************************************
**********************************

fatal: [arista1]: FAILED! => {<skip>"changed": false, "failed_
conditions": ["result[0]. interfaces. Ethernet1. interfaceStatus eq
disabled"], "msg": "One or more conditional statements have not been
satisfied"}

PLAY RECAP *****************************************************************
**************

arista1                    : ok=0        changed=0      unreachable=0
failed=1    skipped=0      re scued=0    ignored=0
```

适当的时候还可以检查其他条件语句，如 contains、greater than 和 less than。条件语句使得 playbook 很聪明，可以根据设备的状态执行任务。在下一节中，我们将研究 Ansible 循环，以及循环如何帮助我们只用几行代码来对多个设备自动执行 play。

5.3　Ansible 循环

Ansible 在 playbook 中提供了多种循环，比如标准循环、基于文件的循环、子元素循环、do - until 循环等。在这一节中，我们来看两种最常用的循环形式：标准循环和基于散列值的循环。

5.3.1　标准循环

playbook 中的标准循环通常用来很容易地多次执行类似的任务。标准循环的语法非常简单：｛｛ item ｝｝变量是循环遍历 with _ items 列表的占位符。在下一个例子中（chapter5 _ 4. yml），我们将用本地主机的 echo 命令循环遍历 with _ items 列表中的项（设备）。

```
$ cat chapter5_4. yml
---
- name: Echo Loop Items
  hosts: "localhost"
  gather_facts: false

  tasks:
    - name: echo loop items
      command: echo "{{ item }}"
      with_items:
        - 'r1'
        - 'r2'
        - 'r3'
        - 'r4'
        - 'r5'
```

我们将把～/. ssh/id _ rsa. pub 下的公钥复制粘贴到～/. ssh/authorized _ keys，并执行这个 playbook：

```
$ ansible - playbook - i hosts chapter5_4. yml
<skip>
TASK [echo loop items] ********************************************************
************************
```

```
changed：[localhost] =＞（item = r1）
changed：[localhost] =＞（item = r2）
changed：[localhost] =＞（item = r3）
changed：[localhost] =＞（item = r4）
changed：[localhost] =＞（item = r5）
```

我们将在 chapter5_5.yml playbook 中结合使用标准循环和网络命令模块为设备增加多个 VLAN：

```
---
- name：Add Multiple Vlans
  hosts："nxos-r1"
  gather_facts：false
  connection：network_cli

  vars：
    vlan_numbers：[100，200，300]
  tasks：
    - name：add vlans
      nxos_config：
        lines：
            - vlan{{ item }}
      with_items："{{ vlan_numbers }}"
      register：output
```

从这个 playbook 可以看到，还可以从一个变量读取 with_items 列表，这就为 playbook 的结构提供了更大的灵活性：

```
vars：
  vlan_numbers：[100，200，300]
```

可以执行这个 playbook，并在 nxos-r1 上验证是否正确地增加了 VLAN：

```
$ ansible-playbook -i hosts chapter5_5.yml
<skip>
TASK [add vlans] *****************************************************
********************
changed：[nxos-r1] =＞（item = 100）
changed：[nxos-r1] =＞（item = 200）
changed：[nxos-r1] =＞（item = 300）
```

```
PLAY RECAP ************************************************************
*************
nxos－r1                    ：ok＝1      changed＝1     unreachable＝0
failed＝0    skipped＝0      rescued＝0    ignored＝0


nx－osv－1# shvlan


VLAN Name                               Status    Ports
---- ----------------------------------- --------- ---------------------
------
1    default                            active
100  VLAN0100                           active
200  VLAN0200                           active
300  VLAN0300                           active
```

要在 playbook 中执行重复的任务时，标准循环可以大大节省时间。另外，通过减少任务所需的代码行，还会让 playbook 更有可读性。

　从 Ansible 2.5 开始，增加了 loop 关键字来取代大部分 with_＜lookup＞循环（https：//docs. ansible. com/ansible/2.8/user_guide/playbooks_loops. html）。由于 with_＜lookup＞关键字的普及性，在可预见的将来它可能仍然有效。不过，我们要知道这个新的关键字和相应的变化。

在下一节中，我们将介绍基于字典的循环。

5.3.2　基于字典的循环

基于一个简单列表的循环当然很好，不过，我们通常会有一个关联有多个属性的实体。如果考虑上一节中的 vlan 示例，每个 vlan 都关联了多个唯一属性，例如描述、vlan 网关 IP 地址以及其他可能的属性。一般地，我们可以使用字典来表示这个实体，从而涵盖它的多个属性。

下面在 chapter5_5. yml 的 vlan 例子上扩展，在 chapter5_6. yml 中实现一个字典例子。我们为 3 个 vlan 定义了字典值，每个 vlan 有一个嵌套字典来表示描述和 IP 地址：

```
---
- name：Add Multiple Vlans
  hosts："nxos－r1"
  gather_facts：false
```

```
connection: network_cli

vars:
  vlans: {
      "100": {"description": "floor_1", "ip": "192.168.10.1"},
      "200": {"description": "floor_2", "ip": "192.168.20.1"},
      "300": {"description": "floor_3", "ip": "192.168.30.1"}
    }

tasks:
  - name: add vlans
    nxos_config:
      lines:
        - vlan{{ item.key }}
    with_dict: "{{ vlans }}"

  - name: configure vlans
    nxos_config:
      lines:
        - description {{ item.value.description }}
        - ip address {{ item.value.ip }}/24
      parents: interface vlan{{ item.key }}
    with_dict: "{{ vlans }}"
```

在这个 playbook 中，我们配置第一个任务通过使用项（item）的键来增加 vlan。在第二个任务中，使用各个项的值继续配置 vlan 接口。需要说明，我们使用 parents 参数来唯一地标识命令要检查的部分。这是因为，描述和 IP 地址都是在配置的 interface vlan<number> 小节下配置的。

执行命令之前，需要确保 Nexus 设备上启用了第 3 层接口特性：

```
nx-osv-1# sh run | i interface-vlan
feature interface-vlan
```

执行时，可以看到会循环处理这个字典：

```
$ ansible-playbook -i hosts chapter5_6.yml
<skip>
TASK [add vlans] ************************************************************
****************************************************
```

```
changed: [nxos - r1] => (item = {'value': {u'ip': u'192. 168. 30. 1',
u'description': u'floor_3'}, 'key': u'300'})
changed: [nxos - r1] => (item = {'value': {u'ip': u'192. 168. 20. 1',
u'description': u'floor_2'}, 'key': u'200'})
changed: [nxos - r1] => (item = {'value': {u'ip': u'192. 168. 10. 1',
u'description': u'floor_1'}, 'key': u'100'})

TASK [configure vlans] *******************************************
**********************************************
changed: [nxos - r1] => (item = {'value': {u'ip': u'192. 168. 30. 1',
u'description': u'floor_3'}, 'key': u'300'})
changed: [nxos - r1] => (item = {'value': {u'ip': u'192. 168. 20. 1',
u'description': u'floor_2'}, 'key': u'200'})
changed: [nxos - r1] => (item = {'value': {u'ip': u'192. 168. 10. 1',
u'description' : u'floor_1'}, 'key': u'100'})
<skip>
```

下面来检查是否对这个设备应用了我们想要的配置：

```
nx - osv - 1# sh run int vlan 100

! Command: show running - config interface Vlan100
! Time: Fri Sep 27 18:00:24 2019

version 7. 3(0)D1(1)

interface Vlan100
  description floor_1
  ip address 192. 168. 10. 1/24
```

有关 Ansible 循环类型的更多信息，可以参阅相应的文档（http://docs. ansible. com/ansible/playbooks _ loops. html）。

　　刚开始使用字典循环时需要做一些练习，不过就像标准循环一样，字典循环将成为你的工具箱中一个宝贵的工具。Ansible 循环可以为我们节省时间，并且可以使 playbook 更具可读性。下一节中，我们会介绍一个 Ansible 模板，这允许我们对文本文件（常用于网络设备配置）进行系统性的更改。

5.4 模板

自从我开始从事网络工程师的工作，就一直在使用某种网络模板系统。根据我的经验，很多网络设备的网络配置部分都是相同的，特别是当这些设备在网络中扮演相同的角色时。

大多数情况下，需要置备一个新设备时，我们会以模板形式使用相同的配置，替换必要的字段，再将文件复制到新设备。有了 Ansible，你可以使用模板模块自动化完成所有这些工作（http：//docs. ansible. com/ansible/template_module. html）。

我们使用的基本模板文件利用了 Jinja2 模板语言（http：// jinja. pocoo. org/docs/）。**第 4 章　Python 自动化框架：Ansible 基础**中简要讨论了 Jinja2 模板语言，这里会多做一些说明。与 Ansible 类似，Jinja2 有自己的语法和方法来实现循环和条件语句；幸运的是，对于我们的目的，只需要了解 Jinja2 一些很基本的知识。Ansible 模板是我们在日常任务中将要使用的一个重要工具，这一节将主要讨论这个内容。我们将从简单到复杂逐步构建 playbook 来学习 Ansible 模板语法。

使用模板的基本语法非常简单，只需要指定源文件和要将它复制到哪个目标位置。

下面创建一个名为 Templates 的新目录，开始创建我们的 playbook。现在要创建一个空文件：

```
$ mkdir Templates
$ cd Templates/
$ touch file1
```

然后使用以下 playbook（chapter5_7. yml）将 file1 复制到 file2。注意这个 playbook 只在控制机上执行：

```
---
- name: Template Basic
  hosts: localhost

  tasks:
    - name: copy one file to another
      template:
          src = /home/echou/Mastering_Python_Networking_third_edition/
Chapter05/Templates/file1
          dest = /home/echou/Mastering_Python_Networking_third_edition/
Chapter05/Templates/file2
```

执行这个 playbook 会创建一个新文件：

```
$ ansible-playbook -i hosts chapter5_7.yml
TASK [copy one file to another] *******************************************
**********************************

changed: [localhost]

$ ls file*
file1
file2
```

源文件可以有任意的扩展名，但是由于要通过 Jinja2 模板引擎处理，所以我们创建一个名为 nxos.j2 的文本文件作为模板源文件。这个模板遵循 Jinja2 约定，使用双大括号来指定变量，并使用大括号加百分号指定命令：

```
hostname {{ item.value.hostname }}

feature telnet
feature ospf
feature bgp
feature interface-vlan

{% if item.value.netflow_enable %}
feature netflow
{% endif %}

username {{ item.value.username }} password {{ item.value.password }}
role network-operator

{% for vlan_num in item.value.vlans %}
vlan{{ vlan_num }}
{% endfor %}

{% if item.value.l3_vlan_interfaces %}
{% for vlan_interface in item.value.vlan_interfaces %}
interface {{ vlan_interface.int_num }}
  ip address {{ vlan_interface.ip }}/24
{% endfor %}
{% endif %}
```

现在可以建立一个 playbook，根据 nxos.j2 文件创建网络配置模板。

5. 4. 1　Jinja2 模板变量

chapter5 _ 8. ymlplaybook 在前面的模板示例上扩展，增加了以下内容：

（1）源文件是 nxos. j2。

（2）目标文件名现在是一个变量，它本身取自 playbook 中定义的 nexus _ devices 变量。

（3）nexus _ devices 中的各个设备包含将在模板中替换或循环处理的一些变量。

这个 playbook 看起来可能比上一个复杂，不过，如果取出变量定义部分，它与前面那个简单的模板 playbook 非常相似：

```
---
- name: Template Looping
  hosts: localhost

  vars:
    nexus_devices: {
        "nx - osv - 1": {
            "hostname": "nx - osv - 1",
            "username": "cisco",
            "password": "cisco",
            "vlans": [100, 200, 300],
            "l3_vlan_interfaces": True,
            "vlan_interfaces": [
                {"int_num": "100", "ip": "192.168.10.1"},
                {"int_num": "200", "ip": "192.168.20.1"},
                {"int_num": "300", "ip": "192.168.30.1"}
            ],
            "netflow_enable": True
        },
        "nx - osv - 2": {
            "hostname": "nx - osv - 2",
            "username": "cisco",
            "password": "cisco",
            "vlans": [100, 200, 300],
            "l3_vlan_interfaces": False,
            "netflow_enable": False
        }
    }
```

```
    }
  tasks：
    - name：create router configuration files
      template：
        src = /home/echou/Mastering_Python_Networking_third_edition/
Chapter05/Templates/nxos. j2
        dest = /home/echou/Mastering_Python_Networking_third_edition/
Chapter05/Templates/{{ item. key }}. conf
      with_dict："{{ nexus_devices }}"
```

先不执行这个 playbook；我们还要先看看 Jinja2 模板中 {% %} 符号包围的 if 条件语句和 for 循环。

5. 4. 2　Jinja2 循环

nxos. j2 模板中有两个 for 循环；一个循环处理 vlan，另一个循环处理 vlan 接口：

```
{ % for vlan_num in item. value. vlans % }
vlan{{ vlan_num }}
{ % endfor % }

{ % if item. value. l3_vlan_interfaces % }
{ % for vlan_interface in item. value. vlan_interfaces % }
interface {{ vlan_interface. int_num }}
  ip address {{ vlan_interface. ip }}/24
{ % endfor % }
{ % endif % }
```

如果还记得，我们还可以在 Jinja2 中循环遍历列表以及字典。在我们的例子中，vlans 变量是一个列表，而 vlan_interfaces 变量是一个字典列表。

vlan_interfaces 循环嵌套在一个条件语句中。在执行 playbook 之前，这是我们的 playbook 中加入最后的一个内容。

5. 4. 3　Jinja2 条件

Jinja2 支持 if 条件检查。我们在 nxos. j2 模板中的两个位置增加了这个条件语句；一个使用了 netflow 变量，另一个使用了 l3_vlan_interfaces 变量。只有当条件为真时，我们才会执行块中的语句：

```
<skip>
```

```
{% if item.value.netflow_enable %}
feature netflow
{% endif %}
<skip>
{% if item.value.l3_vlan_interfaces %}

<skip>
{% endif %}
```

在这个 playbook 中，对于 nx-os-v1，我们将 netflow_enable 声明为 True，对于 nx-osv-2，则把 netflow_enable 声明为 False：

```
vars:
    nexus_devices: {
        "nx-osv-1": {
            <skip>
            "netflow_enable": True
        },
        "nx-osv-2": {
            <skip>
            "netflow_enable": False
        }
    }
```

终于可以运行我们的 playbook 了：

```
$ ansible-playbook -i hosts chapter5_8.yml
PLAY [Template Looping] ********************************************
******************************************
TASK [Gathering Facts] ********************************************
******************************************
ok: [localhost]
TASK [create router configuration files] ********************************
******************************************
changed: [localhost] => (item={'value': {u'username': u'cisco',
u'hostname': u'nx-osv-2', u'l3_vlan_interfaces': False, u'vlans': [100,
200, 300], u'password': u'cisco', u'netflow_enable': False}, 'key': u'nxosv-
2'})
changed: [localhost] => (item={'value': {u'username': u'cisco', u'vlan_
```

```
interfaces': [{u'int_num': u'100', u'ip': u'192. 168. 10. 1'}, {u'int_
num': u'200', u'ip': u'192. 168. 20. 1'}, {u'int_num': u'300', u'ip':
u'192. 168. 30. 1'}], u'hostname': u'nx - osv - 1', u'l3_vlan_interfaces': True,
u'vlans': [100, 200, 300], u'password': u'cisco', u'netflow_enable':
True}, 'key': u'nx - osv - 1'})
```

```
PLAY RECAP *****************************************************************
          ***********************************************
localhost                  : ok = 2      changed = 1      unreachable = 0
failed = 0      skipped = 0      rescued = 0  ignored = 0
```

还记得按｛｛item. key｝｝. conf 命名的目标文件吗？这里用设备名创建了两个文件：

```
$ ls nx - os *
nx - osv - 1. conf
nx - osv - 2. conf
```

下面来检查这两个配置文件的相似和不同之处，确保完成了我们想要的所有变更。两个文件都应该包含一些静态项，比如"feature ospf"，主机名和其他变量应当相应地替换，应该只有 nx - osv - 1. conf 启用了 netflow 以及第 3 层 vlan 接口配置：

```
$ cat nx - osv - 1. conf
hostname nx - osv - 1

feature telnet
feature ospf
feature bgp
feature interface - vlan

feature netflow

username cisco password cisco role network - operator

vlan 100
vlan 200
vlan 300

interface 100
   ip address 192. 168. 10. 1/24
interface 200
   ip address 192. 168. 20. 1/24
```

```
interface 300
  ip address 192. 168. 30. 1/24

$ cat nx − osv − 2. conf
hostname nx − osv − 2

feature telnet
feature ospf
feature bgp
feature interface − vlan

username cisco password cisco role network − operator

vlan 100
vlan 200
vlan 300
```

非常棒，对不对？这当然可以为我们节省大量时间，而以前需要花费大量时间反复复制粘贴。就我个人而言，模板模块改变了我的生活。几年前，单单是这个模块就足以激励我学习和使用 Ansible。

我们的 playbook 已经越来越长。在下一节中，我们将看到如何通过将变量文件卸载到组和目录中来优化 playbook。

5.5　组和主机变量

注意在前面的 playbook（chapter5 _ 8. yml）中，我们在 nexus _ devices 变量下对两个设备重复使用了 username 和 password 变量：

```
vars：
  nexus_devices：{
      "nx − osv − 1"：{
            "hostname"："nx − osv − 1",
            "username"："cisco",
            "password"："cisco",
<skip>
      "nx − osv − 2"：{
            "hostname"："nx − osv − 2",
```

```
        "username": "cisco",
        "password": "cisco",
```
<skip>

这并不理想。如果我们需要更新用户名和密码值，就要记住两个位置都要更新。这增加了管理负担，也增加了出错的可能性。作为一个最佳实践，Ansible 建议我们使用 group_vars 和 host_vars 目录区分 playbook 中的变量。

 关于 Ansible 最佳实践的更多内容，请参阅 http：//docs. ansible. com/ansible/playbooks_best_practices. html。

为了介绍组变量的用法，我们将在工作目录中创建一个名为 group_host_vars 的新目录，来存放下一节中的代码。我们将维护为 chapter5_8. yml 写的代码，把它用作为下一个例子的基础。先把 chapter5_8. yml playbook 复制到这个新目录，将它重命名为 chapter5_9. yml，来看如何为 playbook 增加变量。

5.5.1　组变量

默认地，Ansible 会在 playbook 所在的同一目录中（名为 group_vars）查找组变量，也就是可以应用到组的变量。默认情况下，它会查找与清单文件中的组名匹配的文件名。例如，如果清单文件中有一个名为［nexus-devices］的组，可能在 group_vars 下有一个名为 nexus-devices 的文件，其中存放可以应用到这个组的所有变量。

还可以使用一个名为 all 的特殊文件来包含应用到所有组的变量。

我们将对用户名和密码变量使用这个特性。首先，要创建 group_vars 目录：

$ mkdirgroup_vars

然后，可以创建一个 YAML 文件（名为 all）来包含用户名（username）和密码（password）：

$ cat group_vars/all

---

username: cisco

password: cisco

在 chapter5_9. yml playbook 中，现在可以对这个 playbook 使用组变量了：

```
"nexus_devices":
    "nx-osv-1":
```

```
    "hostname": "nx - osv - 1"
    "username": "{{ username }}"
    "password": "{{ password }}"
<skip>
 "nx - osv - 2":
    "hostname": "nx - osv - 2"
    "use rname": "{{ username }}"
    "password": "{{ password }}"
<skip>
```

多个设备有相同的值时，就可以使用组变量。在我们的例子中，nx - osv - 1 和 nx - osv - 2
有相同的用户名和密码。在下一个例子中，将介绍如何使用特定于主机的不同变量。

5.5.2　主机变量

可以用与组变量相同的格式进一步区分出主机变量。**第 4 章　Python 自动化框架：Ansi-
ble 基础**的 Ansible 2.8playbook 示例以及这一章前面都是利用这种方式来应用变量：

$ mkdirhost_vars

在这里，我们在本地主机（localhost）上执行命令，因此 host_vars 下的文件应当相应
地命名为 host_vars/localhost。在我们的 host_vars/localhost 文件中，还可以保留 group_
vars 中声明的变量：

```
$ cat host_vars/localhost
---
"nexus_devices":
  "nx - osv - 1":
    "hostname": "nx - osv - 1"
    "username": "{{ username }}"
    "password": "{{ password }}"
    "vlans": [100, 200, 300]
    "l3_vlan_interfaces": True
    "vlan_interfaces": [
        {"int_num": "100", "ip": "192.168.10.1"},
        {"int_num": "200", "ip": "192.168.20.1"},
        {"int_num": "300", "ip": "192.168.30.1"}
    ]
    "netflow_enable": True
```

```
  "nx - osv - 2":
    "hostname": "nx - osv - 2"
    "username": "{{ username }}"
    "password": "{{ password }}"
    "vlans": [100，200，300]
    "l3_vlan_interfaces": False
    "netflow_enable": False
```

分离出变量之后，现在这个 playbook 变得很轻量级，只包含我们的操作逻辑：

```
---
- name: Ansible Group and Host Varibles
  hosts: localhost

  tasks:
    - name: create router configuration files
      template:
        src = /home/echou/Mastering_Python_Networking_third_edition/
Chapter05/Group_Host_Vars/nxos.j2
        dest = /home/echou/Mastering_Python_Networking_third_edition/
Chapter05/Group_Host_Vars/{{ item.key }}.conf
      with_dict: "{{ nexus_devices }}"
```

group_vars 和 host_vars 目录不仅减少了我们的操作开销，还可以帮助将敏感信息整合到几个文件中，并使用 Ansible Vault 来保护这些文件，接下来就会介绍 Ansible Vault。

5.6　Ansible Vault

从上一节可以看到，在大多数情况下，Ansible 变量会提供敏感信息，比如用户名和密码。为这些变量提供一些安全措施会是一个好主意，从而能保护这些变量的安全。Ansible Vault（https://docs.ansible.com/ansible/2.8/user_guide/vault.html）可以为文件提供加密，使文件不会以明文形式出现。

所有 Ansible Vault 功能都以 ansible - vault 命令开头。可以通过 create 选项手动创建一个加密文件。这会要求你输入一个密码。如果试图查看这个文件，会发现这个文件不是明文。如果你下载了本书示例，我使用的密码是单词 password：

```
$ ansible - vault create secret.yml
Vault password: <password>
```

```
$ cat secret. yml
$ ANSIBLE_VAULT;1.1;AES256 3365646264623739623266353263613236393236 3535363
0646665656430353261383737623
<skip>653537333837383863636530356464623032333432386139303335663262 3962
```

要编辑或查看一个加密文件，我们将使用 edit 选项来编辑，或者通过 view 选项来查看文件：

```
$ ansible - vault edit secret. yml
Vault password: <password>
```

下面加密 group _ vars/all 和 host _ vars/localhost 变量文件：

```
$ ansible - vault encrypt group_vars/all host_vars/localhost
New Vault password:
Confirm New Vault password:
```

现在，运行这个 playbook 时，我们会得到一个解密失败的错误消息：

```
$ ansible - playbook chapter5_10. yml
PLAY [Ansible Group and Host Varibles] ********************************
*********************************************
ERROR! Attempting to decrypt but no vault secrets found
```

运行这个 playbook 时需要使用──ask - vault - pass 选项：

```
$ ansible - playbook chapter5_10. yml -- ask - vault - pass
Vault password:
<skip>
```

对于所访问的所有 vault 加密的文件，会在内存中完成解密。

 在 Ansible 2.4 之前，Ansible Vault 要求所有文件都用相同的密码加密。在 Ansible 2.4 及以后版本中，可以使用 vault ID 提供一个不同的密码文件，https：//docs. ansible. com/ansible/2. 8/user _ guide/vault. html。

还可以把密码保存在一个文件中，并确保这个特定的文件有严格的访问权限：

```
$ chmod 400 ~/. vault_password. txt
$ ls - lia ~/. vault_password. txt
809496 - r-------- 1 echouechou 9 Feb 18 12:17
/home/echou/. vault_password. txt
```

然后可以使用──vault - password - file 选项执行这个 playbook：

```
$ ansible-playbook chapter5_10.yml --vault-password-file
~/.vault_password.txt
```

还可以只加密一个字符串，并使用 encrypt_string 选项将这个加密字符串嵌入 playbook
（https：//docs.ansible.com/ansible/2.8/user_guide/vault.html♯use-encrypt-string-to-
create-encryptedvariables-to-embed-in-yaml）：

```
$ ansible-vault encrypt_string New
New Vault password:
Confirm New Vault password:
! vault |
          $ ANSIBLE_VAULT;1.1;AES256
          363131396161643438616339373363346634353364343131323734633363343
53038366230653839
          336563626364313864373836653637346537613066313461610a3637376539656
13432333335626432
          646534373837303237376462663635616534313663334646265376161303131373
43164343538633765
          366330323262633831310a33623832336433833835383356131626537636634386
36137653865646261
          3234
Encryption successful
```

这个字符串可以作为一个变量放在 playbook 文件中。在下一节中，我们将用 include 和
roles 进一步优化我们的 playbook。

5.7 Ansible include 和角色

处理复杂任务最好的方法是把它们分解成更小的部分。当然，这种方法在 Python 和网络
工程中都很常见。在 Python 中，我们将复杂的代码分解为函数、类、模块和包。对于网络，
我们也会将大型网络分解为机架、行、集群和数据中心等部分。在 Ansible 中，可以使用
roles 和 includes 将一个大 playbook 划分和组织为多个文件。将一个大 Ansible playbook 分解
为多个文件可以简化结构，因为每个文件可以专注于更少的任务。这样还允许重用 playbook
中的某些部分。

5.7.1 Ansible include 语句

随着 playbook 规模的增长，显然，最终很多任务和 play 可以在不同 playbook 之间共享。

Ansible include 语句与很多 Linux 配置文件类似，它告诉机器要展开这个文件，就好像直接写入这个文件一样。playbook 和任务都可以使用 include 语句。在这里，我们来看一个扩展任务的简单例子。

假设我们想显示两个不同 playbook 的输出。可以创建一个单独的 YAML 文件（名为 show_output.yml）作为一个额外的任务，

```
---
- name: show output
debug:
  var: output
```

然后，可以在多个 playbook 中重用这个任务，比如在 chapter5_11_1.yml 中，它看起来与上一个 playbook 基本上都是一样的，只是最后会注册输出并且有一个 include 语句：

```
---
- name: Ansible Group and Host Varibles
  hosts: localhost

  tasks:
    - name: create router configuration files
      template:
        src = ./nxos.j2
        dest = ./{{ item.key }}.conf
      with_dict: "{{ nexus_devices }}"
      register: output

    - include: show_output.yml
```

作为使用 include 实现 playbook 重用的一个例子，另一个 playbook（chapter5_11_2.yml）可以用同样的方式重用 show_output.yml：

```
---
- name: show users
  hosts: localhost

  tasks:
    - name: show local users
      command: who
      register: output
```

```
    - include: show_output.yml
```

注意这两个 playbook 使用了相同的变量名 output，因为在 show_output.yml 中，为简单起见，我们硬编码写入了变量名。如果没有这个要求，还可以将变量传递到被包含的文件中。

5.7.2　Ansible 角色

Ansible 角色将逻辑功能与物理主机分离，从而更好地适应网络。例如，可以构造诸如 spine（脊）、leaf（叶）和 core（内核）等角色，以及 Cisco、Juniper 和 Arista。同一个物理主机可以属于多个角色；例如，一个设备可以同时属于 Juniper 和 core。这种灵活性使我们能完成升级所有 Juniper 设备等操作，而不用担心设备在网络层中的位置。

Ansible 角色可以根据一个已知的文件基础设施自动地加载某些变量、任务和处理器。关键是，这是我们自动包含的一个已知文件结构。事实上，可以把角色看作是 Ansible 预建的 include 语句。

Ansible playbook 角色文档（http://docs.ansible.com/ansible/playbooks_roles.html♯roles）描述了一个可以配置的角色目录列表，如 tasks、handlers、files、templates、vars、defaults 和 meta。不需要使用所有这些角色目录。在我们的例子中，我们只会修改 tasks 和 vars 文件夹。不过，最好知道 Ansible 角色目录结构中的所有可用选项。

下面是我们将使用的角色例子：

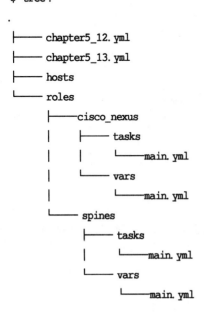

```
$ tree.
.
├── chapter5_12.yml
├── chapter5_13.yml
├── hosts
└── roles
    ├── cisco_nexus
    │   ├── tasks
    │   │   └── main.yml
    │   └── vars
    │       └── main.yml
    └── spines
        ├── tasks
        │   └── main.yml
        └── vars
            └── main.yml
```

7 directories, 7 files

可以看到主机文件和 playbook 位于顶层。另外还有一个名为 roles 的文件夹。在 roles 文件夹中，有两个命名的角色文件夹：cisco_nexus 和 spines。可以看到，我们只使用了 tasks 和 vars 文件夹，而没有使用所有可用的角色文件夹。每个角色文件夹中有一个名为 main.yml 的文件。这是默认行为：main.yml 文件是我们的入口点，在 playbook 中指定角色时，这个文件会自动包含在 playbook 中。如果需要包含其他文件，可以在 main.yml 中使用 include 语句。

我们的场景如下：

• 有两个 Cisco Nexus 设备，nxos-r1 和 nxos-r2。要利用它们的 cisco_nexus 角色为所有这些设备配置日志服务器以及日志链接状态。

• 另外，nxos-r1 还是一个 spine（脊）设备，在这里我们希望配置更详细的日志，这可能是因为脊位于网络中更重要的位置。

对于我们的 cisco_nexus 角色，有以下变量：

roles/cisco_nexus/vars/main.yml：

```
    ---
    cli：
      host："{{ ansible_host }}"
      username：cisco
      password：cisco
      transport：cli
```

有以下配置任务：

roles/cisco_nexus/tasks/main.yml：

```
    ---
    - name：configure logging parameters
      nxos_config：
        lines：
          - logging server 191.168.1.100
          - logging event link-status default
        provider："{{ cli }}"
```

我们的 chapter5_12.yml playbook 极其简单，因为它只需要指定我们想根据 cisco_nexus 角色配置的主机：

```
    ---
    - name：playbook for cisco_nexus role
```

```
hosts："c isco_nexus"
gather_facts：false
connection：local

roles：
  - cisco_nexus
```

运行这个 playbook 时，playbook 将包含 cisco_nexus 角色中定义的任务和变量，并相应地配置设备：

```
$ ansible-playbook -i hosts chapter5_12.yml
<skip>
TASK [cisco-nexus : configure logging parameters] ***********************
***********************************************
changed：[nxos-r1]
changed：[nxos-r2]
```

对于我们的 spine 角色，有一个额外的任务，即要有更详细的日志：

roles/spines/tasks/main.yml：

```
---
- name：change logging level
  nxos_config：
    lines：
      - logging level local7 7
    provider："{{ cli }}"
```

在我们的 chapter5_13.ymlplaybook 中，可以指定 cisco_nexus 和 spines 角色：

```
---
- name：playbook for spine role
  hosts："spines"
  gather_facts：false
  connection：local

  roles：
    - cisco_nexus
    - spines
```

按这个顺序包含这两个角色时，会先执行 cisco_nexus 角色，然后执行 spines 角色：

```
$ ansible-playbook -i hosts chapter5_13.yml
```

```
<skip>
TASK [cisco_nexus : configure logging parameters] *********************
****************************************************
changed: [nxos-r1]

TASK [spines : change logging level] *********************************
*********************************
changed: [nxos-r1]
<skip>
```

Ansible 角色很灵活，而且可伸缩，就像 Python 函数和类一样。一旦你的代码发展到超出某个级别，为了可维护性，可以将其分解为更小的部分，这几乎总是一个好主意。

在 Ansible 示例 Git 存储库（https：//github. com/ansible/ansible-examples）中可以看到更多角色例子。

Ansible Galaxy（https：//docs. ansible. com/ansible/latest/reference_appendices/galaxy. html）是一个查找、共享和关于角色协作的免费社区网站。可以看到 Ansible Galaxy 上 Ansible 角色提供的一个 Juniper 网络例子（见图 5-1）。

图 5-1　Ansible Galaxy 上的 JUNOS 角色（https：//galaxy. ansible. com/Juniper/junos）

下一节中，我们来看如何编写你自己的自定义 Ansible 模块。

5.8　编写你自己的自定义模块

现在，你可能感觉 Ansible 的网络管理很大程度上依赖于为任务找到合适的模块。这种想法确实很有道理。

模块提供了一种方法来抽象托管主机和控制机之间的交互；模块使我们能专注于自己的操作逻辑。到目前为止，我们已经看到主要供应商为 Cisco、Juniper 和 Arista 提供了大量模块。

以 Cisco Nexus 模块为例，除了管理 BGP 邻居（nxos＿bgp）和 aaa 服务器（nxos＿aaa＿server）等特定任务之外，大多数供应商还提供了一些方法来运行任意的 show 命令（nxos＿command）和配置命令（nxos＿config）。这通常可以涵盖我们的大部分用例。

从 Ansible 2.5 开始，还标准化了网络 fact 模块的命名和用法。

但是，如果你使用的设备目前没有针对当前任务的模块呢？这一节中，我们将研究如何编写自己的自定义模块来弥补这种情况。

5.8.1　第一个自定义模块

编写一个自定义模块并不一定很复杂；事实上，甚至不需要用 Python 编写。不过因为我们已经熟悉 Python，所以将使用 Python 来编写我们的自定义模块。这里假设这个模块只是我们自己和我们的团队使用，而不会提交到 Ansible。因此，我们会暂时忽略文档和格式。

如果有兴趣开发能提交到 Ansible 的模块，请查阅 Ansible 的开发模块指南（https：//docs. ansible. com/ansible/latest/dev ＿ guide/developing ＿ modules. html）。

默认情况下，如果我们在 playbook 的同一个目录下创建一个名为 library 的文件夹，Ansible 会把这个目录包含在模块搜索路径中。因此，可以把我们的自定义模块放在这个目录中，这样就可以在 playbook 中使用这个模块了。对这个自定义模块的要求很简单：这个模块只需要向 playbook 返回一个 JSON 输出。

应该记得，在**第 3 章　API 和意图驱动网络**中，我们使用了以下 NXAPI Python 脚本 cisco＿nxapi＿2. py 与 NX‐OS 设备通信：

```
#! /usr/bin/env python3

import requests
import json

url = 'http://172.16.1.90/ins'
switchuser = 'cisco'
switchpassword = 'cisco'

myheaders = {'content-type':'application/json-rpc'}
payload = [
  {
    "jsonrpc": "2.0",
    "method": "cli",
    "params": {
      "cmd": "show version",
      "version": 1.2
    },
    "id": 1
  }
]
response = requests.post(url,data=json.dumps(payload),headers=myheade
rs,auth=(switchuser,switchpassword)).json()

print(response['result']['body']['sys_ver_str'])
```

执行时，我们只接收系统版本。可以把最后一行修改为一个 JSON 输出，如以下代码所示：

```
version = response['result']['body']['sys_ver_str']
print json.dumps({"version": version})
```

 如果在第 3 章　API 和意图驱动网络中没有启用远程设备上的 nxapi 特性，要让这个自定义模块脚本正常工作，需要配置这个特性：

```
nx-osv-1(config)# feature nxapi
nx-osv-1(config)# nxapi http port 80
nx-osv-1(config)# nxapi sandbox
```

把这个文件放在 library 文件夹中：

```
$ ls – a library/
.... custom_module_1. py
```

在我们的 playbook 中，可以使用 action 插件 chapter5 _ 14. yml（https：//docs. ansible. com/ansible/dev _ guide/developing _ plugins. html）来调用这个自定义模块：

```
---

- name: Your First Custom Module
  hosts: localhost
  gather_facts: false
  connection: local

  tasks:
    - name: Show Version
      action: custom_module_1
      register: output

    - debug:
        var: output
```

需要说明，与 ssh 连接类似，我们在本地执行这个模块，由模块向外发出 API 调用。执行这个 playbook 时，会得到以下输出：

```
$ ansible – playbook chapter5_14. yml
PLAY [Your First Custom Module] *****************************************
*************************

TASK [Show Version] ***************************************************
***************
ok: [localhost]

TASK [debug] *********************************************************
******************************************
ok: [localhost] => {
    "output": {
        "changed": false,
        "failed": false,
        "version": "7. 3(0)D1(1)"
```

```
        }
    }
    <skip>
```

可以看到，你能编写任何设备 API 支持的任何模块，Ansible 会很愉快地接收返回的任何 JSON 输出。

5.8.2　第二个自定义模块

在上一个模块基础上，下面来利用 Ansible 的通用模块样板代码，这在模块开发文档（http：//docs. ansible. com/ansible/dev _ guide/developing _ modules _ general. html）中有说明。我们将修改上一个自定义模块，创建 custom _ module _ 2. py 从 playbook 摄取输入。

首先，要从 ansible. module _ utils. basic 导入样板代码：

```
from ansible. module_utils. basic import AnsibleModule
if __name__ = = '__main__':
    main()
```

然后，可以定义存放代码的 main 函数。我们导入的 AnsibleModule 提供了大量处理返回结果和解析参数的通用代码。在下面的示例中，我们将解析对应主机、用户名和密码的 3 个参数，并使它们成为必要字段：

```
def main():
    module = AnsibleModule(
        argument_spec = dict(
            host = dict(required = True),
            username = dict(required = True),
            password = dict(required = True)
        )
    )
```

然后获取这些值并在代码中使用：

```
device = module. params. get('host')
username = module. params. get('username')
password = module. params. get('password')
url = 'http://' + host + '/ins'
switchuser = username
switchpassword = password
```

最后是退出代码，并返回这个值：

```
module. exit_json(changed = False, msg = str(data))
```

我们的新 playbook（chapter5_15.yml）看起来与上一个 playbook 相同，只不过现在我们可以为不同的设备向这个 playbook 传入值：

```
tasks：
    - name：Show Version
      action：custom_module_2 host = "172.16.1.142" username = "cisco"
password = "cisco"
      register：output
```

执行时，这个 playbook 会生成与上一个 playbook 完全相同的输出。不过，因为我们在自定义模块中使用了参数，所以现在这个自定义模块可以交给其他人使用，他们不需要知道这个模块的详细信息。他们可以在 playbook 中写入自己的用户名、密码和主机 IP。

当然，这是一个可用但不完整的模块。例如，我们没有完成任何错误检查，也没有提供任何使用文档。不过，它很好地展示了构建自定义模块非常容易。另一个好处是，通过这个例子，我们了解了如何使用已创建的现有脚本，把它转换为一个自定义 Ansible 模块。

5.9　小结

在这一章中，我们介绍了很多内容。基于之前对 Ansible 的了解，我们扩展到更高级的一些主题，比如条件语句、循环和模板。我们了解了如何利用主机变量、组变量、include 语句和角色使我们的 playbook 更具可伸缩性。我们还介绍了如何使用 Ansible Vault 保护我们的 playbook。最后，我们使用 Python 创建了自己的自定义模块。

Ansible 是一个可用于网络自动化的非常灵活的 Python 框架。它提供了另一个抽象层，与 Pexpect 和基于 API 的脚本所提供的抽象有所不同。本质上讲，它是声明性的，因为在匹配意图方面它的表达能力更强。根据你的需要和网络环境，这会是一个可以节省时间和精力的理想框架。

在**第 6 章　使用 Python 实现网络安全**中，我们将介绍如何使用 Python 实现网络安全。

第 6 章 使用 Python 实现网络安全

在我看来，网络安全是一个很难写的棘手的话题。原因不是技术上的，而是与设置正确的范围有关。网络安全的边界非常宽，涉及 OSI 模型的全部 7 层。从第 1 层的窃听到第 4 层的传输协议漏洞，再到第 7 层的中间人欺骗，网络安全问题无处不在。新发现的漏洞更加重了这个问题，有时似乎每天都会发现新漏洞。这甚至还不包括网络安全的人类社会工程方面。

因此，在这一章中，我将为所要讨论的内容设定一个范围。正如目前为止我们所做的，这里主要关注使用 Python 在 OSI 第 3 层和第 4 层实现网络设备安全。我们将介绍一些 Python 工具，可以出于安全目的用来管理单个网络设备，并使用 Python 作为连接不同组件的粘合剂。我们希望，通过在不同 OSI 层使用 Python，可以采用一种整体方法处理网络安全。

在这一章中，我们将研究以下主题：

- 实验室设置。
- 用于安全性测试的 Python Scapy。
- 访问列表。
- 使用 Python 利用 Syslog 和 **Uncomplicated Firewall**（UFW）的取证分析。
- 其他工具，如 MAC 地址过滤器列表、私有或私有 VLAN，以及 PythonIP 表绑定。

6.1 实验室设置

这一章使用的设备与前几章略有不同。在前几章中，我们会隔离一个特定的设备来重点讨论所介绍的主题。在这一章中，我们将在实验室中使用更多的设备，来说明所使用工具的功能。连接和操作系统信息很重要，因为它们对本章后面介绍的安全工具有重要影响。例如，如果我们想应用一个访问列表来保护服务器，就需要知道拓扑是怎样的，以及客户机从哪个方向建立连接。Ubuntu 主机连接与我们目前所见的有些不同，所以查看后面的例子时，如果需要，请参考这一节中的实验室设置。

我们仍使用同样的 Cisco VIRL 工具，有 4 个节点：两个主机和两个网络设备。如果需要回顾 Cisco VIRL，可以返回去参考**第 2 章 低层网络设备交互**，我们最早在那一章对这个工具做了介绍（见图 6 - 1）。

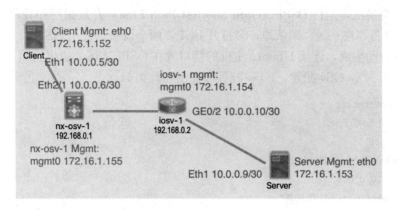

图 6-1　实验室拓扑

 在你自己的实验室中，IP 地址可能与这里所列的不同。这里列出这些 IP 地址是为了便于本章的其余代码示例引用。

　　如图 6-2 所示，我们将最上面的主机重命名为 Client，最下面的主机重命名为 Server。这类似于一个互联网客户试图访问我们的网络中的一个企业服务器。再次对管理网络使用共享平面网络（Shared flat network）选项来访问设备实现带外（out-of-band）管理。

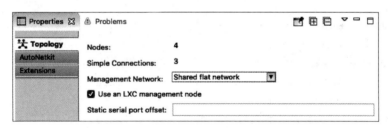

图 6-2　实验室的管理网络选项

 在本例中，客户主机需要通过 VMnet2 进行外部访问。对于我的实验室，我有一个与 ESXi 主机连接的外部 USB 上游端口提供连接。你可能还需要在 /etc/resolveconf/resolv.conf.d/base 下添加外部 DNS 服务器：

cisco@Client:~ $ cat /etc/resolvconf/resolv.conf.d/
base
nameserver 8.8.8.8
nameserver 8.8.4.4

对于两个交换机，运行 **OSPF**（**Open Shortest Path First**，开放最短路径优先协议）作为 IGP，这两个设备都在 0 区。默认地，会打开 BGP，两个设备都使用 AS 1。

根据配置自动生成，连接 Ubuntu 主机的接口放在 OSPF 1 区，所以它们显示为区域间路由。下面显示了 NX‑OSv 配置，IOSv 配置和输出与此类似：

```
interface Ethernet2/1
  description to Client
  no switchport
  mac-address fa16.3e00.0001
  ip address 10.0.0.6/30
  ip router ospf 1 area 0.0.0.0
  no shutdown
!
interface Ethernet2/2
  description to iosv-1
  no switchport
  mac-address fa16.3e00.0002
  ip address 10.0.0.14/30
  ip router ospf 1 area 0.0.0.0
  no shutdown
!
nx-osv-1# ship route
<skip>
10.0.0.8/30, ubest/mbest: 1/0
    * via 10.0.0.13, Eth2/2, [110/41], 14:10:28, ospf-1, intra
192.168.0.2/32, ubest/mbest: 1/0
    * via 10.0.0.13, Eth2/2, [110/41], 14:10:28, ospf-1, intra
<skip>
```

下面显示了 NX‑OSv 的 OSPF 邻居和 BGP 输出，IOSv 输出也类似：

```
nx-osv-1# shipospf neighbors
 OSPF Process ID 1 VRF default
 Total number of neighbors: 1
  Neighbor ID     Pri State         Up Time Address       Interface
  192.168.0.2      1 FULL/DR        14:12:31 10.0.0.13     Eth2/2
!
nx-osv-1# shipbgp summary
```

```
BGP summary information for VRF default, address family IPv4 Unicast
BGP router identifier 192.168.0.1, local AS number 1
BGP table version is 5, IPv4 Unicast config peers 1, capable peers 1
2 network entries and 2 paths using 288 bytes of memory
BGP attribute entries [2/288], BGP AS path entries [0/0]
BGP community entries [0/0], BGP clusterlist entries [0/0]
Neighbor          V    AS MsgRcvd MsgSent    TblVer    InQ OutQ    Up/Down
State/PfxRcd
192.168.0.2       4    1    936    857          5     0    0     14:12:33 1
```

我们的网络中，主机运行 Ubuntu 16.04，类似于我们目前一直使用的 Ubuntu VM 18.04：

```
cisco@Server:~ $ lsb_release -a
No LSB modules are available.
Distributor ID: Ubuntu
Description: Ubuntu 16.04.3 LTS
Release: 16.04
Codename: xenial
```

在两个 Ubuntu 主机上，有两个网络接口，eth0 和 eth1。eth0 连接到管理网络（172.16.1.0/24），eth1 连接到网络设备（10.0.0.x/30）。到设备回送地址的路由直连到网络块，远程主机网络静态路由到 eth1，默认路由连接到管理网络：

```
cisco@Client:~ $ route -n
Kernel IP routing table
Destination     Gateway         Genmask           Flags  Metric  Ref   Use
Iface
0.0.0.0         172.16.1.254    0.0.0.0           UG     0       0     0
eth0
10.0.0.0        10.0.0.6        255.0.0.0         UG     0       0     0
eth1
10.0.0.4        0.0.0.0         255.255.255.252   U      0       0     0
eth1
172.16.1.0      0.0.0.0         255.255.255.0     U      0       0     0
eth0
192.168.0.0     10.0.0.6        255.255.255.248   UG     0       0     0
eth1
```

为了验证客户到服务器的路径，下面执行 ping 跟踪路由，确保主机之间的数据流会经过网络设备而不是默认路由：

```
# Server Eth1 IP is 10.0.0.9/30
cisco@Server：~ $ ifconfig eth1
eth1        Link encap：EthernetHWaddr fa：16：3e：68：bb：ce
            inet addr：10.0.0.9 Bcast：10.0.0.11 Mask：255.255.255.252
<skip>


# From Client Eth1 IP 10.0.0.5/30 Ping to Server
cisco@Client：~ $ ifconfig eth1
eth1        Link encap：EthernetHWaddr fa：16：3e：7c：75：ec
            inet addr：10.0.0.5 Bcast：10.0.0.7 Mask：255.255.255.252
<skip>


cisco@Client：~ $ ping - c 1 10.0.0.9
PING 10.0.0.9 (10.0.0.9) 56(84) bytes of data.
64 bytes from 10.0.0.9：icmp_seq = 1 ttl = 62 time = 7.00 ms
--- 10.0.0.9 ping statistics ---
1 packets transmitted, 1 received, 0% packet loss, time 0ms
rtt min/avg/max/mdev = 7.007/7.007/7.007/0.000 ms


# traceroute from client to server
cisco@Client：~ $ traceroute 10.0.0.9
traceroute to 10.0.0.9 (10.0.0.9), 30 hops max, 60 byte packets
 1 10.0.0.6 (10.0.0.6) 5.694 ms 10.632 ms 10.599 ms
 2 10.0.0.13 (10.0.0.13) 13.078 ms 19.132 ms 19.101 ms
 3 10.0.0.9 (10.0.0.9) 14.929 ms 19.026 ms 19.004 ms
```

太好了！我们已经有了实验室；下面就来介绍使用 Python 的一些安全工具和措施。

6.2　Python Scapy

Scapy（https：//scapy.net）是一个基于 Python 的强大的交互式数据包生成程序。据我所知，除了一些昂贵的商业程序之外，很少有工具能做到 Scapy 的程度。它是我最喜欢的 Python 工具之一。

Scapy 的主要优点是允许你在很基本的层次上生成自己的数据包。援引 Scapy 创造者的说法：

"Scapy 是一个强大的交互式数据包处理程序。它能够处理或解码使用大量不同协议的数据包，在网络上发送、捕获、匹配请求和响应，等等……，与大多数其他工具一样，你不能构建超出作者想象的东西。这些工具是为一个特定的目标设计的，不能偏离目标太远。"

下面来看这个工具。

6.2.1　安装 Scapy

关于对 Python 3 的支持，Scapy 的发展道路很有意思。早在 2015 年，Scapy 的 2.2.0 版本就有一个旨在支持 Python 3 的独立分支，名为 Scapy3k。在这本书中，我们将使用原 Scapy 项目的主代码基。如果你读过本书的前一版，而且使用只与 Python 2 兼容的 Scapy 版本，请查看每个 Scapy 版本对 Python3 的支持（见图 6 - 3）。

Python版本支持

Scapy版本	Python 2		Python 3		
	Python2.5-2.6	Python2.7	Python3.4-3.6	Python3.7	Python3.8
2.2.X					
2.3.3					
2.4.0					
2.4.2					

图 6 - 3　Python 版本支持（来源：https：//scapy. net/download/）

 关于 Scapy 对 Python 3 的支持，说来话长，2015 年 Scapy 的 2.2.0 版本就有一个独立的分支，旨在只支持 Python 3。这个项目名为 Scapy3k。这个分支从 Scapy 主代码基分离出来。如果你读过这本书的第一版，这就是当时提供的信息。关于 PyPI 上的 python3 - scapy 和 Scapy 代码基的官方支持还有些混乱。这一章中我们的主要目的是学习 Scapy。因此，我选择使用一个较老的基于 Python 2 的 Scapy 版本。

在我们的实验室中，由于要生成从客户机到目标服务器的数据包源，所以需要将 Scapy 安装在客户机上：

```
cisco@Client：~ $ git clone https：//github. com/secdev/scapy. git
cisco@Client：~ $ cd scapy/
cisco@Client：~/scapy $ sudo python3 setup. py install
```

安装之后，可以通过在命令提示窗口中输入 **scapy** 来启动 Scapy 交互式 shell（见图 6 - 4）：

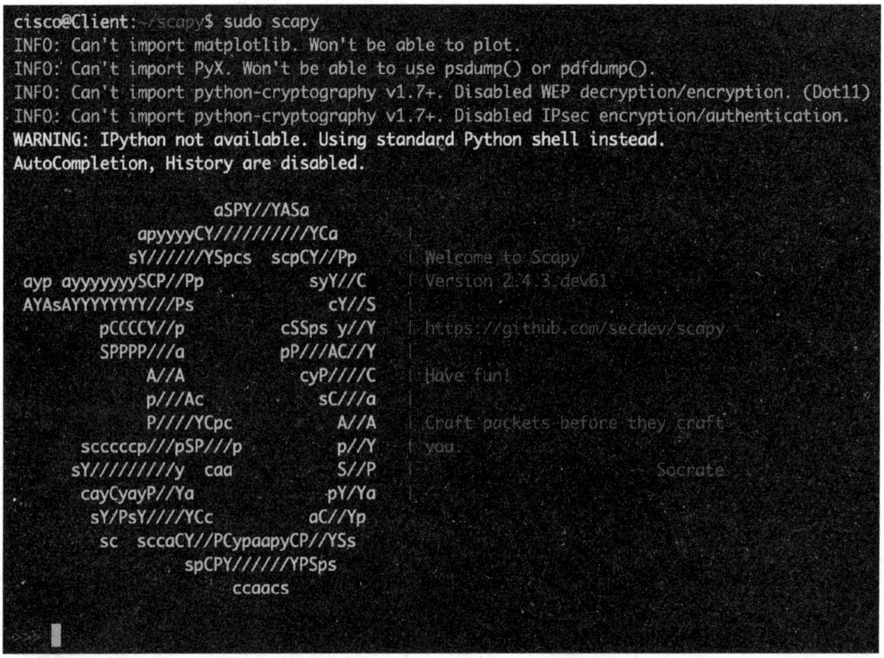

图 6 - 4　Python Scapy 测试

　　这里是一个简单的测试，确保我们可以从 Python 3 访问 Scapy 库：

cisco@Client：～ $ python3

Python 3. 5. 2（default，Jul 10 2019，11：58：48）

[GCC 5. 4. 0 20160609] on linux

Type "help"，"copyright"，"credits" or "license" for more information.

>>> from scapy. all import *

>>>exit()

　　很好！现在已经安装了 Scapy，可以从我们的 Python 解释器执行了。在下一节中，我们将通过交互式 shell 介绍 Scapy 的用法。

6. 2. 2　交互式示例

　　在第一个示例中，我们将在客户机上创建一个 ICMP（Internet Control Message Proto-col，互联网控制消息协议）数据包，把它发送到服务器。在服务器端，将使用带主机过滤器的 tcpdump 来查看流入的数据包：

```
# # Client Side
cisco@Client:~/scapy $ sudoscapy
>>>send(IP(dst = "10.0.0.9")/ICMP())

.

Sent 1 packets.


# Server side
cisco@Server:~ $ sudotcpdump - i eth1
tcpdump: verbose output suppressed, use - v or - vv for full protocol
decode
listening on eth1, link - type EN10MB (Ethernet), capture size 262144 bytes
17:19:24.812184 IP 10.0.0.5 > 10.0.0.9: ICMP echo request, id 0, seq 0,
length 8
17:19:24.812205 IP 10.0.0.9 > 10.0.0.5: ICMP echo reply, id 0, seq 0,
length 8
```

可以看到，由 Scapy 创建一个数据包非常简单。Scapy 允许使用斜线（/）作为分隔符逐层地构建数据包。send 函数在第 3 层操作，为你负责路由和第 2 层。还有一个候选的 sendp（）函数，它在第 2 层操作，这意味着你需要指定接口和链路层协议。

下面来看如何使用 send - request（sr）函数捕获返回的数据包。我们将使用 sr 的一个特殊变体，名为 sr1，它只返回应答发送包的一个数据包：

```
>>> p = sr1(IP(dst = "10.0.0.9")/ICMP())
Begin emission:
. Finished sending 1 packets.
 *
Received 2 packets, got 1 answers, remaining 0 packets
>>> p
<IP version = 4 ihl = 5 tos = 0x0 len = 28 id = 44710 flags =  frag = 0 ttl = 62
proto = icmpchksum = 0xba2d src = 10.0.0.9 dst = 10.0.0.5 |<ICMP type = echoreply
code = 0 chksum = 0xffff id = 0x0 seq = 0x0 |>>
```

需要指出一点，sr（）函数返回一个元组，包含已应答和未应答的列表：

```
>>> p = sr(IP(dst = "10.0.0.9")/ICMP())
. Begin emission:
..... Finished sending 1 packets.
 *
```

```
Received 7 packets, got 1 answers, remaining 0 packets
>>> type(p)
<class 'tuple'>
```

下面来看这个元组中包含什么：

```
>>>ans, unans = sr(IP(dst = "10.0.0.9")/ICMP())
.Begin emission:
...Finished sending 1 packets.
..*
Received 7 packets, got 1 answers, remaining 0 packets
>>> type(ans)
<class 'scapy.plist.SndRcvList'>
>>> type(unans)
<class 'scapy.plist.PacketList'>
```

如果查看已应答数据包列表，可以看到，这也是一个元组，其中包含已发送数据包和返回的数据包：

```
>>> for i in ans:
...        print(type(i))
...
<class 'tuple'>
>>>
>>>
>>> for i in ans:
...        print(i)
...
(<IP frag = 0 proto = icmpdst = 10.0.0.9 |<ICMP |>>, <IP version = 4 ihl = 5
tos = 0x0 len = 28 id = 19027 flags = frag = 0 ttl = 62 proto = icmpchksum = 0x1e81
src = 10.0.0.9 dst = 10.0.0.5 |<ICMP type = echo - reply code = 0 chksum = 0xffff
id = 0x0 seq = 0x0 |>>)
```

Scapy 还提供了一个第 7 层构造，如 DNS 查询。在下面的例子中，我们要查询一个打开的 DNS 服务器来解析 www.google.com：

```
>>> p = sr1(IP(dst = "8.8.8.8")/UDP()/DNS(rd = 1,qd = DNSQR(qname = "www.google.
com")))
Begin emission:
......Finished sending 1 packets.
```

```
.......... *
Received 17 packets, got 1 answers, remaining 0 packets
>>> p
<IP version = 4 ihl = 5 tos = 0x20 len = 76 id = 17713 flags = frag = 0 ttl = 121
proto = udpchksum = 0x28c5 src = 8.8.8.8 dst = 192.168.2.211 |<UDP sport = domain
dport = domain len = 56 chksum = 0xa9db |<DNS id = 0 qr = 1 opcode = QUERY aa = 0
tc = 0 rd = 1 ra = 1 z = 0 ad = 0 cd = 0 rcode = ok qdcount = 1 ancount = 1 nscount = 0
arcount = 0 qd = <DNSQR qname = 'www.google.com.' qtype = A qclass = IN |>
an = <DNSRR rrname = 'www.google.com.' type = A rclass = IN ttl = 274 rdlen = None
rdata = 216.58.217.36 |> ns = None ar = None |>>>
```

下面来看 Scapy 的其他一些特性。首先使用 Scapy 捕获数据包。

6.2.3 使用 Scapy 捕获数据包

作为网络工程师，在故障排除过程中，我们经常需要捕获网络上传输的数据包，也就是"抓包"。我们一般会使用 Wireshark 或类似的工具，不过也可以使用 Scapy 很轻松地捕获传送的数据包：

```
>>> a = sniff(filter = "icmp", count = 5)
>>>a.show()
0000 Ether / IP / ICMP 192.168.2.211 > 8.8.8.8 echo - request 0 / Raw
0001 Ether / IP / ICMP 8.8.8.8 > 192.168.2.211 echo - reply 0 / Raw
0002 Ether / IP / ICMP 192.168.2.211 > 8.8.8.8 echo - request 0 / Raw
0003 Ether / IP / ICMP 8.8.8.8 > 192.168.2.211 echo - reply 0 / Raw
0004 Ether / IP / ICMP 192.168.2.211 > 8.8.8.8 echo - request 0 / Raw
```

可以更详细地查看这些数据包，包括原始格式：

```
>>> for packet in a:
...        print(packet.show())
...
###[ Ethernet ]###
    dst = 70:4t:57:94:7f:86
    src = 5e:00:00:02:00:00
    type = IPv4
###[ IP ]###
        version = 4
        ihl = 5
```

```
         tos = 0x0
         len = 84
         id = 1856
         flags = DF
         frag = 0
         ttl = 64
         proto = icmp
         chksum = 0x5fde
         src = 192.168.2.211
         dst = 8.8.8.8
         \options\
###[ ICMP ]###
         type = echo - request
         code = 0
         chksum = 0x4616
         id = 0x4a84
         seq = 0x1
###[ Raw ]###
            load = 'k\x9a\x8f]\x00\x00\x00\x00\xac\x99\x01\x00\x00\x00\
x00\x00\x10\x11\x12\x13\x14\x15\x16\x17\x18\x19\x1a\x1b\x1c\x1d\x1e\x1f
!"#$%&\'()*+,-./01234567'
<skip>
```

我们已经了解了 Scapy 的基本工作原理。下面继续学习如何使用 Scapy 实现通用安全性测试的某些方面。

6.2.4　TCP 端口扫描

对于任何潜在的黑客，第一步几乎总是试图了解网络上开放了哪些服务，这样他们就可以集中精力发动攻击。当然，我们需要打开某些端口来为我们的客户提供服务；这是我们需要接受的部分风险。不过，有些端口开放时会不必要地暴露更大的攻击面，所以我们还应当关闭所有这样的端口。可以使用 Scapy 来完成一个简单的 TCP 开放端口扫描，来扫描我们自己的主机。

可以发送一个 SYN 数据包，查看服务器是否为各个端口返回 SYN - ACK。首先来看 Telnet，TCP 端口 23：

```
>>> p = sr1(IP(dst = "10.0.0.9")/TCP(sport = 666,dport = 23,flags = "S"))
```

```
Begin emission：
Finished sending 1 packets.
. *
Received 2 packets，got 1 answers，remaining 0 packets
>>>p. show()
###[ IP ]###
    version = 4
    ihl = 5
    tos = 0x0
    len = 40
    id = 14089
    flags = DF
    frag = 0
    ttl = 62
    proto = tcp
    chksum = 0xf1b9
    src = 10. 0. 0. 9
    dst = 10. 0. 0. 5
    \options\
###[ TCP ]###
        sport = telnet
        dport = 666
        seq = 0
        ack = 1
        dataofs = 5
        reserved = 0
        flags = RA
        window = 0
        chksum = 0x9911
        urgptr = 0
        options = []
```

需要说明，在这里的输出中，服务器对 TCP 端口 23 响应了一个 RESET＋ACK。不过，TCP 端口 22（SSH）是打开的，因此会返回 SYN‑ACK：

```
>>> p = sr1(IP(dst = "10. 0. 0. 9")/TCP(sport = 666,dport = 22,flags = "S"))
>>> p = sr1(IP(dst. show()
```

```
###[ IP ]###
   version = 4
<skip>
   proto = tcp
   chksum = 0x28bf
   src = 10. 0. 0. 9
   dst = 10. 0. 0. 5
   \options\
###[ TCP ]###
      sport = ssh
      dport = 666
      seq = 1671401418
      ack = 1
      dataofs = 6
      reserved = 0
      flags = SA
<skip>
```

还可以扫描从 20～22 的一个目标端口区间；注意我们将使用 sr（）（send‐receive），而不是 sr1（）（send‐receive‐one‐packet）：

```
>>>ans,unans = sr(IP(dst = "10. 0. 0. 9")/TCP(sport = 666,dport = (20,22),flags = "S"))
>>> for i in ans：
...        print(i)
...
(<IP frag = 0 proto = tcpdst = 10. 0. 0. 9 |<TCP sport = 666 dport = ftp_data
flags = S |>>, <IP version = 4 ihl = 5 tos = 0x0 len = 40 id = 59720 flags = DF
frag = 0 ttl = 62 proto = tcpchksum = 0x3f7a src = 10. 0. 0. 9 dst = 10. 0. 0. 5 |<TCP
sport = ftp_datadport = 666 seq = 0 ack = 1 dataofs = 5 reserved = 0 flags = RA
window = 0 chksum = 0x9914 urgptr = 0 |>>)
(<IP frag = 0 proto = tcpdst = 10. 0. 0. 9 |<TCP sport = 666 dport = ftp
flags = S |>>, <IP version = 4 ihl = 5 tos = 0x0 len = 40 id = 59721 flags = DF
frag = 0 ttl = 62 proto = tcpchksum = 0x3f79 src = 10. 0. 0. 9 dst = 10. 0. 0. 5 |<TCP
sport = ftp dport = 666 seq = 0 ack = 1 dataofs = 5 reserved = 0 flags = RA window = 0
chksum = 0x9913 urgptr = 0 |>>)
(<IP frag = 0 proto = tcpdst = 10. 0. 0. 9 |<TCP sport = 666 dport = ssh flags = S
```

|>>, <IP version = 4 ihl = 5 tos = 0x0 len = 44 id = 0 flags = DF frag = 0 ttl = 62

proto = tcpchksum = 0x28bf src = 10. 0. 0. 9 dst = 10. 0. 0. 5 |<TCP sport = ssh

dport = 666 seq = 3932520059 ack = 1 dataofs = 6 reserved = 0 flags = SA window = 29200

chksum = 0xa666 urgptr = 0 options = [('MSS', 1460)] |>>)

>>>

还可以指定一个目标网络而不是单个主机。从 10. 0. 0. 8/29 块可以看到，对主机
10. 0. 0. 9、10. 0. 0. 10 和 10. 0. 0. 14 返回了 SA 标志，这对应两个网络设备和主机：

```
>>>ans,unans = sr(IP(dst = "10. 0. 0. 8/29")/TCP(sport = 666,dport = (22),flags =
"S"))
>>> for i in ans：
...          print(i)
...
```

(<IP frag = 0 proto = tcpdst = 10. 0. 0. 14 |<TCP sport = 666 dport = ssh flags = S

|>>, <IP version = 4 ihl = 5 tos = 0x0 len = 44 id = 7289 flags = frag = 0 ttl = 64

proto = tcpchksum = 0x4a41 src = 10. 0. 0. 14 dst = 10. 0. 0. 5 |<TCP sport = ssh

dport = 666 seq = 1652640556 ack = 1 dataofs = 6 reserved = 0 flags = SA window = 17292

chksum = 0x9029 urgptr = 0 options = [('MSS', 1444)] |>>)

(<IP frag = 0 proto = tcpdst = 10. 0. 0. 9 |<TCP sport = 666 dport = ssh flags = S

|>>, <IP version = 4 ihl = 5 tos = 0x0 len = 44 id = 0 flags = DF frag = 0 ttl = 62

proto = tcpchksum = 0x28bf src = 10. 0. 0. 9 dst = 10. 0. 0. 5 |<TCP sport = ssh

dport = 666 seq = 898054835 ack = 1 dataofs = 6 reserved = 0 flags = SA window = 29200

chksum = 0x9f0d urgptr = 0 options = [('MSS', 1460)] |>>)

(<IP frag = 0 proto = tcpdst = 10. 0. 0. 10 |<TCP sport = 666 dport = ssh flags = S

|>>, <IP version = 4 ihl = 5 tos = 0x0 len = 44 id = 38021 flags = frag = 0 ttl = 254

proto = tcpchksum = 0x1438 src = 10. 0. 0. 10 dst = 10. 0. 0. 5 |<TCP sport = ssh

dport = 666 seq = 371720489 ack = 1 dataofs = 6 reserved = 0 flags = SA window = 4128

chksum = 0x5d82 urgptr = 0 options = [(' MSS', 536)] |>>)

>>>

根据前面学习的知识，为实现可重用性，可以建立一个简单的脚本 scapy _ tcp _ scan _ 1. py：

```
#! /usr/bin/env python3

from scapy. all import *
import sys

def tcp_scan(destination, dport)：
```

```
        ans, unans = sr(IP(dst = destination)/TCP(sport = 666,dport = dport,fla
gs = "S"))
    for sending, returned in ans:
        if 'SA' in str(returned[TCP].flags):
            return destination + " port " + str(sending[TCP].dport) +
" is open. "
        else:
            return destination + " port " + str(sending[TCP].dport) +
" is not open. "

def main():
    destination = sys.argv[1]
    port = int(sys.argv[2])
    scan_result = tcp_scan(destination, port)
    print(scan_result)

if __name__ == "__main__":
    main()
```

在这个脚本中，首先根据建议导入 scapy 和 sys 模块来接受参数。tcp _ scan （) 函数类似于我们目前看到的函数，唯一的区别是对它进行了参数化，从而能够从参数中获得输入，然后在 main （) 函数中调用 tcp _ scan （) 函数。

要记住，访问底层网络需要 root 访问权限，因此，要作为 sudo 执行我们的脚本。下面在端口 22（SSH）和端口 80（HTTP）上尝试执行这个脚本：

```
cisco@Client:~ $ sudo python3 scapy_tcp_scan_1.py "10.0.0.14" 22
Begin emission:
......Finished sending 1 packets.
 *
Received 7 packets, got 1 answers, remaining 0 packets
10.0.0.14 port 22 is open.

cisco@Client:~ $ sudo python3 scapy_tcp_scan_1.py "10.0.0.14" 80
Begin emission:
...Finished sending 1 packets.
 *
Received 4 packets, got 1 answers, remaining 0 packets
10.0.0.14 port 80 is not open.
```

这是一个比较长的 TCP 扫描脚本示例，展示了使用 Scapy 生成数据包的强大功能。我们在交互式 shell 中测试了这些步骤，最后用一个简单的脚本明确了用法。下面来看 Scapy 用于安全性测试的更多示例。

6.2.5 ping 收集

假设我们的网络混合包含 Windows、UNIX 和 Linux 机器，而且网络用户会根据自带设备（**Bring Your Own Device**，BYOD）策略添加自己的机器，这些机器可能支持也可能不支持 ICMP ping。现在我们可以构造一个文件，为我们的网络构造 3 种常见的 ping：ICMP、TCP 和 UDP ping，如 scapy_ping_collection.py 所示：

```python
#!/usr/bin/env python3

from scapy.all import *

def icmp_ping(destination):
    # regular ICMP ping
    ans, unans = sr(IP(dst = destination)/ICMP())
    return ans

def tcp_ping(destination, dport):
    ans, unans = sr(IP(dst = destination)/TCP(dport = dport, flags = "S"))
    return ans

def udp_ping(destination):
    ans, unans = sr(IP(dst = destination)/UDP(dport = 0))
    return ans

def answer_summary(ans):
    for send, recv in ans:
        print(recv.sprintf("% IP.src % is alive"))
```

然后可以用这一个脚本在网络上执行 3 种类型的 ping：

```python
def main():
    print("** ICMP Ping **")
    ans = icmp_ping("10.0.0.13 - 14")
    answer_summary(ans)
    print("** TCP Ping ***")
    ans = tcp_ping("10.0.0.13", 22)
```

```
    answer_summary(ans)
    print("** UDP Ping ***")
    ans = udp_ping("10.0.0.13-14")
    answer_summary(ans)


if __name__ = = "__main__":
    main()
```

　　我认为，能够构造自己的数据包，就能掌握操作的类型和想要运行的测试，经过上面的介绍，希望你同意我的看法。除了使用 Scapy 构造自己的包，沿着同样的思路，我们还可以构造自己的包在网络上完成安全性测试。

6.2.6　常见攻击

　　在这个例子中，我们来看看如何构造数据包进行一些经典的攻击，例如死亡之 Ping（Ping of Death，https：//en. wikipedia. org/wiki/Ping _ of _ death）和着陆攻击（*Land Attack*，https：//en. wikipedia. org/wiki/Denial－ofservice _ attack）。这些是网络渗透测试，以前必须付费购买一个类似的商业软件来完成这些测试。利用 Scapy，你可以进行测试，同时保持完全的控制，而且将来还可以增加更多测试。

　　第一种攻击实际上就是向目标主机发送假 IP 首部，例如 IP 首部长度为 2，IP 版本为 3：

```
def malformed_packet_attack(host):
    send(IP(dst = host, ihl = 2, version = 3)/ICMP())
```

ping_of_death_attack 包含一个常规的 ICMP 数据包,有效载荷超过了 65,535 字节：

```
def ping_of_death_attack(host):
    # https://en. wikipedia. org/wiki/Ping_of_death
    send(fragment(IP(dst = host)/ICMP()/("X" * 60000)))
```

land_attack 希望把客户响应重定向回到客户,而耗尽这个主机的资源：

```
def land_attack(host):
    # https://en. wikipedia. org/wiki/Denial-of-service_attack
    send(IP(src = host, dst = host)/TCP(sport = 135,dport = 135))
```

　　这些都是相当老的漏洞或经典攻击，现代操作系统不再容易受到这些攻击。对于我们的 Ubuntu 16.04 主机，前面所说的攻击不会使它崩溃。不过，随着越来越多安全问题被发现，Scapy 将是一个很好的工具，可以对我们自己的网络和主机发起测试，而不必等待相关供应商提供验证工具。对于零日漏洞攻击（未提前通知即发布）尤其如此，这种攻击在互联网上似乎越来越常见。Scapy 是一个功能相当丰富的工具，这一章无法全面介绍，不过幸运的是，已经有大量关于 Scapy 的开源资源可以参考。

6.2.7　Scapy 资源

在这一章中，我们已经花了大量篇幅来介绍 Scapy。部分原因是我对这个工具非常看好。希望你与我一样，也认为 Scapy 是网络工程师工具集中必备的一个非常好的工具。Scapy 最好的一点是一直有一个活跃的用户社区在积极开发这个工具。

 强烈建议你至少浏览一下 Scapy 教程（http：//scapy. readthedocs. io/en/latest/usage. html♯interactive‐tutorial），另外可以参考你感兴趣的任何文档。

当然，网络安全不只是生成数据包和测试漏洞。下一节中，我们将研究自动化访问列表，这通常用于保护敏感的内部资源。

6.3　访问列表

网络访问列表通常是抵御外部入侵和攻击的第一道防线。一般来说，路由器和交换机利用高速内存硬件（如三态内容寻址存储器（**ternarycontent‐addressable memory，TCAM**）处理数据包的速度比服务器快得多。它们不需要查看应用层信息。相反，它们只是检查第 3 层和第 4 层首部，并决定是否可以转发数据包。因此，我们通常利用网络设备访问列表作为保护网络资源安全的第一步。

根据经验，我们希望访问列表尽可能地靠近源（客户机）。另外本质上讲，我们信任内部主机，而不信任网络边界以外的客户。因此，访问列表通常放在面向外部的网络接口的入站方向。在我们的实验室场景中，这意味着我们将在 nx‐osv‐1 的 Ethernet2/1 上放置一个入站访问列表，nx‐osv‐1 与客户主机直接连接。

如果不确定访问列表的方向和位置，以下几点可能会有帮助：

- 从网络设备的角度考虑访问列表。
- 简化数据包，只考虑源 IP 和目标 IP，并使用一台主机作为例子。
- 在我们的实验室中，从服务器到客户机的数据流源 IP 为 10.0.0.9，目标 IP 为 10.0.0.5。
- 从客户机到服务器的数据流源 IP 为 10.0.0.5，目标 IP 为 10.0.0.9。

显然，每个网络都是不同的，如何构造访问列表取决于服务器提供的服务。不过，作为入站边界访问列表，应该完成以下工作：

- 拒绝 RFC 3030 特殊用途源地址，如 127.0.0.0/8。

- 拒绝 RFC 1918 地址空间，如 10.0.0.0/8。
- 拒绝你自己的空间作为源 IP；在这里就是 10.0.0.4/30。
- 允许主机 10.0.0.9 的入站 TCP 端口 22（SSH）和 80（HTTP）。
- 拒绝所有其他操作。

 这里给出一个需要屏蔽的 bogon 网络列表：https：//ipinfo. io/bogon。

知道怎么做只是完成了一半。下一节中，我们来看如何用 Ansible 实现我们预想的访问列表。

6.3.1　用 Ansible 实现访问列表

实现访问列表最简单的方法是使用 Ansible。我们已经在前两章介绍了 Ansible，但还是很有必要重复一下在这种场景中使用 Ansible 的优点：

- **更易于管理**：对于较长的访问列表，我们可以使用 include 语句将访问列表分解为更易于管理的部分。较小的部分可以再由其他团队或服务所有者管理。
- **幂等性**：我们可以调度 playbook 定期执行，而且只在发生了必要的变更时才执行。
- **每个任务都是显式的**：可以拆分条目结构，并将访问列表应用到适当的接口。
- **可重用性**：将来如果增加额外的面向外部的接口，只需要将设备添加到访问列表的设备列表中。
- **可扩展**：你会注意到，我们可以使用相同的 playbook 构造访问列表并应用到正确的接口。可以从很小的 playbook 开始，将来再根据需要扩展为单独的 playbook。

host 文件很标准。为简单起见，我们把主机变量直接放在清单文件中：

```
[nxosv-devices]
nx-osv-1 ansible_host=172.16.1.155 ansible_username=cisco ansible_
password=cisco

[iosv-devices]
iosv-1 ansible_host=172.16.1.154 ansible_username=cisco ansible_
password=cisco
```

在 playbook 中声明变量：

```
---
- name: Configure Access List
  hosts: "nxosv-devices"
```

```
gather_facts: false
connection: local

vars:
  cli:
    host: "{{ ansible_host }}"
    username: "{{ ansible_username }}"
    password: "{{ ansible_password }}"
    transport: cli
```

为节省篇幅，这里只介绍拒绝 RFC 1918 空间。要实现拒绝 RFC 3030 和我们自己的空间，这与拒绝 RFC 1918 空间所用的步骤是一样的。注意这里的 playbook 中没有拒绝 10.0.0.0/8，因为我们的配置目前使用 10.0.0.0 网络来寻址。当然，可以先允许单个主机，以后进入时再拒绝 10.0.0.0/8，不过在这个例子中，我们选择将其忽略：

```
tasks:
  - nxos_acl:
      name: border_inbound
      seq: 20
      action: deny
      proto: tcp
      src: 172.16.0.0/12
      dest: any
      log: enable
      state: present
      provider: "{{ cli }}"
  - nxos_acl:
      name: border_inbound
      seq: 30
      action: deny
      proto: tcp
      src: 192.168.0.0/16
      dest: any
      state: present
      log: enable
      provider: "{{ cli }}"
<skip>
```

注意，从服务器内部建立的连接允许返回。我们最后使用了显式的 deny ip any 语句，它有一个很高的序列号（1000），以便以后插入新的条目。

然后可以将这个访问列表应用到正确的接口：

```
- name: apply ingress acl to Ethernet 2/1
  nxos_acl_interface:
    name: border_inbound
    interface: Ethernet2/1
    direction: ingress
    state: present
    provider: "{{ cli }}"
```

 VIRL NX-OSv 的访问列表只是在管理接口上提供支持。你会看到这样一个警告："警告：ACL 可能不能按预期工作，因为如果通过 CLI 配置这个 ACL，只支持一个管理接口"。不用担心这个警告，因为我们的目的只是展示访问列表的配置自动化。

对于单个访问列表来说，这似乎需要做很多工作。对于一个经验丰富的工程师，与直接登录设备并配置访问列表相比，使用 Ansible 来完成这个任务需要更长的时间。不过，要记住，这个 playbook 可以在将来重用很多次，所以从长远来看，还是会节省时间。

根据我的经验，对于一个很长的访问列表，往往有些条目针对一个服务，还有一些条目针对另一个服务，以此类推。随着时间的推移，访问列表会不断扩大，很难跟踪每个条目的来源和目的。通过划分条目，会让长访问列表的管理简单得多。

下面来执行这个 playbook，并在 nx-osv-1 上验证：

```
$ ansible-playbook-i hosts access_list_nxosv.yml
PLAY [Configure Access List] ********************************************
*******************************
TASK [nxos_acl] ********************************************
*******************
ok: [nx-osv-1]
<skip>
TASK [apply ingress acl to Ethernet 2/1] ********************************
*******************************
changed: [nx-osv-1]
We should log in to the nx-osv-1 devices to verify the changes:
nx-osv-1# ship access-lists border_inbound
```

```
IP access list border_inbound
20 deny tcp 172.16.0.0/12 any log
30 deny tcp 192.168.0.0/16 any log
40 permit tcp any 10.0.0.9/32 eq 22 log
50 permit tcp any 10.0.0.9/32 eq www log
60 permit tcp any any established log
1000 deny ip any any log


nx-osv-1# sh run int eth 2/1
!
interface Ethernet2/1
  description to Client
  no switchport
  mac-address fa16.3e00.0001
  ip access-group border_inbound in
  ip address 10.0.0.6/30
  ip router ospf 1 area 0.0.0.0
  no shutdown
```

我们已经了解了如何实现 IP 访问列表检查网络第 3 层的信息。下一节中，我们要介绍如何在第 2 层环境中限制设备访问。

6.3.2　MAC 访问列表

如果你有一个第 2 层环境，或者在以太网接口上使用非 IP 协议，在这些情况下，仍然可以使用一个 MAC 地址访问列表，基于 MAC 地址来允许或拒绝主机。步骤与 IP 访问列表类似，只不过匹配会基于 MAC 地址。回想一下，对于 MAC 地址或物理地址，前 6 个十六进制符号属于一个组织唯一标识符（**organizationallyunique identifier，OUI**）。因此，我们可以使用相同的访问列表匹配模式来拒绝某一组主机。

我们将在 IOSv 上用 ios_config 模块来测试。对于较老的 Ansible 版本，每次执行 playbook 时都会推送变更。对于更新的 Ansible 版本，控制节点会首先检查变更，只在需要时才做出变更。

host 文件和 playbook 最上面的部分与 IP 访问列表类似；不过 tasks 部分会使用不同的模块和参数：

```
<skip>
```

```
tasks：
  - name：Deny Hosts with vendor id fa16.3e00.0000
    ios_config：
      lines：
        - access-list 700 deny fa16.3e00.0000 0000.00FF.FFFF
        - access-list 700 permit 0000.0000.0000 FFFF.FFFF.FFFF
      provider: "{{ cli }}"
  - name：Apply filter on bridge group 1
    ios_config：
      lines：
        - bridge-group 1
        - bridge-group 1 input-address-list 700
      parents：
        - interface GigabitEthernet0/1
      provider: "{{ cli }}"
```

可以执行这个 playbook，并在 iosv-1 上验证其应用：

```
$ ansible-playbook-i hosts access_list_mac_iosv.yml
TASK [Deny Hosts with vendor id fa16.3e00.0000] **************************
*****************************************************
changed：[iosv-1]


TASK [Apply filter on bridge group 1] ***********************************
*****************************************************
changed：[iosv-1]
```

与前面一样，下面登录设备来验证我们的变更：

```
iosv-1#sh run int gig 0/1
!
interface GigabitEthernet0/1
 description to nx-osv-1
 <skip>
 bridge-group 1
 bridge-group 1 input-address-list 700
end
```

随着更多虚拟网络流行起来，第 3 层信息有时对底层虚拟链路变得透明。在这些情况下，如果需要限制对这些链路的访问，那么 MAC 访问列表就是一个很好的选择。在这一节中，我们使用 Ansible 对第 2 层和第 3 层访问列表的实现完成了自动化。下面我们稍稍换个话题，不过还是在安全上下文中，我们来看看如何使用 Python 从 syslogs 选择必要的安全信息。

6.4　syslog 搜索

有大量记录在案的网络安全漏洞，这些漏洞已经存在了很长一段时间。在这些慢慢暴露的漏洞中，我们经常在日志中看到一些迹象和痕迹，指示存在可疑的活动。这在服务器和网络设备日志中都能看到。这些活动没有检测出来，不是因为缺少信息，而是因为有太多的信息。我们寻找的关键信息常常深埋在海量的信息里难以找出。

除了 Syslog，UFW 也是一个提供服务器日志信息的很好的来源。它是 iptables 的前端（这是一个服务器防火墙）。UFW 会让防火墙规则的管理非常简单，并且记录了大量信息。有关 UFW 的更多信息，请参阅 6.5　其他工具一节。

在这一节中，我们将使用 Python 搜索 Syslog 文本，检测我们查找的活动。当然，我们搜索的具体搜索项取决于所使用的设备。例如，Cisco 提供了一个消息列表，可以用来在 Syslog 中查找所有违反访问列表的日志记录。这个列表可以在 http：//www. cisco. com/c/en/us/about/security - center/identifyincidents - via - syslog. html 得到。

如果想更多地了解访问控制列表日志，请访问 http：//www. cisco. com/c/en/us/about/securitycenter/access - control - list - logging. html。

在我们的练习中，我们将使用一个包含约 65000 行日志消息的 Nexus 交换机匿名 Syslog 文件。本书 GitHub 存储库中包含这个文件：

```
$ wc - l sample_log_anonymized. log
65102 sample_log_anonymized. log
```

我们插入了 Cisco 文档（http：//www. cisco. com/c/en/us/support/docs/switches/nexus - 7000 - seriesswitches/118907 - configure - nx7k - 00. html）中的一些 Syslog 消息作为我们查找的日志消息：

```
2014 Jun 29 19:20:57 Nexus - 7000 % VSHD - 5 - VSHD_SYSLOG_CONFIG_I: Configured
from vty by admin on console0
2014 Jun 29 19:21:18 Nexus - 7000 % ACLLOG - 5 - ACLLOG_FLOW_INTERVAL: Src IP:
10. 1 0. 10. 1,
Dst IP: 172. 16. 10. 10, Src Port: 0, Dst Port: 0, Src Int f: Ethernet4/1,
```

Pro tocol："ICMP"(1)，Hit‐count ＝ 2589

2014 Jun 29 19：26：18 Nexus‐7000 % ACLLOG‐5‐ACLLOG_FLOW_INTERVAL：Src IP：
10.1 0.10.1，Dst IP：172.16.10.10，Src Port：0，Dst Port：0，SrcIntf：
Ethernet4/1，Pro tocol："ICMP"(1)，Hit‐count ＝ 4561

　我们将使用带正则表达式的简单示例。如果你已经熟悉 Python 中的正则表达式模块，可以跳过这一节的其余部分。

用正则表达式模块搜索

　对于我们的第一个搜索，只使用正则表达式模块搜索我们查找的搜索项。这里使用一个简单的循环来完成以下工作：

```python
#！/usr/bin/env python3

import re，datetime

startTime ＝ datetime.datetime.now()

with open('sample_log_anonymized.log', 'r') as f：
    for line in f.readlines()：
        if re.search('ACLLOG‐5‐ACLLOG_FLOW_INTERVAL', line)：
            print(line)

endTime ＝ datetime.datetime.now()
elapsedTime ＝ endTime ‐ startTime
print("Time Elapsed：" + str(elapsedTime))
```

　搜索整个日志文件要花费大约 0.04 秒：

```
$ python3 python_re_search_1.py
2014 Jun 29 19:21:18 Nexus‐7000 % ACLLOG‐5‐ACLLOG_FLOW_INTERVAL：Src IP：
10.1 0.10.1，

2014 Jun 29 19:26:18 Nexus‐7000 % ACLLOG‐5‐ACLLOG_FLOW_INTERVAL：Src IP：
10.1 0.10.1，

Time Elapsed：0:00:00.047249
```

　为了更高效的搜索，建议编译搜索项。这对我们并没有太大影响，因为这个脚本已经非常快了。实际上，Python 的解释性可能还会让它变慢。不过，如果搜索一个更大规模的文本，这就会带来不同，所以下面做些修改：

```
searchTerm = re.compile('ACLLOG - 5 - ACLLOG_FLOW_INTERVAL')
with open('sample_log_anonymized.log', 'r') as f:
for line in f.readlines():
if re.search(searchTerm, line):
    print(line)
```

计时结果确实变慢了：

```
Time Elapsed: 0:00:00.081541
```

下面将这个例子稍做扩展。假设我们有多个文件以及多个要搜索的搜索项，把原始文件复制到一个新文件：

```
$ cp sample_log_anonymized.log sample_log_anonymized_1.log
```

还要包括搜索 PAM：Authentication failure。我们将增加另一个循环来搜索这两个文件：

```
term1 = re.compile('ACLLOG - 5 - ACLLOG_FLOW_INTERVAL')
term2 = re.compile('PAM: Authentication failure')

fileList = ['sample_log_anonymized.log', 'sample_log_anonymized_1.
log']

for log in fileList:
    with open(log, 'r') as f:
        for line in f.readlines():
            if re.search(term1, line) or re.search(term2, line):
                print(line)
```

通过扩大我们的搜索项和消息数，就可以看出性能上的差异了：

```
$ python3 python_re_search_2.py
2016 Jun 5 16:49:33 NEXUS - A % DAEMON - 3 - SYSTEM_MSG: error: PAM:
Authentication failure for illegal user AAA from 172.16.20.170 -
sshd[4425]

2016 Sep 14 22:52:26.210 NEXUS - A % DAEMON - 3 - SYSTEM_MSG: error: PAM:
Authentication failure for illegal user AAA from 172.16.20.170 -
sshd[2811]
```

```
<skip>

2014 Jun 29 19:21:18 Nexus-7000 % ACLLOG-5-ACLLOG_FLOW_INTERVAL: Src IP:
10.1 0.10.1,

2014 Jun 29 19:26:18 Nexus-7000 % ACLLOG-5-ACLLOG_FLOW_INTERVAL: Src IP:
10.1 0.10.1,

<skip>

Time Elapsed: 0:00:00.330697
```

当然，谈到性能调优，这是一场永无止境的、不可能结束的竞赛，而且性能有时取决于所使用的硬件。但重要的是，要使用 Python 定期对你的日志文件完成审计，从而能捕捉到可能带来破坏的早期信号。

我们已经介绍了用 Python 增强网络安全性的一些关键方法，不过还有很多其他强大的工具可以使这个过程更简单、更有效。在这一章的最后一节，我们来研究其中一些工具。

6.5　其他工具

还可以用 Python 使用和自动化其他一些网络管理工具。下面来看其中两个最常用的工具。

6.5.1　私有 VLAN

虚拟局域网（**virtual local area networks**，**VLANs**）已经存在很长时间了。它们本质上是一个广播域，其中所有主机都可以连接到一个交换机，不过被划分为不同的域，所以我们能根据哪些主机能通过广播看到其他主机来划分这些主机。下面来考虑一个基于 IP 子网的映射。例如，在一个企业大楼里，可能每一个楼层有一个 IP 子网：192.168.1.0/24 对应第一层，192.168.2.0/24 对应第二层，依此类推。采用这种模式，我们为每一层使用一个/24 块。这清晰地描述了我的物理网络和逻辑网络。一个想超越所在子网进行通信的主机需要访问它的第 3 层网关，我可以在这里使用一个访问列表保证安全性。

如果不同部门在同一楼层会怎么样呢？有可能财务和销售团队都在二楼，我不希望销售团队的主机与财务团队的主机在同一个广播域。可以进一步划分子网，不过这可能很烦琐，而且可能会破坏之前设置的标准子网方案。这种情况下，私有 VLAN 就能提供帮助。

私有或专用 VLAN（private VLAN）实质上是将现有 VLAN 分解为子 VLAN。一个私有 VLAN 中有三类端口：

- **混杂端口（P 端口）**：这个端口允许发送和接收来自 VLAN 上任何其他端口的第 2 层帧；这通常属于连接到第 3 层路由器的端口。
- **隔离端口（I 端口）**：这个端口只允许与 P 端口通信，不希望它与同一 VLAN 中的其他主机通信时，通常将它连接到允许通信的主机。
- **团体端口（C 端口）**：这个端口允许与同一团体中的其他 C 端口以及 P 端口通信。

可以再使用 Ansible 或目前为止介绍的任何其他 Python 脚本来完成这个任务。到现在为止，我们应该已经有了足够的实践和信心，能够通过自动化实现这个特性，所以在这里我不再重复这些步骤。需要在第 2 层 VLAN 中进一步隔离端口时，了解私有 VLAN 特性会很有帮助。

6.5.2　用 Python 使用 UFW

我们简要提到了 UFW 是 Ubuntu 主机上 iptables 的前端。下面简单做个概述：

```
$ sudo apt - get install ufw
$ sudoufw status
$ sudoufw default outgoing
$ sudoufw allow 22/tcp
$ sudoufw allow www
$ sudoufw default deny incoming
We can see the status of UFW:
$ sudoufw status verbose Status: active
Logging: on (low)
Default: deny (incoming), allow (outgoing), disabled (routed) New
profiles: skip

To Action From
-------- ----
22/tcp ALLOW IN Anywhere
80/tcp ALLOW IN Anywhere
22/tcp (v6) ALLOW IN Anywhere (v6)
80/tcp (v6) ALLOW IN Anywhere (v6)
```

可以看到，UFW 的优点是它提供了一个简单的接口来构造复杂的 IP 表规则。有几个与 Python 相关的工具可以与 UFW 一起使用，来简化工作：

- 可以使用 Ansible UFW 模块简化我们的操作。更多信息参见 http：//docs. ansible. com/ansible/ufw _ module. html。因为 Ansible 是用 Python 写的，我们还可以更进一步分析这个 Python 模块源代码。有关的更多信息可以从 https：//github. com/ansible/ansible/blob/devel/lib/ansible/modules/system/ufw. py 得到。
- 有一些包装 UFW（作为一个 API）的 Python 包装器模块（请访问 https：//gitlab. com/dhj/easyufw）。如果需要根据某些事件动态地修改 UFW 规则，这会使集成更容易。
- UFW 本身是 Python 写的。因此，如果你要扩展当前的命令集，完全可以使用现有的 Python 知识。更多有关信息参见 https：//launchpad. net/ufw。

事实证明，UFW 是保护网络服务器安全的一个很好的工具。

6.6　延伸阅读

Python 是很多安全相关领域中一个相当常用的语言。我想推荐以下几本书：

- **Violent Python**：这是 T. J. O'Connor 所著的一本为黑客、取证分析人员、渗透测试人员和安全工程师提供的工具书（ISBN - 10：1597499579）。
- **Black Hat Python**：这是 Justin Seitz 所著的一本面向黑客和渗透测试人员的 Python 编程书（ISBN - 10：1593275900）。

我个人曾在 A10 网络的分布式拒绝服务（**DDoS**）研究工作中大量使用了 Python。如你有兴趣了解更多有关信息，可以从以下地址免费下载指南：https：//www. a10networks. com/resources/ebooks/distributed - denial - service - ddos。

6.7　小结

在这一章中，我们研究了使用 Python 实现网络安全。首先使用 Cisco VIRL 工具来建立我们的实验室，包括主机和网络设备（NX - OSv 和 IOSv 类型）。我们介绍了 Scapy，它允许我们从头开始构造包。

可以在交互模式中使用 Scapy 快速测试。在交互模式下完成测试后，可以把这些步骤放在文件中来完成更可伸缩的测试。这可以用于对已知漏洞完成各种网络渗透测试。

我们还研究了如何使用 IP 访问列表以及 MAC 访问列表来保护我们的网络。它们通常是网络保护的第一道防线。通过使用 Ansible，我们能够在多个设备上一致而快速地部署访问列表。

Syslog 和其他日志文件包含很多有用的信息，我们应该定期梳理这些信息，来检测漏洞的所有早期迹象。通过使用 Python 正则表达式，我们可以系统地搜索已知的日志条目，这些日志条目可能指出了需要我们注意的安全事件。除了我们讨论的工具之外，还有其他一些有用的工具可以用来实现更多安全保护，其中包括私有 VLAN 和 UFW。

　　在**第 7 章　使用 Python 实现网络监控：第 1 部分**中，我们将介绍如何使用 Python 实现网络监控。监控使我们能知道网络中发生了什么以及网络的状态。

第 7 章 使用 Python 实现网络监控：第 1 部分

假设你在凌晨两点接到公司网络运维中心的电话。电话那头的人说："嗨，我们正面对一个难题，会影响生产服务。我们怀疑这可能与网络有关。你能帮我们检查一下吗？"。对于这种紧急的开放式问题，你首先会做什么？大多数情况下，人们可能会考虑：在网络正常运行到出现故障之间发生了什么变化？你很有可能要检查监控工具，看看在过去几小时里关键指标是否有变化。更好的是，你可能已经收到监控警报，指出有些指标偏离了正常基准。

在这本书中，我们一直在讨论各种不同的方法来系统地对网络做可预测的变更，目标是使网络尽可能平稳地运行。然而，网络绝不是静态的，完全不是那样，它们可能是整个基础设施中最不稳定的部分之一。根据定义，网络将基础设施的不同部分连接在一起，不断地来回传递数据流。

有许多变动部分会导致你的网络不能按预期正常工作：硬件故障、有 bug 的软件、人为错误（尽管本意是好的），等等。这不是会不会出错的问题，而是什么时候出错以及什么会出错的问题。我们需要一些方法来监控我们的网络，确保它能按预期正常工作，并且希望在出问题时能得到通知。

在接下来的两章中，我们将研究完成网络监控任务的不同方法。到目前为止，我们介绍的许多工具都可以关联在一起或直接由 Python 管理。与之前介绍的很多工具一样，网络监控包括两个部分。

首先，我们需要知道设备能够传输什么信息。其次，我们要确定由此可以得出哪些有用的信息。

在这一章中，我们先来看几个工具，利用这些工具可以有效地监控网络：

- 实验室设置。
- **SNMP**（**Simple Network Management Protocol**，简单网络管理协议）和处理 SNMP 的相关 Python 库。
  - Python 可视化库：
    - Matplotlib 和示例。
    - Pygal 和示例。
  - Python 与 MRTG 和 Cacti 集成实现网络可视化。

这个列表并不详尽，网络监控领域当然不乏商业供应商。不过，我们将要讨论的网络监控基础知识不仅适用于开源工具，也同样适用于商业工具。

7.1　实验室设置

这一章使用的实验室与**第 6 章"使用 Python 实现网络安全"**中的实验室类似，不过有一个区别：两个网络设备都是 IOSv 设备。下面给出一个示意图，如图 7-1 所示。

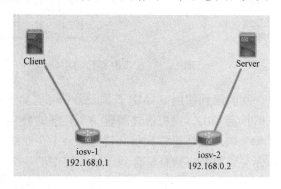

图 7-1　实验室拓扑

两个 Ubuntu 主机用于在网络中生成流量，使我们能查看一些非零计数器。

7.2　SNMP

SNMP 是用于收集和管理设备的一个标准化协议。尽管这个标准允许你使用 SNMP 完成设备管理，但以我的经验来看，大多数网络管理员更倾向于只是将 SNMP 作为一种信息收集机制。由于 SNMP 在 UDP 上操作，而 UDP 是无连接的，另外考虑到版本 1 和版本 2 中相对较弱的安全机制，所以通过 SNMP 完成设备变更常常会让网络运维人员有些不安。SNMP 版本 3 在协议中增加了加密安全和一些新的概念和术语，不过不同网络设备供应商适应 SNMP 版本 3 的方式各不相同。

SNMP 广泛应用于网络监控，从 1988 年就已经作为 RFC 1065 的一部分出现了。它的操作很简单，网络管理器向设备发送 GET 和 SET 请求，设备使用 SNMP 代理向每个请求提供信息作为响应。使用最广泛的标准是 SNMPv2c，这在 RFC 1901 － RFC 1908 中定义。它使用一种简单的基于群体的安全方案来保证安全性。它还引入了一些新特性，比如能够获取批量信息。图 7-2 显示了 SNMP 的高层操作。

位于设备中的信息放在管理信息库（**management information base，MIB**）中。MIB 使用一个层次结构的命名空间，其中包含一个对象标识符（**object identifier, OID**），表示可以读

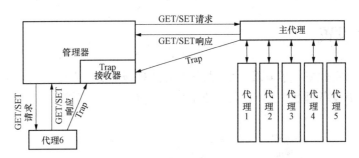

图 7-2　　SNMP 操作

取并反馈给请求者的信息。我们谈到使用 SNMP 查询设备信息时，实际上就是在讨论使用管理站来查询表示所查信息的特定 OID。供应商之间有一个共享的公共 OID 结构，如系统和接口 OID。除了公共 OID，每个供应商还可以提供其特定的一个企业级 OID。

　　作为一个运维人员，你需要努力将信息整合到你的环境中的一个 OID 结构中，来获取有用的信息。一次查找一个 OID 有时是很枯燥的过程。例如，你可能向一个设备 OID 发出请求，然后接收到一个值 10000。这个值是什么？这是接口流量吗？单位是字节还是比特？或者这有没有可能是数据包数？我们要如何知道呢？我们需要参考标准或者供应商文档来找到答案。有一些工具可以帮助完成这个过程，比如 MIB 浏览器，它能提供这个值的更多元数据。不过，至少从我的经验来看，为你的网络构造一个基于 SNMP 的监控工具，有时感觉这就像是想要找到一个缺失值的猫捉老鼠游戏。

　　从这个操作可以得出以下要点：

　　• 这个实现很大程度上依赖于设备代理能提供的信息量。这进一步又取决于供应商如何处理 SNMP：是作为一个核心特性还是一个附加特性。

　　• SNMP 代理通常需要控制平面的 CPU 周期来返回一个值。对于有很大 BGP 表的设备来说，这不仅效率低下，而且使用 SNMP 将无法以小间隔查询数据。

　　• 用户需要知道 OID 来查询数据。

　　由于 SNMP 已经存在了一段时间，我假设你对它已经有一些经验。下面直接介绍包安装和我们的第一个 SNMP 示例。

7.2.1　设置

　　首先，下面确保我们的设置中 SNMP 管理设备和代理能正常工作。SNMP bundle 可以安装在实验室的主机（客户机或服务器）上，也可以安装在管理网络的管理设备上。只要 SNMP 管理器对设备具有 IP 可达性，并且托管设备允许入站连接，SNMP 就应该能正常工作。在生产环境中，应当只在管理主机上安装软件，并且只允许控制平面中的 SNMP 流量。

在这个实验室中，我们在管理网络的 Ubuntu 主机上和实验室的客户主机上都安装了 SNMP。

 如果需要，对于 VIRL 主机的外部访问，请参阅第 6 章 *使用 Python 实现* *网络安全*。

```
$ sudo apt - get update
$ sudo apt - get install snmp
```

下一步是在网络设备 iosv - 1 和 iosv - 2 上打开和配置 SNMP 选项。网络设备上有很多可以配置的可选参数，如联系信息、位置、chassis ID 和 SNMP 包大小。SNMP 配置选项是特定于设备的，你要查看特定设备的相应文档。对于 IOSv 设备，我们将配置一个访问列表，来限制只有指定主机才能查询这个设备，另外将访问列表与 SNMP 团体字符串绑定。在我们的例子中，将使用单词 secret 作为只读团体字符串，使用 permit _ snmp 作为访问列表名：

```
!
ip access - list standard permit_snmp
 permit 172. 16. 1. 123 log
 deny any log
!
snmp - server community secret RO permit_snmp
!
```

SNMP 团体字符串会作为管理器和代理之间的共享密码；因此，只要需要查询设备，都需要包含这个 SNMP 团体字符串。

正如本章前面提到的，使用 SNMP 时，找到正确的 OID 通常只成功了一半。我们可以使用 Cisco IOS MIB Locator（http：//tools. cisco. com/ITDIT/MIBS/servlet/index）等工具来查找所查询的特定 OID。

或者，我们可以从 Cisco 企业树顶端的 . 1. 3. 6. 1. 4. 1. 9 开始遍历 SNMP 树。我们将完成这个遍历来确保 SNMP 代理和访问列表能正常工作：

```
$ snmpwalk - v2c - c secret 172. 16. 1. 189 . 1. 3. 6. 1. 4. 1. 9
iso. 3. 6. 1. 4. 1. 9. 2. 1. 1. 0 = STRING: "
Bootstrap program is IOSv
"
iso. 3. 6. 1. 4. 1. 9. 2. 1. 2. 0 = STRING: "reload"
iso. 3. 6. 1. 4. 1. 9. 2. 1. 3. 0 = STRING: "iosv - 1"
```

```
iso.3.6.1.4.1.9.2.1.4.0 = STRING: "virl.info"
<skip>
```

对于需要查询的 OID，还可以更特定：

```
$ snmpwalk - v2c - c secret 172.16.1.189 .1.3.6.1.4.1.9.2.1.61.0
iso.3.6.1.4.1.9.2.1.61.0 = STRING: "cisco Systems, Inc.
170 West Tasman Dr.
San Jose, CA 95134 - 1706
U.S.A.
Ph + 1 - 408 - 526 - 4000
Customer service 1 - 800 - 553 - 6387 or + 1 - 408 - 526 - 7208
24HR Emergency 1 - 800 - 553 - 2447 or + 1 - 408 - 526 - 7209
Email Address tac@cisco.com
World Wide Web http://www.cisco.com"
```

作为演示，如果我们在最后一个 OID 的末尾键入的值错了 1 位，把 0 写成了 1，会怎么样呢？我们会看到以下结果：

```
$ snmpwalk - v2c - c secret 172.16.1.189 .1.3.6.1.4.1.9.2.1.61.1
iso.3.6.1.4.1.9.2.1.61.1 = No Such Instance currently exists at this OID
```

与 API 调用不同，这里没有有用的错误代码，也没有消息，它只是指出这个 OID 不存在。有时这可能让人很沮丧。

最后要检查我们配置的访问列表应当拒绝非法的 SNMP 查询。因为访问列表中对于允许和拒绝条目都有 log 关键字，所以只允许 172.16.1.123 查询设备：

```
* Sep 29 16:39:19.857: % SEC - 6 - IPACCESSLOGNP: list permit_snmp permitted 0
172.16.1.123 - > 0.0.0.0, 1 packet
```

可以看到，设置 SNMP 的最大挑战是要找到正确的 OID。有些 OID 在标准化的 MIB - 2 中定义；其他的则在这个树的企业部分下定义。不过，最好的做法还是查看供应商文档。有很多工具可以提供帮助，比如 MIB 浏览器，你可以将 MIB（同样地，由供应商提供）增加到浏览器，查看基于企业的 OID 的描述。事实证明，如果需要查找所查询对象的正确的 OID，Cisco SNMP Object Navigator（http://snmp.cloudapps.cisco.com/Support/SNMP/do/BrowseOID.do? local=en）之类的工具会很有帮助。

7.2.2　PySNMP

PySNMP 是一个跨平台的纯 Python SNMP 引擎实现，由 Ilya Etingof 开发（https://

github. com/etingof)。就像很多优秀的库一样，它抽象了许多 SNMP 细节，并且同时支持 Python 2 和 Python 3。

　　PySNMP 需要 PyASN1 包。以下摘自维基百科：

　　" ASN.1 是一种标准和表示法，描述了电信和计算机网络中表示、编码、传输和解码数据的规则和结构。"

　　PyASN1 很方便地为 ASN.1 提供了一个 Python 包装器。下面先安装这个包。注意，因为我们使用的是一个虚拟环境，所以我们将使用这个虚拟环境的 Python 解释器：

```
(venv) $ cd /tmp
(venv) $ git clone https://github.com/etingof/pyasn1.git
(venv) $ git checkout 0.2.3
(venv) $ python setup.py install # notice the venv path
```

　　接下来，安装 PySNMP 包：

```
(venv) $ cd /tmp
(venv) $ git clone https://github.com/etingof/pysnmp
(venv) $ cd pysnmp/
(venv) $ git checkout v4.3.10
(venv) $ python setup.py install # notice the venv path
```

　　　　我们使用了一个较老版本的 PySNMP，原因是从 5.0.0 版本（https://github. com/etingof/pysnmp/blob/a93241007b970c458a0233c16ae2ef82dc107290/CHANGES. txt）开始已经删除了 pysnmp. entity. rfc3413. oneliner。如果你使用 pip 安装这些包，这些例子可能无法工作。

　　下面来看如何使用 PySNMP 查询上一个示例中使用的同样的 Cisco 联系信息。与 http://pysnmp. sourceforge. net/faq/responsevalues - mib - resolution. html 上的 PySNMP 示例相比，我们采用的步骤稍有修改。首先要导入必要的模块，并创建一个 CommandGenerator 对象：

```
>>> from pysnmp. entity. rfc3413. oneliner import cmdgen
>>>cmdGen = cmdgen. CommandGenerator()
>>>cisco_contact_info_oid = "1.3.6.1.4.1.9.2.1.61.0"
```

　　可以使用 getCmd 方法完成 SNMP。结果被分解为不同的变量，其中，我们最关心 varBinds，它包含查询结果：

```
>>>errorIndication, errorStatus, errorIndex, varBinds = cmdGen. getCmd(
```

```
        cmdgen.CommunityData('secret'),
        cmdgen.UdpTransportTarget(('172.16.1.189', 161)),
        cisco_contact_info_oid)
>>> for name, val in varBinds:
        print('%s = %s' % (name.prettyPrint(), str(val)))


SNMPv2-SMI::enterprises.9.2.1.61.0 = cisco Systems, Inc.
170 West Tasman Dr.
San Jose, CA 95134-1706
U.S.A.
Ph +1-408-526-4000
Customer service 1-800-553-6387 or +1-408-526-7208
24HR Emergency 1-800-553-2447 or +1-408-526-7209
Email Address tac@cisco.com
World Wide Web http://www.cisco.com
>>>
```

注意，响应值是 PyASN1 对象。prettyPrint（）方法将把其中一些值转换为人可读的格式，不过返回变量中的结果没有转换。我们手动将它转换为一个字符串。

可以根据前面的交互式例子编写一个脚本。我们将其命名为 pysnmp_1.py，并包含错误检查。还可以在 getCmd（）方法中包含多个 OID：

```
#! /usr/bin/env/python3

from pysnmp.entity.rfc3413.oneliner import cmdgen

cmdGen = cmdgen.CommandGenerator()

system_up_time_oid = "1.3.6.1.2.1.1.3.0"
cisco_contact_info_oid = "1.3.6.1.4.1.9.2.1.61.0"
errorIndication, errorStatus, errorIndex, varBinds = cmdGen.getCmd(
    cmdgen.CommunityData('secret'),
    cmdgen.UdpTransportTarget(('172.16.1.189', 161)),
    system_up_time_oid,
    cisco_contact_info_oid
)

# Check for errors and print out results
if errorIndication:
```

```
        print(errorIndication)
else:
    if errorStatus:
        print('%s at %s' % (
            errorStatus.prettyPrint(),
            errorIndex and varBinds[int(errorIndex) - 1] or '? '
            )
        )
    else:
        for name, val in varBinds:
            print('%s = %s' % (name.prettyPrint(), st r(val)))
```

这会分解结果，并列出两个 OID 的值：

```
$ python pysnmp_1.py
SNMPv2 - MIB::sysUpTime.0 = 599083
SNMPv2 - SMI::enterprises.9.2.1.61.0 = cisco Systems, Inc.
170 West Tasman Dr.
San Jose, CA 95134 - 1706
U.S.A.
Ph +1 - 408 - 526 - 4000
Customer service 1 - 800 - 553 - 6387 or +1 - 408 - 526 - 7208
24HR Emergency 1 - 800 - 553 - 2447 or +1 - 408 - 526 - 7209
Email Address tac@cisco.com
World Wide Web http://www.cisco.com
```

在下面的例子中，我们将持久保存从查询接收到的值，从而使用这些数据完成其他功能，如可视化。在这个例子中，我们将使用 MIB-2 树中的 ifEntry 为与接口相关的值绘图。

可以找到很多映射 ifEntry 树的资源，图 7-3 是我们之前在 Cisco SNMP Object Navigator 网站访问 ifEntry 的截屏图。

可以通过一个快速测试来展示设备上接口的 OID 映射：

```
$ snmpwalk - v2c - c secret 172.16.1.189 .1.3.6.1.2.1.2.2.1.2
iso.3.6.1.2.1.2.2.1.2.1 = STRING: "GigabitEthernet0/0"
iso.3.6.1.2.1.2.2.1.2.2 = STRING: "GigabitEthernet0/1"
iso.3.6.1.2.1.2.2.1.2.3 = STRING: "GigabitEthernet0/2"
iso.3.6.1.2.1.2.2.1.2.4 = STRING: "Null0"
iso.3.6.1.2.1.2.2.1.2.5 = STRING: "Loopback0"
```

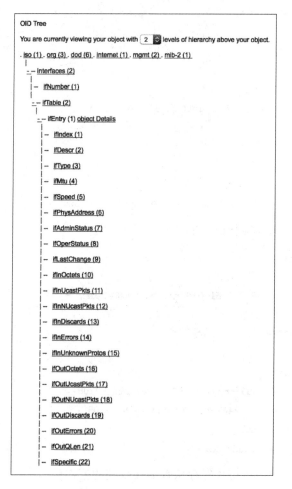

图 7 - 3　SNMP ifEntry OID 树

　　根据文档，可以将 ifInOctets（10）、ifInUcastPkts（11）、ifOutOctets（16）和 ifOutU-castPkts（17）的值分别映射到相应的 OID 值。通过快速查阅 CLI 和 MIB 文档，可以看到，GigabitEthernet0/0 包输出的值映射到 OID 1.3.6.1.2.1.2.2.1.17.1。接下来按照相同的过程得出其余 OID 来完成接口统计。在 CLI 和 SNMP 之间检查时，要记住，两个值应该接近，但不完全相同，因为在 CLI 输出和 SNMP 查询之间可能有一些流量：

```
iosv - 1 # sh int gig 0/0 | i packets
5 minute input rate 0 bits/sec, 0 packets/sec
5 minute output rate 0 bits/sec, 0 packets/sec
```

```
      6872 packets input, 638813 bytes, 0 no buffer
      4279 packets output, 393631 bytes, 0 underruns
```

```
$ snmpwalk - v2c - c secret 172. 16. 1. 189 . 1. 3. 6. 1. 2. 1. 2. 2. 1. 17. 1
iso. 3. 6. 1. 2. 1. 2. 2. 1. 17. 1 = Counter32: 4292
```

如果我们在生产环境中，可能会把结果写入一个数据库。但由于这只是一个例子，我们将把查询值写入一个平面文件。下面将编写 pysnmp _ 3. py 脚本来查询信息并将结果写入文件。在这个脚本中，我们定义了需要查询的各个 OID：

```
# Hostname OID
system_name = '1. 3. 6. 1. 2. 1. 1. 5. 0'

# Interface OID
gig0_0_in_oct = '1. 3. 6. 1. 2. 1. 2. 2. 1. 10. 1'
gig0_0_in_uPackets = '1. 3. 6. 1. 2. 1. 2. 2. 1. 11. 1'
gig0_0_out_oct = '1. 3. 6. 1. 2. 1. 2. 2. 1. 16. 1'
gig0_0_out_uPackets = '1. 3. 6. 1. 2. 1. 2. 2. 1. 17. 1'
```

snmp _ query（）函数中要使用这些值，以 host，community 和 oid 作为输入：

```
def snmp_query( host, community, oid):
    errorIndication, errorStatus, errorIndex, varBinds = cmdGen.
getCmd(
        cmdgen. CommunityData(community),
        cmdgen. UdpTransportTarget((host, 161)),
        oid
    )
```

所有的结果值都放入一个字典（有不同的键），并写入一个名为 results. txt 的文件：

```
result = {}
result['Time'] = datetime. datetime. utcnow(). isoformat()
result['hostname'] = snmp_query(host, community, system_name)
result['Gig0 - 0_In_Octet'] = snmp_query(host, community, gig0_0_in_oct)
result['Gig0 - 0_In_uPackets'] = snmp_query(host, community, gig0_0_in_
uPackets)
result['Gig0 - 0_Out_Octet'] = snmp_query(host, community, gig0_0_out_
oct)
result['Gig0 - 0_Out_uPackets'] = snmp_query(host, community, gig0_0_
```

```
out_uPackets)
```

```
with open('/home/echou/Master_Python_Networking/Chapter7/results.txt',
'a')as f:
    f.write(str(result))
    f.write('\n')
```

结果将是一个文件，显示了查询时所表示的接口数据包：

```
$ cat results.txt
{'Gig0 - 0_In_Octet': '3990616', 'Gig0 - 0_Out_uPackets': '60077', 'Gig0 -
0_In_uPackets': '42229', 'Gig0 - 0_Out_Octet': '5228254', 'Time': '2017 - 03 -
06T02:34:02.146245', 'hostname': 'iosv - 1. virl. info'}
{'Gig0 - 0_Out_uPackets': '60095', 'hostname': 'iosv - 1. virl. info', 'Gig0 - 0_
Out_Octet': '5229721', 'Time': '2017 - 03 - 06T02:35:02.072340', 'Gig0 - 0_In_
Octet': '3991754', 'Gig0 - 0_In_uPackets': '422 42'}
<skip>
```

可以设置这个脚本为可执行，并调度每 5 分钟执行一次 cron 作业：

```
$ chmod + x pysnmp_3.py
# crontab configuration
*/5 * * * * /home/echou/Mastering_Python_Networking_third_edition/
Chapter07/pysnmp_3.py
```

如前所述，在生产环境中，我们会把信息放在一个数据库中。对于 SQL 数据库，可以使用唯一 ID 作为主键。在 NoSQL 数据库中，可以使用时间作为主索引（或键），因为它总是唯一的，后面跟着各个键-值对。

我们会等待执行几次脚本来填充值。如果你没有耐心，可以把 cron 作业的间隔缩短为 1 分钟。如果看到 results.txt 文件中有足够的值可以绘制一个有意思的图了，我们来看下一节，看看如何使用 Python 可视化这个数据。

7.3　Python 实现数据可视化

我们收集网络数据的目的是为了了解我们的网络。了解数据含义的最佳方法之一是用图表实现数据的可视化。几乎所有数据都是如此，尤其是网络监控上下文中的时间序列数据。上周通过网络传输的数据有多少？TCP 协议在所有流量中的百分比是多少？我们可以使用数据收集机制（如 SNMP）收集这些值，另外可以使用一些流行的 Python 库生成可视化图表。

在这一节中，我们将使用上一节用 SNMP 收集的数据，并使用两个流行的 Python 库 Matplotlib 和 Pygal 为这些数据绘图。

7.3.1　Matplotlib

Matplotlib（http：//matplotlib.org/）是面向 Python 语言及其 NumPy 数学扩展的一个 Python 2D 绘图库。只用几行代码就可以生成出版质量的图表，如折线图、直方图和柱状图。

 NumPy 是 Python 编程语言的一个扩展。它是开源的，并广泛应用于各种数据科学项目。更多有关内容可以参见 https：//en.wikipedia.org/wiki/NumPy。

下面先来安装这个库。

7.3.1.1　安装

可以使用发行版的 Linux 包管理系统或 Python pip 来完成安装：

```
(venv) $ pip install matplotlib
```

下面来看我们的第一个例子。

7.3.1.2　Matplotlib 的第一个例子

在下面的例子中，输出图形默认作为标准输出显示。一般地，标准输出就是你的显示器屏幕。在开发过程中，用脚本形成最终代码之前，通常更容易的做法是先尝试代码并在标准输出上生成图形。如果你一直通过一个虚拟机跟着我们学习这本书，建议你使用 VM 窗口而不是 SSH，这样你就可以看到生成的图。如果无法访问标准输出，可以把图保存下来，下载后再查看（稍后就会介绍这种做法）。需要说明，这一节中生成的一些图中要设置 $DISPLAY 变量。

下面是本章可视化示例中使用的 Ubuntu 桌面的一个截屏图。一旦在终端窗口中发出 plt.show() 命令，屏幕上将会显示图 1。关闭这个图时，会返回到 Python shell，如图 7-4 所示。

下面先来看这个折线图。折线图只需要提供两个数字列表，分别对应 x 轴和 y 轴值：

```
>>> import matplotlib.pyplot as plt
>>> plt.plot([0,1,2,3,4], [0,10,20,30,40])
[<matplotlib.lines.Line2D object at 0x7f932510df98>]
>>> plt.ylabel('Something on Y')
<matplotlib.text.Text object at 0x7f93251546a0>
>>> plt.xlabel('Something on X')
<matplotlib.text.Text object at 0x7f9325fdb9e8>
>>> plt.show()
```

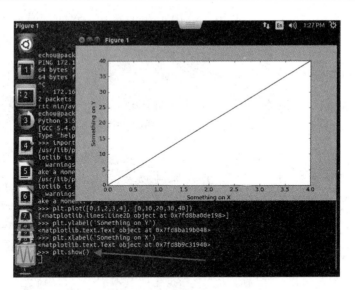

图 7 - 4　用 Ubuntu 桌面完成 Matplotlib 可视化

这个图显示为一个折线图，如图 7 - 5 所示。

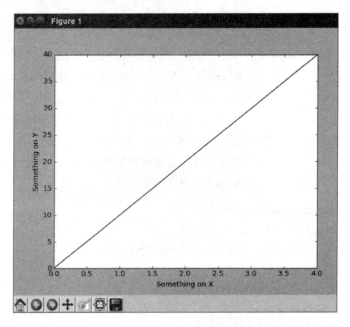

图 7 - 5　Matplotlib 折线图

另外，如果无法访问标准输出，或者已经先保存了这个图，可以使用 savefig（）方法：

>>>**plt. savefig('figure1. png') or**

>>>**plt. savefig('figure1. pdf')**

有了绘图的这些基础知识，下面对从 SNMP 查询得到的结果绘图。

7.3.1.3　用 Matplotlib 对 SNMP 结果绘图

在我们的第一个 Matplotlib 示例中，也就是 matplotlib _ 1. py，除了 pyplot，我们还要导入 dates 模块。我们将使用 matplotlib. dates 模块而不是 Python 标准库 dates 模块。

与 Python dates 模块不同，matplotlib. dates 库会在内部将日期值转换为一个浮点类型，这是 Matplotlib 要求的：

```
import matplotlib. pyplot as plt
import matplotlib. dates as dates
```

Matplotlib 提供了复杂的日期数据绘图功能，有关的更多信息可以参见：http: //matplotlib. org/api/dates _ api. html。

在这个脚本中，我们将创建两个空列表，分别表示 x 轴和 y 轴值。注意，在第 12 行上，我们使用 Python 内置的 eval（）函数将输入读取为一个字典，而不是一个默认字符串：

```
x_time = []
y_value = []

with open('results. txt', 'r') as f:
    for line in f. readlines():
        # eval(line) reads in each line as dictionary instead of
string
        line = eval(line)
        # convert to internal float
        x_time. append(dates. datestr2num(line['Time']))
        y_value. append(line['Gig0 - 0_Out_uPackets'])
```

为了以人可读的日期格式读取 x 轴值，需要使用 plot _ date（）函数而不是 plot（）。还要稍稍调整这个图的大小，另外要旋转 x 轴上的值，从而能看到完整的值：

```
plt. subplots_adjust(bottom = 0. 3)
plt. xticks(rotation = 80)
plt. plot_date(x_time, y_value)
```

```
plt. title('Router1 G0/0')
plt. xlabel('Time in UTC')
plt. ylabel('Output Unicast Packets')
plt. savefig('matplotlib_1_re sult. png')
plt. show()
```

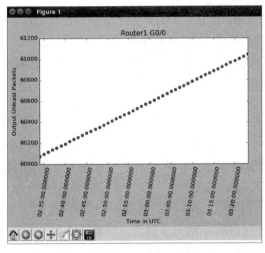

图 7 - 6　Router1 Matplotlib 图

最终结果将显示 **Router1 G0/0** 和 **Output Unicast Packets**（输出单播数据包），如图 7 - 6 所示。

注意，如果希望显示直线而不是点，可以在 plot _ date（）函数中使用第三个可选参数：

```
plt. plot_date (x_time, y_value, "-")
```

对于其余的输出八位字节（output octets）、输入单播数据包（input unicast Packets）等的值可以重复上述步骤，作为单个图的输入。不过，在下一个示例中（即 matplotlib _ 2. py），我们将展示如何绘制同一时间范围的多个值，并展示其他 Matplotlib 选项。

在这个例子中，我们将创建另外几个列表并相应地填充值：

```
x_time = []
out_octets = []
out_packets = []
in_octets = []
in_packets = []
with open('results. txt', 'r') as f:
    for line in f. readlines():
        # eval(line) reads in each line as dictionary instead of
string
        line = eval(line)
        # convert to internal float
        x_time. append(dates. datestr2num(line["Time"]))
        out_packets. append(line['Gig0 - 0_Out_uPackets'])
        out_octets. append(line['Gig0 - 0_Out_Octet'])
```

```
      in_packets.append(line['Gig0 - 0_In_uPackets'])
in_octets.append(line['Gig0 - 0_In_Octet'])
```

因为有相同的 x 轴值，所以我们可以在同一个图中增加不同的 y 轴值：

```
# Use plot_date to display x - axis back in date format
plt.plot_date(x_time, out_packets, '-', label = 'Out Packets')
plt.plot_date(x_time, out_octets, '-', label = 'Out Octets')
plt.plot_date(x_time, in_packets, '-', label = 'In Packets')
plt.plot_date(x_time, in_octets, '-', label = 'In Octets')
```

另外，为这个图增加 grid 和 legend：

```
plt.title('Router1 G0/0')
plt.legend(loc = 'upper left')
plt.grid(True)
plt.xlabel('Time in UTC')
plt.ylabel('Values')
plt.savefig('matplotlib_2_result.png')
plt.show()
```

最后的结果会把所有的值合并到一个图中。注意，左上角的一些值被图例盖住了。你可以调整这个图的大小并且/或者使用平移/放大缩小选项来移动这个图，以便看到这些值（见图 7 - 7）。

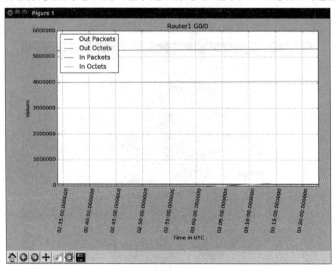

图 7 - 7　Router1 - Matplotlib 多折线图

Matplotlib 中还有很多其他可用的绘图选项；当然我们并不仅限于绘制折线图。例如，在 matplotlib _ 3. py 中，可以使用下面的模拟数据对网络上可见的不同流量类型的百分比绘图：

```python
#！/usr/bin/env python3

# Example from http://matplotlib.org/2.0.0/examples/pie_and_polar_
charts/pie_demo_features.html

import matplotlib.pyplot as plt

# Pie chart, where the slices will be ordered and plotted counterclockwise:
labels = 'TCP', 'UDP', 'ICMP', 'Others'
sizes = [15, 30, 45, 10]
explode = (0, 0.1, 0, 0) # Make UDP stand out

fig1, ax1 = plt.subplots()
ax1.pie(sizes, explode = explode, labels = labels, autopct = '%1.1f%%',
        shadow = True, startangle = 90)
ax1.axis('equal') # Equal aspect ratio ensures that pie is drawn as a
circle.

plt.savefig('matplotlib_ 3_result.png')
plt.show()
```

以上代码将由 plt. show（）绘制以下饼图（见图 7 - 8）。

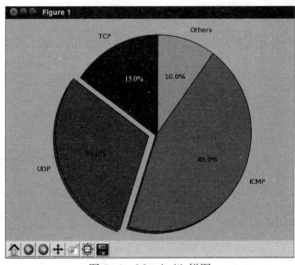

图 7 - 8　Matplotlib 饼图

在这一节中，我们使用 Matplotlib 将网络数据绘制为更直观的图，来帮助了解网络的状态。可以利用适合当前数据的柱状图、折线图和饼图来完成这种可视化。Matplotlib 是一个功能强大的工具，它并不仅限于 Python。作为一个开源工具，还可以利用很多其他 Matplotlib 资源来学习这个工具。

7.3.1.4 其他 Matplotlib 资源

Matplotlib 是最好的 Python 绘图库之一，能生成出版质量的图表。与 Python 一样，它的目标是让复杂的任务变得简单。Matplotlib 在 GitHub 上得到了超过 10000 个星（而且还在增加），它也是最受欢迎的开源项目之一。

由于 Matplotlib 如此受欢迎，这直接转化为更快的错误修复、友好的用户社区、丰富的文档和广泛的可用性。使用这个包需要一定的学习曲线，不过这是值得的。

 这一节中，我们只是触及了 Matplotlib 的一点皮毛。可以在 http：//matplotlib.org/2.0.0/index.html（Matplotlib 项目页面）和 https：//github.com/matplotlib/matplotlib（Matplotlib GitHub 存储库）找到更多资源。

在下一节中，我们将研究另一个流行的 Python 图形库：**Pygal**。

7.3.2 Pygal

Pygal（http：//www.pygal.org/）是用 Python 编写的一个动态 SVG 绘图库。在我看来，Pygal 最大的优点是它可以轻松而自然地生成 SVG（**Scalable Vector Graphics，可缩放矢量图形**）格式的图形。与其他图形格式相比，SVG 有许多优点，其中两个主要优点是它对 web 浏览器友好，另外可以提供可缩放性而不会牺牲图像质量。换句话说，你可以在任何现代 web 浏览器上显示得到的图像，放大和缩小这个图像，而不会丢失图形细节。我有没有提到过？这个任务用几行 Python 代码就可以完成，是不是很酷？

下面来安装 Pygal，再来看第一个例子。

7.3.2.1 安装

可以通过 pip 完成安装：

```
(venv) $ pip install pygal
```

7.3.2.2 Pygal 的第一个例子

下面来看 Pygal 文档中展示的折线图例子，参见 http：//pygal.org/en/stable/documentation/types/line.html：

```
>>> import pygal
>>> line_chart = pygal.Line()
```

```
>>>line_chart.title = 'Browser usage evolution (in %)'
>>>line_chart.x_labels = map(str, range(2002, 2013))
>>>line_chart.add('Firefox', [None, None, 0, 16.6, 25, 31, 36.4,
45.5, 46.3, 42.8, 37.1])
<pygal.graph.line.Line object at 0x7f4883c52b38>
>>>line_chart.add('Chrome', [None, None, None, None, None, None, 0,
3.9, 10.8, 23.8, 35.3])
<pygal.graph.line.Line object at 0x7f4883c52b38>
>>>line_chart.add('IE', [85.8, 84.6, 84.7, 74.5, 66, 58.6, 54.7,
44.8, 36.2, 26.6, 20.1])
<pygal.graph.line.Line object at 0x7f4883c52b38>
>>>line_chart.add('Others', [14.2, 15.4, 15.3, 8.9, 9, 10.4, 8.9,
5.8, 6.7, 6.8, 7.5])
<pygal.graph.line.Line object at 0x7f4883c52b38>
>>>line_chart.render_to_file('pygal_example_1.svg')
```

 在这个例子中，我们创建了一个 Line 对象，其中 x_labels 自动呈现为 11 个单位的字符串。可以采用列表形式增加各个包含标签和值的对象，比如 Firefox、Chrome 和 IE。

要注意有意思的一点是，各个折线图对象的数字个数要与 x 单位个数相同。对于没有值的年份（例如 Chrome 的 2002 年~2007 年），要输入 **None** 值。图 7-9 是在 Firefox 浏览器中显示的结果图。

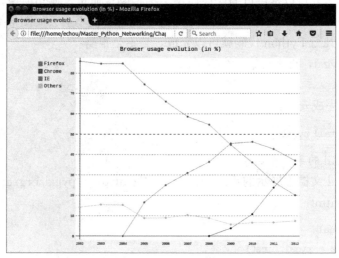

图 7-9　Pygal 示例图

现在我们已经了解了 Pygal 的一般用法，可以使用同样的方法对当前得到的 SNMP 结果绘图。下一节就会完成这个工作。

7.3.2.3　用 Pygal 对 SNMP 结果绘图

要绘制 Pygal 折线图，基本上可以遵循 Matplotlib 示例中同样的模式，我们通过读取文件来创建值列表。这里不再需要像 Matplotlib 那样将 x 轴值转换为内部浮点数，不过，我们确实需要将接收到的各个值中的数转换为浮点数：

```python
#! /usr/bin/env python3

import pygal

x_time = []
out_octets = []
out_packets = []
in_octets = []
in_packets = []

with open('results.txt', 'r') as f:
    for line in f.readlines():
        # eval(line) reads in each line as dictionary instead of
string
        line = eval(line)
        x_time.append(line['Time'])
        out_packets.append(float(line['Gig0-0_Out_uPackets']))
        out_octets.append(float(line['Gig0-0_Out_Octet']))
        in_packets.append(float(line['Gig0-0_In_uPackets']))
        in_octets.append(float(line['Gig0-0_In_Octet']))
```

可以使用前面见过的同样的机制来构造折线图：

```python
line_chart = pygal.Line()
line_chart.title = "Router 1 Gig0/0"
line_chart.x_labels = x_time
line_chart.add('out_octets', out_octets)
line_chart.add('out_packets', out_packets)
line_chart.add('in_octets', in_octets)
line_chart.add('in_packets', in_packets)
line_chart.render_to_file('pygal_example_2.svg')
```

结果与之前看到的类似，不过现在这个图是 SVG 格式，可以很容易地在 web 页面上显示。可以在现代 web 浏览器中查看这个图（见图 7 - 10）。

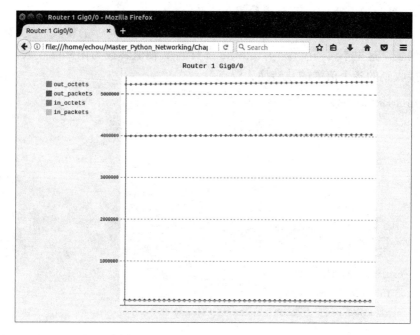

图 7 - 10　Router 1—Pygal 多折线图

与 Matplotlib 一样，Pygal 对图形提供了很多其他选项。例如，要绘制前面在 Matplotlib 中看到的饼图，可以使用 pygal. Pie（）对象。如 pygal _ 2. py 所示：

```python
#! /usr/bin/env python3

import pygal

line_chart = pygal.Pie()
line_chart.title = "Protocol Breakdown"
line_chart.add('TCP', 15)
line_chart.add('UDP', 30)
line_chart.add('ICMP', 45)
line_chart.add('Others', 10)
line_chart.render_to_file('pygal_example_3.svg')
```

得到的 SVG 文件如图 7 - 11 所示。

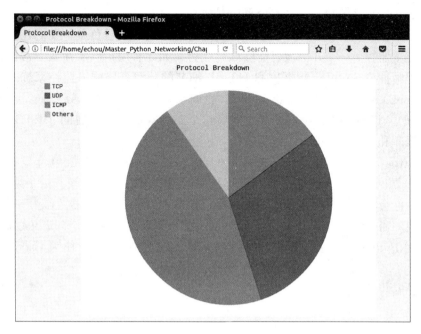

图 7 - 11 Pygal 饼图

Pygal 是一个很优秀的工具，可以生成出版质量的 SVG 图形。如果要求的图形类型就是 SVG，那么完全可以只使用 Pygal 库。在这一节中，我们介绍了使用 Pygal 为网络数据生成图形的一些例子。类似于 Matplotlib，如果感兴趣，还有很多其他资源可以帮助我们了解 Pygal。

7.3.2.4　其他 Pygal 资源

Pygal 还为通过基本网络监控工具（如 SNMP）收集的数据提供了其他一些可定制的特性和绘图功能。这一节中，我们展示了一个简单折线图和饼图。可以在这里找到关于这个项目的更多信息：

- **Pygal 文档**：http：//www. pygal. org/en/stable/index. html。
- **Pygal GitHub 项目页面**：https：//github. com/Kozea/pygal。

在下一节中，我们继续讨论网络监控的 SNMP 主题，不过会介绍一个名为 **Cacti** 的功能完备的网络监控系统。

7.4　Python 用于 Cacti

我早期做一个区域 ISP 的初级网络工程师时，当时我们使用一个开源跨平台的 **MRTG**

（**Multi Router Traffic Grapher**，多路由器流量监控软件）工具（https：//en. wikipedia. org/ wiki/Multi _ Router _ Traffic _ Grapher）检查网络链路上的流量负载。我们几乎完全依赖这个工具完成流量监控。一个开源项目能够如此优秀、如此有用，确实让我非常惊讶。它是最早为网络工程师抽象 SNMP、数据库和 HTML 细节的开源高层网络监控系统之一。然后又出现了 **RRDtool**（**round‑robin database tool**，轮询数据库工具）（https：//en. wikipedia. org/ wiki/RRDtool）。1999 年发布第一个版本时，这个工具被称为"完成的 MRTG"。它大大提高了后端数据库和轮询器性能。

　　Cacti ［https：//en. wikipedia. org/wiki/Cacti _（software）] 于 2001 年发布，这是一个基于 web 的开源网络监控和绘图工具，设计作为改进的 RRDtool 前端。由于继承了 MRTG 和 RRDtool，你会注意到它有熟悉的图形布局、模板和 SNMP 轮询器。作为一个组合工具，它的安装和使用需要保持在工具本身范围内。不过，Cacti 提供了一个自定义数据查询特性，对此可以使用 Python。在这一节中，我们将了解如何使用 Python 作为 Cacti 的一个输入方法。

　　首先来看安装过程。

7.4.1　安装

　　因为 Cacti 是一个一体化的工具，包括了 web 前端、收集脚本和数据库后端，所以除非你有使用 Cacti 的经验，否则我建议在实验室中一个独立的虚拟机上安装这个工具。在 Ubuntu 管理虚拟机上使用 APT 时，Ubuntu 上的安装非常简单：

```
$ sudo apt ‑ get install cacti
```

　　这会触发一系列安装和设置步骤，包括 MySQL 数据库、web 服务器（Apache 或 light‑ tpd）以及各种配置任务。一旦安装，导航到 http：//<ip>/cacti 启动 Cacti。最后一步是用默认用户名和密码（admin/admin）登录，会提示你修改密码。

 安装时，如果不确定，可以简单地选择默认选项。

　　一旦登录，可以按照文档增加一个设备并与一个模板关联。有一个 Cisco 路由器预制模板可以使用。对于如何增加设备和创建你的第一个图，Cacti 在 http：//docs. cacti. net/上提供了很好的文档，下面就来快速地浏览一些你可能想看的截屏图（见图 7‑12）。

　　表示 SNMP 通信正常的一个标志是你能看到设备的正常运行时间（uptime），如图 7‑13 所示。

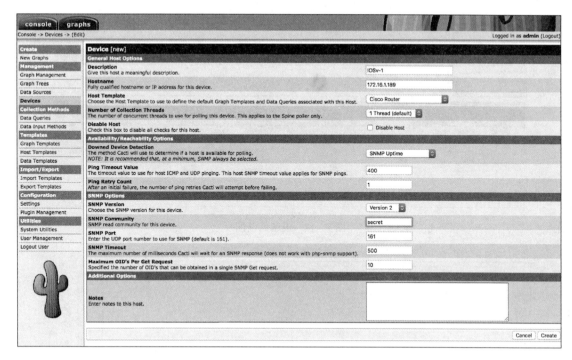

图 7 - 12　Cacti 设备编辑页面

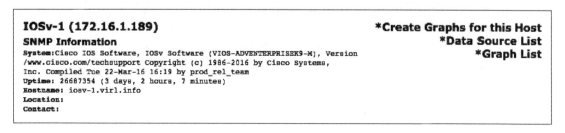

图 7 - 13　设备编辑结果页面

可以为设备增加接口流量和其他统计指标的图，如图 7 - 14 所示。

一段时间后，将开始看到流量，如图 7 - 15 所示。

下面来看如何使用 Python 脚本扩展 Cacti 的数据收集功能。

7. 4. 2　Python 脚本作为输入源

使用 Python 脚本作为输入源之前，应该先看看以下两个文档：

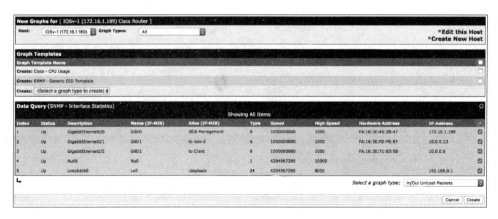

图 7 - 14　设备的新图

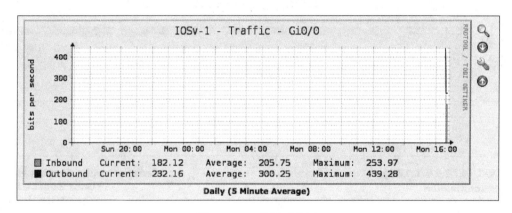

图 7 - 15　5 分钟平均图

- **数据输入方法**：http：//www. cacti. net/downloads/docs/html/data _ input _ meth-ods. html。
- **用脚本操作 Cacti**：http：//www. cacti. net/downloads/docs/html/making _ scripts _ work _ with _ cacti. html。

你可能想知道使用 Python 脚本作为数据输入扩展有什么用例。一个用例是对没有相应 OID 的资源进行监控，例如，我们可能想知道如何绘图表示访问列表 permit _ snmp 允许主机 172. 16. 1. 173 执行 SNMP 查询的次数。我们知道可以通过 CLI 得到匹配数：

```
iosv-1#sh ip access-lists permit_snmp | i 172.16.1.173 10 permit
172.16.1.173 log (6362 matches)
```

不过，很有可能这个值没有关联的 OID（或者我们可以假装没有）。在这里，就可以使用一个外部脚本生成可由 Cacti 主机消费的输出。

可以重用**第 2 章　低层网络设备交互**中讨论的 Pexpect 脚本 chapter1_1.py。我们将它重命名为 cacti_1.py。所有内容都与原脚本相同，只不过这里会执行 CLI 命令并保存输出：

```
<skip>
for device in devices.keys():
...
    child.sendline('ship access-lists permit_snmp | i 172.16.1.173')
    child.expect(device_prompt)
    output = child.before
```

输出的原始形式如下所示：

b'ship access-lists permit_snmp | i 172.16.1.173rn 10 permit
172.16.1.173 log (6428 matches)rn'

我们要对这个字符串使用 split()函数，只保留匹配数，并在脚本中将匹配数打印到标准输出：

```
print(str(output).split('(')[1].split()[0])
```

作为测试，我们可以多次执行这个脚本来查看增量数：

```
$ ./cacti_1.py
6428
$ ./cacti_1.py
6560
$ ./cacti_1.py
6758
```

可以设置这个脚本为可执行，把它放在默认的 Cacti 脚本位置中：

```
$ chmoda+x cacti_1.py
$ sudo cp cacti_1.py /usr/share/cacti/site/scripts/
```

Cacti 文档（http://www.cacti.net/downloads/docs/html/how_to.html）提供了如何将脚本结果增加到输出图的详细步骤。

这些步骤包括添加脚本作为一个数据输入方法，将这个输入方法增加到一个数据源，然后创建要查看的图，如图 7-16 所示。

SNMP 是为设备提供网络监控服务的一种常用方法。RRDtool（以 Cacti 作为前端）通过

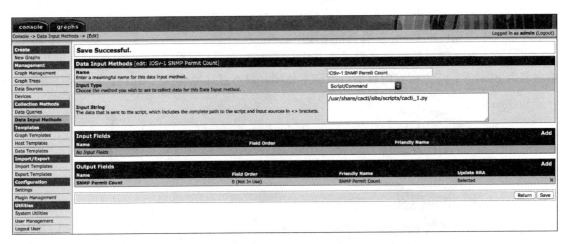

图 7-16　数据输入方法结果页面

SNMP 提供了一个很好的平台，可以用于所有网络设备。我们还可以使用 Python 脚本扩展信息收集的范围，而不仅限于 SNMP。

7.5　小结

在这一章中，我们研究了通过 SNMP 完成网络监控的一些方法。我们在网络设备上配置了与 SNMP 相关的命令，并使用带 SNMP 轮询器的网络管理 VM 查询设备。这里使用了 PySNMP 模块来简化和自动化 SNMP 查询。我们还学习了如何将查询结果保存在平面文件或数据库中，供将来的示例使用。

在这一章后面，我们使用了两个不同的 Python 可视化包（Matplotlib 和 Pygal）对 SNMP 结果绘图。这两个包分别有其独特的优点。Matplotlib 是一个成熟的、功能丰富的库，在数据科学项目中得到了广泛使用。Pygal 可以很自然地生成灵活而且 web 友好的 SVG 格式图形。我们还了解了如何生成对网络监控很重要的折线图和饼图。

在这一章的最后，我们介绍了一个一体化的网络监控工具 Cacti。它主要使用 SNMP 进行网络监控，不过我们也了解到，远程主机上无法使用 SNMP OID 时，可以使用 Python 脚本作为输入源来扩展这个平台的监控功能。

在*第 8 章　使用 Python 实现网络监控：第 2 部分*中，我们将继续讨论可以用来监控网络并了解网络是否有预期表现的工具。我们将介绍使用 NetFlow、sFlow 和 IPFIX 的基于流的监控，还将使用诸如 Graphviz 等工具可视化显示我们的网络拓扑，并检测拓扑变化。

第 8 章　使用 Python 实现网络监控：第 2 部分

在**第 7 章　使用 Python 实现网络监控：第 1 部分**中，我们使用 SNMP 从网络设备查询信息。为此，我们使用了一个 SNMP 管理器来查询驻留在网络设备上的 SNMP 代理。SNMP 信息采用一种层次结构，使用一个特定的对象 ID 表示对象的值。大多数情况下，我们关心的值是一个数，比如 CPU 负载、内存使用量或接口流量。可以相对于时间对这个值绘图，从而了解这个值如何随时间变化。

我们通常将 SNMP 方法归类为 pull（拉取）方法，因为我们会不断地向设备询问一个特定的答案。这种方法为设备增加了负担，因为它需要在控制平面上花费一个 CPU 周期从子系统查找答案，将答案打包到一个 SNMP 包中，然后将答案传回轮询器。如果你参加过家庭聚会，可能有一个亲戚一遍又一遍地反复问你同样的问题，这就类似于 SNMP 管理器不断轮询托管节点。

随着时间的推移，如果我们有多个 SNMP 轮询器每 30 秒查询同一个设备（你会惊讶地发现这种情况经常发生），管理开销会变得非常大。还是对照来看家庭聚会的例子，想象一下如果不只是一个亲戚，而是很多人每 30 秒就会打断你，问你一个问题。我不知道你会怎么想，但我知道我会很恼火，即使那只是一个简单的问题（更糟糕的是，可能所有人问的都是同样的问题）。

要提供更有效的网络监控，另一种方法是将管理站之间的关系倒换过来，从 pull（拉取）模型转换为 push（推送）模型。换句话说，可以采用协定的格式将信息从设备推送到管理站。基于流的监控正是以这个概念为基础。在基于流的模型中，网络设备将流量信息（称为流）传送到管理站。格式可以是 Cisco 专用 NetFlow（版本 5 或版本 9）、行业标准 IPFIX 或开源 sFlow 格式。这一章中，我们会花一些时间讨论如何使用 Python 处理 NetFlow、IPFIX 和 sFlow。

并不是所有监控都采用时间序列数据的形式。如果确实需要，也可以用时间序列格式表示网络拓扑和 Syslog 等信息，但这并不理想。我们可以使用 Python 检查网络拓扑信息，查看拓扑是否随时间改变。可以使用 Graphviz 等工具以及一个 Python 包装器来描述拓扑。在**第 6 章　使用 Python 实现网络安全**中我们已经看到，Syslog 包含安全信息。在本书后面，我们还会介绍如何使用 Elastic Stack（Elasticsearch、Logstash、Kibana 和 Beat）高效地收集和索引网络安全和日志信息。

具体地，这一章将介绍以下内容：

- Graphviz，这是一个开源图形可视化软件，可以帮助我们快速而高效地为网络绘图。
- 基于流的监控，如 NetFlow、IPFIX 和 sFlow。
- 使用 ntop 可视化表示流信息。

下面首先来看如何使用 Graphviz 工具监控网络拓扑变化。

8.1　Graphviz

Graphviz 是一个开源图形可视化软件。想象一下，如果要向一个同事描述我们的网络拓扑，但没有便于描述的拓扑图，我们可能会说，这个网络由三层组成：核心层、分布层和接入层。

为了冗余，核心层包括两个路由器，这两个路由器都与四个分布路由器全连接；分布路由器与接入路由器也是全连接。内部路由协议是 OSPF，在外部，使用 BGP 与我们的服务提供者通信。虽然这个描述缺少一些细节，但可能已经足以让你的同事对这个网络有了一个清楚的顶层认识。

Graphviz 的工作方式与这个过程很类似，它在文本文件中用 Graphviz 能理解的一种文本格式描述这样一个图。然后，我们可以将这个文件提供给 Graphviz 程序，为我们构造这个图。在这里，图采用一种称为 DOT 的文本格式描述（graph_description_language）（https：//en. wikipedia. org/wiki/DOT_），Graphviz 根据这个描述呈现图形。当然，因为计算机缺乏人类的想象力，所以语言必须非常精确而详细。

> 对于 Graphviz 特定的 DOT 文法定义，参见 http：//www. graphviz. org/doc/info/lang. html。

在这一节中，我们将使用 **LLDP（Link Layer Discovery Protocol**，链路层发现协议）查询设备邻居，并通过 Graphviz 创建一个网络拓扑图。完成这个例子之后，我们来介绍如何使用一些新技术，比如 Graphviz，并结合我们已经掌握的一些知识（网络 LLDP）来解决有趣的问题（自动绘制当前的网络拓扑）。

下面先构造我们要使用的实验室。

8.1.1　实验室设置

我们将使用 VIRL 来构建我们的实验室。与前几章一样，将由多个路由器、一个服务器和一个客户端搭建一个实验室。

我们将使用 5 个 IOSv 网络节点和两个 Ubuntu 主机（见图 8 - 1）。

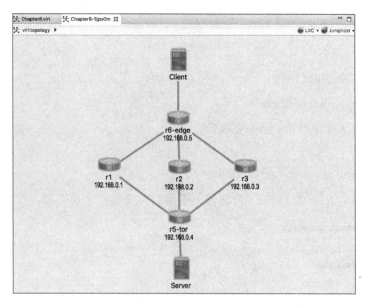

图 8-1　实验室拓扑

　　如果你想知道为什么我们选择 IOSv 而不是 NX-OS 或 IOS-XR，另外如何选择设备的数量，在你构建自己的实验室时可以考虑以下几点：

- NX-OS 和 IOS-XR 虚拟化的节点比 IOS 更耗费内存。
- 我使用的 VIRL 虚拟管理器有 16 GB 的 RAM，看起来足够维持 9 个节点，但可能有些不稳定（节点会随机地从可达变为不可达）。
- 如果你想使用 NX-OS，可以考虑使用 NX-API 或其他返回结构化数据的 API 调用。

　　对于我们的例子，我们将使用 LLDP 作为链路层邻居发现协议，因为它是供应商中立的。需要说明，VIRL 提供了一个选项来自动启用 CDP，这可以节省你的一些时间，它在功能上与 LLDP 类似，不过，这是 Cisco 的一个专用技术，所以我们的实验室中禁用了这个选项（见图 8-2）。

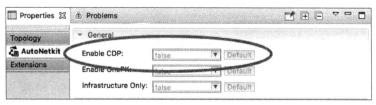

图 8-2　VIRL 的 CDP 选项

一旦设置并运行这个实验室，下面来继续安装必要的软件包。

8.1.2　安装

Graphviz 可以通过 apt 得到：

```
$ sudo apt-get install graphviz
```

安装完成后，注意使用 dot 命令完成验证：

```
$ dot -V
dot-graphviz version 2.40.1 (20161225.0304)
```

我们将使用 Graphviz 的 Python 包装器，下面就来安装这个包装器：

```
(venv)$ pip install graphviz
```

```
>>> import graphviz
>>> graphviz.__version__
'0.13'
>>> exit()
```

下面来看如何使用这个软件。

8.1.3　Graphviz 示例

与大多数流行的开源项目一样，Graphviz（https：//www.graphviz.org/documentation/）的文档很丰富。对于刚接触这个软件的新手来说，往往起点最有挑战性，这是一个从无到有的过程。对我们来说，我们将重点关注 dot 图，它将有向图绘制为层次结构（不要与 DOT 语言混淆，DOT 语言是一种图描述语言）。

先来介绍一些基本概念：

- 节点表示网络实体，如路由器、交换机和服务器。
- 边表示网络实体之间的链路。
- 图、节点和边分别有可以调整的属性（https：//www.graphviz.org/doc/info/attrs.html）。
- 描述网络之后，可以用 PNG、JPEG 或 PDF 格式输出网络图（https：//www.graphviz.org/doc/info/output.html）。

我们的第一个例子（chapter8_gv_1.gv）是一个无向 dot 图，包括 4 个节点（core、distribution、access1 和 access2）。边用短横线（—）表示，将核心节点连接到分布节点，并将分布节点连接到两个接入节点：

```
graph my_network {
    core -- distribution;
    distribution -- access1;
    distribution -- access2;
}
```

可以在 dot‑T<format> source‑o <output file>命令行输出这个图：

$ dot‑Tpng chapter8_gv_1.gv‑o output/chapter8_gv_1.png

从以下输出文件夹可以查看得到的图，如图
8‑3 所示。

 与第 7 章　使用 Python 实现网络监控：第 1 部分中类似，处理这些图时使用 Linux 桌面窗口会更容易，这样你能立即看到生成的图。

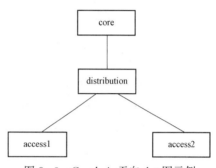

图 8‑3　Graphviz 无向 dot 图示例

注意，我们可以使用有向图，将图指定为有向图（digraph）并使用箭头（‑>）符号表示边。对于节点和边，有一些属性可以修改，如节点形状、边标签等。这个图可以如下修改（chapter8_gv_2.gv）：

```
digraph my_network {
    node [shape=box];
    size = "50 30";
    core‑> distribution [label="2x10G"];
    distribution‑> access1 [label="1G"];
    distribution‑> access2 [label="1G"];
}
```

这一次我们用 PDF 格式输出这个文件：

$ dot‑Tpdf chapter8_gv_2.gv‑o output/chapter8_gv_2.pdf

注意这个新图中的有向箭头（见图 8‑4）。
下面来看 Graphviz 的 Python 包装器。

8.1.4　Python Graphviz 示例

我们可以使用 Python Graphviz 包重新生成与之前相同的拓扑图，构建同样的三层网络

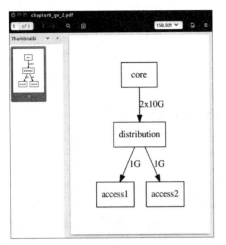

图 8-4　带有向箭头和线描述的网络图

拓扑：

```
>>> from graphviz import Digraph
>>> my_graph = Digraph(comment = "My Network")
>>> my_graph.node("core")
>>> my_graph.node("distribution")
>>> my_graph.node("access1")
>>> my_graph.node("access2")
>>> my_graph.edge("core", "distribution")
>>> my_graph.edge("distribution", "access1")
>>> my_graph.edge("distribution", "access2")
```

这个代码生成了通常用 DOT 语言编写的内容，不过采用了更有 "Python 范儿" 的方式。在生成图之前可以查看这个图的源代码：

```
>>> print(my_graph.source)
// My Network
digraph {
    core
    distribution
    access1
    access2
    core -> distribution
    distribution -> access1
    distribution -> access2
}
```

可以用 render（）方法呈现这个图。默认地，输出格式为 PDF：

```
>>> my_graph.render("output/chapter8_gv_3.gv")
'output/chapter8_gv_3.gv.pdf'
```

Python 包装器会模拟 Graphviz 的所有 API 选项。可以在 Graphviz Read the Docs 网站（http：//graphviz.readthedocs.io/en/latest/index.html）找到有关选项的文档。还可以参考 GitHub 上的源代码来了解更多有关信息（https：//github.com/xflr6/graphviz）。下面可以使用这个工具来为我们的网络绘图了。

8.1.5　LLDP 邻居绘图

在这一节中，我们将使用绘制 LLDP 邻居的示例来介绍一个解决问题的模式，多年来这个模式对我很有帮助：

（1）如果可能，将每个任务模块化为更小的部分。在我们的示例中，可以合并几个步骤，不过如果将它们分解成更小的部分，就能更容易地重用和改进。

（2）使用自动化工具与网络设备交互，但把更复杂的逻辑放在管理站。例如，路由器提供了一个有些混乱的 LLDP 邻居输出。在这种情况下，我们将继续使用目前可用的命令和输出，并在管理站使用一个 Python 脚本解析出我们需要的输出。

（3）对于同一个任务如果有多种选择，要选择可重用的做法。在我们的示例中，可以使用底层 Pexpect、Paramiko 或 Ansible playbook 来查询路由器。在我看来，Ansible 是一个更可重用的选择，所以我选择了 Ansible。

首先，由于默认情况下路由器上未启用 LLDP，我们首先需要在设备上配置 LLDP。目前，我们知道有很多种选择；在这里我选择了 Ansible playbook 和 ios _ config 模块来完成这个任务。hosts 文件包括 5 个路由器：

```
$ cat hosts
[devices]
r1
r2
r3
r5 - tor
r6 - edge

[edge - devices]
r5 - tor
r6 - edge
```

对于每个主机，host _ vars 文件夹中包含同名的变量文件。下面显示 r1 作为一个例子：

```
---
ansible_host: 172.16.1.218
ansible_user: cisco
ansible_ssh_pass: cisco
ansible_connection: network_cli
ansible_network_os: ios
ansbile_become: yes
ansible_become_method: enable
ansible_become_pass: cisco
```

cisco＿config＿lldp.yml playbook 包括一个有 ios＿lldp 模块的 play：

```
---
- name: Enable LLDP
  hosts: "devices"
  gather_facts: false
  connection: network_cli

  tasks:
    - name: enable LLDP service
      ios_lldp:
        state: present

      register: output

    - name: show output
      debug:
        var: output
```

 ios＿lldp Ansible 模块是 2.5 及以后版本中新增的。如果你使用较老版本的 Ansible，则要使用 ios＿config 模块。

运行这个 playbook 打开 lldp：

```
$ ansible-playbook -i hosts cisco_config_lldp.yml
<skip>
PLAY RECAP ***********************************************************************
*************
r1                         : ok=2    changed=0    unreachable=0
failed=0    skipped=0   rescued=0    ignored=0
r2                         : ok=2    changed=0    unreachable=0
failed=0    skipped=0   rescued=0    ignored=0
r3                         : ok=2    changed=0    unreachable=0
failed=0    skipped=0   rescued=0    ignored=0
r5-tor                     : ok=2    changed=0    unreachable=0
failed=0    skipped=0   rescued=0    ignored=0
r6-edge                    : ok=2    changed=0    unreachable=0
failed=0    skipped=0   rescued=0    ignored=0
```

因为默认的 lldp 通告计时器是 30 秒，我们要稍稍等待设备之间交换 lldp 通告。可以验证在所发现的路由器和邻居上确实打开了 LLDP：

```
r1#sh lldp

Global LLDP Information：
    Status：ACTIVE
    LLDP advertisements are sent every 30 seconds
    LLDP hold time advertised is 120 seconds
    LLDP interface reinitialisation delay is 2 seconds


r1#sh lldp neighbors
Capability codes：
    (R) Router, (B) Bridge, (T) Telephone, (C) DOCSIS Cable Device
    (W) WLAN Access Point, (P) Repeater, (S) Station, (O) Other
```

Device ID	Local Intf	Hold-time	Capability	Port ID
r2. virl. info	Gi0/0	120	R	Gi0/0
r3. virl. info	Gi0/0	120	R	Gi0/0
r5. virl. info	Gi0/2	120	R	Gi0/1
r5. virl. info	Gi0/0	120	R	Gi0/0
r6. virl. info	Gi0/0	120	R	Gi0/0
Device ID	Local Intf	Hold-time	Capability	Port ID
r6. virl. info	Gi0/1	120	R	Gi0/1

```
Total entries displayed：6
```

在这个输出中，可以看到，G0/0 配置为 MGMT 接口；因此，你会看到 LLDP 对等节点，就好像它们在一个平面管理网络上一样。我们真正关心的是连接到其他对等点的 G0/1 和 G0/2 接口。准备解析输出并构造拓扑图时，这些知识会很有用。

8.1.5.1　信息获取

现在可以使用另一个 Ansible playbook（即 cisco_discover_lldp.yml），在设备上执行 LLDP 命令，并将每个设备的输出复制到一个 tmp 目录。

下面来创建这个 tmp 目录：

```
$ mkdirtmp
```

这个 playbook 有 3 个任务。第一个任务将在每个设备上执行 show lldp neighbors 命令，第二个任务是显示输出，第三个任务是将输出复制到输出目录中的一个文本文件：

```
tasks:
  - name: Query for LLDP Neighbors
    ios_command:
      commands: show lldp neighbors

    register: output

  - name: show output
    debug:
      var: output

  - name: copy output to file
    copy: content = "{{ output. stdout_lines }}" dest = ". /tmp/{{
inventory_hostname }}_lldp_output. txt"
```

执行之后，现在 ./tmp 目录包含所有路由器的输出（显示 LLDP 邻居），分别放在各自的文件中：

```
(venv) $ ls -l tmp
total 100
-rw-rw-r-- 1 echouechou 772 Oct 1 17:17 r1_lldp_output. txt
-rw-rw-r-- 1 echouechou 772 Oct 1 17:17 r2_lldp_output. txt
-rw-rw-r-- 1 echouechou 772 Oct 1 17:17 r3_lldp_output. txt
-rw-rw-r-- 1 echouechou 843 Oct 1 17:17 r5-tor_lldp_output. txt
-rw-rw-r-- 1 echouechou 843 Oct 1 17:17 r6-edge_lldp_output. txt
```

与所有其他输出文件一样，r1_lldp_output.txt 包含 Ansible playbook 中对应各设备的 output.stdout_lines 变量：

```
$ cat tmp/r1_lldp_output.txt
[["Capability codes:", " (R) Router, (B) Bridge, (T) Telephone,
(C) DOCSIS Cable Device", " (W) WLAN Access Point, (P) Repeater,
(S) Station, (O) Other", "", "Device ID Local IntfHoldtime
Capability          Port ID", "veos01          Gi0/0          120
B                   Ethernet1", "r2. virl. info  Gi0/0          120
R                   Gi0/0", "r3. virl. info   Gi0/0          120
R                   Gi0/0", "r5. virl. info   Gi0/2          120
```

R	Gi0/1", "r5.virl.info	Gi0/0	120	
R	Gi0/0", "r6.virl.info	Gi0/0	120	
R	Gi0/0", "r6.virl.info	Gi0/1	120	R

Gi0/1", "", "Total entries displayed：7"]]

到目前为止，我们一直在从网络设备获取信息。现在，我们已经做好准备，可以用一个 Python 脚本集成所有这些内容。

8.1.5.2　Python 解析器脚本

现在我们可以使用 Python 脚本解析各个设备的 LLDP 邻居输出，并根据结果构造一个网络拓扑图。目的是自动检查设备，查看是否由于链路故障或其他问题导致某些 LLDP 邻居消失。下面来看 cisco_graph_lldp.py 文件，了解这是如何实现的。

首先导入必要的包，建立一个空列表，我们将在这个列表中填充节点关系元组。我们还知道，设备上的 Gi0/0 连接到管理网络，因此，我们只在 show LLDP neighbors 输出中搜索 Gi0/［1234］作为正则表达式模式：

```
import glob, re
from graphviz import Digraph, Source

pattern = re.compile('Gi0/[1234]')

device_lldp_neighbors = []
```

我们将使用 glob.glob（）方法遍历 ./tmp 目录中的所有文件，解析出设备名，并找到设备连接的邻居。这个脚本中有一些嵌入的打印语句，在最终版本中可以把这些语句注释掉，如果没有注释掉这些打印语句，我们可以看到解析的结果：

```
$ python cisco_graph_lldp.py
device：r6 - edge
  neighbors：r2
  neighbors：r1
  neighbors：r3
device：r2
  neighbors：r5
  neighbors：r6
device：r3
  neighbors：r5
  neighbors：r6
device：r5 - tor
```

```
    neighbors：r3
    neighbors：r1
    neighbors：r2
device：r1
    neighbors：r5
    neighbors：r6
```

最终填充的边列表包含由设备及其邻居组成的元组：

Edges：[('r6 - edge', 'r2'), ('r6 - edge', 'r1'), ('r6 - edge', 'r3'), ('r2', 'r5'), ('r2', 'r6'), ('r3', 'r5'), ('r3', 'r6'), ('r5 - tor', 'r3'), ('r5 - tor', 'r1'), ('r5 - tor', 'r2'), ('r1', 'r5'), ('r1', 'r6')]

现在可以使用 Graphviz 包构造网络拓扑图。最重要的部分是分解表示边关系的元组：

```
my_graph = Digraph("My_Network")
my_graph.edge("Client", "r6 - edge")
my_graph.edge("r5 - tor", "Server")

# construct the edge relationships
for neighbors in device_lldp_neighbors：
    node1, node2 = neighbors
    my_graph.edge(node1, node2)
```

如果要打印得到的源 dot 文件，这是网络的一个准确表示：

```
digraph My_Network {

        Client -> "r6 - edge"
        "r5 - tor" -> Server
        "r6 - edge" -> r2
        "r6 - edge" -> r1
        "r6 - edge" -> r3
        r2 -> r5
        r2 -> r6
        r3 -> r5
        r3 -> r6
        "r5 - tor" -> r3
        "r5 - tor" -> r1
        "r5 - tor" -> r2
        r1 -> r5
```

```
    r1 -> r6
}
```

有时，同一个链路出现两次可能会让人有些困惑。例如，对于链路的每个方向，前一个图中 r2 到 r5‑tor 链路出现了两次。作为网络工程师，我们知道有时物理链路的故障会导致单向链路，这是我们不希望看到的。

如果原样绘制这个图，节点的位置会有些奇怪。节点位置是自动呈现的。图 8‑5 展示了用默认布局和 neato 布局（My_Network，engine＝'neato'）如何呈现，默认布局呈现的结果是有向图。

neato 布局表示尝试绘制有更少层次的无向图，如图 8‑6 所示。

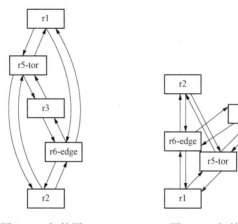

图 8‑5　拓扑图 1　　　　图 8‑6　拓扑图 2

有时，这个工具提供的默认布局就很好，特别是如果你的目的是检测故障而不是让图看起来更漂亮。不过，在本例中，我们来看看如何在源文件中插入原始 DOT 语言注释。通过研究，我们知道可以使用 rank 命令来指定层次，某些节点可以保持在同一层次上。不过，Graphviz Python API 中没有提供相应选项。幸运的是，dot 源文件只是一个字符串，我们可以使用 replace（）方法作为原始 dot 注释插入这个设置，如下所示：

```
sourc e = my graph. source
original_text = "digraph My_Network {"
new_text = 'digraph My_Network {\n{rank = same Client "r6 - edge"}\
n{rank = same r1 r2 r3}\n'
new_source = source. replace(original_text, new_text)
print(new_source)
new_graph = Source(new_source)
```

new_graph. render("output/chapter8_lldp_graph. gv")

最终结果是一个新的源文件，可以由这个文件呈现最终的拓扑图：

```
digraph My_Network {
{rank = same Client "r6 - edge"}
{rank = same r1 r2 r3}

                    Client  -> "r6 - edge"
                    "r5 - tor"  -> Server
                    "r6 - edge"  -> r2
                    "r6 - edge"  -> r1
                    "r6 - edge"  -> r3
                    r2  -> r5
                    r2  -> r6
                    r3  -> r5
                    r3  -> r6
                    "r5 - tor"  -> r3
                    "r5 - tor"  -> r1
                    "r5 - tor"  -> r2
                    r1  -> r5
                    r1  -> r6
}
```

图 8 - 7 非常好，可以显示正确的层次：

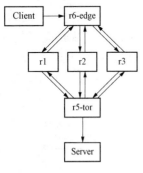

图 8 - 7　拓扑图 3

我们已经使用 Python 脚本从设备自动获取网络信息，并自动绘制拓扑图。这里要做大量工作，不过得到的回报是一致性，而且可以保证拓扑图总是表示实际网络的最新状态。接下来做些验证，来确认我们的脚本可以用必要的图检测网络的最新状态变化。

8.1.5.3　测试 playbook

现在我们准备加入一个测试来检查这个 playbook 是否能够在链路发生改变时准确地描述拓扑变化。

可以通过关闭 r6 - edge 上的 Gi0/1 和 Go0/2 接口来进行测试：

r6#confit
Enter configuration commands, one per line. End with CNTL/Z.

```
r6(config)#int gig 0/1
r6(config-if)#shut
r6(config-if)#int gig 0/2
r6(config-if)#shut
r6(config-if)#end
r6#
```

LLDP 邻居超过保持计时器（hold timer）时，它们将从 r6-edge 上的 LLDP 表消失：

```
r6#sh lldp neighbors
Capability codes：
    (R) Router, (B) Bridge, (T) Telephone, (C) DOCSIS Cable Device
    (W) WLAN Access Point, (P) Repeater, (S) Station, (O) Other
```

Device ID	Local Intf	Hold-time	Capability	Port ID
r1.virl.info	Gi0/0	120	R	Gi0/0
r2.virl.info	Gi0/0	120	R	Gi0/0
r3.virl.info	Gi0/0	120	R	Gi0/0
r5.virl.info	Gi0/0	120	R	Gi0/0
r3.virl.info	Gi0/3	120	R	Gi0/1
Device ID	Local Intf	Hold-time	Capability	Port ID

Total entries displayed：5

如果执行这个 playbook 和 Python 脚本，图中会自动显示 r6-edge 只连接 r3，我们可以根据这个图排除故障，查看为什么会这样，如图 8-8 所示。

这是一个相当长的示例，展示了如何结合使用多个工具来解决一个问题。首先我们使用学过的工具（Ansible 和 Python）将任务模块化并分解为可重用的部分。

然后，我们使用一个新工具 Graphviz 来帮助监控网络中的非时间序列数据，比如网络拓扑关系。

在下一节中，我们将改变方向，研究如何使用网络设备收集的网络流来监控我们的网络。

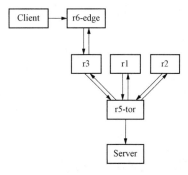

图 8-8　拓扑图 4

8.2　基于流的监控

正如这一章引言中提到的，除了轮询技术（如 SNMP），我们还可以使用推送策略，这允许设备将网络信息推送到管理站。NetFlow 和它的"兄弟"IPFIX 和 sFlow 就是这种例子，会从网络设备向管理站推送信息。我们认为 push（推送）方法更可持续，因为网络设备原本就会负责分配必要的资源来推送信息。例如，如果设备 CPU 忙，它会为了更关键的任务（如路由数据包）而选择跳过流导出过程。

根据 IETF 的定义（https：//www. ietf. org/proceedings/39/slides/int/ip1394 - background/tsld004. htm），流是一个数据包序列，从发送信息的应用移动到接收信息的应用。如果再参考 OSI 模型，流构成了两个应用之间的一个通信单元。每个流包括若干个数据包，有些流有更多的数据包（比如视频流），而有些流只有几个数据包（比如 HTTP 请求）。如果考虑一下流，你会注意到路由器和交换机可能关心数据包和帧，而应用和用户通常更关心网络流。

基于流的监控通常是指 NetFlow、IPFIX 和 sFlow：

• **NetFlow**：NetFlow v5 技术中，网络设备通过匹配元组集合（源接口、源 IP/端口、目标 IP/端口等）来缓存流条目和聚合数据包。在这里，一旦流完成，网络设备就会将流特征（包括流中的总字节数和数据包数）导出到管理站。

• **IPFIX**：IPFIX 是结构化流的推荐标准，类似于 NetFlow v9，这也称为灵活 NetFlow（Flexible NetFlow）。本质上讲，它是一个可定义的流导出，允许用户导出网络设备知道的几乎所有信息。与 NetFlow v5 相比，这种灵活性常常以牺牲简单性为代价。IPFIX 的配置比传统的 NetFlow v5 更复杂。额外的复杂性不太适合入门学习。不过，一旦熟悉 NetFlow v5，只要匹配模板定义，就能够解析 IPFIX。

• **sFlow**：sFlow 本身实际上没有流或包聚合的概念。它完成两种数据包抽样。它会从"n"个包/应用中随机抽取一个，而且有一个基于时间的抽样计数器。它将信息发送到管理站，管理站通过引用随计数器一起接收的数据包样本的类型来得出网络流信息。由于它没有在网络设备上完成任何聚合，所以可以认为 sFlow 比 NetFlow 和 IPFIX 更具可伸缩性。

要了解以上各种技术，最好的方法可能是分析具体的例子。在下一节中，我们就会介绍一些基于流的示例。

使用 Python 解析 NetFlow

可以使用 Python 解析在网络上传输的 NetFlow 数据包。这为我们提供了一种详细查看 NetFlow 数据包的方法，还可以在 NetFlow 不能按预期工作时排除 NetFlow 问题。

首先，在 VIRL 网络上的客户和服务器之间生成一些流量。我们可以使用 Python 中的内置 HTTP 服务器模块在作为服务器的 VIRL 主机上快速启动一个简单的 HTTP 服务器。在服务器主机上打开一个新的终端窗口，启动 HTTP 服务器；保持这个窗口打开：

```
cisco@Server:~ $ python3 - m http. server
Serving HTTP on 0. 0. 0. 0 port 8000 ...
```

 对于 Python 2，这个模块名为 SimpleHTTPServer，例如 python2 - m Sim-pleHTTPServer。

在一个单独的终端窗口中，通过 ssh 连接客户机。可以在一个 Python 脚本中创建一个简短的 while 循环向 Web 服务器持续发送 HTTP GET：

```
cisco@Client:~ $ cat http_get. py
import requests
import time

while True:
    r = requests. get("http://10. 0. 0. 5:8000")
    print(r. text)
    time. sleep(5)
```

客户机应当每 5 秒得到一个简单的 HTML 页面：

```
cisco@Client:~ $ python3 http_get. py
<! DOCTYPE HTML PUBLIC " - //W3C//DTD HTML 4. 01//EN" "http://www. w3. org/TR/
html4/strict. dtd">
<html>
<head>
<skip>
</body>
</html>
```

如果再返回到服务器终端窗口，应该也会看到每 5 秒会不断从客户机得到请求：

```
cisco@Server:~ $ python3 - m http. server
Serving HTTP on 0. 0. 0. 0 port 8000 ...
10. 0. 0. 9 - - [02/Oct/2019 00:55:57] "GET / HTTP/1. 1" 200 -
10. 0. 0. 9 - - [02/Oct/2019 00:56:02] "GET / HTTP/1. 1" 200 -
10. 0. 0. 9 - - [02/Oct/2019 00:56:07] "GET / HTTP/1. 1" 200 -
```

　　从客户机到服务器的流量会通过网络设备，我们可以从两者之间的任何设备导出 Net-Flow。由于 r6-edge 是客户主机的第一跳，我们让这个路由器将 NetFlow 导出到管理主机的端口 9995。

 在这个例子中，我们只使用一个设备来说明；因此，我们会使用必要的命令手动进行配置。下一节中，要在所有设备上启用 NetFlow 时，我们将使用一个 Ansible playbook 一次性地配置所有路由器。

　　在 Cisco IOS 设备上导出 NetFlow 需要以下配置：

```
!
ip flow-export version 5
ip flow-export destination 172.16.1.123 9995 vrfMgmt-intf
!
interface GigabitEthernet0/4
 description to Client
 ip address 10.0.0.10 255.255.255.252
 ip flow ingress
 ip flow egress
<skip>
```

　　接下来，我们来看一个 Python 解析器脚本，它会帮助我们区分从网络设备接收的不同网络流场。

　　Python socket 和 struct

　　脚本 netFlow_v5_parser.py 是根据 Brian Rak 的博客帖子（http：//blog.devicenull.org/2013/09/04/python-netflow-v5-parser.html）修改的。这里的修改主要是为了提供 Python 3 兼容性，以及解析额外的 NetFlow v5 字段。我们选择 NetFlow v5 而不是 NetFlow v9 的原因是，v9 更复杂，而且使用模板来确定字段，这对于入门学习会更困难。不过，由于 NetFlow v9 是原 NetFlow v5 的一种扩展格式，所以这一节介绍的所有概念也同样适用于 NetFlow v9。

　　因为 NetFlow 数据包在网络上用字节表示，所以我们将使用标准库中包含的 Python struct 模块将字节转换为原生 Python 数据类型。

 可以在 https：//docs.python.org/3.7/library/socket.html 和 https：//docs.python.org/3.7/library/struct.html 了解这两个模块的更多信息。

在这个脚本中，我们将首先使用 socket 模块来绑定和监听 UDP 数据报。利用 socket.AF_INET，我们要监听 IPv4 地址套接字，利用 socket.SOCK_DGRAM，我们指定要查看 UDP 数据报：

```
sock = socket.socket(socket.AF_INET, socket.SOCK_DGRAM)
sock.bind(('0.0.0.0', 9995))
```

下面开始一个循环，每次从网络获取 1500 字节的信息：

```
while True:
    buf, addr = sock.recvfrom(1500)
```

在下一行中，我们开始解构或拆分这个数据包。第一个参数！HH 用感叹号指定了网络的大端字节序（big-endian），另外指定了 C 类型格式（H = 2 字节无符号短整数）：

```
(version, count) = struct.unpack('! HH',buf[0:4])
```

最前面 4 字节包括这个数据包中导出的流的版本和数量。如果你不记得 NetFlow 版本 5 的首部（顺便说一句，开个玩笑：我看这个首部只是为了催眠），下面来简单看一下，如图 8-9 所示。

字节	内容	描述
0—1	version	NetFlow 导出格式版本号
2—3	count	数据包中导出的流数量（1~30）
4—7	SysUptime	当前时间（从导出设备启动以来的毫秒数）
8—11	unix_secs	自 0000 UTC 1970 以来的秒数
12—15	unix—nsecs	自 0000 UTC 1970 以来的纳秒数
16—19	flow_sequence	所见的所有流的序列计数器
20	engine_type	流交换引擎的类型
21	engine_id	流交换引擎的槽号
22—23	sampling_interval	前两位是抽样模式，后面 14 位是抽样间隔值

图 8-9 NetFlow v5 首部

（来源：http://www.cisco.com/c/en/us/td/docs/net_mgmt/netflow_collection_engine/3-6/user/guide/format.html#wp1006108）

根据字节位置和数据类型，可以相应地解析首部的其余部分。Python 允许我们在一行中分解多个首部项：

```
(sys_uptime, unix_secs, unix_nsecs, flow_sequence) = struct.
unpack('! IIII', buf[4:20])
(engine_type, engine_id, sampling_interval) = struct.
```

```
unpack('! BBH', buf[20:24])
```

接下来的 while 循环将用流记录填充 nfdata 字典，这会分解出源地址和端口、目的地址和端口、数据包数以及字节数，并将信息打印在屏幕上：

```
nfda ta = {}
for i in range(0, count):
    try:
        base = SIZE_OF_HEADER + (i * SIZE_OF_RECORD)
        data = struct.unpack('! IIIIHH', buf[base + 16:base + 36])
        input_int, output_int = struct.unpack('! HH',
buf[base + 12:base + 16])
        nfdata[i] = {}
        nfdata[i]['saddr'] = inet_ntoa(buf[base + 0:base + 4])
        nfdata[i]['daddr'] = inet_ntoa(buf[base + 4:base + 8])
        nfdata[i]['pcount'] = data[0]
        nfdata[i]['bcount'] = data[1]
        nfdata[i]['stime'] = data[2]
        nfdata[i]['etime'] = data[3]
        nfdata[i]['sport'] = data[4]
        nfdata[i]['dport'] = data[5]
        print(i, "{0}:{1} -> {2}:{3} {4} packts {5} bytes".
format(
                nfdata[i]['saddr'],
                nfdata[i]['sport'],
                nfdata[i]['daddr'],
                nfdata[i]['dport'],
                nfdata[i]['pcount'],
                nfdata[i]['bcount']),
                )
```

从这个脚本的输出，你可以一目了然地看到首部和流内容。在下面的输出中，可以看到 r6‑edge 上的 BGP 控制数据包（TCP 端口 179）和 HTTP 流量（TCP 端口 8000）：

```
$ python3 netFlow_v5_parser.py
Headers：
NetFlow Version：5
Flow Count：6
```

```
System Uptime：116262790

Epoch Time in seconds：1569974960

Epoch Time in nanoseconds：306899412

Sequence counter of total flow：24930

0 192.168.0.3：44779 －＞ 192.168.0.2：179 1 packts 59 bytes

1 192.168.0.3：44779 －＞ 192.168.0.2：179 1 packts 59 bytes

2 192.168.0.4：179 －＞ 192.168.0.5：30624 2 packts 99 bytes

3 172.16.1.123：0 －＞ 172.16.1.222：771 1 packts 176 bytes

4 192.168.0.2：179 －＞ 192.168.0.5：59660 2 packts 99 bytes

5 192.168.0.1：179 －＞ 192.168.0.5：29975 2 packts 99 bytes

＊＊＊＊＊＊＊＊＊

Headers：

NetFlow Version：5

Flow Count：15

System Uptime：116284791

Epoch Time in seconds：1569974982

Epoch Time in nanoseconds：307891182

Sequence counter of total flow：24936

0 10.0.0.9：35676 －＞ 10.0.0.5：8000 6 packts 463 bytes

1 10.0.0.9：35676 －＞ 10.0.0.5：8000 6 packts 463 bytes

＜skip＞

11 10.0.0.9：35680 －＞ 10.0.0.5：8000 6 packts 463 bytes

12 10.0.0.9：35680 －＞ 10.0.0.5：8000 6 packts 463 bytes

13 10.0.0.5：8000 －＞ 10.0.0.9：35680 5 packts 973 bytes

14 10.0.0.5：8000 －＞ 10.0.0.9：35680 5 packts 973 bytes
```

注意，在 NetFlow 版本 5 中，记录的大小固定为 48 字节；因此，循环和脚本相对简单。但对于 NetFlow 版本 9 或 IPFIX，在首部之后有一个模板 FlowSet（http：//www.cis-co.com/en/US/technologies/tk648/tk362/technologies _ white _ paper09186a00800a3db9.html），它会指定字段数、字段类型和字段长度。这允许收集器解析数据而无需预先知道数据格式。我们需要在对应 NetFlow 版本 9 的 Python 脚本中增加额外的逻辑。

通过在脚本中解析 NetFlow 数据，我们能够获得对字段的充分了解，不过这很烦琐，而且很难扩展。你可能已经猜到了，还有其他一些工具可以让我们避免这个问题，不用逐一解析 NetFlow 记录。在下一节中，我们就会介绍这样一个工具，名为 **ntop**。

8.3 ntop 流量监控

类似于*第 7 章 使用 Python 实现网络监控：第 1 部分*中的 PySNMP 脚本，以及这一章中的 NetFlow 解析器脚本，我们可以使用 Python 脚本处理网络的底层任务。不过，还有一些工具，比如 Cacti，它是一个"一体化"的开源包，包括数据收集（轮询器）、数据存储（RRD）和实现可视化的 Web 前端。这些工具将常用的特性和软件打包在一个包中，可以为你节省大量工作。

对于 NetFlow，有很多开源和商业 NetFlow 收集器可供选择。如果快速搜索 top N 开源 NetFlow 分析器，会看到很多对不同工具的比较研究。每一个工具都有自己的优点和缺点；使用哪一个实际上取决于个人偏好、平台和我们对定制化的喜好。我建议选择同时支持 v5 和 v9 的工具，可能还要支持 sFlow。其次要考虑这个工具是否用我们能理解的语言编写；我认为具有 Python 可扩展性是一件好事。

我喜欢的以前使用的两个开源 NetFlow 工具是 NfSen（用 NFDUMP 作为后端收集器）和 ntop（或 ntopng）。其中，ntop 是更有名的流量分析器；它在 Windows 和 Linux 平台上都可以运行，并且能与 Python 很好地集成。因此，这一节中我们将使用 ntop 作为例子。

> 与 Cacti 类似，ntop 也是一个"一体化"的工具。我建议在独立的主机上安装 ntop，而不要安装在生产环境中的管理站上。

Ubuntu 主机上的安装非常简单：

```
$ sudo apt - get install ntop
```

安装过程将提示输入必要的接口来监听和设置管理员密码。默认情况下，ntop Web 接口监听端口 3000，probe 监听 UDP 端口 5556。在网络设备上，我们需要指定 NetFlow 导出器（NetFlow Exporter）的位置。

```
!
ip flow - export version 5
ip flow - export destination 172. 16. 1. 123 5556 vrf Mgmt - intf
!
```

> 默认的，IOSv 创建一个名为 Mgmt - intf 的 VRF，并把 Gi0/0 放在 VRF 下。

我们还需要在接口配置下面指定流量导出的方向，如 ingress 或 egress：

```
!
interface GigabitEthernet0/0
...
ip flow ingress
ip flow egress
...
```

作为参考，我提供了 Ansible playbook（cisco _ config _ netflow. yml）来配置实验室设备完成 NetFlow 导出。

 r5 - tor 和 r6 - edge 比 r1、r2 和 r3 多两个接口，因此，有另外一个 playbook 为它们启用额外的接口。

执行这个 playbook 并确保设备上正确地应用了变更：

```
$ ansible - playbook - i hosts cisco_config_netflow. yml
TASK [configure netflow export station] ********************************
*****************************************
changed：[r2]
changed：[r1]
changed：[r3]
changed：[r5 - tor]
changed：[r6 - edge]
TASK [configure flow export on Gi0/0] ********************************
*****************************************
ok：[r1]
ok：[r3]
ok：[r2]
ok：[r5 - tor]
ok：[r6 - edge]
<skip>
```

运行 playbook 后验证设备配置总是个好主意，下面来抽查 r2：

```
r2# sh run
!
interface GigabitEthernet0/0
```

```
description OOB Management
vrf forwarding Mgmt - intf
ip address 172. 16. 1. 219 255. 255. 255. 0
ip flow ingress
ip flow egress
<skip>
!
ip flow - export version 5
ip flow - export destination 172. 16. 1. 123 5556 vrfMgmt - intf
!
```

一旦完成所有设置，可以检查 **ntop** Web 界面来查看本地 IP 流量，如图 8 - 10 所示。

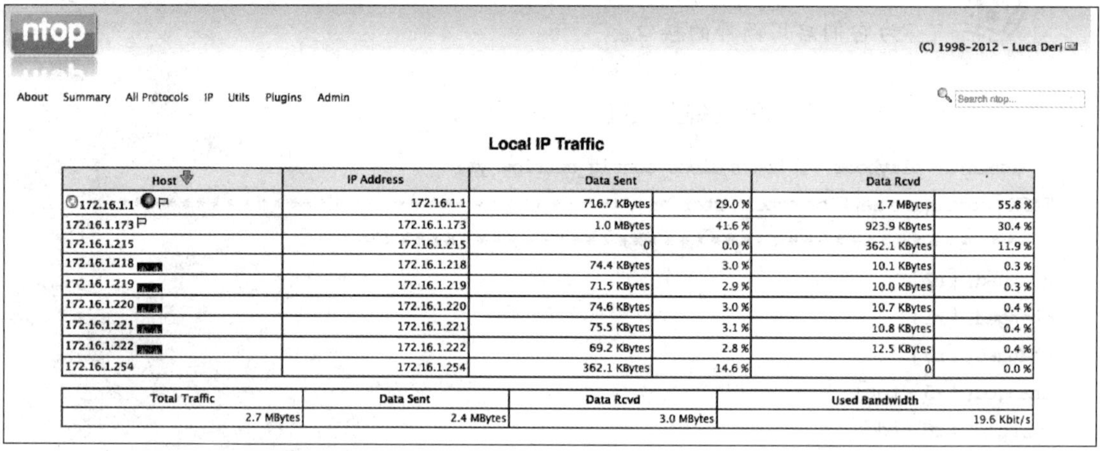

图 8 - 10　Ntop 本地 IP 流量

ntop 最常用的功能之一就是用来查看 Top Talkers（最高用量者）图，如图 8 - 11 所示。

ntop 报告引擎是用 C 编写的，既快速又高效，但是即使是类似修改 Web 前端这样简单的工作，也需要有足够的 C 知识才能完成，这一点不符合现代敏捷开发的思维方式。

在二十世纪前十年中期，经历了 Perl 的几次失败的尝试后，开发 ntop 的人们最终决定嵌入 Python 作为一个可扩展的脚本引擎。下面我们来看看。

8.3.1　ntop 的 Python 扩展

我们可以使用 Python 通过 ntop Web 服务器扩展 ntop。ntop Web 服务器能执行 Python 脚本。在高层次上，脚本将完成以下工作：

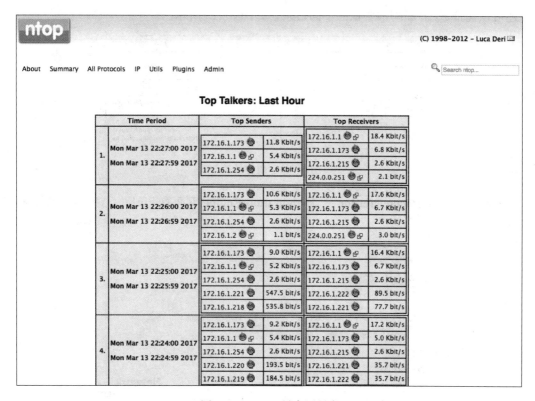

图 8 - 11　Ntop 最高用量者

- 完成方法来访问 ntop 状态。
- 完成 Python CGI 模块来处理表单和 URL 参数。
- 建立模板生成动态 HTML 页面。

每个 Python 脚本可以从 stdin 读取并打印到 stdout/stderr。Stdout 脚本就是返回的 HT-TP 页面。

对于 Python 集成，有一些很有用的资源。在 Web 界面下，可以单击 **About　｜　Show Configuration** 查看 Python 解释器版本以及 Python 脚本的目录，如图 8 - 12 所示。

Run time/Internal	
Web server URL	http://any:3000
GDBM version	GDBM version 1.8.3. 10/15/2002 (built Nov 16 2014 23:11:58)
Embedded **Python**	2.7.12 (default, Nov 19 2016, 06:48:10) [GCC 5.4.0 20160609]

图 8 - 12　Python 版本

还可以检查 Python 脚本所在的不同目录，如图 8 - 13 所示。

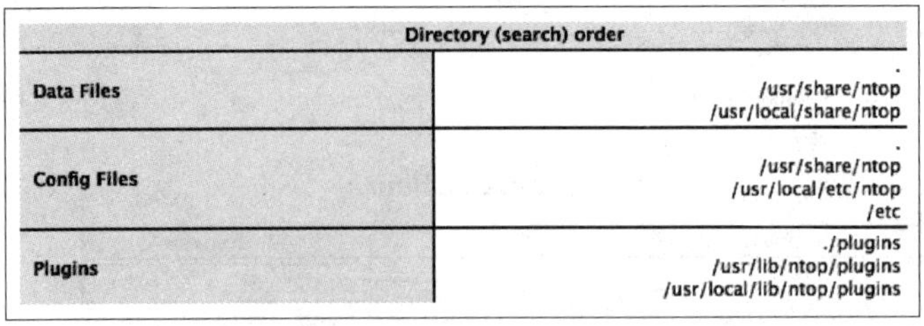

	Directory (search) order
	.
Data Files	/usr/share/ntop /usr/local/share/ntop
Config Files	/usr/share/ntop /usr/local/etc/ntop /etc
Plugins	./plugins /usr/lib/ntop/plugins /usr/local/lib/ntop/plugins

图 8 - 13　插件目录

About ｜ **Online Documentation** ｜ **Python ntop Engine** 下面有 Python API 和教程的链接，如图 8 - 14 所示。

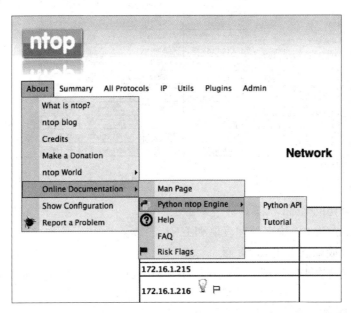

图 8 - 14　Python ntop 文档

前面已经提到，ntopweb 服务器会直接执行位于指定目录的 Python 脚本。

```
$ pwd
/usr/share/ntop/python
```

我们将把第一个脚本 chapter8 _ ntop _ 1. py 放在这个目录中。Python CGI 模块会处理表单并解析 URL 参数：

```
# Import modules for CGI handling
import cgi, cgitb
import ntop

# Parse URL cgitb. enable();
```

ntop 实现了 3 个 Python 模块；分别有各自的用途：

- **ntop**：这个模块与 ntop 引擎交互。
- **Host**：这个模块用来挖掘一个特定主机的信息。
- **Interfaces**：这个模块表示有关 localhost 接口的信息。

在我们的脚本中，将使用 ntop 模块获取 ntop 引擎信息，并使用 sendString（）方法发送 HTML 体文本：

```
form = cgi. FieldStorage();
name = form. getvalue('Name', default = "Eric")

version = ntop. version()
os = ntop. os()
uptime = ntop. uptime()

ntop. printHTMLHeader('Mastering Python Networking', 1, 0) ntop.
sendString("Hello, " + name + "<br>")
ntop. sendString("Ntop Information: % s % s % s" % (version, os, uptime))
ntop. printHTMLFooter()
```

我们将使用 http：//＜ip＞：3000/python/＜scriptname＞执行 Python 脚本。下面是 chapter8 _ ntop _ 1. py 脚本的结果，如图 8 - 15 所示。

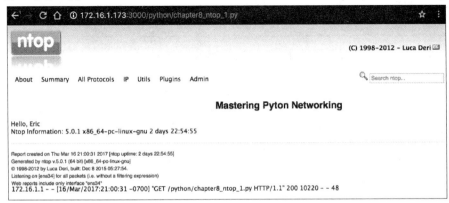

图 8 - 15　Ntop 脚本结果

来看另一个与接口模块交互的例子，chapter8_ntop_2.py。我们将使用 API 迭代处理接口：

```
import ntop, interface, json

ifnames = []
try:
for i in range(interface.numInterfaces()):
    ifnames.append(interface.name(i))

except Exception as inst:
    print(type(inst)) # the exception instance
    print(inst.args) # arguments stored in .args
    print(inst) # str _ allows args to printed directly
<skip>
```

得到的页面将显示 ntop 接口，如图 8-16 所示。

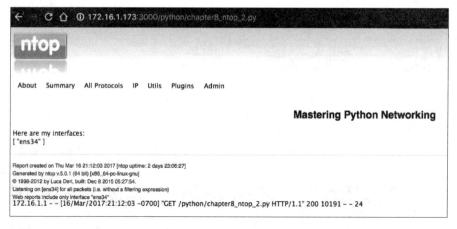

图 8-16　Ntop 接口信息

除了社区版本，ntop 还提供了一些商业产品可供选择。由于有活跃的开源社区、商业支持和 Python 可扩展性，ntop 是满足 NetFlow 监控需求的一个很好的选择。

接下来，我们来看看 NetFlow 的"兄弟"：sFlow。

8.3.2　sFlow

sFlow 表示采样流（sampled flow），最早由 InMon（http://www.inmon.com）开发，

后来通过 RFC 进行了标准化。当前版本是 v5。许多业内人士认为，sFlow 的主要优势在于其可伸缩性。sFlow 使用随机的 ［1 ／ n］ 包流采样以及计数器采样的轮询间隔来估算流量；对于网络设备，这比 NetFlow 消耗的 CPU 资源少。sFlow 的统计采样与硬件集成，可以提供实时的原始导出。

由于可伸缩性和竞争力等原因，对于较新的供应商，如 Arista Networks、Vyatta 和 A10 Networks，sFlow 通常比 NetFlow 更受青睐。虽然 Cisco 在其 Nexus 产品线上支持 sFlow，但 Cisco 平台上一般"不"支持 sFlow。

8.3.2.1　使用 Python 操作 SFlowtool 和 sFlow‐RT

遗憾的是，目前我们的 VIRL 实验室设备还不支持 sFlow（甚至 NX‐OSv 虚拟交换机也不支持 sFlow）。你可以使用 Cisco Nexus 3000 交换机或支持 sFlow 的其他供应商交换机，如 Arista。实验室的另一个很好的选择是使用 Arista vEOS 虚拟实例。我碰巧可以访问运行 7.0 (3) 的 Cisco Nexus 3048 交换机，这一节中我将用它作为 sFlow 导出器。

Cisco Nexus 3000 的 sFlow 配置很简单：

```
Nexus‐2# sh run | isflow feature sflow
sflow max‐sampled‐size 256
sflow counter‐poll‐interval 10
sflow collector‐ip 192.168.199.185 vrf management sflow agent‐ip
192.168.199.148
sflow data‐source interface Ethernet1/48
```

摄取 sFlow 最容易的方法是使用 sflowtool。有关的安装说明参见 http：//blog. sflow.com/2011/12/sflowtool.html 上的文档：

```
$ wget http://www.inmon.com/bin/sflowtool‐3.22.tar.gz
$ tar ‐xvzf sflowtool‐3.22.tar.gz
$ cd sflowtool‐3.22/
$ ./configure
$ make
$ sudo make install
```

 我在这个实验室中使用了 sFlowtool 的一个较老版本。更新的版本也是一样。

安装之后，可以启动 sflowtool 查看 Nexus 3048 在标准输出发送的数据报：

```
$ sflowtool
```

```
startDatagram =================================
datagramSourceIP 192.168.199.148
datagramSize 88
unixSecondsUTC 1489727283
datagramVersion 5
agentSubId 100
agent 192.168.199.148
packetSequenceNo 5250248
sysUpTime 4017060520
samplesInPacket 1
startSample ----------------------
sampleType_tag 0：4 sampleType COUNTERSSAMPLE sampleSequenceNo 2503508
sourceId 2：1
counterBlock_tag 0：1001
5s_cpu 0.00
1m_cpu 21.00
5m_cpu 20.80
total_memory_bytes 3997478912
free_memory_bytes 1083838464 endSample ----------------------
endDatagram =================================
```

　　sflowtool GitHub 存储库（https：//github.com/sflow/sflowtool）上有很多很好的使用示例；其中一个例子是使用一个脚本接收 sflowtool 输入并解析输出。为此，我们可以使用一个 Python 脚本。在 chapter8_sflowtool_1.py 示例中，我们将使用 sys.stdin.readline 接收输入，并在查看 sFlow 数据包时使用正则表达式搜索，只打印包含单词 agent 的行：

```
#! /usr/bin/env python3

import sys，re

for line in iter(sys.stdin.readline, "):
    if re.search('agent ', line):
        print(line.strip())
```

　　这个脚本可以与 sflowtool 建立管道：

```
$ sflowtool | python3 chapter8_sflowtool_1.py
agent 192.168.199.148
agent 192.168.199.148
```

还有很多其他有用的输出示例，比如 tcpdump、输出为 NetFlow v5 记录以及一个紧凑的逐行输出。这使得 sflowtool 很灵活，可以用于不同的监控环境。

ntop 支持 sFlow，这说明可以直接将 sFlow 导出到 ntop 收集器。如果你的收集器只支持 NetFlow，那么可以使用-c 选项使 sflowtool 采用 NetFlow v5 格式输出：

```
$ sflowtool -- help
...
tcpdump output：
-t - (output in binary tcpdump(1) format)
-r file - (read binary tcpdump(1) format)
-x - (remove all IPV4 content)
-z pad - (extend tcpdumppkthdr with this many zeros
e. g. try -z 8 for tcpdump on Red Hat Linux 6. 2)

NetFlow output：
-c hostname_or_IP - (netflow collector host)
-d port - (netflow collector UDP port)
-e - (netflow collector peer_as (default = origin_as))
-s - (disable scaling of netflow output by sampling rate)
-S - spoof source of netflow packets to input agent IP
```

或者，还可以使用 InMon 的 sFlow - RT（http：//www. sflow - rt. com/index. php）作为你的 sFlow 分析引擎。从运维人员的角度来看，让 sFlow - RT 与众不同的是它丰富的 REST-ful API，可以进行定制来支持你的用例。还可以轻松地从 API 获取指标。可以在 http：//www. sflow - rt. com/reference. php 查看其详尽的 API 参考。

需要说明，运行 sFlow - RT 首先需要有 Java：

```
$ sudo apt - get install default - jre
$ java - version
openjdk version "1. 8. 0_121"
OpenJDK Runtime Environment (build 1. 8. 0_121 - 8u121 - b13 - 0ubuntu1. 16. 04. 2 -
b13)
OpenJDK 64 - Bit Server VM (build 25. 121 - b13, mixed mode)
```

安装后，下载和运行 sFlow - RT 很简单（https：//sflow—rt. com/download. php）：

```
$ wget http://www. inmon. com/products/sFlow - RT/sflow - rt. tar. gz
$ tar - xvzf sflow - rt. tar. gz
$ cd sflow - rt/
```

```
$ ./start.sh
2017 – 03 – 17T09:35:01 – 0700 INFO: Listen ing, sFlow port 6343
2017 – 03 – 17T09:35:02 – 0700 INFO: Listening, HTTP port 8008
```

可以指定 Web 浏览器访问 HTTP 端口 8008 验证安装，如图 8 - 17 所示。

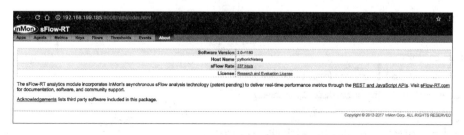

图 8 - 17　sFlow - RT 版本

只要 sFlow - RT 接收到任何 sFlow 数据包，就会出现代理和其他指标，如图 8 - 18 所示。

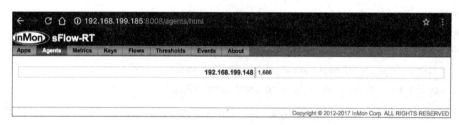

图 8 - 18　sFlow - RT 代理 IP

下面是使用 Python 请求从 sFlow - RT 的 REST API 获取信息的两个例子：

```
>>> import requests
>>> r = requests.get("http://192.168.199.185:8008/version")
>>>r.text '2.0 – r1180'
>>> r = requests.get("http://192.168.199.185:8008/agents/json")
>>>r.text
'{"192.168.199.148": {n "sFlowDatagramsLost": 0,n
"sFlowDatagramSource": ["192.168.199.148"],n "firstSeen": 2195541,n
"sFlowFlowDuplicateSamples": 0,n "sFlowDatagramsReceived": 441,n
"sFlowCounterDatasources": 2,n "sFlowFlowOutOfOrderSamples": 0,n
"sFlowFlowSamples": 0,n "sFlowDatagramsOutOfOrder": 0,n "uptime":
4060470520,n "sFlowCounterDuplicateSamples": 0,n "lastSeen":
3631,n "sFlowDatagramsDuplicates": 0,n "sFlowFlowDrops": 0,n
```

"sFlowFlowLostSamples": 0,n "sFlowCounterSamples": 438,n

"sFlowCounterLostSamples": 0,n "sFlowFlowDatasources": 0,n

"sFlowCounterOutOfOrderSamples": 0n}}'

可以参阅参考文档来了解可以满足你的需要的其他 REST 端点。

> 如果你读过这本书的前几版，会发现这一章删去了关于"*ELK 技术栈*"的
> 一节。在这一版中，我们将用整个一章来介绍 Elastic Stack。

在这一节中，我们介绍了基于 sFlow 的监控示例，包括作为独立工具以及与 ntop 集成。sFlow 是一种较新的流格式，旨在解决传统 netflow 格式所面临的可伸缩性问题，很有必要花些时间来看看它是否是解决当前网络监控任务的合适工具。这一章就要结束了，下面来看看我们介绍了哪些内容。

8.4　小结

在这一章中，我们研究了利用 Python 增强网络监控的另外一些方法。首先使用 Python 的 Graphviz 包基于网络设备报告的实时 LLDP 信息创建网络拓扑图。这使我们能够轻松地显示当前网络拓扑，并且可以很容易地注意到链路故障。

接下来，使用 Python 解析 NetFlow 版本 5 数据包，来增进我们对 NetFlow 的理解和故障排除。我们还了解了如何使用 ntop（以及使用 Python 扩展 ntop）来完成 NetFlow 监控。sFlow 是一种候选的包采样技术。我们使用了 sflowtool 和 sFlow - RT 来解释 sFlow 结果。

在*第 9 章　使用 Python 构建网络 Web 服务*中，我们将研究如何使用 Python Web 框架 Flask 构建网络 Web 服务。

第 9 章 使用 Python 构建网络 Web 服务

在前面各章中，我们只是使用其他人提供的 API。在**第 3 章　API 和意图驱动网络**中，我们看到，可以使用对 http：//＜your router ip＞/ins URL 上 NX - API 的一个 HTTP POST 请求并将 CLI 命令嵌入 HTTP POST 体，从而在 Cisco Nexus 设备上远程执行命令；然后设备再把执行命令的输出返回到其 HTTP 响应中。在**第 8 章　使用 Python 实现网络监控：第 2 部分**中，我们对 http：//＜your host ip＞：8008/version 上的 sFlow - RT 使用了 HTTP GET 方法（包含一个空体）来获得 sFlow - RT 软件的版本。这些请求一响应交换就是 RESTful Web 服务的例子。

根据维基百科（https：//en. wikipedia. org/wiki/Representational _ state _ transfer）：

" *具象状态传输（Representational state transfer，REST）或 RESTful Web 服务是在互联网上的计算机系统之间提供互操作性的一种方法。符合 REST 架构的 Web 服务允许请求系统使用一组统一的预定义无状态操作来访问和处理 Web 资源的文本表示。*"

如上所述，使用 HTTP 协议的 RESTful Web 服务只是 Web 上实现信息交换的诸多方法之一；还存在其他形式的 Web 服务。不过，这是目前最常用的 Web 服务，使用关联的 GET、POST、PUT 和 DELETE 动词作为预定义的信息交换方式。

 你可能想知道 HTTPS 与 HTTP 的区别，在我们的讨论中，会把 HTTPS 看作是 HTTP 的一个安全扩展（https：//en. wikipedia. org/wiki/HTTPS），同样是 RESTful API 的底层协议。

在提供者方面，为用户提供 RESTful 服务的优点之一是能够对用户隐藏内部操作。例如，对于 sFlow - RT，如果我们要登录设备来查看已安装软件的版本，而不是使用它的 RESTful API，就需要对这个工具有更深入的了解，才能知道要检查哪里。不过，如果以 URL 形式提供资源，API 提供者可以抽象请求者的检查版本操作，使操作更简单。这个抽象还提供了一个安全层，因为可以根据需要开放端口。

作为网络世界的主人，RESTful Web 服务提供了我们喜欢的很多突出优点，包括：

• 可以抽象请求者，从而无需了解网络操作的内部细节。例如，我们可以提供一个 Web 服务来查询交换机版本，而请求者不必知道确切的 CLI 命令或交换机 API。

• 可以整合和定制唯一适合我们网络需求的操作，如用于升级所有机架式（TOR）交换机的一个资源。

- 只根据需要开放服务，这可以提供更好的安全性。例如，我们可以提供核心网络设备的只读 URL（GET）和接入层交换机的读写 URL（GET / POST / PUT / DELETE）。

这一章中，我们将使用最流行的 Python Web 框架之一 **Flask** 为我们的网络创建自己的 RESTful Web 服务。本章将学习以下内容：

- 比较 Python Web 框架。
- Flask 介绍。
- 涉及静态网络内容的操作。
- 涉及动态网络内容的操作。
- 认证和授权。
- 在容器中运行我们的 Web 应用。

下面先来看有哪些可用的 Python Web 框架，并说明为什么我们选择了 Flask。

9.1　比较 Python Web 框架

Python 以其拥有大量 Web 框架而闻名。Python 社区中流传着这样一个笑话：如果没有使用过任何 Python Web 框架，甚至会怀疑你是否能作为一名全职的 Python 开发人员。甚至还有一个关于 Django 的年度会议 DjangoCon，Django 是最流行的 Python 框架之一。Django-Con 每年会吸引数百名与会者参加。在 2019 年底撰写本书之前，第一次 Flask 大会于 2018 年在巴西召开，另外更一般性的 PyConWeb 会议于 2019 年春天举行。我有没有提到过？Python 有一个蓬勃发展的 Web 开发社区。

如果查看 https：//hotframeworks. com/languages/python 上的 Python Web 框架排名，如图 9‑1 所示，会发现 Python Web 框架有相当多的选择：

有这么多选择，那么我们应该选择哪个框架呢？显然，如果打算自己尝试所有的框架，这很耗费时间。哪一个 Web 框架更好？这个问题也是 Web 开发人员津津乐道的一个话题。如果你在任何论坛上问这个问题，比如 Quora，或者在 Reddit 上搜索，要准备好，肯定会有一些固执己见的回答和激烈的辩论。

谈到 Quora 和 Reddit，有一点很有意思：Quora 和 Reddit 都是用 Python 编写的。Reddit 使用了 Pylons（https：//www. reddit. com/wiki/faq♯wiki _ so _ what _ python _ framework _ do _ you _ use. 3F），而 Quora 开始使用了 Pylons，不过后来将这个框架的一部分替换为它自己的内部代码（https：// www. quora. com/What‑languages‑andframeworks‑are‑used‑to‑code‑ Quora）。

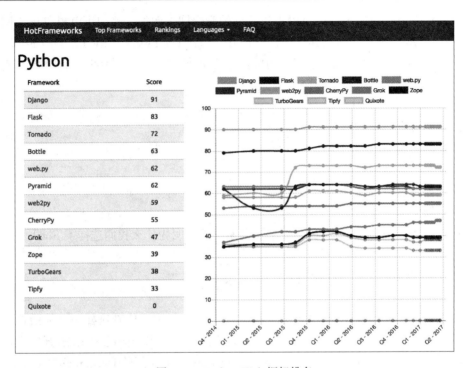

图 9 - 1　Python Web 框架排名

当然，我对编程语言（Python!）和 Web 框架（Flask!）有自己的偏好。在这一节中，我想向你说明做出这些选择的原因。下面从前面的 HotFrameworks 列表中选择最前面的两个框架并进行比较：

- **Django**：这个自称"完美主义者的终极 Web 框架"是一个高级 Python Web 框架，它鼓励快速开发和简洁、实用的设计（https：//www.djangoproject.com/）。这是一个有预建代码的大型框架，提供了一个管理面板和内置的内容管理。

- **Flask**：这是一个面向 Python 的微框架，它基于 Werkzeug、Jinja2 和其他一些应用（https：//palletsprojects.com/p/flask/）。作为一个微框架，Flask 着力保持小内核并且在需要时要易于扩展。微框架中的"微"并不表示 Flask 的功能少，也不是说它不能用于生产环境。

就我个人而言，我会在一些较大的项目中使用 Django，另外使用 Flask 实现快速原型。Django 框架对于如何完成任务有很明确的观点。如果有任何偏离，有时会让用户感觉他们在"与框架做斗争"。例如，如果查看 Django 数据库文档（https：//docs.djangoproject.com/en/2.2/ref/databases/），你会注意到，这个框架支持很多不同的 SQL 数据库。不过，它们都是 SQL 数据库的不同变种，如 MySQL、PostgreSQL、SQLite 等。

　　如果你想使用 NoSQL 数据库，比如 MongoDB 或 CouchDB，该怎么办呢？这是可以的，不过要由你自己来完成。作为一个"固执"的框架当然不是一件坏事，只是观点不同而已（这里的"opinion"不是双关语）。

　　如果需要简单而快捷，保持内核代码小而精并在需要时进行扩展的想法很有吸引力。文档中的第一个例子（启动并运行 Flask）只有 6 行代码，而且即使你之前没有任何经验，也很容易理解这个例子。由于构建 Flask 时就考虑了扩展，所以编写你自己的扩展（比如装饰器）会非常容易。尽管只是一个微框架，但 Flask 内核包含了所有必要的组件，比如开发服务器、调试器、与单元测试的集成、RESTful 请求分派等，使你能"开箱即用"。

　　可以看到，从某种意义上讲，除了 Django 之外，Flask 是第二流行的 Python 框架。社区贡献、支持和快速开发所带来的流行性则会帮助它进一步扩大应用范围。

　　基于上述原因，我认为，要构建网络 Web 服务，Flask 是一个理想的选择。

9.2　Flask 和实验室设置

　　这一章中，我们将继续使用虚拟环境来隔离 Python 环境和依赖关系。如果愿意，你可以启动一个新的虚拟环境，或者可以继续使用目前我们一直在用的现有虚拟环境。

　　在本章中，我们将安装很多 Python 包。为了更轻松一些，我在本书的 GitHub 存储库中包含了一个 requirements.txt 文件；可以用它安装所有必要的包（记住要激活虚拟环境）。在这个过程结束时，应该会看到已经下载并成功安装了这些包：

```
(venv) $ cat requirements.txt
Flask = = 1.1.1
Flask - HTTPAuth = = 3.3.0
Flask - SQLAlchemy = = 2.4.1
Jinja2 = = 2.10.1
MarkupSafe = = 1.1.1
Pygments = = 2.4.2
SQLAlchemy = = 1.3.9
Werkzeug = = 0.16.0
httpie = = 1.0.3
itsdangerous = = 1.1.0
python - dateutil = = 2.8.0
requests = = 2.20.1
```

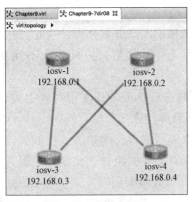

图 9 - 2　实验室拓扑

(venv) $ pip install - r requ irements. txt

对于我们的网络拓扑，我们将使用一个简单的 4 节点网络，如图 9 - 2 所示。

下一节将介绍 Flask。

 请注意，从现在开始，我会假定你总是从这个虚拟环境执行，而且已经安装了 requirements. txt 文件中必要的包。

9. 3　Flask 介绍

与大多数流行的开源项目一样，Flask 提供了很完善的文档，可以从 https：// flask. palletsprojects. com/en/1. 1. x/得到。如果你想更深入地了解 Flask，这个项目文档会是一个不错的起点。

 另外，我还强烈推荐 Miguel Grinberg 的 Flask 相关工作（https：//blog. miguelgrinberg. com/）。他的博客、书和培训视频让我对 Flask 有了更多了解。实际上，正是 Miguel 的《*Building Web APIs with Flask*》一书给了我写这一章的灵感。你可以看看他在 GitHub 上发布的代码：https：// github. com/miguelgrinberg/oreillyflask - apis - video。

我们的第一个 Flask 应用包含在一个文件中，即 chapter9 _ 1. py：

```
from flask import Flask
app = Flask(__name__)

@app. route('/')
def hello_networkers():
    return 'Hello Networkers! '

if __name__ == '__main__':
    app. run(host = '0. 0. 0. 0', debug = True)
```

这几乎就是后续例子的 Flask 设计模式。我们用第一个参数作为应用模块包的名来创建

Flask 类的一个实例。在这个例子中，使用了一个可以作为应用启动的模块。稍后，我们将看到如何作为包导入。然后使用 route 装饰器告诉 Flask 要由 hello_networkers（）函数处理哪个 URL。在本例中，我们指定了根路径。在这个文件的最后，会完成运行脚本时通常所做的名作用域检查（https：//docs.python.org/3.7/library/_ _ main _ _.html）。这里还增加了主机和调试选项，它们允许更详细的输出，并允许监听主机的所有接口（默认情况下，只监听回送接口）。可以使用开发服务器运行这个应用：

```
(venv) $ python chapter9_1.py
* Serving Flask app "chapter9_1" (lazy loading)
* Environment: production
  WARNING: This is a development server. Do not use it in a production
deployment.
  Use a production WSGI server instead.
* Debug mode: on
* Running on http://0.0.0.0:5000/ (Press CTRL + C to quit)
* Restarting with stat
* Debugger is active!
* Debugger PIN: 141 - 973 - 077
```

既然运行了一个服务器，下面用一个 HTTP 客户端测试服务器响应。

9.3.1　HTTPie 客户

读取 requirements.txt 文件安装包时，我们已经安装了 HTTPie（https：//httpie.org/）。这本书采用黑白印刷，所以这个例子没有给出颜色突出显示，不过在你的安装环境中，可以看到 HTTPie 会对 HTTP 事务提供更好的语法突出显示。它还与 RESTful HTTP 服务器有更直观的命令行交互。可以用它来测试我们的第一个 Flask 应用（后面还有更多关于 HTTPie 的例子）。我们将在管理主机上启动第二个终端窗口，激活虚拟环境，并输入以下命令：

```
(venv) $ http http://192.168.2.123:5000
HTTP/1.0 200 OK
Content - Length: 17
Content - Type: text/html; charset = utf - 8
Date: Tue, 08 Oct 2019 19:06:23 GMT
Server: Werkzeug/0.16.0 Python/3.6.8

Hello Networkers!
```

作为比较，如果使用 curl，需要使用 - i 开关选项来得到同样的输出：curl - i http：//192.168.2.123：5000。

这一章将使用 HTTPie 作为客户端；有必要花点时间看看它的用法。我们将使用免费网站 HTTP Bin（https：//httpbin.org/）来展示 HTTPie 的使用。HTTPie 的用法遵循下面这个简单的模式：

```
$ http [flags] [METHOD] URL [ITEM]
```

按照上面的模式，GET 请求非常简单，从我们的 Flask 开发服务器已经看到：

```
$ http GET https://httpbin.org/user - agent
<skip>
{
    "user - agent"："HTTPie/1.0.3"
}
```

JSON 是 HTTPie 的默认隐式内容类型。如果 HTTP 体只包含字符串，则不需要任何其他操作。如果需要应用非字符串 JSON 字段，可以使用：＝或其他指定的特殊字符。在下面的例子中，我们希望"married"变量是一个 Boolean 而不是 string：

```
$ http POST https://httpbin.org/post name = eric twitter = at_ericchou
married：= true
<skip>
Content - Type：application/json
<skip>

{
    <skip>
    "headers"：{
        "Accept"："application/json, * / * ",
        <skip>
        "User - Agent"："HTTPie/1.0.3"
    },
    "json"：{
        "married"：true,
        "name"："eric",
        "twitter"："at_ericchou"
```

```
    },
    <skip>
    "url": "https://httpbin.org/post"
}
```

可以看到，HTTPie 是对传统 curl 语法的一大改进，这使得 REST API 的测试变得非常轻松。

 更多使用示例参见 https://httpie.org/doc#usage。

再回到我们的 Flask 程序，API 构建的很大一部分都基于 URL 路由的流。下面来更深入地了解 app.route（）装饰器。

9.3.2　URL 路由

我们增加了另外两个函数，分别与 chapter9_2.py 中适当的 app.route（）路由对应：

```
from flask import Flask
app = Flask(__name__)

@app.route('/')
def index():
    return 'You are at index()'

@app.route('/routers/')
def routers():
    return 'You are at routers()'

if __name__ == '__main__':
    app.run(host = '0.0.0.0', debug = True)
```

结果是不同的端点将传递到不同的函数。可以用两个 http 请求来验证这一点：

```
# Server side
$ python chapter9_2.py
<skip>
* Running on http://0.0.0.0:5000/ (Press CTRL+C to quit)

# client side
```

```
$ http http://192.168.2.123:5000
<skip>
```

You are at index()

```
$ http http://192.168.2.123:5000/routers/
<skip>
```

You are at routers()

从客户端发出请求时，服务器屏幕上会看到有请求到来：

```
(venv) $ python chapter9_2.py
<skip>
192.168.2.123 - - [08/Oct/2019 12:43:08] "GET / HTTP/1.1" 200 -
192.168.2.123 - - [08/Oct/2019 12:43:18] "GET /routers/ HTTP/1.1" 200 -
```

可以看到，不同的端点对应不同的函数。函数返回的内容就是服务器返回给请求者的内容。当然，如果必须一直保持静态，这个路由会很有限。还有一些方法可以将动态变量从 URL 传递到 Flask，我们将在下一节中介绍这样一个例子。

9.3.3 URL 变量

可以向 URL 传递动态变量，如 chapter9 _ 3. py 示例中所示：

```
<skip>
@app.route('/routers/<hostname>')
def router(hostname):
    return 'You are at %s' % hostname

@app.route('/routers/<hostname>/interface/<int:interface_number>')
def interface(hostname, interface_number):
    return 'You are at %s interface %d' % (hostname, interface_number)
<skip>
```

在这两个函数中，我们传入了一些动态信息，如客户做出请求时的主机名（hostname）和接口号（interface number）。需要指出，在/routers/<hostname>URL 中，我们传入<hostname>变量作为一个字符串，在/routers/<hostname>/interface/<int：interface _ number>中，则指定 int 变量只能是一个整数。下面来运行这个例子，并做一些请求：

```
# Server Side
(venv) $ python chapter9_3.py

(venv) # Client Side
$ http http://192.168.2.123:5000/routers/host1
HTTP/1.0 200 OK
<skip>

You are at host1

(venv) $ http http://192.168.2.123:5000/routers/host1/interface/1
HTTP/1.0 200 OK
<skip>

You are at host1 interface 1
```

如果 int 变量不是一个整数，会抛出一个错误：

```
(venv) $ http http://192.168.2.123:5000/routers/host1/interface/one
HTTP/1.0 404 NOT FOUND
<skip>

<!DOCTYPE HTML PUBLIC "-//W3C//DTD HTML 3.2 Final//EN">
<title>404 Not Found</title>
<h1>Not Found</h1>
<p>The requested URL was not found on the server. If you entered the URL
manually please check your spelling and try again.</p>
```

转换器包括整数、浮点数和路径（接受斜线）。

除了用动态变量匹配静态路由之外，我们还可以在应用启动时生成 URL。如果事先不知道端点变量，或者如果端点基于其他条件（比如从数据库查询的值），这会非常有用。下面来看一个例子。

9.3.4　URL 生成

在 chapter9_4.py 中，我们希望在应用启动时动态创建一个 URL，形式为/<hostname>/list_interfaces，这里的主机名（hostname）是 r1、r2 或 r3。我们知道，可以静态地配置这 3 个路由和 3 个相应的函数，不过，下面来看如何在应用启动时动态配置：

```
from flask import Flask，url_for

app = Flask(__name__)

@app.route('/<hostname>/list_interfaces')
def device(hostname)：
    if hostname in routers：
        return 'Listing interfaces for %s' % hostname
    else：
        return 'Invalid hostname'

routers = ['r1', 'r2', 'r3']
for router in routers：
    with app.test_request_context()：
        print(url_for('device', hostname = router))

if __name__ == '__main__'：
    app.run(host = '0.0.0.0', debug = True)
```

执行时，会得到一些合理的 URL 循环访问路由器列表，而不需要静态地分别定义：

```
# server side
(venv) $ python chapter9_4.py
<skip>
/r1/list_interfaces
/r2/list_interfaces
/r3/list_interfaces


# client side
(venv) $ http http://192.168.2.123:5000/r1/list_interfaces
<skip>


Listing interfaces for r1


(venv) $ http http://192.168.2.123:5000/r2/list_interfaces
<skip>


Listing interfaces for r2
```

```
# bad request
(venv) $ http http://192.168.2.123:5000/r1000/list_interfaces
<skip>
```

```
Invalid hostname
```

对现在来说，可以把 app. text＿request＿context（）想成是演示所需的一个哑请求对象。如果你对局部上下文有兴趣，可以查看 http：//werkzeug. pocoo. org/docs/0. 14/local/。URL 端点的动态生成可以大大简化我们的代码，节省时间，而且使代码更易读。

9.3.5　Jsonify 返回

Flask 中另一个节省时间的特性是 jsonify（）返回，这会包装 json. dumps（）并把 JSON 输出转换为一个响应对象，其 HTTP 首部中的内容类型为 application/json。可以对 chapter9＿3. py 脚本稍做调整，如 chapter9＿5. py 所示：

```
from flask import Flask, jsonify
app = Flask(__name__)

@app.route('/routers/<hostname>/interface/<int:interface_number>')
def interface(hostname, interface_number):
    return jsonify(name = hostname, interface = interface_number)

if __name__ = = '__main__':
    app.run(host = '0. 0. 0. 0', debug = True)
```

只需要几行代码，现在返回结果是一个有适当首部的 JSON 对象：

```
(venv) $ http http://192.168.2.123:5000/routers/r1/interface/1
HTTP/1. 0 200 OK
Content-Length: 38
Content-Type: application/json
Date: Tue, 08 Oct 2019 21:48:51 GMT
Server: Werkzeug/0. 16. 0 Python/3. 6. 8

{
    "interface": 1,
    "name": "r1"
}
```

结合目前为止我们了解的所有 Flask 特性，下面可以为我们的网络构建一个 API 了。

9.4   网络资源 API

我们的生产环境中有网络设备时，每个设备都会有特定的状态和信息，你可能希望把这些状态和信息保存在一个持久的位置，以便以后轻松地获取。通常会在数据库中存储数据来做到这一点。在有关监控的几章中，我们看到了很多存储此类信息的例子。

不过，通常我们不会允许其他想得到这些信息的非网络管理用户直接访问数据库，或者他们不想学习复杂的 SQL 查询语言。对于这些情况，可以利用 Flask 和 Flask 的 **Flask‑SQLAlchemy** 扩展，通过一个网络 API 为他们提供必要的信息。

 可以在 https：//flask‑sqlalchemy.palletsprojects.com/en/2.x/更多地了解 Flask‑SQLAlchemy。

9.4.1   Flask‑SQLAlchemy

SQLAlchemy 和 Flask‑SQLAlchemy 扩展分别是数据库抽象和对象关系映射器。这是为数据库使用 Python 对象的一种很特别的说法。为简单起见，我们将使用 SQLite 作为数据库，这是一个作为自包含 SQL 数据库的平面文件。我们将查看 chapter9 _ db _ 1. py 的内容，这个例子将使用 Flask－SQLAlchemy 创建网络数据库并向数据库插入一些表条目。这个过程包括多个步骤，这一节就会介绍这些步骤。

首先，我们要创建一个 Flask 应用，并加载 SQLAlchemy 配置，比如数据库路径和名，然后传入这个应用来创建 SQLAlchemy 对象：

```
from flask import Flask
from flask_sqlalchemy import SQLAlchemy

# Create Flask application, load configuration, and create
# the SQLAlchemy object
app = Flask(__name__)
app.config['SQLALCHEMY_DATABASE_URI'] = 'sqlite:///network.db'
db = SQLAlchemy(app)
```

再创建一个设备 database 对象以及关联的主键和各个列：

```
# This is the database model object
```

```
class Device(db.Model):
    __tablename__ = 'devices'
    id = db.Column(db.Integer, primary_key = True)
    hostname = db.Column(db.String(120), index = True)
    vendor = db.Column(db.String(40))
    flask - sqlalch emy.palletsprojects.com/en/2.x/.
    def __init__(self, hostname, vendor):
        self.hostname = hostname
        self.vendor = vendor
    def __repr__(self):
        return '<Device % r>' % self.hostname
```

可以调用这个 database 对象、创建条目并将条目插入数据库表。要记住，增加到会话的任何内容都需要提交到数据库来永久保存：

```
if __name__ == '__main__':
    db.create_all()
    r1 = Device('lax - dc1 - core1', 'Juniper')
    r2 = Device('sfo - dc1 - core1', 'Cisco')
    db.session.add(r1)
    db.session.add(r2)
    db.session.commit()
```

下面运行这个 Python 脚本，检查数据库文件是否存在：

```
(venv) $ python chapter9_db_1.py
(venv) $ ls - l network.db
- rw - r -- r -- 1 echouechou 3072 Oct 8 15:38 network.db
```

可以使用交互式提示来检查数据库表的条目：

```
>>> from flask import Flask
>>> from flask_sqlalchemy import SQLAlchemy
>>> app = Flask(__name__)
>>> app.config['SQLALCHEMY_DATABASE_URI'] = 'sqlite:///network.db'
>>> db = SQLAlchemy(app)
>>> from chapter9_db_1 import Device
>>> Device.query.all()
[<Device 'lax - dc1 - core1'>, <Device 'sfo - dc1 - core1'>]
>>> Device.query.filter_by(hostname = 'sfo - dc1 - core1')
```

```
<flask_sqlalchemy.BaseQuery object at 0x7f09544a0e80>
>>>Device.query.filter_by(hostname='sfo-dc1-core1').first()
<Device 'sfo-dc1-core1'>
```

还可以用同样的方式创建新条目：

```
>>> r3 = Device('lax-dc1-core2', 'Juniper')
>>>db.session.add(r3)
>>>db.session.commit()
>>>Device.query.filter_by(hostname='lax-dc1-core2').first()
<Device 'lax-dc1-core2'>
```

下面删除 network.db 文件，从而不会与使用相同 db 名的其他例子冲突：

```
(venv) $ rm network.db
```

下面来构建我们的网络内容 API。

9.4.2　网络内容 API

在具体建立 API 的代码之前，先花一点时间考虑我们将要创建的 API 结构。规划 API 往往更像是一门艺术，而不是一门科学。这实际上取决于你的具体情况和喜好。这一节建议的方法绝不是唯一的方法，不过现在先来学习这种方法。

回想一下，我们的图中有 4 个 Cisco IOSv 设备。下面假设其中的两个设备（iosv-1 和 iosv-2）的网络角色是脊设备（spine）。另外两个设备（iosv-3 和 iosv-4）作为网络服务中的叶设备（leaf）。这显然是任意的选择，可以在以后修改，关键是我们希望提供关于这些网络设备的数据，而且通过一个 API 来提供。

为简单起见，我们将创建两个 API，一个设备组 API 和一个单设备 API，如图 9-3 所示。

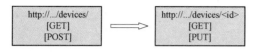

图 9-3　网络内容 API

第一个 API 是我们的 http://172.16.1.123/devices/端点，它支持两个方法：GET 和 POST。GET 请求将返回当前的设备列表，另外有适当 JSON 体的 POST 请求将创建设备。当然，你可以选择使用不同的端点来完成创建和查询，不过在这个设计中，我们选择通过 HTTP 方法来区分这二者。

第二个 API 特定于我们的设备，形式为 http://172.16.1.123/devices/<device id>。GET 请求的 API 将显示设备的详细信息，这是我们输入到数据库中的信息。

PUT 请求将使用更新来修改条目。注意，我们使用 PUT 而不是 POST。这是典型的

HTTP API 用法；需要修改现有条目时，我们会用 PUT 而不是 POST。

　　现在，你应该已经很了解你的 API 了。为了更好地可视化最终结果，在查看代码之前，我会直接快速展示这个最终结果。如果你想继续学习这个示例，可以启动 chapter9_6.py 作为 Flask 服务器。

　　/devices/ API 的 POST 请求允许你创建一个条目。在本例中，我希望创建的网络设备包含主机名、回送 IP、管理 IP、角色、供应商和运行的操作系统等属性：

```
(venv) $ http POST http://172.16.1.123:5000/devices/
'hostname' = 'iosv - 1'
'loopback' = '192.168.0.1'
'mgmt_ip' = '172.16.1.225'
'role' = 'spine'
'vendor' = 'Cisco'
'os' = '15.6'

HTTP/1.0 201 CREATED
Content - Length: 3
Content - Type: application/json
Date: Tue, 08 Oct 2019 23:15:31 GMT
Location: http://172.16.1.123:5000/devices/1
Server: Werkzeug/0.16.0 Python/3.6.8
{}
```

　　可以对另外 3 个设备重复前面的步骤：

```
(venv) $ http POST http://172.16.1.123:5000/devices/
'hostname' = 'iosv - 2'
'loopback' = '192.168.0.2'
'mgmt_ip' = '172.16.1.226'
'role' = 'spine'
'vendor' = 'Cisco'
'os' = '15.6'

(venv) $ http POST http://172.16.1.123:5000/devices/
'hostname' = 'iosv - 3',
'loopback' = '192.168.0.3'
'mgmt_ip' = '172.16.1.227'
```

```
'role' = 'leaf'
'vendor' = 'Cisco'
'os' = '15. 6'

(venv) $ http POST http://172. 16. 1. 123:5000/devices/
'hostname' = 'iosv - 4',
'loopback' = '192. 168. 0. 4'
'mgmt_ip' = '172. 16. 1. 228'
'role' = 'leaf'
'vendor' = 'Cisco'
'os' = '15. 6'
```

如果使用相同 API 端点的 GET 请求，就能看到我们创建的网络设备列表：

```
(venv) $ http GET http://172. 16. 1. 123:5000/devices/
HTTP/1. 0 200 OK
Content - Length: 192
Content - Type: application/json
Date: Tue, 08 Oct 2019 23:21:12 GMT
Server: Werkzeug/0. 16. 0 Python/3. 6. 8

{
    "device": [
        "http://172. 16. 1. 123:5000/devices/1",
        "http://172. 16. 1. 123:5000/devices/2",
        "http://172. 16. 1. 123:5000/devices/3",
        "http:/ /172. 16. 1. 123:5000/devices/4"
    ]
}
```

类似地，使用/devices/<id>的 GET 请求将返回与这个设备相关的特定信息：

```
(venv) echou@network - dev - 2:~ $ http GET http://172. 16. 1. 123:5000/devices/1
<skip>
{
    "hostname": "iosv - 1",
    "loopback": "192. 168. 0. 1",
    "mgmt_ip": "172. 16. 1. 225",
    "os": "15. 6",
```

```
        "role": "spine",
        "self_url": "http://172.16.1.123:5000/devices/1",
        "vendor": "Cisco"
    }
```

下面假设我们已经将 r1 操作系统从 15.6 降级到 14.6，可以使用 PUT 请求更新这个设备记录：

```
(venv) $ http PUT http://172.16.1.123:5000/devices/1
'hostname'='iosv-1'
'loopback'='192.168.0.1'
'mgmt_ip'='172.16.1.225'
'role'='spine'
'vendor'='Cisco'
'os'='14.6'
HTTP/1.0 200 OK
# Verification
(venv) $ http GET http://172.16.1.123:5000/devices/1HTTP/1.0 200 OK
<skip>

{
        "hostname": "iosv-1",
        "loopback": "192.168.0.1",
        "mgmt_ip": "172.16.1.225",
        "os": "14.6",
        "role": "spine",
        "self_url": "http://172.16.1.123:500 0/devices/1",
        "vendor": "Cisco"
    }
```

下面我们来看 chapter9_6.py 中创建以上 API 的代码。在我看来，最酷的是所有这些 API 都在一个文件中创建，包括数据库交互。之后，当前 API 过于庞大时，完全可以分离出组件，比如对于数据库类可以有一个单独的文件。

9.4.3　设备 API

chapter9_6.py 文件最前面要导入必要的包。需要说明，下面导入的 request 是客户的 request 对象而不是前几章中使用的 requests 包：

```
from flask import Flask, url_for, jsonify, request
from flask_sqlalchemy import SQLAlchemy

app = Flask(__name__)
app.config['SQLALCHEMY_DATABASE_URI'] = 'sqlite:///network.db'
db = SQLAlchemy(app)
```

我们声明了一个 database 对象，其 id 作为主键，另外包含 hostname，loopback，mgmt_ip，role，vendor 和 os 等字符串字段：

```
class Device(db.Model):
    __tablename__ = 'devices'
    id = db.Column(db.Integer, primary_key = True)
    hostname = db.Column(db.String(64), unique = True)
    loopback = db.Column(db.String(120), unique = True)
    mgmt_ip = db.Column(db.String(120), unique = True)
    role = db.Column(db.String(64))
    vendor = db.Column(db.String(64))
    os = db.Column(db.String(64))
```

Device 类的 get_url() 函数由 url_for() 函数返回一个 URL。注意这里调用的 get_device() 函数还没有在/devices/<int：id>路由下定义：

```
def get_url(self):
    return url_for('get_device', id = self.id, _external = True)
```

export_data() 和 import_data() 函数互为镜像。一个在我们使用 GET 方法时用于从数据库为用户获取信息（export_data()）。另一个则在我们使用 POST 或 PUT 方法时从用户为数据库获取数据（import_data()）：

```
def export_data(self):
    return {
        'self_url': self.get_url(),
        'hostname': self.hostname,
        'loopback': self.loopback,
        'mgmt_ip': self.mgmt_ip,
        'role': self.role,
        'vendor': self.vendor,
        'os': self.os
    }
```

```
def import_data(self, data):
    try:
        self.hostname = data['hostname']
        self.loopback = data['loopback']
        self.mgmt_ip = data['mgmt_ip']
        self.role = data['role']
        self.vendor = data['vendor']
        self.os = data['os']
    except KeyError as e:
        raise ValidationError('Invalid device: missing ' +
e.args[0])
    return self
```

有了 database 对象以及所创建的导入和导出函数，对设备操作的 URL 分派就很简单了。GET 请求将返回一个设备列表，为此会查询 devices 表中的所有条目并返回每个条目的 URL。POST 方法将使用 import_data() 函数，并以全局 request 对象作为输入。然后，它会增加设备并将信息提交到数据库：

```
@app.route('/devices/', methods=['GET'])
def get_devices():
    return jsonify({'device': [device.get_url()
                    for device in Device.query.all()]})

@app.route('/devices/', methods=['POST'])
def new_device():
    device = Device()
    device.import_data(request.json)
    db.session.add(device)
    db.session.commit()
    return jsonify({}), 201, {'Location': device.get_url()}
```

如果查看 POST 方法，返回的体是一个空 JSON 体，包含状态码 201（表示已创建）和额外的首部：

```
HTTP/1.0 201 CREATED
Content-Length: 2
Content-Type: application/json Date: ...
Location: http://172.16.1.173:5000/devices/4
Server: Werkzeug/0.9.6 Python/3.5.2
```

下面来看查询和返回单个设备相关信息的 API。

9.4.4　设备 ID API

单个设备的路由指定 ID 应当是一个整数，这可以作为我们的第一道防线来防范有问题的请求。两个端点遵循与/devices/端点相同的设计模式，这里我们使用相同的 import 和 export 函数：

```
@app.route('/devices/<int:id>', methods=['GET'])
def get_device(id):
    return jsonify(Device.query.get_or_404(id).export_data())

@app.route('/devices/<int:id>', methods=['PUT'])
def edit_device(id):
    device = Device.query.get_or_404(id)
    device.import_data(request.json)
    db.session.add(device)
    db.session.commit()
    return jsonify({})
```

需要说明，如果数据库查询对传入的 ID 返回一个负数，query_or_404() 提供了一种返回 404（not found）的便利方法。这是对数据库查询提供快速检查的一种很优雅的方式。

最后，代码的最后一部分创建数据库表并启动 Flask 开发服务器：

```
if __name__ == '__main__':
    db.create_all()
    app.run(host='0.0.0.0', debug=True)
```

这是这本书中比较长的 Python 脚本之一，正因如此，我们花了更多的时间来详细解释。利用这个脚本，我们说明了通过使用 Flask 如何利用后台数据库跟踪网络设备，并且只作为 API 对外提供这些网络设备信息。

在下一节中，我们将了解如何使用 API 在单个设备或一组设备上完成异步任务。

9.5　网络动态操作

现在我们的 API 可以提供关于网络的静态信息；存储在数据库中的任何内容都可以返回给请求者。如果我们能直接与网络交互，比如查询设备信息或者将配置变更推送到设备，那就太好了。

首先，我们将利用*第 2 章　低层网络设备交互*中已经见过的一个脚本（通过 Pexpect 与设备交互）。我们会对这个脚本稍做修改，把它改为 chapter9＿pexpect＿1.py 中的一个可以反复使用的函数：

```
import pexpect
def show_version(device, prompt, ip, username, password):
    device_prompt = prompt
    child = pexpect.spawn('telnet ' + ip)
    child.expect('Username:')
    child.sendline(username)
    child.expect('Password:')
    child.sendline(password)
    child.expect(device_prompt)
    child.sendline('show version | i V')
    child.expect(device_prompt)
    result = child.before
    child.sendline('exit')
    return device, result
```

可以通过交互式提示测试这个新函数：

```
>>> from chapter9_pexpect_1 import show_version
>>> print(show_version('iosv-1', 'iosv-1#', '172.16.1.225', 'cisco',
'cisco'))
('iosv-1', b'show version | i V\r\nCisco IOS Software, IOSv Software
(VIOS-ADVENTERPRISEK9-M), Version 15.6(3)M2, RELEASE SOFTWARE (fc2)\r\
nProcessor board ID 9Z1DS4YEJWHZGVUM73HWA\r\n')
```

 在继续下面的工作之前，要确保你的 Pexpect 脚本工作正常。下面的代码假设你已经输入了上一节中必要的数据库信息。

可以增加一个新 API 来查询设备版本，如 chapter9＿7.py 所示：

```
from chapter9_pexpect_1 import show_version
<skip>
@app.route('/devices/<int:id>/version', methods=['GET'])
def get_device_version(id):
    device = Device.query.get_or_404(id)
```

```
        hostname = device.hostname
        ip = device.mgmt_ip
        prompt = hostname + "#"
        result = show_version(hostname, prompt, ip, 'cisco', 'cisco')
    return jsonify({"version": str(result)})
```

结果会返回给请求者：

```
(venv) $ http GET http://172.16.1.123:5000/devices/1/version
HTTP/1.0 200 OK
Content-Length: 212
Content-Type: application/json
Date: Tue, 08 Oct 2019 23:53:49 GMT
Server: Werkzeug/0.16.0 Python/3.6.8

{
    "version": "('iosv-1', b'show version | i V\\r\\nCisco IOS Software,
IOSv Software (VIOS-ADVENTERPRISEK9-M), Version 15.6(3)M2, RELEASE
SOFTWARE (fc2)\\r\\nProcessor board ID 9Z1DS4YEJWHZGVUM73HWA\\r\\n')"
}
```

还可以增加另一个端点，允许我们基于设备的公共字段在多个设备上完成批量操作。在下面的例子中，端点将接受 URL 中的 device_role 属性，将它与适当的设备匹配：

```
@app.route('/devices/<device_role>/version', methods=['GET'])
def get_role_version(device_role):
    device_id_list = [device.id for device in Device.query.all() if
device.role == device_role]
    result = {}
    for id in device_id_list:
        device = Device.query.get_or_404(id)
        hostname = device.hostname
        ip = device.mgmt_ip
        prompt = hostname + "#"
        device_result = show_version(hostname, prompt, ip, 'cisco',
'cisco')
        result[hostname] = str(device_result)
    return jsonify(result)
```

当然，如前面的代码所示，Device. query. all（）中会循环遍历所有设备，这样效率不高。在生产环境中，我们会使用专门针对设备角色的一个 SQL 查询。

使用 RESTful API 时，可以看到，能同时查询所有脊设备以及叶设备：

```
(venv) $ http GET http://172.16.1.123:5000/devices/spine/version
HTTP/1.0 200 OK
<skip>
{
    "iosv-1": "('iosv-1', b'show version | i V\\r\\nCisco IOS Software,
IOSv Software (VIOS-ADVENTERPRISEK9-M), Version 15.6(3)M2, RELEASE
SOFTWARE (fc2)\\r\\nProcessor board ID 9Z1DS4YEJWHZGVUM73HWA\\r\\n')",
    "iosv-2": "('iosv-2', b'show version | i V\\r\\nCisco IOS Software,
IOSv Software (VIOS-ADVENTERPRISEK9-M), Version 15.6(3)M2, RELEASE
SOFTWARE (fc2)\\r\\nProcessor board ID 9BPSF4VEH068CWL8YVZGT\\r\\n')"
}
```

如前所述，新的 API 端点会实时查询设备，并将结果返回给请求者。如果可以保证在事务的超时值（默认为 30 秒）以内得到操作响应，或者如果能接受 HTTP 会话在操作完成之前超时，这种方法就很好。处理超时问题的一种方法是异步地执行任务。我们将在下一节介绍如何实现。

异步操作

异步操作就是不按正常的时间序列执行任务，在我看来，这是 Flask 的一个高级主题。幸运的是，Miguel Grinberg（https://blog.miguelgrinberg.com/）（我是他的 Flask 相关工作的超级粉丝）在他的博客和 GitHub 上提供了很多文章和例子。对于异步操作，下面 chapter9_8.py 的示例代码中，我们引用了 Miguel 关于 Raspberry Pi 文件的 GitHub 代码（https://github.com/miguelgrinberg/oreilly-flask-apis-video/blob/master/camera/camera.py）来实现后台装饰器。首先再导入另外几个模块：

```python
from flask import Flask, url_for, jsonify, request,\
    make_response, copy_current_request_context
from flask_sqlalchemy import SQLAlchemy
from chapter9_pexpect_1 import show_version
import uuid
import functools
```

```
from threading import Thread
```

　　这个后台装饰器接受一个函数，使用该任务 ID 对应的线程和 UUID 作为一个后台任务运行。它会返回接收到的状态码 202 和新资源的位置，供请求者检查。我们将建立一个新 URL 完成状态检查：

```
@app. route('/status/<id>', methods = ['GET'])
def get_task_status(id):
    global background_tasks
    rv = background_tasks. get(id)
    if rv is None:
        return not_found(None)
    if isinstance(rv, Thread):
        return jsonify({}), 202, {'Location': url_for('get_task_
status', id = id)}
    if app. config['AUTO_DELETE_BG_TASKS']:
        del background_tasks[id]
    return rv
```

　　一旦我们获取了资源，就会将它删除。这是通过在应用最上面将 app. config ['AUTO_DELETE_BG_TASKS'] 设置为 true 做到的。将这个装饰器增加到我们的版本（version）端点，而不改变代码的其他部分，因为所有复杂性都隐藏在装饰器中（是不是很酷？）：

```
@app. route('/devices/<int:id>/version', methods = ['GET'])
@background
def get_device_version(id):
    device = Device. query. get_or_404(id)
<skip>
@app. route('/devices/<device_role>/version', methods = ['GET'])
@background
def get_role_version(device_role):
    device_id_list = [device. id for device in Device. query. all() if
device. role = = device_role]
<skip>
```

　　最终结果是一个两部分过程。我们将对端点完成 GET 请求，并接收位置首部：

```
(venv) $ http GET http://172. 16. 1. 123:5000/devices/spine/version
HTTP/1. 0 202 ACCEPTED
```

```
Content－Length：3
Content－Type：application/json
Date：Tue，08 Oct 2019 23：58：57 GMT
Location：http://172.16.1.123：5000/status/057c895371b448d2aad30525c31e
1c51
Server：Werkzeug/0.16.0 Python/3.6.8
{}
```

然后向这个位置做出第二个请求，来获取结果：

```
(venv) $ http GET http://172.16.1.123：5000/status/057c895371b448d2aad3052
5c31e1c51
HTTP/1.0 200 OK
<skip>
{
    "iosv－1"："('iosv－1', b'show version | i V\\r\\nCisco IOS Software,
IOSv Software (VIOS－ADVENTERPRISEK9－M)，Version 15.6(3)M2，RELEASE
SOFTWARE (fc2)\\r\\nProcessor board ID 9Z1DS4YEJWHZGVUM73HWA\\r\\n')",
    "iosv－2"："('iosv－2', b'show version | i V\\r\\nCisco IOS Software,
IOSv Software (VIOS－ADVENTERPRISEK9－M)，Version 15.6(3)M2，RELEASE
SOFTWARE (fc2)\\r\\nProcessor board ID 9BPSF4VEH068CWL8YVZGT\\r\\n')"
}
```

为了验证资源未准备就绪时会返回状态码 202 ，我们使用以下脚本 chapter9 _ request _ 1.py 向新资源立即做出一个请求：

```
import requests，time

server = 'http://172.16.1.123：5000'
endpoint = '/devices/1/version'

# First request to get the new resource
r = requests.get(server + endpoint)
resource = r.headers['location']
print("Status：{} Resource：{}".format(r.status_code, resource))

# Second request to get the resource status
r = requests.get(resource)
print("Immediate Status Query to Resource：" + str(r.status_code))
```

```
print("Sleep for 2 seconds")
time. sleep(2)
# Third request to get the resource status
r = requests. get(resource)
print ("Status after 2 seconds: " + str(r. status_code))
```

在结果中可以看到，资源仍在后台运行时，返回的状态码为 202：

```
(venv) $ python chapter9_request_1. py
Status: 202 Resource: http://172. 16. 1. 123:5000/status/6108048c6e9b40fbab5
a5b53c5817e7c
Immediate Status Query to Resource: 202
Sleep for 2 seconds
Status after 2 seconds: 200
```

我们的 API 很棒！因为网络资源对我们来说很宝贵，所以应该确保只有经过授权的人员才能访问 API。在下一节中，我们将为 API 增加基本的安全措施。

9.6　认证和授权

对于基本用户认证，我们将使用 Miguel Grinberg 写的 Flask httpauth 扩展，以及 Werkzeug 中的密码函数。这一章最前面使用 requirements. txt 安装时应该已经安装了 httpauth 扩展。展示安全特性的新文件名为 chapter9 _ 9. py。在这个脚本中，首先再导入几个模块：

```
from werkzeug. security import generate_password_hash, check_password_
hash
from flask_httpauth import HTTPBasicAuth
```

我们要创建一个 HTTPBasicAuth 对象以及 user database 对象。需要说明，用户创建过程中，我们要传入密码值；不过，我们只存储 password _ hash 而不会存储明文的 password 本身：

```
auth = HTTPBasicAuth()
<skip>
class User(db. Model):
    __tablename__ = 'users'
    id = db. Column(db. Integer, primary_key = True)
    username = db. Column(db. String(64), index = True)
```

```
password_hash = db.Column(db.String(128))

def set_password(self, password):
    self.password_hash = generate_password_hash(password)

def verify_password(self, password):
    return check_password_hash(self.password_hash, password)
```

auth 对象有一个 verify_password 装饰器，可以结合 Flask 的 g 全局上下文对象一起使用，这个全局上下文对象是用户请求开始时创建的。由于 g 是全局的，如果把用户保存到 g 变量，它会在整个事务期间都存活：

```
@auth.verify_password
def verify_password(username, password):
    g.user = User.query.filter_by(username=username).first()
    if g.user is None:
        return False
    return g.user.verify_password(password)
```

有一个很方便的 before_request 处理器，可以在调用任何 API 端点之前使用。我们将结合使用 auth.login_required 装饰器和将应用到所有 API 路由的 before_request 处理器：

```
@app.before_request
@auth.login_required
def before_request():
    pass
```

最后，我们将使用 unauthorized 错误处理器为 401 未授权错误返回一个 response 对象：

```
@auth.error_handler
def unathorized():
    response = jsonify({'status': 401, 'error': 'unauthorized',
                        'message': 'please authenticate'})
    response.status_code = 401
    return response
```

测试用户认证之前，需要在我们的数据库中创建用户：

```
>>> from chapter9_9 import db, User
>>> db.create_all()
>>> u = User(username='eric')
>>> u.set_password('secret')
```

```
>>>db.session.add(u)
>>>db.session.commit()
>>>exit()
```

一旦启动 Flask 开发服务器，像之前一样，试着做一个请求。你会看到，这一次服务器会拒绝这个请求，返回一个 401 未授权错误：

```
(venv) $ http GET http://172.16.1.123:5000/devices/
HTTP/1.0 401 UNAUTHORIZED
<skip>
WWW-Authenticate: Basic realm = "Authentication Required"

{
    "error": "unauthorized",
    "message": "please authenticate",
    "status": 401
}
```

现在需要为我们的请求提供认证首部：

```
(venv) $ http -- auth eric:secret GET http://172.16.1.123:5000/devices/
HTTP/1.0 200 OK
Content-Length: 192
Content-Type: application/json
Date: Wed, 09 Oct 2019 00:31:41 GMT
Server: Werkzeug/0.16.0 Python/3.6.8

{
    "device": [
        "http://172.16.1.123:5000/devices/1",
        "http://172.16.1.123:5000/devices/2",
        "http://172.16.1.123:5000/devices/3",
        "http://172.16.1.123:5000/devices/4"
    ]
}
```

现在，我们已经为我们的网络建立了一个不错的 RESTful API。用户想要获取网络设备信息时，他们可以查询网络的静态内容。他们还可以对单个设备或一组设备完成网络操作。我们还增加了基本的安全措施，确保只有我们创建的用户能够从我们的 API 获取信息。很酷的一点是，所有这些都在一个不超过 250 行代码的文件中完成（如果不考虑注释，甚至不到 200 行）!

 关于用户会话管理、登录、注销以及记住用户会话的更多信息，强烈建议使用 Flask - Login（https：//flask - login. readthedocs. io/en/latest/）扩展。

现在已经从我们的网络抽象了底层供应商 API，并把它们替换为我们自己的 RESTful API。通过提供这个抽象，我们可以自由地使用后端需要的方法，比如 Pexpect，同时仍然为请求者提供统一的前端。甚至还可以更进一步，我们能替换低层网络设备，而不影响向我们发出 API 调用的用户。Flask 以一种简洁而且易于使用的方式为我们提供了这个抽象。我们还可以使用更小的内存空间运行 Flask，比如使用容器。

9.7　在容器中运行 Flask

在过去的几年里，容器变得非常流行。与基于管理程序的虚拟机相比，容器提供了更多的抽象和虚拟化。对容器的深入讨论超出了本书的范围。对于感兴趣的读者，我们将提供一个简单的例子，来说明如何在一个 Docker 容器中运行我们的 Flask 应用。

我们将基于在 Ubuntu 18. 04 机器上构建容器的一个免费 DigitalOcean Docker 教程（https：//www. digitalocean. com/community/tutorials/how - to - build - and - deploy - a - flask - applicationusing - docker - on - ubuntu - 18 - 04）来构建我们的例子。如果你还不了解容器，强烈建议你先阅读这个教程，然后再回来学习这一节。

下面确保已经安装了 Docker：

```
$ sudo docker -- version
Docker version 19. 03. 2, build 6a30dfc
```

我们要建立一个名为 TestApp 的目录来存储我们的代码：

```
$ mkdir TestApp
$ cd TestApp/
```

在这个目录中，我们要建立另一个名为 app 的目录，并创建 _ init _ . py 文件：

```
$ mkdir app
$ touch app/__init__. py
```

在 app 目录下，将包含应用的逻辑。由于目前为止我们一直使用单文件应用，所以可以简单地将 chapter9 _ 6. py 文件的内容复制到 app/ _ init _ . py 文件：

```
$ cat app/__init__.py
from flask import Flask, url_for, jsonify, request
from flask_sqlalchemy import SQLAlchemy

app = Flask(__name__)
app.config['SQLALCHEMY_DATABASE_URI'] = 'sqlite:///network.db'
db = SQLAlchemy(app)

@app.route('/')
def home():
    return "Hello Python Netowrking!"
<skip>
class Device(db.Model):
    __tablename__ = 'devices'
    id = db.Column(db.Integer, primary_key = True)
    hostname = db.Column(db.String(64), unique = True)
    loopback = db.Column(db.String(120), unique = True)
    mgmt_ip = db.Column(db.String(120), unique = True)
    role = db.Column(db.String(64))
    vendor = db.Column(db.String(64))
    os = db.Column(db.String(64))
<skip>
```

还可以将我们创建的 SQLite 数据库文件复制到这个目录：

```
$ tree app/
app/
├── __init__.py
├── network.db
```

将 requirements. txt 文件放在 TestApp 目录，并创建 main. py 文件作为我们的入口点，另外创建一个 uwsgi. ini 文件：

```
$ cat main.py
from app import app


$ ca t uwsgi.ini
[uwsgi]
```

```
module = main
callable = app
master = true
```

我们将使用一个预建的 Docker 映像并创建构建这个 Docker 映像的 Dockerfile：

```
$ cat Dockerfile
FROM tiangolo/uwsgi-nginx-flask:python3.7-alpine3.7
RUN apk --update add bash vim
RUN mkdir /TestApp
ENV STATIC_URL /static
ENV STATIC_PATH /TestApp/static
COPY ./requirements.txt /TestApp/requirements.txt
RUN pip install -r /TestApp/requirements.txt
```

我们的 start.sh shell 脚本将构建映像，将它作为一个守护程序在后台运行，然后将端口 8000 映射到 Docker 容器：

```
$ cat start.sh
#! /bin/bash
app = "docker.test"
docker build -t ${app} .
docker run -d -p 8000:80 \
  --name = ${app} \
  -v $PWD:/app ${app}
```

现在可以使用 start.sh 脚本构建映像并启动我们的容器：

```
$ sudo bash start.sh
Sending build context to Docker daemon 49.15kB
Step 1/7 : FROM tiangolo/uwsgi-nginx-flask:python3.7-alpine3.7
python3.7-alpine3.7: Pulling from tiangolo/uwsgi-nginx-flask
48ecbb6b270e: Pulling fs layer
692f29ee68fa: Pulling fs layer
<skip>
```

现在 Flask 在容器中运行，可以从主机端口 8000 查看：

```
$ sudo docker ps
CONTAINER ID        IMAGE               COMMAND                         CREATED
STATUS              PORTS                                 NAMES
```

ac5384e6b007　　　　　docker.test　　　　"/entrypoint.sh /sta⋯"　　　　55

minutes ago　　　　Up 46 minutes　　543/tcp, 0.0.0.0:8000 − >80/tcp

docker.test

可以看到地址栏显示了管理主机 IP，如图 9-4 所示。

图 9-4　管理主机 IP

可以看到 **Flask API 端点**，如图 9-5 所示。

图 9-5　Flask API 端点

一旦完成，可以使用以下命令停止和删除容器：

```
$ sudo docker stop <container id>
$ sudo docker rm <containter id>
```

还可以删除 Docker 映像：

```
$ sudo docker images − a − q #find the image id
$ sudo docker rmi<image id>
```

可以看到，在容器中运行 Flask 为我们提供了更大的灵活性，可以在生产环境中部署我们自己的 API 抽象。当然，容器有自身的复杂性，而且增加了更多的管理任务，所以考虑部署方法时，我们需要权衡利弊。这一章就要结束了，在学习下一章之前，下面来总结一下目前为止我们都做了什么。

9.8　小结

在这一章中，首先开始考虑为我们的网络构建 RESTful API。我们查看了不同的流行 Python web 框架，具体就是 Django 和 Flask，并对二者进行了比较和对比。通过选择 Flask，我们可以从小做起，并使用 Flask 扩展来扩展特性。

在我们的实验室中，使用虚拟环境将 Flask 安装环境与我们的全局站点包分开。这个实验室网络包括 4 个节点，其中两个指定为脊路由器，另外两个指定为叶路由器。我们介绍了 Flask 的基础知识，并使用简单的 HTTPie 客户端来测试我们的 API 设置。

在不同的 Flask 设置中，我们特别强调了 URL 分派和 URL 变量，因为它们是请求者与 API 系统之间的初始逻辑。我们讨论了如何使用 Flask－SQLAlchemy 和 SQLite 存储和返回本质上静态的网络元素。对于操作任务，我们也创建了 API 端点，同时调用其他程序（如 Pexpect）来完成配置任务。通过为 API 增加异步处理和用户认证，可以进一步改进这个设置。我们还介绍了如何在 Docker 容器中运行我们的 Flask API 应用。

在**第 10 章　AWS 云网络**中，我们将把目光转向使用 **Amazon Web Services**（**AWS**）的云网络。

第 10 章　AWS 云网络

云计算是当今计算领域的主要趋势之一，已经发展了很多年。公共云提供商完全改变了初创行业，也改变了从零开始提供服务的含义。我们不再需要构建自己的基础设施，而是可以向公共云提供商支付费用，租用他们的部分资源来满足我们的基础设施需求。如今，在任何技术会议或聚会上，我们很难找到一个没有听说、使用或构建过云服务的人。云计算业已存在，我们最好习惯使用云计算。

有很多云计算服务模型，大致分为软件即服务（**Software‐as‐a‐Service，SaaS**）（https：//en. wikipedia. org/wiki/Software＿as＿a＿service)、平台即服务（**Platform‐as‐a‐Service，PaaS**）［https：//en. wikipedia. org/wiki/Cloud＿computing♯Platform＿as＿a＿service＿（PaaS)］和基础设施即服务（**Infrastructure‐as‐a‐Service，IaaS**）（https：//en. wikipedia. org/wiki/Infrastructure＿as＿a＿service)。从用户的角度来看，每个服务模型提供了不同层次的抽象。对我们来说，网络是基础设施即服务产品的一部分，这也是这一章关注的重点。

Amazon Web Services（AWS）（https：//aws. amazon. com/）是第一家提供 IaaS 公共云服务的公司，按照 2019 年的市场份额，它在这个领域绝对领先。如果我们将软件定义网络（**Software－Defined Networking，SDN**）定义为共同创建网络构造的一组软件服务［网络构造包括 IP 地址、访问列表、负载均衡器和网络地址转换（**Network Address Translation，NAT)**］，可以认为 AWS 是世界上最大的 SDN 实现者。他们利用其庞大的全球网络、数据中心和服务器提供了极其丰富的网络服务。

 如果你有兴趣了解 Amazon 的规模和网络服务，强烈建议你看看 James Hamilton 的 2014 AWS re：Invent 演讲：https：//www. youtube. com/watch？v＝JIQETrFC＿SQ。这是一个少有的内部人员对 AWS 规模和创新的介绍。

这一章中，我们将讨论 AWS 云服务提供的网络服务，并介绍如何使用 Python 来利用这些服务：

- AWS 设置和网络概述。
- 虚拟私有云。
- Direct Connect 和 VPN。

- 网络伸缩服务。
- 其他 AWS 网络服务。

下面先来看如何设置 AWS。

10.1　AWS 设置

如果你还没有一个 AWS 账户，并且想学习这些例子，请访问 https：//aws. amazon. com/并注册。这个过程非常简单，你需要一张信用卡和某种途径来验证你的身份，比如能收短信的手机。

AWS 的一个好处是，我们刚入门时，AWS 提供了大量免费等级的服务（https：//aws. amazon. com/free/），你可以在一定程度上免费使用这些服务。例如，我们将在这一章使用弹性计算云（**Elastic Compute Cloud，EC2**）服务。EC2 的免费等级是：前 12 个月中，每个月前 750 小时它的 t2. micro 实例是免费的。我建议总是从免费等级开始，需求增加时再逐渐增加等级 AWS 免费等级，如图 10 - 1 所示。最新产品请查看 AWS 网站。

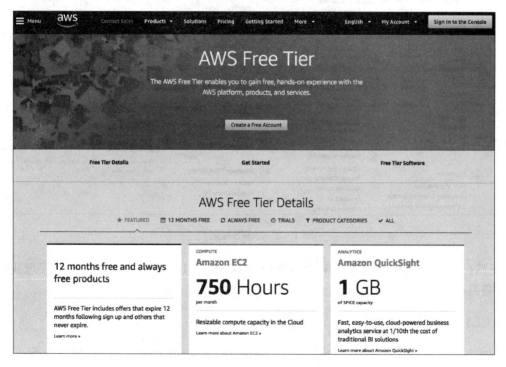

图 10 - 1　AWS 免费等级

有了账户之后，可以通过 AWS 控制台（https：//console.aws.amazon.com/）登录，查看 AWS 提供的不同服务。

我们可以在这个控制台配置所有服务，并查看每月账单，如图 10-2 所示。

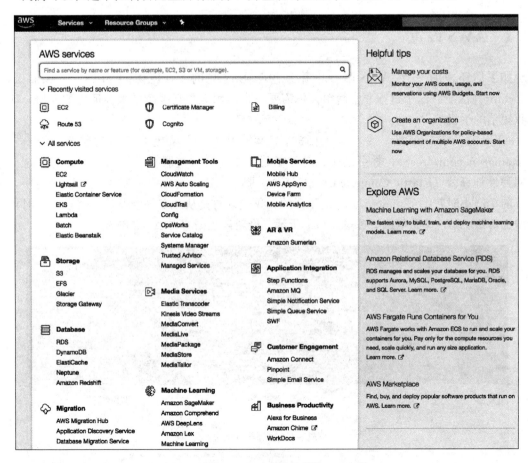

图 10-2　AWS 控制台

既然已经建立了账户，下面来看如何使用 AWS CLI 工具和 Python SDK 管理我们的 AWS 资源。

AWS CLI 和 Python SDK

除了控制台，还可以通过命令行界面（**command line interface，CLI**）和各种 SDK 来管理 AWS 服务。AWS CLI 是一个 Python 包，可以通过 PIP 安装（https：//docs.aws.amazon. com/cli/latest/userguide/installing. html)。下面在我们的 Ubuntu 主机上安装这个包：

```
(venv) $ pip install awscli
(venv) $ aws -- version
aws-cli/1.16.259 Python/3.6.8 Linux/5.0.0-27-generic botocore/1.12.249
```

　　一旦安装了 AWS CLI，为了更容易和更安全的访问，我们将创建一个用户，并使用用户凭据配置 AWS CLI。下面回到 AWS 控制台，选择身份识别和访问管理（**Identity and Access Management，IAM**）来完成用户和访问管理，如图 10 - 3 所示。

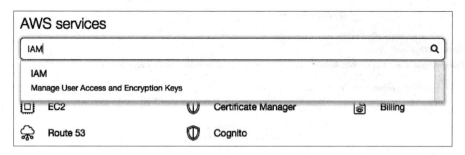

图 10 - 3　AWS IAM

　　可以选择左面板上的 **Users** 创建一个用户，如图 10 - 4 所示。

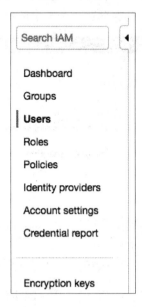

图 10 - 4　AWS IAM 用户

选择 **Programmatic access**（编程访问），并将用户指定到默认的管理员组，如图 10 - 5 所示。

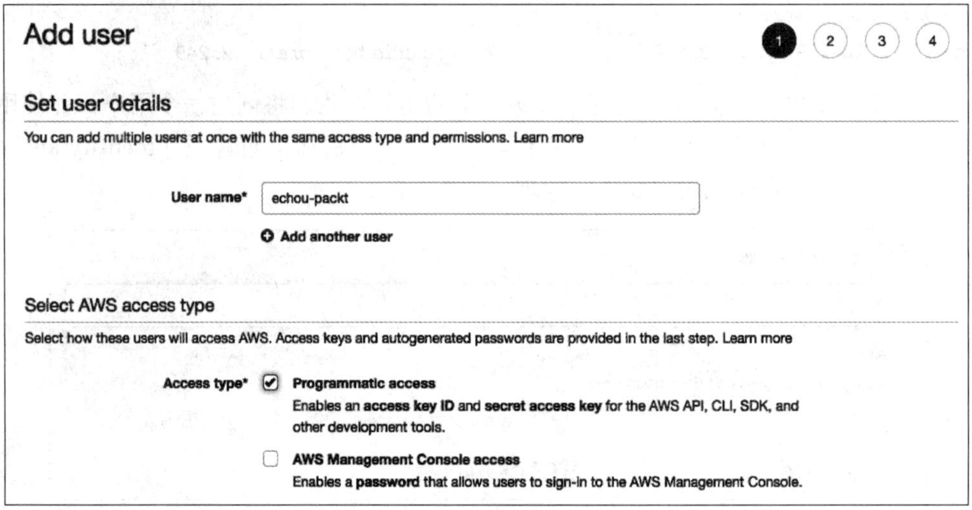

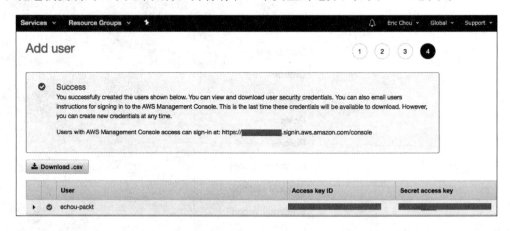

图 10 - 5 　AWS IAM 增加用户

最后一步会显示一个 **Access key ID（访问密钥 ID）** 和一个 **Secret access key**（秘密访问密钥）。把它们复制到一个文本文件，并保存在一个安全的地方，如图 10 - 6 所示。

图 10 - 6 　AWS IAM 用户安全凭据

我们将在终端中通过 aws configure 完成 AWS CLI 认证凭据设置。下一节我们将介绍 AWS 区域。现在我们使用 us - east - 1，因为这是服务最多的区域。可以以后再来改变区域：

```
$ aws configure
AWS Access Key ID [None]: <key>
AWS Secret Access Key [None]: <secret>
Default region name [None]: us-east-1
Default output format [None]: json
```

我们还要安装 AWS Python SDK，Boto3 (https://boto3.readthedocs.io/en/latest/)：

```
(venv) $ pip install boto3
# verification
(venv) $ python
Python 3.6.8 (default, Oct 7 2019, 12:59:55)
[GCC 8.3.0] on linux
Type "help", "copyright", "credits" or "license" for more information.
>>> import boto3
>>>exit()
```

现在我们已经为继续学习后面的小节做好了准备，首先来介绍 AWS 云网络服务。

10.2　AWS 网络概述

讨论 AWS 服务时，需要从顶层开始，即区域和可用区（**Availability Zones，AZ**）。它们对我们的所有服务有很大影响。写这本书时，AWS 列出了全球 22 个地理区域和 69 个 AZ。依照 AWS 全球云基础设施的说法 (https://aws.amazon.com/about-aws/global-infra-structure/)：

" *AWS 云基础设施是围绕区域和可用区（AZ）构建的。AWS 区域提供多个物理隔离的可用区，它们通过低延迟、高吞吐量和高冗余的网络进行连接。*"

要得到按 AZ、区域等过滤的 AWS 区域的可视化表示，请查看 https://www.infrastructure.aws/。

AWS 提供的一些服务是全球性的（比如我们创建的 IAM 用户），但大多数服务是基于区域的。区域是地理足迹，如 US-East、US-West、EU-London、Asia-Pacific-Tokyo 等。对我们来说，这意味着我们应该在离目标用户最近的区域建立基础设施。这将减少为客户提供服务的延迟。如果我们的用户在美国东海岸（**East Coast**），就应该选择 **US East (N. Virginia)** 或 **US East (Ohio)** 作为区域（如果服务是基于区域的），如图 10-7 所示。

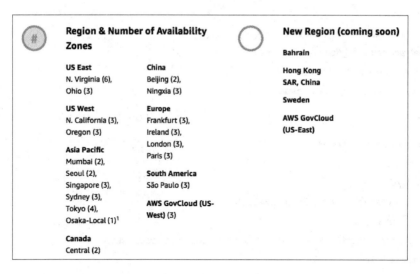

图 10 - 7　AWS 区域

除了用户延迟外，AWS 区域还有服务和成本影响。AWS 的新用户可能会惊讶地发现，并不是所有服务在所有区域都会提供。本章将要介绍的服务在大多数区域都提供，不过一些较新的服务可能只在选定的区域提供。在下面的例子中，可以看到 "Alexa for Business" 和 "Amazon Chime" 只在美国的北弗吉尼亚区域提供，如图 10 - 8 所示。

	Americas	Europe / Middle East / Africa	Asia Pacific					
Services Offered:	Northern Virginia	Ohio	Oregon	Northern California	Montreal	São Paulo	AWS GovCloud (US-West)	AWS GovCloud (US-East)
Alexa for Business	✓							
Amazon API Gateway	✓	✓	✓	✓	✓	✓	✓	✓
Amazon AppStream 2.0	✓						✓	
Amazon Athena	✓	✓	✓		✓		✓	
Amazon Aurora - MySQL-compatible	✓	✓	✓	✓	✓		✓	
Amazon Aurora - PostgreSQL-compatible	✓	✓	✓	✓	✓			✓
Amazon Chime	✓							

图 10 - 8　各区域提供的 AWS 服务

除了服务可用性，不同区域的服务成本可能略有不同。例如，对于本章将要介绍的 EC2 服务，**a1. medium** 实例的成本在 **US East（N. Virginia）** 是每小时 0.0255 美元，如图 10 - 9 所示，同样的实例在 **EU（Frankfurt）** 费用则要高出 14%，为每小时 0.0291 美元，如图 10 - 10 所示。

Linux	RHEL	SLES	Windows	Windows with SQL Standard		Windows with SQL Web
Windows with SQL Enterprise		Linux with SQL Standard		Linux with SQL Web		Linux with SQL Enterprise

Region:　US East (N. Virginia)

	vCPU	ECU	Memory (GiB)	Instance Storage (GB)	Linux/UNIX Usage
General Purpose – Current Generation					
a1.medium	1	N/A	2 GiB	EBS Only	$0.0255 per Hour
a1.large	2	N/A	4 GiB	EBS Only	$0.051 per Hour
a1.xlarge	4	N/A	8 GiB	EBS Only	$0.102 per Hour
a1.2xlarge	8	N/A	16 GiB	EBS Only	$0.204 per Hour
a1.4xlarge	16	N/A	32 GiB	EBS Only	$0.408 per Hour
a1.metal	16	N/A	32 GiB	EBS Only	$0.408 per Hour
t3.nano	2	Variable	0.5 GiB	EBS Only	$0.0052 per Hour
t3.micro	2	Variable	1 GiB	EBS Only	$0.0104 per Hour

图 10 - 9　AWS EC2 US East 区域价格

Linux	RHEL	SLES	Windows	Windows with SQL Standard		Windows with SQL Web
Windows with SQL Enterprise		Linux with SQL Standard		Linux with SQL Web		Linux with SQL Enterprise

Region:　EU (Frankfurt)

	vCPU	ECU	Memory (GiB)	Instance Storage (GB)	Linux/UNIX Usage
General Purpose – Current Generation					
a1.medium	1	N/A	2 GiB	EBS Only	$0.0291 per Hour
a1.large	2	N/A	4 GiB	EBS Only	$0.0582 per Hour
a1.xlarge	4	N/A	8 GiB	EBS Only	$0.1164 per Hour
a1.2xlarge	8	N/A	16 GiB	EBS Only	$0.2328 per Hour
a1.4xlarge	16	N/A	32 GiB	EDS Only	$0.4656 per Hour
a1.metal	16	N/A	32 GiB	EBS Only	$0.466 per Hour
t3.nano	2	Variable	0.5 GiB	EBS Only	$0.006 per Hour
t3.micro	2	Variable	1 GiB	EBS Only	$0.012 per Hour
t3.small	2	Variable	2 GiB	EBS Only	$0.024 per Hour

图 10 - 10　AWS EC2 EU 区域价格

如果你还在犹豫，可以选择 US East（N. Virginia）；这是最老的区域，很可能也是最便宜的，而且提供的服务最多。

并非所有区域对所有用户都可用。例如，默认地，**GovCloud** 和 **China** 区域对美国用户就不可用。可以通过 aws ec2 describe - regions 列出可用的区域：

```
$ aws ec2 describe - regions
{
    "Regions": [
        {
            "Endpoint": "ec2.eu - north - 1.amazonaws.com",
            "RegionName": "eu - north - 1",
            "OptInStatus": "opt - in - not - required"
        },
        {
            "Endpoint": "ec2.ap - south - 1.amazonaws.com",
            "RegionName": "ap - south - 1",
            "OptInStatus": "opt - in - not - required"
        },
<skip>
```

正如 Amazon 指出的，所有区域相互都是完全独立的，因此大多数资源不会跨区域复制。这意味着，如果有多个区域提供相同的服务，比如 **US - East** 和 **US - West**，并且需要服务相互备份，我们就需要自己复制必要的资源。

可以在 AWS 控制台中利用右上角的下拉菜单选择所要的区域，如图 10 - 11 所示。

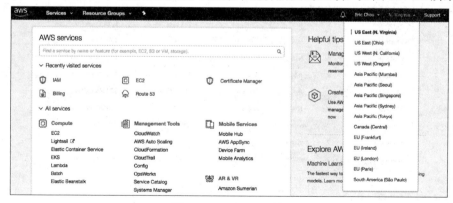

图 10 - 11　AWS 区域

我们在门户上只能查看区域内可用的服务。例如，如果我们有 US East 区域的 EC2 实例，但选择了 US West 区域，那么我们的 EC2 实例将不会显示。我曾经犯过几次这样的错误，困惑我的实例哪去了！

　　前面的 AWS 区域截屏图中，区域后面的数字表示每个区域中 AZ 的数量。AZ 使用区域和一个字母的组合来标记，例如 us-east-1a、us-east-1b 等。每个区域有多个 AZ，通常是3 个。每个 AZ 都有自己独立的基础设施，有冗余的电力供应、数据中心内部网络以及设施。一个区域内的所有AZ 通过低延迟的光纤路由连接，它们通常在同一区域相距 100 公里以内，如图 10-12 所示。

图 10-12　AWS 区域和可用区

　　与区域不同，我们在 AWS 中构建的很多资源可以在AZ 之间自动复制。例如，可以将我们的托管关系数据库（Amazon RDS）配置为跨 AZ 复制。AZ 的概念对服务冗余很重要，其约束对于我们要构建的网络服务非常重要。

 AWS 将 AZ 独立地映射到每个账户的标识符。例如，我的可用区 us-east-1a 可能与另一个账户的 us-east-1a 不同，尽管它们都标记为 us-east-1a。

可以在 AWS CLI 中检查一个区域中的 AZ：

```
$ aws ec2 describe-availability-zones --region us-east-1
{
    "AvailabilityZones": [
        {
            "State": "available",
            "Messages": [],
            "RegionName": "us-east-1",
            "ZoneName": "us-east-1a",
            "ZoneId": "use1-az2"
        },
        {
            "State": "available",
            "Messages": [],
            "RegionName": "us-east-1",
            "ZoneName": "us-east-1b",
```

```
            "ZoneId": "use1 - az4"
        },
```

\<skip\>

为什么我们这么关心区域和 AZ? 因为接下来的几节中，我们会看到，AWS 网络服务通常有区域和 AZ 限制。例如，虚拟私有云（**Virtual private cloud，VPC**）需要完全位于一个区域，另外各个子网需要完全位于一个 AZ。另一方面，NAT 网关是 AZ 限定的，因此如果需要冗余，就需要为每个 AZ 创建一个 NAT 网关。

我们会更详细地介绍这两个服务，不过这里提供了它们的用例，来说明区域和 AZ 是提供 AWS 网络服务的基础，如图 10 - 13 所示。

每个区域的VPC	IPv4 CIDR	Available IPv4	IPv6 CIDR	Availability Zone
vpc- mastering_python_networking_demo	10.0.0.0/24	251	-	us-east-1a
vpc- mastering_python_networking_demo	10.0.1.0/24	251	-	us-east-1b
vpc- mastering_python_networking_demo	10.0.2.0/24	251	-	us-east-1c

每个AZ一个子网

图 10 - 13　每个区域的 VPC 和 AZ

AWS 边缘站点（**AWS edge locations**）是 **AWS CloudFront** 内容分发网络的一部分，截至 2019 年 10 月，**AWS CloudFront** 内容分发网络覆盖 33 个国家的 73 个城市。这些边缘站点用于向客户低延迟地分发内容。与 Amazon 为区域和 AZ 构建的完整数据中心相比，边缘节点占用的空间更小。有时，人们会误以为边缘站点的接入点对应完整的 AWS 区域。如果只列为一个边缘站点，那么不会提供诸如 EC2 或 S3 等 AWS 服务。我们在 10.5.3　CloudFront CDN 服务一节还会再来讨论边缘站点。

AWS 传输中心（**AWS transit centers**）是 AWS 网络中文档最少的一个方面。这个概念在 James Hamilton 的 2014 AWS re：Invent 主题演讲（https：//www. youtube. com/watch？v =JIQETrFC _ SQ）中提到，将它作为区域中不同 AZ 的聚合点。坦率地讲，我们不知道经过这么多年，传输中心是否还存在，另外是否还在发挥同样的作用。不过，可以有根据地猜测传输中心的地位及其与 AWS Direct Connect 服务（本章后面将要介绍）的相关性。

James Hamilton，AWS 副总裁和杰出工程师，是 AWS 最有影响力的技术人员之一。在 AWS 网络方面，如果我认为谁有权威，那一定是他。可以在他的博客 Perspectives（https：//perspectives. mvdirona. com/）上更多地了解他的想法。

我们不可能在一章中涵盖与 AWS 相关的所有服务。有一些重要服务与网络并不直接相关，我们没有篇幅来详细介绍，不过应该熟悉这些服务：

- IAM 服务（https：//aws. amazon. com/iam/）允许我们安全地管理对 AWS 服务和资源的访问。
- **Amazon 资源名（Amazon Resource Names，ARN）**，https：//docs. aws. amazon. com/general/latest/gr/aws‑arns‑and‑namespaces. html，唯一标识所有 AWS 上的 AWS 资源。需要标识一个要访问 VPC 资源的服务时，如 DynamoDB 和 API Gateway，这些资源名非常重要。
- **Amazon 弹性计算云（Elastic Compute Cloud，EC2）**，https：//aws. amazon. com/ec2/，这个服务允许我们通过 AWS 接口获取和提供计算功能，如 Linux 和 Windows 实例。本章的例子中将使用 EC2 实例。

> 为便于学习，我们不考虑 AWS GovCloud（US）和 China 区域，这两个区域都没有使用 AWS 全球基础设施，而且分别有自己特有的特性和局限性。

以上是关于 AWS 网络服务的一个比较长的介绍，但很重要。这些概念和术语在后面的章节中还会提到。在下一节中，我们将研究 AWS 网络中（在我看来）最重要的概念：VPC。

10.3　虚拟私有云

Amazon VPC 允许客户在客户账户专用的一个虚拟网络中启动 AWS 资源。这是一个真正的可定制的网络，允许你定义自己的 IP 地址范围、增加和删除子网、创建路由、增加 VPN 网关、关联安全策略、将 EC2 实例连接到你自己的数据中心，等等。

早期没有 VPC 时，AZ 中的所有 EC2 实例都在一个平面网络上，由所有客户共享。客户是否愿意将他们的信息放在云上？我想不是很愿意。从 2007 年发布 EC2 到 2009 年发布 VPC 期间，VPC 功能是需求最迫切的 AWS 功能之一。

> VPC 中离开 EC2 主机的数据包由虚拟机管理程序（Hypervisor）拦截。管理程序根据一个理解 VPC 构造的映射服务检查数据包。然后，用真正的 AWS 服务器的源地址和目的地址封装这些数据包。封装和映射服务支持 VPC 的灵活性，但也带来 VPC 的一些限制（多播、嗅探）。毕竟，这是一个虚拟网络。

从 2013 年 12 月开始，所有 EC2 实例都只支持 VPC，不能再创建非 VPC 的 EC2 实例（EC2‑Classic），而且你也不想这样做。如果我们使用启动向导来创建 EC2 实例，会自动把它放在一个默认的 VPC 中，有一个支持公开访问的虚拟互联网网关。在我看来，只有最基本的用例才会使用这个默认 VPC。大多数情况下，我们都应该定义自己的非默认的定制 VPC。

下面在 **us‑east‑1** 使用 AWS 控制台创建以下 VPC，如图 10‑14 所示。

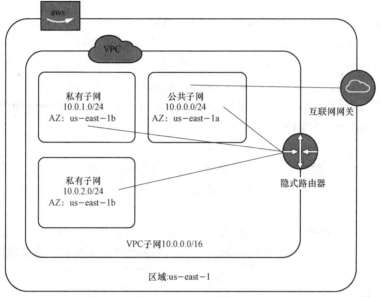

图 10‑14　US‑East‑1 中我们的第一个 VPC

你应该还记得，VPC 是 AWS 区域限定的，而子网基于 AZ。我们的第一个 VPC 将基于 us‑east‑1，3 个子网将分配到两个不同 AZ：us‑east‑1a 和 us‑east‑1b。

使用 AWS 控制台创建 VPC 和子网非常简单，AWS 提供了许多很好的在线教程。我在 VPC 仪表板上列出了创建步骤及相应的位置，如图 10‑15 所示。

图 10‑15　创建 VPC、子网和其他特性的步骤

　　前两个步骤只是鼠标指向和点击（point-and-click）过程，大多数网络工程师都可以完成（即使之前没有任何经验）。默认情况下，VPC 只包含本地路由（10.0.0.0/16）。下面我们要创建一个互联网网关，并将它与这个 VPC 关联，如图 10-16 所示。

　　然后，可以创建一个自定义路由表，其中默认路由指向互联网网关，

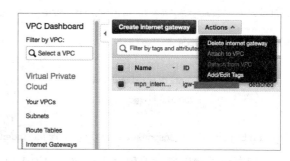

图 10-16　AWS 互联网网关与 VPC 关联

这将允许互联网访问。我们把这个路由表与我们的子网（us-east-1a，10.0.0.0/24）关联，从而允许这个 VPC 访问互联网，如图 10-17 所示。

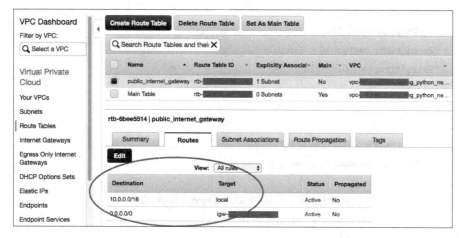

图 10-17　路由表

　　下面使用 Boto3 Python SDK 来看我们创建的结果，我使用标记 mastering_python_networking_demo 作为 VPC 的标记，这可以用作为过滤器：

```python
#! /usr/bin/env python3

import json, boto3

region = 'us-east-1'
vpc_name = 'mastering_python_networking_demo'

ec2 = boto3.resource('ec2', region_name = region)
client = boto3.client('ec2')
```

```
filters = [{'Name':'tag:Name', 'Values':[vpc_name]}]

vpcs = list(ec2.vpcs.filter(Filters=filters))
for vpc in vpcs:
    response = client.describe_vpcs(
                VpcIds=[vpc.id,]
              )
    print(json.dumps(response, sort_keys=True, indent=4))
```

这个脚本允许我们通过编程方式查询我们为 VPC 创建的区域：

```
(venv) $ python Chapter10_1_query_vpc.py
{
    "ResponseMetadata": {
        <skip>
        "HTTPStatusCode": 200,
        "RequestId": "9416b03f-<skip>",
        "RetryAttempts": 0
    },
    "Vpcs": [
        {
            "CidrBlock": "10.0.0.0/16",
            "CidrBlockAssociationSet": [
                {
                    "AssociationId": "vpc-cidr-assoc-<skip>",
                    "CidrBlock": "10.0.0.0/16",
                    "CidrBlockState": {
                        "State": "associated"
                    }
                }
            ],
            "DhcpOptionsId": "dopt-<skip>",
            "InstanceTenancy": "default",
            "IsDefault": false,
            "OwnerId": "<skip>",
            "State": "available",
            "Tags": [
                {
```

```
                    "Key": "Name",
                    "Value": "mastering_python_networking_demo"
                }
            ],
            "VpcId": "vpc-<skip>"
        }
    ]
}
```

 可以从这里得到 Boto3 VPC API 文档：https：//boto3. readthedocs. io/en/ latest/reference/services/ec2. html♯vpc。

如果创建 EC2 实例并将它们按原样放在不同的子网中，主机就能够跨子网相互访问。你可能想知道 VPC 中子网是如何到达另一个子网的，因为我们只在子网 1a 中创建了一个互联网网关。在一个物理网络中，网络需要连接到一个路由器才能到达其本地网络之外。

VPC 中并没有太大不同，只不过这是一个隐式路由器（**implicit router**），它有本地网络的一个默认路由表，在我们的示例中是 10. 0. 0. 0/16。这个隐式路由器是我们创建 VPC 时创建的。不与自定义路由表关联的所有子网都与这个主表关联。

10. 3. 1　路由表和路由目标

路由是网络工程中最重要的主题之一。有必要更仔细地研究 AWS VPC 中是如何实现路由的。我们已经看到，创建 VPC 时，有一个隐式路由器和一个主路由表。在上一个例子中，我们创建了一个互联网网关，有一个自定义路由表，默认路由使用路由目标指向这个互联网网关，我们将这个自定义路由表与一个子网关联。

到目前为止，VPC 与传统网络之间只有路由目标的概念稍有不同。在传统路由中，我们可以大致认为路由目标就是下一跳节点。

下面做个总结：
- 每个 VPC 有一个隐式路由器。
- 每个 VPC 有一个主路由表，其中填充本地路由。
- 可以创建自定义路由表。
- 每个子网可以遵循一个自定义路由表或默认主路由表。
- 路由表的路由目标可以是一个互联网网关、NAT 网关、VPC 对等连接等。

可以使用 Boto3 查看自定义路由表以及与子网的关联：

```
#! /usr/bin/env python3

import json, boto3

region = 'us - east - 1'
vpc_name = 'mastering_python_networking_demo'

ec2 = boto3. resource('ec2', region_name = region)
client = boto3. client('ec2')

response = client. describe_route_tables()
print(json. dumps(response['RouteTables'][0], sort_keys = True,
indent = 4))
```

主路由表是隐式的，不会由 API 返回。由于我们只有一个自定义路由表，所以只会看到这个路由表：

```
(venv) $ python Chapter10_2_query_route_tables. py
{
    "Associations": [
        <skip>
    ],
    "OwnerId": "<skip>",
    "PropagatingVgws": [],
    "RouteTableId": "rtb-<skip>",
    "Routes": [
        {
            "DestinationCidrBlock": "10. 0. 0. 0/16",
            "GatewayId": "local",
            "Origin": "CreateRouteTable",
            "State": "active"
        },
        {
            "DestinationCidrBlock": "0. 0. 0. 0/0",
            "GatewayId": "igw-041f287c",
            "Origin": "CreateRoute",
            "State": "active"
        }
    ],
```

```
    "Tags": [
        {
            "Key": "Name",
            "Value": "public_internet_gateway"
        }
    ],
    "VpcId": "vpc-<skip>"
}
```

　　我们已经创建了第一个公共子网。还要采用同样的步骤创建另外两个私有子网（us-east-1b 和 us-east-1c）。最终结果将是 3 个子网：us-east-1a 中的一个 10.0.0.0/24 公共子网，以及分别在 us-east-1b 和 us-east-1c 中的 10.0.1.0/24 和 10.0.2.0/24 私有子网。

　　我们现在有了一个可用的 VPC，包括 3 个子网：一个公共子网和两个私有子网。到目前为止，我们都使用 AWS CLI 和 Boto3 库与 AWS VPC 交互。下面来看 AWS 的另一个自动化工具：**CloudFormation**。

10.3.2　用 CloudFormation 实现动画

　　AWS CloudFomation（https://aws.amazon.com/cloudformation/）是使用文本文件来描述和启动所需资源的一种方法。我们可以使用 CloudFormation 在 **us-west-1** 区域置备另一个 VPC，如图 10-18 所示。

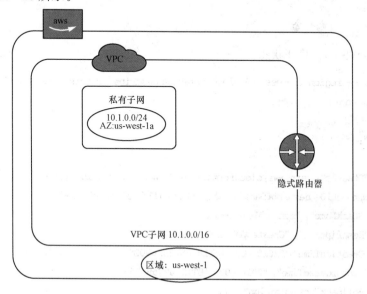

图 10-18　us-west-1 的 VPC

CloudFormation 模板可以采用 YAML 或 JSON 格式；我们的第一个用于置备的模板 Chapter10_3_cloud_formation.yml 将使用 YAML 格式：

```yaml
AWSTemplateFormatVersion: '2010-09-09'
Description: Create VPC in us-west-1
Resources:
  myVPC:
    Type: AWS::EC2::VPC
    Properties:
      CidrBlock: '10.1.0.0/16'
      EnableDnsSupport: 'false'
      EnableDnsHostnames: 'false'
      Tags:
        - Key: Name
        - Value: 'mastering_python_networking_demo_2'
```

可以通过 AWS CLI 执行这个模板。注意，我们在执行中指定了 us-west-1 区域：

```
(venv) $ aws --region us-west-1 cloudformation create-stack --stack-name
'mpn-ch10-demo' --template-body file://Chapter10_3_cloud_formation.yml
{
"StackId": "arn:aws:cloudformation:us-west-1:<skip>:stack/mpn-ch10-
demo/<skip>"
}
```

可以通过 AWS CLI 验证状态：

```
(venv) $ aws --region us-west-1 cloudformation describe-stacks --stack-
name mpn-ch10-demo
{
    "Stacks": [
        {
            "StackId": "arn:aws:cloudformation:us-west-1:<skip>:stack/
mpn-ch10-demo/bbf5abf0-8aba-11e8-911f-500cadc9fefe",
            "StackName": "mpn-ch10-demo",
            "Description": "Create VPC in us-west-1",
            "CreationTime": "2018-07-18T18:45:25.690Z",
            "LastUpdatedTime": "2018-07-18T19:09:59.779Z",
            "RollbackConfiguration": {},
```

```
        "StackStatus": "UPDATE_ROLLBACK_COMPLETE",
        "DisableRollback": false,
        "NotificationARNs": [],
        "Tags": [],
        "EnableTerminationProtection": false,
        "DriftInformation": {
            "StackDriftStatus": "NOT_CHECKED"
        }
    }
  ]
}
```

最后一个 CloudFormation 模板创建了一个没有子网的 VPC。下面删除那个 VPC，并使用以下模板 Chapter10_4_cloud_formation_full.yml 来创建 VPC 以及子网。要注意，创建 VPC 之前我们没有 VPC-ID，因此将使用一个特殊的变量在子网创建中引用 VPC-ID。这个技术也可以用于其他资源，比如路由表和互联网网关：

```yaml
AWSTemplateFormatVersion: '2010-09-09'
Description: Create subnet in us-west-1
Resources:
  myVPC:
    Type: AWS::EC2::VPC
    Properties:
      CidrBlock: '10.1.0.0/16'
      EnableDnsSupport: 'false'
      EnableDnsHostnames: 'false'
      Tags:
        - Key: Name
          Value: 'mastering_python_networking_demo_2'

  mySubnet:
    Type: AWS::EC2::Subnet
    Properties:
      VpcId: !RefmyVPC
      CidrBlock: '10.1.0.0/24'
      AvailabilityZone: 'us-west-1a'
      Tags:
        - Key: Name
```

```
Value: 'mpn_demo_subnet_1'
```

可以如下执行和验证资源的创建：

```
(venv) $ aws -- region us - west - 1 cloudformation create - stack -- stack - name
mpn - ch10 - demo - 2 -- template - body file://Chapter10_4_cloud_formation_full.
yml
{
"StackId": "arn:aws:cloudformation:us - west - 1:<skip>:stack/mpn - ch10 - demo -
2/<skip>"
}

 $ aws -- region us - west - 1 cloudformation describe - stacks -- stack - name mpnch10 -
demo - 2
{
"Stacks": [
{
"StackStatus": "CREATE_COMPLETE",
...
"StackName": "mpn - c h10 - demo - 2", "DisableRollback": false
}
]
}
```

可以从 AWS 控制台验证 VPC 和子网信息。记得要从右上角的下拉菜单选择正确的区域，如图 10 - 19 所示。

还可以查看子网，如图 10 - 20 所示。

现在我们在美国东西海岸有两个 VPC。它们目前表现得就像两个独立的孤岛。这可能是你想要的操作状态，也可能不是。如果你想连接这两个 VPC，可以使用 VPC 对等连接（https://docs.aws.amazon.com/AmazonVPC/latest/PeeringGuide/vpcpeering - basics.html），来允许直接通信。

VPC 对等连接（VPC peering）有一些限制，比如不允许重叠 IPv4 或 IPv6 CIDR 块。对于区域间的 VPC 对等连接，还有额外的一些限制。一定要仔细查看文档。

VPC 对等连接不限于同一账户。只要接受了请求，另外考虑到了其他方面（安全性、路由、DNS 名），就可以跨不同的账户连接 VPC。

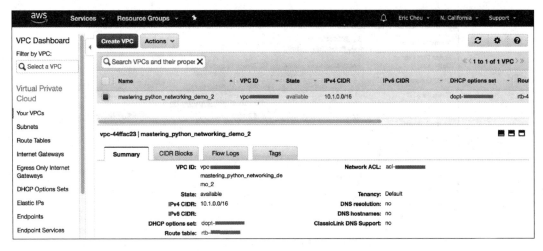

图 10 - 19 us - west - 1 中的 VPC

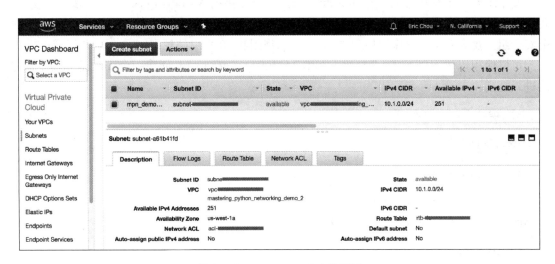

图 10 - 20 us - west - 1 中的子网

下一节我们将介绍 VPC 安全组和网络访问控制列表。

10.3.3 安全组和网络 ACL

可以在 VPC 的 **Security（安全）** 部分下面找到 AWS 安全组（**Security Group**）和网络访问控制列表（**Network ACL**），如图 10 - 21 所示。

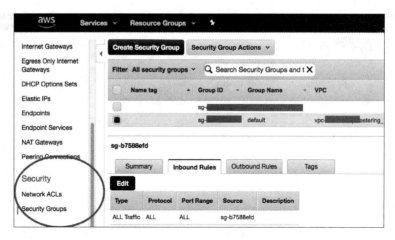

图 10 - 21　VPC 安全

安全组是一个有状态的虚拟防火墙，来控制对资源的入站和出站访问。大多数情况下，我们都会使用一个安全组来限制对 EC2 实例的公开访问。当前的上限是每个 VPC 中有 500 个安全组。每个安全组最多可以包含 50 个入站规则和 50 个出站规则。

可以使用以下示例脚本 Chapter10 _ 5 _ security _ group. py 创建一个安全组和两个简单的进入规则：

```python
#! /usr/bin/env python3

import boto3

ec2 = boto3.client('ec2')

response = ec2.describe_vpcs()
vpc_id = response.get('Vpcs', [{}])[0].get('VpcId', '')

# Query for security group id
response = ec2.create_security_group(GroupName='mpn_security_group',
                                     Description='mpn_demo_sg',
                                     VpcId=vpc_id)
security_group_id = response['GroupId']
data = ec2.authorize_security_group_ingress(
    GroupId=security_group_id,
    IpPermissions=[
        {'IpProtocol': 'tcp',
```

```
            'FromPort': 80,
            'ToPort': 80,
            'IpRanges': [{'CidrIp': '0.0.0.0/0'}]},
        {'IpProtocol': 'tcp',
            'FromPort': 22,
            'ToPort': 22,
            'IpRanges': [{'CidrIp': '0.0.0.0/0'}]}
    ])
print('Ingress Successfully Set %s' % data)

# Describe security group
# response = ec2.describe_security_groups(GroupIds = [security_group_id])
print(security_group_id)
```

我们可以执行这个脚本并接收安全组已经创建的确认信息，这个安全组可以与其他 AWS 资源关联：

```
(venv) $ python Chapter10_5_security_group.py
Ingress Successfully Set {'ResponseMetadata': {'RequestId': '<skip>',
'HTTPStatusCode': 200, 'HTTPHeaders': {'server': 'AmazonEC2', 'contenttype':
'text/xml;charset = UTF - 8', 'date': 'Wed, 18 Jul 2018 20:51:55 GMT',
'content - length': '259'}, 'RetryAttempts': 0}} sg - <skip>
```

网络访问控制列表（**access control lists**，**ACL**）是额外的一个无状态的安全层。VPC 中的每个子网都与一个网络 ACL 相关联。由于 ACL 是无状态的，因此入站和出站规则都需要指定。

安全组与 ACL 之间有以下重要区别：

- 安全组在网络接口级操作，而 ACL 在子网级操作。
- 对于安全组，只能指定 allow 规则而不能指定 deny 规则，ACL 同时支持 allow 和 deny 规则。
- 安全组是有状态的，所以自动允许返回流量，对于 ACL，则需要特别指定允许返回流量。

下面来看 AWS 网络最酷的特性之一：弹性 IP。我最开始学习弹性 IP 时，就被它们能够动态分配和重新分配 IP 地址所震撼。

10.3.4　弹性 IP

弹性 IP（**Elastic IP**，**EIP**）是一种使用从互联网可达的公共 IPv4 地址的方法。

直到 2019 年底，目前 EIP 还不支持 IPv6。

可以为 EC2 实例、网络接口或其他资源动态地分配 EIP。EIP 有以下特征：

* EIP 与账户关联，并且特定于区域。例如，us-east-1 中的一个 EIP 只能与 us-east-1 中的资源相关联。
* 可以将 EIP 与一个资源解除关联，并将它与另一个资源重新关联。有时这种灵活性可用来确保高可用性。例如，通过将同一个 IP 地址从较小的 EC2 实例重新分配到较大的 EC2 实例，可以从一个较小的 EC2 实例迁移到较大的 EC2 实例。
* EIP 相关的每小时收费很低。

可以从门户请求 EIP。分配之后，可以将它与所需的资源相关联，如图 10-22 所示。

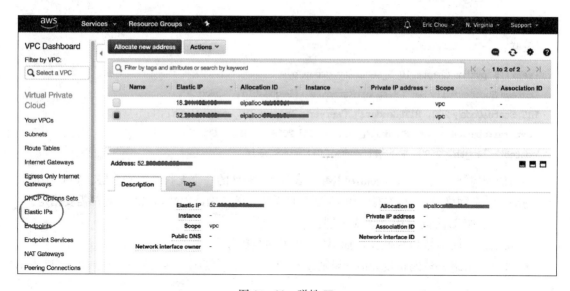

图 10-22　弹性 IP

 遗憾的是，默认地，限制为每个区域最多只能有 5 个 EIP，以避免浪费（https://docs.aws.amazon.com/vpc/latest/userguide/amazon-vpc-limits.html）。不过，如果需要，可以向 AWS 支持中心提交 ticket 来增加这个数。

下一节中，我们将介绍可以使用 NAT 网关允许私有子网与互联网通信。

10.3.5　NAT 网关

为了允许从互联网访问我们的 EC2 公共子网中的主机，可以分配一个 EIP 并与 EC2 主机的网络接口关联。不过，写本书时，每个 EC2‑VPC 最多只允许有 5 个弹性 IP（https：//docs. aws. amazon. com/AmazonVPC/latest/UserGuide/VPC_Appendix_Limits. html♯vpc‑limits‑eips）。有时还可以允许私有子网中的主机在需要时出站访问，而不是在 EIP 和 EC2 主机之间创建永久的一对一映射，这样也很好。

这里就可以用到 NAT 网关（**NAT gateway**），通过完成 NAT 允许私有子网中的主机能够临时出站访问。这个操作类似于端口地址转换（**port address translation，PAT**），我们通常会在公司防火墙上完成端口地址转换。要使用 NAT 网关，可以完成以下步骤：

（1）通过 AWS CLI、Boto3 库或 AWS 控制台在能访问互联网网关的一个子网中创建一个 NAT 网关。需要为这个 NAT 网关分配一个 EIP。

（2）将私有子网中的默认路由指向这个 NAT 网关。

（3）这个 NAT 网关将遵循指向互联网网关的默认路由实现外部访问。

这个操作如图 10‑23 所示。

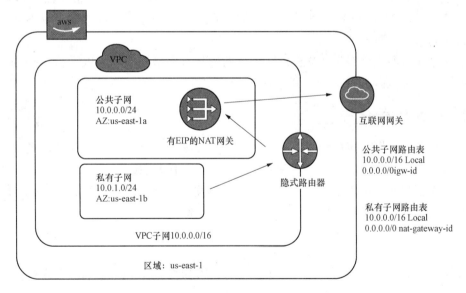

图 10‑23　NAT 网关操作

关于 NAT 网关最常见的问题之一通常是 NAT 网关应该放在哪个子网。一般经验是要记住 NAT 网关需要公开访问。因此，应该在能公开访问互联网的子网中创建 NAT 网关，并为它分配一个可用的 EIP，如图 10 - 24 所示。

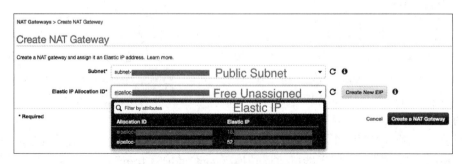

图 10 - 24　NAT 网关创建

下一节中，我们将介绍如何将 AWS 中的虚拟网络连接到我们的物理网络。

10. 4　Direct Connect 和 VPN

到目前为止，我们的 VPC 一直是 AWS 网络中的自包含网络。它很灵活，功能也很强大，但是为了访问 VPC 内部的资源，我们需要使用其面向互联网的服务（如 SSH 和 HT-TPS）来访问这些资源。

在这一节中，我们将介绍 AWS 允许从我们的私有网络连接到 VPC 的两种方式：IPSec VPN 网关和 Direct Connect。

10. 4. 1　VPN 网关

要将我们的内部网络连接到 VPC，第一种方法是使用传统的 IPSec VPN 连接。我们需要一个可公开访问的设备，能建立与 AWS VPN 设备的 VPN 连接。

客户网关需要支持基于路由的 IPSec VPN，这里将 VPN 连接看作是路由协议和正常用户流量可以遍历的一个连接。目前，AWS 建议使用 BGP 来交换路由。

在 VPC 端，可以遵循一个类似的路由表，可以将一个特定子网路由到虚拟私有网关（**virtual private gateway，VPG**）目标，如图 10 - 25 所示。

除了 IPSec VPN，还可以使用一个专用连接，这称为 **Direct Connect**（直连）。

10. 4. 2　Direct Connect

前面讨论的 IPSec VPN 连接是为内部设备提供与 AWS 云资源的连接的一种简单方法。不过，与互联网上的 IPSec 一样，这种方法总是存在同样的缺陷：它是不可靠的，我们对其

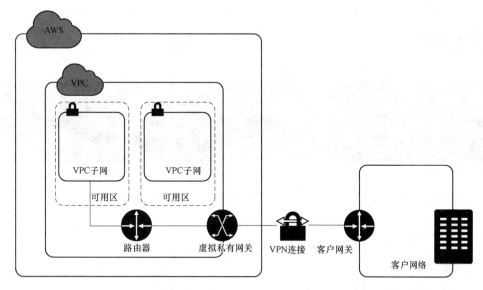

图 10 - 25　VPC VPN 连接

（来源：h ttps：//docs. aws. amazon. com/AmazonVPC/latest/UserGuide/VPC _ VPN. html）

可靠性几乎无从控制。在连接到达互联网中我们能控制的部分之前，几乎没有性能监控，也没有服务水平协议（**service - level agreement，SLA**）。

由于所有这些原因，所有生产级关键任务流量更可能通过 Amazon 提供的第二个选项（即 AWS Direct Connect）传输。AWS Direct Connect 允许客户利用一个专用的虚拟电路将他们的数据中心和主机托管平台连接到 AWS VPC。

这个操作中有些困难的部分往往是要将我们的网络接入能够与 AWS 物理连接的地方，这通常是运营商数据交换中心。

可以在这里找到 AWS Direct Connect 位置的一个列表：https：//aws. amazon. com/directconnect/details/。Direct Connect 链路只是一个光纤跳线连接，可以从特定的运营商数据交换中心订购，将网络跳线到一个网络端口，并配置 dot1q 主干连接。

通过第三方运营商提供 MPLS 电路和聚合链路，Direct Connect 也有了越来越多的连接选项。我发现并且用过的最实惠的选项之一是 Equinix Cloud Exchange Fabric（https：//www. equinix. com/services/interconnection - connectivity/cloud - exchange/）。通过使用 Equinix Cloud Exchange Fabric，我们可以利用相同的电路连接到不同的云提供商，而且成本只是专用电路成本的很小一部分，如图 10 - 26 所示。

在下一节中，我们将介绍 AWS 提供的一些网络伸缩服务。

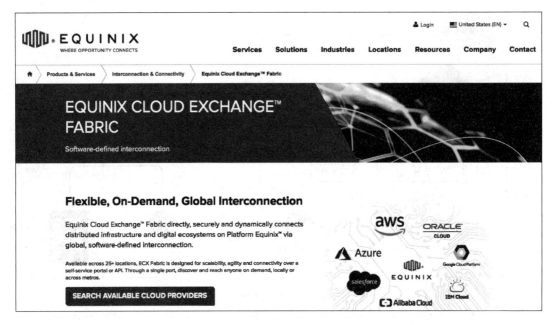

图 10 - 26　Equinix Cloud Exchange

（来源：https：//www.equinix.com/services/interconnection - connectivity/cloud—exchange/）

10.5　网络伸缩服务

在这一节中，我们来看 AWS 提供的一些网络服务。其中很多服务对网络没有直接的影响，如 DNS 和内容分发网络。它们在我们的讨论中之所以重要，是因为它们与网络和应用的性能有密切的关系。

10.5.1　弹性负载均衡

弹性负载均衡（**Elastic Load Balancing，ELB**）允许来自互联网的流量自动分布到多个 EC2 实例上。就像物理世界中的负载均衡器一样，这使我们能得到更好的冗余和容错能力，同时能减少每个服务器的负载。ELB 有两种方式：应用负载均衡和网络负载均衡。

应用负载均衡器通过 **HTTP** 和 **HTTPS** 处理 Web 流量；网络负载均衡器则在 TCP 级上操作。如果应用在 **HTTP** 或 **HTTPS** 上运行，使用应用负载均衡器通常是个好主意。否则，使用网络负载均衡器会是一个不错的选择。

可以在这里找到应用和网络负载均衡器的一个详细比较：https：//aws.amazon.com/

elasticloadbalancing/details/，如图 10 - 27 所示。

Comparison of Elastic Load Balancing Products

You can select the appropriate load balancer based on your application needs. If you need flexible application management, we recommend that you use an **Application Load Balancer**. If extreme performance and static IP is needed for your application, we recommend that you use a **Network Load Balancer**. If you have an existing application that was built within the EC2-Classic network, then you should use a **Classic Load Balancer**.

Feature	Application Load Balancer	Network Load Balancer	Classic Load Balancer
Protocols	HTTP, HTTPS	TCP	TCP, SSL, HTTP, HTTPS
Platforms	VPC	VPC	EC2-Classic, VPC
Health checks	✔	✔	✔
CloudWatch metrics	✔	✔	✔
Logging	✔	✔	✔
Zonal fail-over	✔	✔	✔

图 10 - 27　ELB 比较

(来源：https：//aws. amazon. com/elasticloadbalancing/details/)

流量进入我们的区域中的资源时，ELB 提供了一种实现流量负载均衡的方法。AWS Route 53 DNS 服务允许区域间的地域负载均衡，有时这也称为全局服务器负载均衡。

10. 5. 2　Route 53 DNS 服务

我们都知道域名服务（DNS）是什么，Route 53 是 AWS 的 DNS 服务，这是一个提供全方位服务的域名注册系统，在这里你可以直接从 AWS 购买和管理域名。对于网络服务，DNS 提供了一种方法可以在区域之间以轮询方式使用服务域名来实现地域间的负载均衡。

在使用 DNS 实现负载均衡之前，我们需要以下几项：

- 每个需要负载均衡的区域中有一个负载均衡器。
- 一个注册域名。不一定需要 Route 53 作为域注册系统。
- Route 53 是这个域的 DNS 服务。

然后，我们可以使用 Route 53 基于延时的路由策略，并在两个弹性负载均衡器之间的一个双活环境中提供健康检查。在下一节中，我们将关注 AWS 构建的内容分发网络 Cloud-Front。

10. 5. 3　CloudFront CDN 服务

CloudFront 是 Amazon 的内容分发网络（**content delivery network，CDN**），通过就近为客户提供内容，来减少内容分发的延迟。这里的内容可以是静态 Web 页面内容、视频、应用程序、API 或者最近引入的 Lambda 函数。CloudFront 边缘站点包括现有的 AWS 区域，另外也分布在全球很多其他位置。CloudFront 的高层操作如下：

- 用户访问你的网站来得到一个或多个对象。
- DNS 将请求路由到最靠近用户请求的 Amazon CloudFront 边缘站点。
- CloudFront 边缘站点通过缓存或者从内容源请求对象来提供内容。

　　一般来讲，AWS CloudFront 和 CDN 服务通常由应用开发人员或 DevOps 工程师处理。不过，了解它们的操作总是好的。

10.6　其他 AWS 网络服务

　　还有很多其他的 AWS 网络服务，这里没有足够的篇幅来一一介绍。这一节将列出其中比较重要的一些服务：

- **AWS Transit VPC**（https：//aws. amazon. com/blogs/aws/aws - solutiontransit - vpc/）：这是一种将多个 VPC 连接到一个公共 VPC（作为传输中心）的方法。这个服务相对较新，不过这可以尽可能减少你需要建立和管理的连接数。需要在单独的 AWS 账户之间共享资源时，它还可以用作为一个共享工具。
- **Amazon GuardDuty**（https：//aws. amazon. com/guardduty/）：这是一个托管威胁检测服务，会持续监控恶意或未经授权的行为，来帮助保护我们的 AWS 工作负载。它会监视 API 调用或可能未授权的部署。
- **AWS WAF**（https：//aws. amazon. com/waf/）：这是一个 Web 应用防火墙，可以帮助保护 Web 应用免受常见的攻击。我们可以定义定制 Web 安全规则来允许或阻止 Web 流量。
- **AWS Shield**（https：//aws. amazon. com/shield/）：这是一个防范分布式拒绝服务攻击（**Distributed Denial of Service，DDoS**）的托管保护服务，可以保护在 AWS 上运行的应用。基本保护服务对所有客户是免费的，高级版 AWS Shield 则是一个收费服务。

　　还在不断发布大量新的、令人兴奋的 AWS 网络服务，如本节中介绍的这些服务。并不是所有这些服务都像 VPC 或 NAT 网关那样是基础服务，不过，它们在各自的领域都很有用。

10.7　小结

　　在这一章中，我们介绍了 AWS 云网络服务，讨论了 AWS 网络中区域、可用区、边缘站点和传输中心的定义。通过理解整个 AWS 网络，我们可以很好地了解其他 AWS 网络服务的一些限制和约束。本章中，我们使用了 AWS CLI、Python Boto3 库以及 CloudFormation 来自动化完成一些任务。

我们深入介绍了 AWS 虚拟私有云，以及路由表和路由目标的配置。有关安全组和网络 ACL 的示例为我们的 VPC 处理安全性问题。我们还介绍了如何利用 EIP 和 NAT 网关允许外部访问。

有两种方法可以将 AWS VPC 与内部网络连接：Direct Connect 和 IPSec VPN。我们分别简要介绍了这两种方法以及使用它们的优点。在这一章的最后，我们介绍了 AWS 提供的网络伸缩服务，包括弹性负载均衡、Route 53 DNS 和 CloudFront。

在下一章中，我们将介绍另一个公共云提供商（Microsoft Azure）提供的网络服务。

第 11 章   Azure 云网络

在**第 10 章   AWS 云网络**中可以看到，基于云的网络会帮助我们连接组织的云资源。虚拟网络（**virtual network，VNet**）可以用来隔离和保护我们的虚拟机，还可以将我们的本地资源连接到云。作为这个领域的第一个开拓者，AWS 常被视为市场领导者，市场份额最大。在这一章中，我们将介绍另一个重要的公共云提供商——Microsoft Azure，会重点关注他们的基于云的网络产品。

Microsoft Azure 最早开始于 2008 年一个代号为"红狗项目"（Project Red Dog）的项目，于 2010 年 2 月 1 日公开发布。当时，它被命名为"Windows Azure"，2014 年被重新命名为"Microsoft Azure"。由于 AWS 已经在 2006 年发布其第一个产品 S3，几乎已经领先 Microsoft Azure 6 年。想要赶上 AWS 可不是件容易的事，即便是像 Microsoft 这样拥有庞大资源的公司。但与此同时，Microsoft 凭借多年的成功产品以及与企业客户基础的关系，也有自己独特的竞争优势。

由于 Azure 专注于利用现有的 Microsoft 产品和客户关系，所以这对 Azure 云网络有一些重要的影响。例如，客户之所以建立与 Azure 的 ExpressRoute 连接（这相当于 AWS Direct Connect），主要动力之一可能是 Office 365 有更好的体验。另一个例子可能是客户已经与 Microsoft 达成了服务水平协议，可以扩展到 Azure。

在这一章中，我们将讨论 Azure 提供的网络服务，以及如何使用 Python 操作 Azure 网络服务。由于我们在上一章已经介绍了云网络的一些概念，所以将吸取这些经验，在适当的情况下会对 AWS 和 Azure 网络进行比较。

具体地，我们将讨论以下内容：

- Azure 设置和网络概述。
- Azure 虚拟网络（VNet 形式）。Azure VNet 类似于 AWS VPC，在 Azure 云中为客户提供一个私有网络。
- ExpressRoute 和 VPN。
- Azure 网络负载均衡器。
- 其他 Azure 网络服务。

在上一章中，我们已经学习了许多重要的云网络概念。下面要利用这些知识，首先来比较 Azure 和 AWS 提供的服务。

11. 1 Azure 和 AWS 网络服务比较

Azure 推出时，更多地关注于软件即服务（SaaS）和平台即服务（PaaS），而较少关注基础设施即服务（IaaS）。对于 SaaS 和 PaaS，通常会从用户抽象出较低层次的网络服务。例如，SaaS 产品 Office 365 常常提供为通过公共互联网可达的一个远程托管端点。使用 Azure 应用服务（Azure App Services）构建 Web 应用的 PaaS 产品通常通过一个完全托管过程利用一些流行的框架（如 .NET 或 Node. js）来实现。

另一方面，IaaS 产品要求我们在 Azure 云中构建自己的基础设施。AWS 作为这个领域无可争议的领导者，许多目标客户已经有使用 AWS 的经验。为了帮助转换到 Azure，Azure 在其网站上提供了一个"AWS 和 Azure 服务比较"（https：//docs. microsoft. com/en - us/azure/architecture/aws - professional/services）。如果我不清楚 Azure 相应产品与 AWS 相比如何，尤其是服务名不能直接体现所提供的服务时，我经常会访问这个方便的页面。（我的意思是，你能从名字看出 SageMaker 是什么吗？这就是我想说的。）

 我还经常使用这个页面完成竞争力分析。例如，当我需要比较 AWS 和 Azure 的专用连接的成本时，我会以这个页面为起点，明确 AWS Direct Connect 的等价服务是 Azure ExpressRoute，然后使用这个链接获得该服务的更多细节。

如果向下滚动到 **Networking**（网络）部分，我们可以看到 Azure 提供了很多与 AWS 类似的产品，比如 VNet、VPN 网关和负载均衡器。有些服务可能有不同的名字，比如 Route 53 和 Azure DNS，但是基础服务是相同的，如图 11 - 1 所示。

（网络）			
区域	AWS 服务	Azure 服务	说明
云虚拟网络	虚拟私有云（VPC）	虚拟网络	在云中提供隔离的私有环境。用户可以控制其虚拟网络环境，包括选择自己的 IP 地址范围、创建子网、配置路由表和网络网关
跨界连接	AWS VPN 网关	VPN 网关	将 Azure 虚拟网络连接到其他 Azure 虚拟网络或客户本地网络（站点到站点）。允许最终用户通过 VPN 隧道（点到站点）连接到 Azure 服务
DNS 管理	Route 53	Azure DNS	使用与其他 Azure 服务相同的凭证、计费方式和支持合同来管理 DNS 记录
	Route 53	流量管理器	一项托管域名的服务，以及将用户路由到互联网应用、将用户请求连接到数据中心、管理应用流量，并通过自动故障转移提高应用的可用性
专用网络	Direct Connect	ExpressRoute	建立从某个位置到云提供商之间的一个专用的私有网络连接（不通过互联网）
负载均衡	网络负载均衡器	负载均衡器	Azure 负载均衡器在第 4 层（TCP 或 UDP）对流量进行负载均衡
	应用负载均衡器	应用网关	应用网关是第 7 层负载均衡器。它支持 SSL 终止、基于 cookie 的会话相关性，以及用于负载均衡流量的轮循机制

图 11 - 1 Azure 网络服务

（来源：https：//docs. microsoft. com/en - us/azure/architecture/aws - professional/services）

Azure 和 AWS 网络产品在特性上有一些差异，例如，对于使用 DNS 实现全局流量负载均衡，AWS 使用同一个 Route 53 产品，而 Azure 将其分解为一个单独的产品，名为流量管理器（Traffic Manager）。更深入地研究这些产品时，会发现还有一些差别取决于用法。例如，默认情况下，Azure 负载均衡器支持会话相关性，也就是粘滞会话，而 AWS 负载均衡器需要显式配置。

但在很大程度上，Azure 的高级网络产品和服务与我们了解的 AWS 产品是类似的。这是好消息。坏消息是，仅仅因为特性是相同的，这并不意味着我们可以在二者之间 1∶1 交换。构建工具是不同的，而且实现细节有时会让刚接触 Azure 平台的新用户感到困惑。下面的小节中讨论这些产品时，我们将指出其中的一些差异。首先来介绍 Azure 的设置过程。

11.2　Azure 设置

设置 Azure 账户很简单。与 AWS 一样，Azure 为了在竞争激烈的公共云市场中吸引用户，提供了很多服务和奖励。最新产品请见 https：//azure. microsoft. com/enus/free/页面。写这本书时，Azure 正在对人工智能和 Kubernetes 服务大促销，有许多令人惊叹的产品一直免费，或者前 12 个月免费，Azure 门户如图 11 - 2 所示。

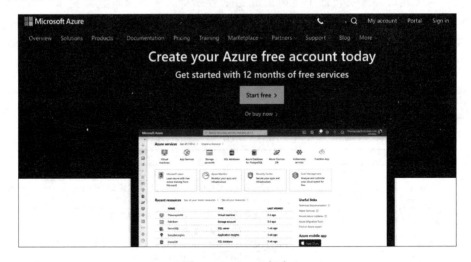

图 11 - 2　Azure 门户

（来源：https：//azure. microsoft. com/en−us/free/）

创建账户之后，在门户（https：//portal. azure. com）上可以看到可用的服务，如图 11 - 3 所示。

不过，具体启动任何服务之前，需要提供一个支付方法。为此要增加一个订阅服务，如图 11 - 4 所示。

图 11 - 3   Azure 服务

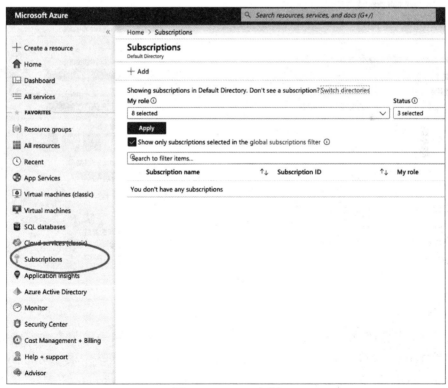

图 11 - 4   Azure 订阅

建议增加一个即付即用（Pay-As-You-Go）计划，这没有预付费用，也没有长期承诺，不过你也可以选择在订阅计划中购买各种级别的支持。

一旦增加了订阅，下面可以开始了解在 Azure 云中完成管理和构建的各种方法，下一节将详细介绍。

11.3　Azure 管理和 API

在顶级公共云提供商中（包括 AWS 和 Google Cloud），Azure 门户最时髦，最有现代感。我们可以从顶部管理栏的设置图标更改门户设置，包括语言和区域（见图 11-5）。

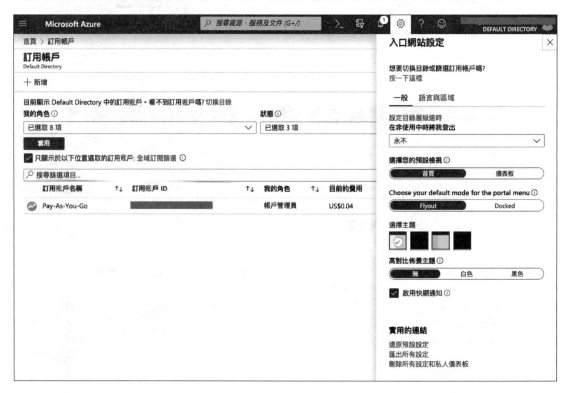

图 11-5　不同语言的 Azure 门户

有很多方法来管理 Azure 服务：门户、Azure CLI、RESTful API 和各种客户库。除了"指向点击"（point-and-click）管理界面外，Azure 门户还提供了一个很方便的 shell，名为 Azure Cloud shell。可以从门户的右上角启动这个 shell（见图 11-6）。

图 11 - 6　Azure Cloud Shell

第一次启动时，要求你在 **Bash** 和 **PowerShell** 之间做出选择。之后还可以切换 shell 界面，但不能同时运行，Azure Cloud Shell 与 Power Shell 对比如图 11 - 7 所示。

我个人比较喜欢 **Bash** shell，这样我能使用预安装的 Azure CLI 和 Python SDK，Azure AZ 工具如图 11 - 8 所示。

Cloud Shell 很方便，因为它是基于浏览器的，因此几乎可以从任何地方访问。每个唯一用户账户都分配有 Cloud Shell，并在各个会话中自动进行身份验证，因此我们不需要为它生成单独的密钥。但

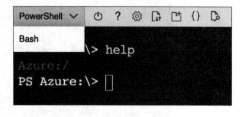

图 11 - 7　Azure Cloud Shell 与 PowerShell

是由于我们经常使用 Azure CLI，所以下面在管理主机上安装一个本地副本：

```
(venv) $ curl - sL https://aka.ms/InstallAzureCLIDeb | sudo bash
(venv) $ az -- version
azure - cli                          2.0.75

command - modules - nspkg            2.0.3
```

core	2.0.75
nspkg	3.0.4
telemetry	1.0.4

还要在我们的管理主机上安装 Azure Python SDK：

```
(venv) $ pip install azure
(venv) $ python
Python 3.6.8 (default, Oct 7 2019, 12:59:55)
[GCC 8.3.0] on linux
Type "help", "copyright", "credits" or "license" for more information.
>>> import azure
>>> exit()
```

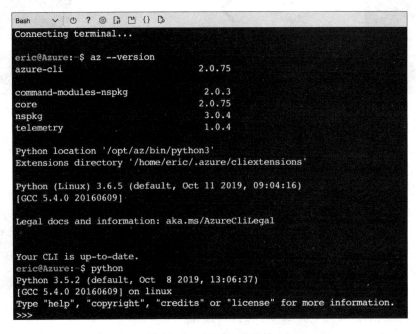

图 11 - 8   Azure AZ 工具

   面向 Python 开发人员的 Azure 页面（https://docs.microsoft.com/en-us/azure/python/）是一个包含丰富内容的资源，可以从这里学习如何使用 Python 操作 Azure。

现在来看 Azure 的一些服务原则，并启动我们自己的 Azure 服务。

11.3.1　Azure 服务原则

Azure 对自动化工具使用了服务主体对象（principal object）的概念。网络安全最佳实践是对任何人或工具只授予完成其工作的最小访问权限，而不要更多。Azure 服务主体根据角色限制资源和访问级别。首先，我们将使用 Azure CLI 为我们自动创建的角色，并使用 Python SDK 测试身份验证。使用 az login 命令来得到一个令牌：

```
(venv) $ az login
To sign in, use a web browser to open the page https://microsoft.com/
devicelogin and enter the code <your code> to authenticate.
```

访问这个 URL 并粘贴命令行上看到的代码，使用之前创建的 Azure 账户进行身份验证，如图 11 - 9 所示。

图 11 - 9　Azure 跨平台命令行界面

可以创建 json 格式的凭据文件，将它移动到 Azure 目录。Azure 目录是我们安装 Azure CLI 工具时创建的：

```
(venv) $ az ad sp create - for - rbac -- sdk - auth >credentials.json
(venv) $ cat credentials.json
{
  "clientId": "<skip>",
  "clientSecret": "<skip>",
  "subscriptionId": "<skip>",
  "tenantId": "<skip>",
```

```
"<skip>"
}
(venv) echou@network-dev-2:~ $ mv credentials.json ~/.azure/
```

下面保护这个凭据文件并导出为一个环境变量：

```
(venv) $ chmod 0600 ~/.azure/credentials.json
(venv) $ export AZURE_AUTH_LOCATION=~/.azure/credentials.json
```

如果浏览门户中的访问控制（**Access control**）部分（**Home** －＞**Subscriptions** －＞**Pay-As-You-Go** －＞**Access control**），就会看到这个新创建的角色，如图 11-10 所示。

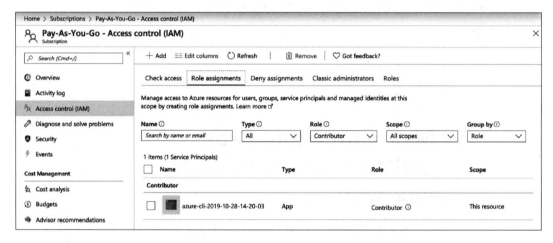

图 11-10　Azure Pay-As-You-Go IAM

　　我们将使用一个简单的 Python 脚本 Chapter11_1_auth.py，导入完成客户身份验证和网络管理的库：

```
from azure.common.client_factory import get_client_from_auth_file
from azure.mgmt.network import NetworkManagementClient

client = get_client_from_auth_file(NetworkManagementClient)
print("Network Management Client API Version: " + client.DEFAULT_API_
VERSION)
```

　　如果这个文件能顺利执行而没有错误，说明我们成功地对 Python SDK 客户端进行了认证：

```
(venv) $ python Chapter11_1_auth.py
Network Management Client API Version: 2018-12-01
```

阅读 Azure 文档时，你可能已经注意到，给出的主要是 PowerShell 代码的示例。在下一节中，我们将简单考虑 Python 与 PowerShell 之间的关系。

11.3.2　Python 与 PowerShell

有很多编程语言和框架要么是 Microsoft 从头开发的，要么 Microsoft 为它们实现了主要方言（dialect），这包括 C♯、.NET 和 PowerShell。对于 Azure，在某种程度上 .NET（及 C♯）和 PowerShell 是一等公民，这并不奇怪。在很多 Azure 文档中，都可以找到 PowerShell 示例的直接引用。在 Web 论坛上经常会有关于工具的激烈讨论，对于 Python 和 PowerShell 哪个工具更适合管理 Azure 资源，双方都固执己见。

 直到 2019 年 7 月，我们还可以在 Linux 和 macOS 操作系统上运行 Power-Shell Core 预览版（https：//docs.microsoft.com/en-us/powershell/scrip-ting/install/installing-powershell-core-onlinux? view＝powershell-6）。不过，由于这个版本是 beta 测试版，所以肯定有一些 bug 和特性缺陷。

我们不会争论哪个语言更优越。就个人而言，我并不介意在需要的时候使用 PowerShell，我发现它很简单，很直观，而且我同意有时候 Python SDK 在实现最新的 Azure 特性方面落后于 PowerShell。但是，既然至少你选择这本书的部分原因在于 Python，所以我们的示例将坚持使用 Python SDK 和 Azure CLI。

最初，对于 Windows，Azure CLI 作为 PowerShell 模块提供，对于其他平台，则作为基于 Node.js 的 CLI 提供。但是随着这个工具的流行，它现在成为 Azure Python SDK 的一个包装器，参见 Python.org 上这篇文章的解释：https：//www.python.org/success-stories/building-an-open-source-and-cross-platform-azure-cli-with-python/。

在本章的其余部分，介绍一个特性或概念时，我们通常会转向 Azure CLI 进行演示。如果某个特性可以作为一个 Azure CLI 命令，倘若我们需要用 Python 直接编写代码来实现，请放心，Python SDK 中肯定提供了这个特性。

介绍了 Azure 管理和相关 API 之后，我们来继续讨论 Azure 全球基础设施。

11.4　Azure 全球基础设施

与 AWS 类似，Azure 全球基础设施由区域、**可用区（AZ）**和边缘站点组成。写这本书时，Azure 有 54 个区域和超过 150 个边缘节点位置，产品页面如图 11-11 所示（https：//azure.microsoft.com/en-us/global-infrastructure/）。

类似于 AWS，Azure 产品通过区域提供，所以我们需要根据区域查看服务可用性和定

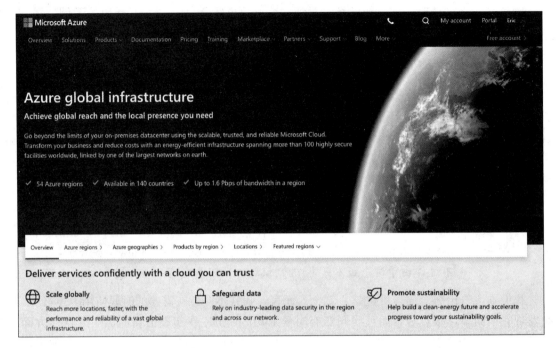

图 11 - 11　Azure 全球基础设施

（来源：https：//azure.microsoft.com/en - us/global - infrastructure/）

价。还可以通过在多个 AZ 中构建服务从而为服务建立冗余。不过，与 AWS 不同的是，不是所有的 Azure 区域都有 AZ，也不是所有的 Azure 产品都支持 AZ。事实上，直到 2018 年 Azure 才宣布 AZ 的一般可用性，而且只在选定区域提供。

选择区域时一定要注意这一点。我建议选择有 AZ 的区域，如 West US 2、Central US 和 East US 1。如果我们需要在一个没有可用区的区域中构建，就需要跨不同区域复制服务（通常会在相同的地域）。接下来我们将讨论 Azure 地域。

 在 Azure 全球基础设施网页上，有可用区的区域中间标有一个星号。

与 AWS 不同的是，Azure 区域还组织为更高层次的地域（geographies）。地域是一个分散的市场，通常包含两个或多个区域。除了降低延迟和更好的网络连接之外，跨相同地域中的区域复制服务和数据对于政府符合性也是必要的。跨区域复制的一个例子是德国的区域。如果我们需要为德国市场推出服务，德国政府在边界内要求严格的数据主权，但所有德国区域都没有可用区。我们需要在同一地域的不同区域间复制数据，即德国北部、德国东北部、德国中西部等。

　　根据经验，我通常更喜欢有可用区的区域，这样不同的云提供商之间可以保持类似。一旦确定了最适合用例的区域，下面可以在 Azure 中构建我们的 VNet 了。

11.5　Azure 虚拟网络

　　作为 Azure 云网络工程师，我们的大部分时间都会花费在 Azure 虚拟网络（VNet）上。与我们在数据中心构建的传统网络类似，VNet 是 Azure 中建立私有网络的基本构建模块。我们将使用一个 VNet 允许我们的虚拟机通过 VPN 或 ExpressRoute 与其他虚拟机、与互联网以及与本地网络进行通信。

　　下面使用门户构建我们的第一个 VNet。首先通过 **Create a Resource** －＞**Networking** －＞**Virtual network** 浏览虚拟网络页面（**virtual network page**），如图 11 - 12 所示。

图 11 - 12　Azure VNet

　　每个 VNet 限定于一个区域，我们可以为每个 VNet 创建多个子网。稍后会看到，不同区域的多个 VNet 可以通过 VNet 对等连接（VNet peering）相互连接。

　　在 VNet 创建页面中，我们将使用以下凭据创建我们的第一个网络：

```
Name：WEST-US-2_VNet_1
Address space：192.168.0.0/23
Subscription：<pick your subscription>
Resource group：<click on new> -> 'Mastering-Python-Networking'
Location：West US 2
Subnet name：WEST-US-2_VNet_1_Subnet_1
Address range：192.168.1.0/24
DDoS protection：Basic
Service endpoints：Disabled
Firewall：Disabled
```

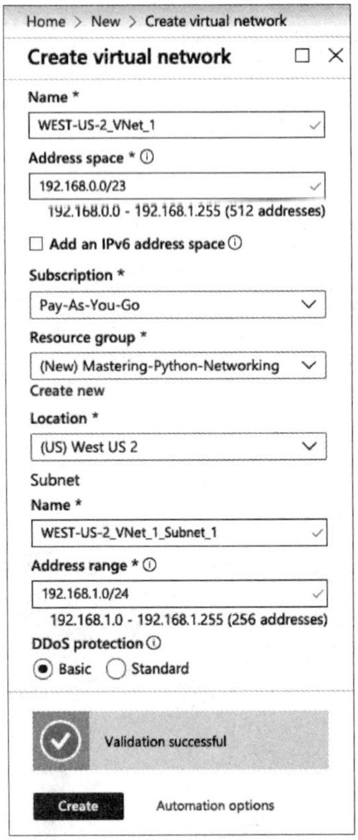

图 11-13　Azure VNet 创建

　　图 11-13 是必要字段的一个截屏。如果缺少任何必要的字段，将以红色突出显示。完成后点击 **Create**：

　　一旦创建资源，可以通过 **Home** -> **Resource groups** -> **Mastering-Python-Networking** 导航到这个资源，如图 11-14 所示。

　　祝贺你已经在 Azure 云中创建了第一个 VNet！当然，我们的网络需要与外部世界通信才能有用。我们将在下一节介绍如何做到这一点。

11.5.1　互联网访问

　　默认情况下，VNet 内的所有资源都可以与互联网完成出站通信；我们不需要像 AWS 中那样增加 NAT 网关。对于入站通信，需要为 VM 直接分配一个公共 IP，或者使用一个有公共 IP 的负载均衡器。为了查看这是如何工作的，我们将在这个网络中创建虚拟机。

　　可以通过 **Home** -> **Resource groups** -> **Mastering-Python-Networking** -> **New** -> **Create a virtual machine** 创建我们的第一个虚拟机，如图 11-15 所示。

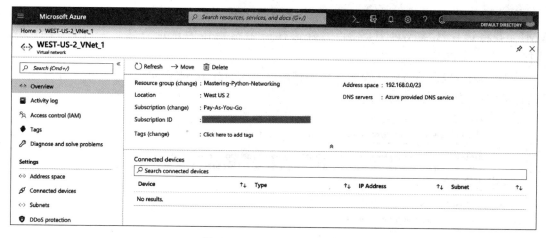

图 11 - 14　Azure VNet 概览

图 11 - 15　Azure 创建 VM

　　我选择 **Ubuntu Server 16.04 LTS** 作为虚拟机，看到提示时将使用虚拟机名 myMPN - VM1。我将选择区域 West US 2，另外选择一个密码作为认证方法，并允许 SSH 入站连接。

　　其他选项可以保持其默认设置。我们将把这个 VM 放在刚才创建的子网中，并分配一个新的公共 IP，如图 11 - 16 所示。

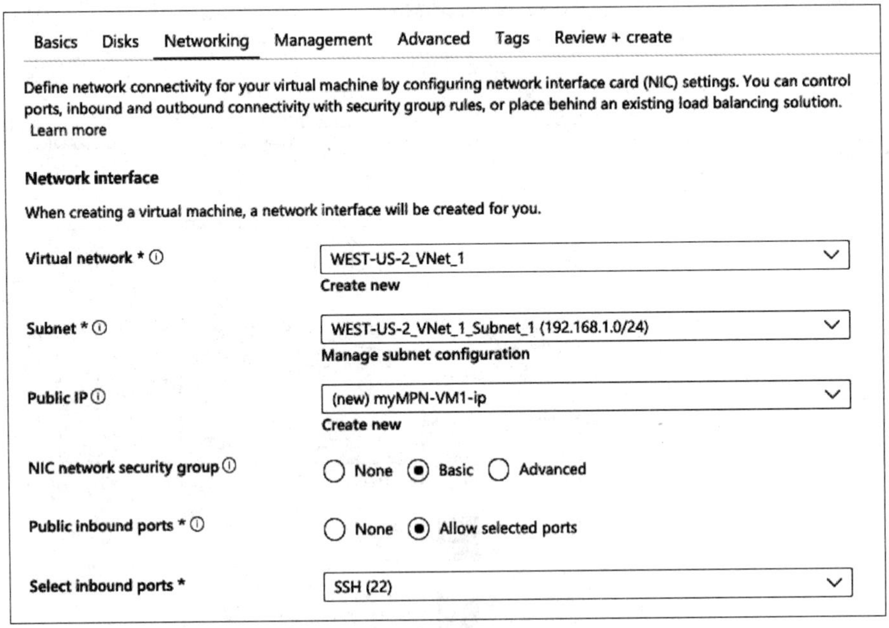

图 11 - 16　Azure 网络接口

　　创建 VM 之后，可以通过 ssh 使用公共 IP 和我们创建的用户访问这个虚拟机。这个 VM 只有一个接口（在我们的私有子网中），它还映射到 Azure 自动分配的公共 IP。这种公开到私有的 IP 转换由 Azure 自动完成。

```
echou@myMPN - VM1:~ $ ifconfig eth0
eth0      Link encap:EthernetHWaddr 00:0d:3a:6e:14:f3
          inet addr:192.168.1.4 Bcast:192.168.1.255 Mask:255.255.255.0
<skip>
echou@myMPN - VM1:~ $ ping - c 1 www.google.com
PING www.google.com (172.217.14.228) 56(84) bytes of data.
64 bytes from sea30s02 - in - f4.1e100.net (172.217.14.228): icmp_seq = 1
ttl = 51 time = 4.88 ms
```

```
--- www.google.com ping statistics ---
1 packets transmitted, 1 received, 0 % packet loss, time 0ms
rtt min/avg/max/mdev = 4.888/4.888/4.888/0.000 ms
```

可以重复同样的过程来创建第二个 VM，名为 myMPN - VM2。这个 VM 可以配置为允许 SSH 入站访问但没有公共 IP，如图 11 - 17 所示。

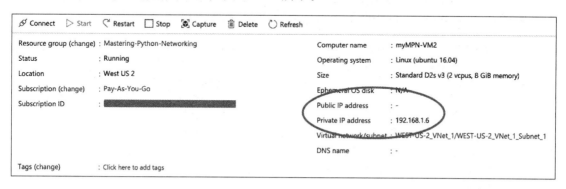

图 11 - 17　Azure VM IP 地址

创建这个 VM 之后，可以用 ssh 从 myMPN - VM1 使用私有 IP 访问 myMPN - VM2：

```
echou@myMPN - VM1：~ $ ssh echou@192.168.1.6
echou@192.168.1.6's password：
<skip>
0 updates are security updates. Last login：Tue Oct 29 01：05：44 2019 from
192.168.1.4
echou@myMPN - VM2：~ $
```

可以尝试访问 apt 包更新存储库来测试互联网连接：

```
echou@myMPN - VM2：~ $ sudo apt update
Hit：1 http：//azure.archive.ubuntu.com/ubuntu xenialInRelease
Get：2 http：//azure.archive.ubuntu.com/ubuntu xenial - updates InRelease
[109 kB]
Get：3 http：//azure.archive.ubuntu.com/ubuntu xenial - backports InRelease
[107 kB]
Hit：4 http：//security.ubuntu.com/ubuntu xenial - security InRelease
Fetched 216 kB in 0s (720 kB/s)
```

既然 VNet 中的虚拟机能够访问互联网，下面可以为我们的网络创建额外的网络资源。

11.5.2 网络资源创建

下面来看使用 Python SDK 创建网络资源的一个例子。在下面的例子中（Chapter11 _ 2 _ network _ resources. py），我们将使用前一个例子中定义的 NetworkManagementClient 类（https：//docs. microsoft. com/en - us/python/api/azure - mgmt - network/azure. mgmt. network. networkmanagementclient? view＝azure - python），并使用 subnet. create _ or _ update API 在 VNet 中创建一个新的 192. 168. 0. 128/25 子网：

```
GROUP_NAME = 'Mastering - Python - Networking'
LOCATION = 'westus2'

def create_subnet(network_client):
    subnet_params = {
        'address_prefix': '192. 168. 0. 128/25'
    }
    creation_result = network_client. subnets. create_or_update(
        GROUP_NAME,
        'WEST - US - 2_VNet_1',
        'WEST - US - 2_VNet_1_Subnet_2',
        subnet_params
    )

    return creation_result. result()

creation_result = create_subnet(network_client)
```

执行这个脚本时，我们会得到以下创建结果消息：

```
(venv) $ python3 Chapter11_2_subnet. py
{'additional_properties': {'type': 'Microsoft. Network/virtualNetworks/
subnets'}, 'id': '/subscriptions/<skip>/resourceGroups/Mastering -
Python - Networking/providers/Microsoft. Network/virtualNetworks/WESTUS -
2_VNet_1/subnets/WEST - US - 2_VNet_1_Subnet_2', 'address_prefix':
'192. 168. 0. 128/25', 'address_prefixes': None, 'network_security_group':
None, 'route_table': None, 'service_endpoints': None, 'service_endpoint_
policies': None, 'interface_endpoints': None, 'ip_configurations': None,
'ip_configuration_profiles': None, 'resource_navigation_links': None,
'service_association_links': None, 'delegations': [], 'purpose': None,
'provisioning_state': 'Succeeded', 'name': 'WEST - US - 2_VNet_1_Subnet_2',
```

'etag'：'W/"＜skip＞"'}

　　在门户上也可以看到这个新的子网，如图 11-18 所示。

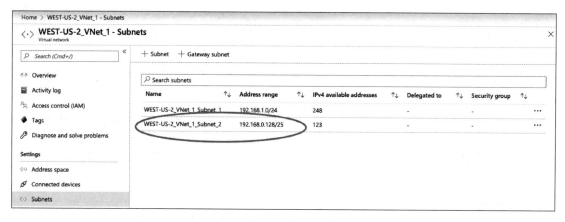

图 11-18　Azure VNet 子网

　关于使用 Python SDK 的更多例子，可以查看 https：//docs. microsoft. com/en-us/azure/virtual-machines/windows/python 上的一个 Windows VM 例子，另外可以查看 https：//github. com/Azure-Samples/virtual-machines-python-man-age/blob/master/example. py 上的一个 Linux Ubuntu 例子。

　　如果在新子网中创建一个 VM，即使跨子网边界，同一个 VNet 中的主机也可以使用 AWS 中见过的同样的隐式路由器相互访问。

　　需要与其他 Azure 服务交互时，还有另外一些可用的 VNet 服务。下面来看这些服务。

11.5.3　VNet 服务端点

　　VNet 服务端点可以通过直连将 VNet 扩展到其他 Azure 服务。这使得从 VNet 到特定 Azure 服务的流量保持在 Azure 网络上。需要为服务端点配置 VNet 的区域内的一个指定服务。

　　可以通过门户配置对服务和子网的限制，如图 11-19 所示。

　　严格地说，要让 VNet 中的 VM 与服务通信时，并不需要创建 VNet 服务端点。各个 VM 可以通过映射的公共 IP 访问服务，而且我们可以使用网络规则只允许必要的 IP。不过，使用 VNet 服务端点允许我们使用 Azure 中的私有 IP 米访问资源，而不需要流量经过公共互联网。

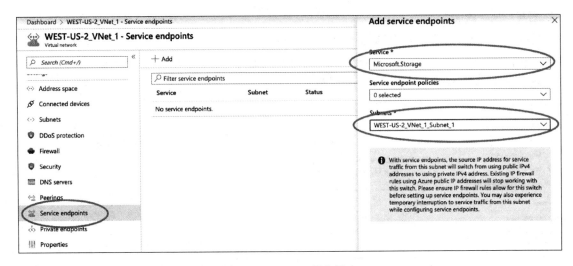

图 11 - 19 Azure 服务端点

11.5.4 VNet 对等连接

在这一节开始时已经提到，每个 VNet 仅限于一个区域。对于区域间的 VNet 连接，可以利用 VNet 对等连接（VNet peering）。下面使用 Chapter11 _ 3 _ vnet. py 中的以下两个函数在 US - East 区域中创建一个 VNet：

```
<skip>
def create_vnet(network_client):
    vnet_params = {
        'location': LOCATION,
        'address_space': {
            'address_prefixes': ['10.0.0.0/16']
        }
    }
    creation_result = network_client.virtual_networks.create_or_
update(
        GROUP_NAME,
        'EAST - US_VNet_1',
        vnet_params
    )
    return creation_result.result()
```

```
<skip>
def create_subnet(network_client):
    subnet_params = {
        'address_prefix': '10.0.1.0/24'
    }
    creation_result = network_client.subnets.create_or_update(
        GROUP_NAME,
        'EAST-US_VNet_1',
        'EAST-US_VNet_1_Subnet_1',
        subnet_params
    )

    return creation_result.result()
```

为了支持 VNet 对等连接，需要从两个 VNet 实现双向对等。由于到目前为止我们一直在使用 Python SDK，出于学习目的，下面来看一个使用 Azure CLI 的示例。

我们将从 az network vnet list 命令得到 VNet 名和 ID：

```
(venv) $ az network vnet list
<skip>
"id": "/subscriptions/<skip>/resourceGroups/Mastering-Python-Networking/
providers/Microsoft.Network/virtualNetworks/EAST-US_VNet_1",
    "location": "eastus",
    "name": "EAST-US_VNet_1"
<skip>
"id": "/subscriptions/<skip>/resourceGroups/Mastering-Python-Networking/
providers/Microsoft.Network/virtualNetworks/WEST-US-2_VNet_1",
    "location": "westus2",
    "name": "WEST-US-2_VNet_1"
<skip>
```

下面检查 West US 2 VNet 现有的 VNet 对等连接：

```
(venv) $ az network vnet peering list -g "Mastering-Python-Networking"
--vnet-name WEST-US-2_VNet_1
[]
```

我们将执行从 West US 到 East US VNet 的对等连接，再反方向重复这个操作：

```
(venv) $ az network vnet peering create -g "Mastering-Python-
```

```
Networking" - n WestUSToEastUS -- vnet - name WEST - US - 2_VNet_1 -- remotevnet
"/subscriptions/<skip>/resourceGroups/Mastering - Python - Networking/
providers/Microsoft. Network/virtualNetworks/EAST - US_VNet_1"
(venv) $ az network vnet peering create - g "Mastering - Python -
Networking" - n EastUSToWestUS -- vnet - name EAST - US_VNet_1 -- remote - vnet
"/subscriptions/b7257c5b - 97c1 - 45ea - 86a7 - 872ce8495a2a/resourceGroups/
Mastering - Python - Networking/providers/Microsoft. Network/virtualNetworks/
WEST - US - 2_VNet_1"
```

如果再次运行这个检查，就会看到成功地建立了 VNet 对等连接：

```
(venv) $ az network vnet peering list - g "Mastering - Python - Networking"
-- vnet - name "WEST - US - 2_VNet_1"
[
    {
      "allowForwardedTraffic": false,
      "allowGatewayTransit": false,
      "allowVirtualNetworkAccess": false,
      "etag": "W/\"<skip>\"",
      "id": "/subscriptions/<skip>/resourceGroups/Mastering - Python -
Networking/providers/Microsoft. Network/virtualNetworks/WEST - US - 2_VNet_1/
virtualNetworkPeerings/WestUSToEastUS",
      "name": "WestUSToEastUS",
      "peeringState": "Connected",
      "provisioningState": "Succeeded",
      "remoteAddressSpace": {
        "addressPrefixes": [
          "10. 0. 0. 0/16"
        ]
      },
<skip>
```

还可以在 Azure 门户上验证对等连接，如图 11 - 20 所示。

现在我们的设置中已经有了主机、子网、VNet 和 VNet 对等连接，下面应该看看 Azure 中如何路由。这就是下一节要介绍的内容。

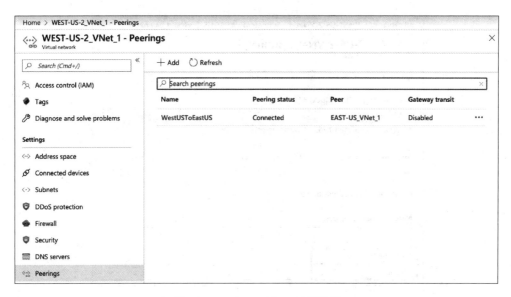

图 11 - 20　Azure VNet 对等连接

11.6　VNet 路由

作为一个网络工程师，云提供商增加的隐式路由总是让我有点不舒服。在传统网络中，我们需要网络布线，分配 IP 地址，配置路由，实现安全，并确保一切正常。有时可能很复杂，但是会考虑每个数据包和路由。对于云中的虚拟网络，在前面已经看到，显然底层网络已经由 Azure 完成，而且需要在覆盖网络上自动完成一些网络配置，使主机能够在启动时正常工作。

Azure VNet 路由与 AWS 有一点不同。在 AWS 一章中，我们看到了在 VPC 网络层实现的路由表。但是如果在门户网站上浏览 Azure VNet 设置，我们找不到分配给 VNet 的路由表。

如果继续向下探索 **subnet setting**（子网设置），会看到一个路由表下拉菜单，但是它显示的值是 **None**，如图 11 - 21 所示。

既然只有一个空路由表，这个子网中的主机怎么还能访问互联网呢？在哪里能看到 Azure VNet 配置的路由呢？实际上，路由在主机和 NIC 级实现。可以通过 **All Services** —>**Virtual Machines** —>**myNPM - VM1** —>**Networking（左面板）** —>**Topology（上面板）** 来查看，如图 11 - 22 所示。

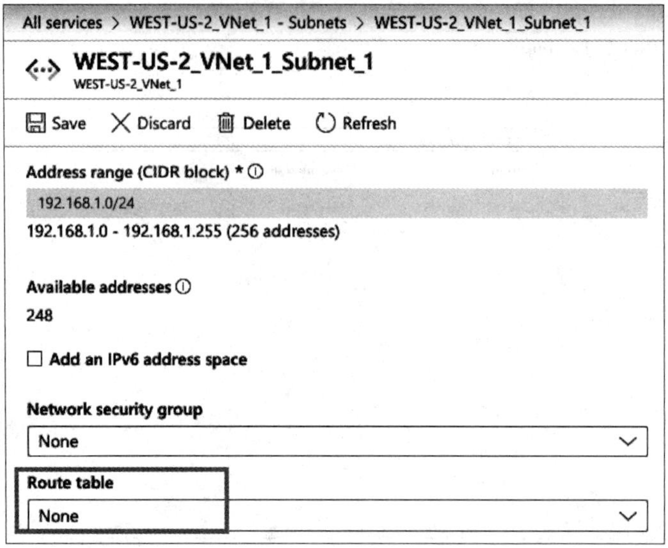

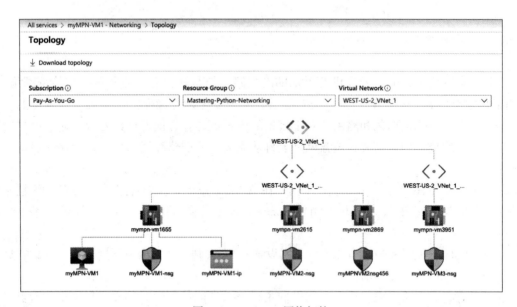

图 11 - 21　　Azure 子网路由表

图 11 - 22　　Azure 网络拓扑

这里在 NIC 级显示这个网络，每个 NIC 连接到北边的一个 VNet 子网，其他资源〔如

VM、**NSG**（**Network Security Group**，网络安全组）和 IP〕连接到南边。这些资源是动态的；截图时，只有 myMPN - VM1 在运行，因此它是唯一一个关联 IP 地址的 VM，而其他 VM 只关联 NSG。

下一节将介绍网络安全组（Network Security Groups）。

如果在我们的拓扑中点击 NIC（**mympn - vm1655**），可以看到与这个 NIC 相关的设置。在 **Support ＋ troubleshooting**（支持＋故障排除）部分中，可以找到 **Effective routes**（有效路由）链接，在这里可以看到与这个 NIC 关联的当前路由，如图 11 - 23 所示。

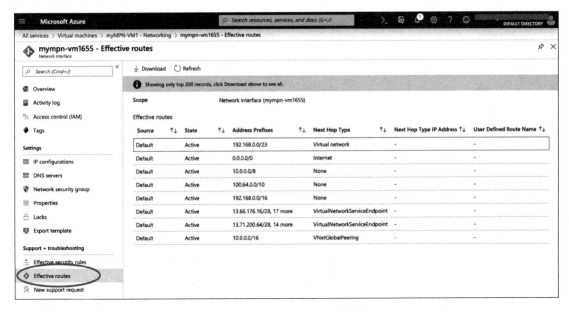

图 11 - 23　Azure VNet 有效路由

如果想自动化完成这个过程，可以使用 Azure CLI 查找 NIC 名，然后显示路由表：

```
(venv) $ azvm show -- name myMPN - VM1 -- resource - group 'Mastering - Python -
Networking'
<skip>
"networkProfile": {
    "networkInterfaces": [
        {
```

```
        "id": "/subscriptions/<skip>/resourceGroups/Mastering-Python-
    Networking/providers/Microsoft.Network/networkInterfaces/mympn-vm1655",
            "primary": null,
            "resourceGroup": "Mastering-Python-Networking"
        }
    ]
  }
<skip>
(venv) $ az network nic show-effective-route-table --name mympn-vm1655
--resource-group "Mastering-Python-Networking"
{
    "nextLink": null,
    "value": [
      {
        "addressPrefix": [
          "192.168.0.0/23"
        ],
<skip>
```

太棒了！这就解决了一个谜题，不过路由表中的下一跳是什么？可以参考 VNet 流量路由文档：https://docs.microsoft.com/en-us/azure/virtual-network/virtual-networks-udroverview。这里有几个重要说明：

- 如果 source（源）指示路由为 **Default**，这些是系统路由，不能删除，但是可以用自定义路由覆盖。
- VNet 下一跳是自定义 VNet 中的路由。这里就是 192.168.0.0/23 网络，而不只是子网。
- 路由到下一跳类型（Next Hop Type）**None** 的流量会丢弃，类似于 **Null** 接口路由。
- 建立与其他 VNet 的 VNet 对等连接时会创建下一跳类型 **VNetGlobalPeering**。
- 在 VNet 中启用服务端点时会创建下一跳类型 **VirtualNetworkServiceEndpoint**。公共 IP 由 Azure 管理，并不时改变。

如何覆盖默认路由？可以创建一个路由表，将它与子网关联。Azure 会按以下优先级选择路由：

- 用户自定义路由。
- BGP 路由（从站点-站点 VPN 或 ExpressRoute）。
- 系统路由。

可以在 **Networking** 部分中创建一个路由表，如图 11 - 24 所示。

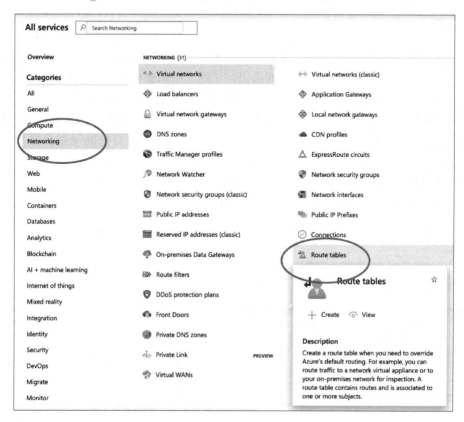

图 11 - 24　Azure VNet 路由表

还可以通过 Azure CLI 创建一个路由表，在表中创建一个路由，并把路由表与一个子网关联：

```
(venv) $ az network route - table create -- name TempRouteTable -- resource
"Mastering - Python - Networking"
(venv) $ az network route - table route create - g "Mastering - Python -
Networking" -- route - table - name TempRouteTable - n TempRoute -- next - hoptype
VirtualAppliance -- address - prefix 172.31.0.0/16 -- next - hop - ip -
address 10.0.100.4
(venv) $ az network vnet subnet update - g "Mastering - Python - Networking"
- n WEST - US - 2_Vnet_1_Subnet_1 -- vnet - name WEST - US - 2_VNet_1 -- route - table
TempRouteTable
```

下面来看 VNet 中的主要安全措施：NSG。

网络安全组

VNet 安全性主要由 NSG 实现。就像传统访问列表或防火墙规则一样，我们需要一次从一个方向上考虑网络安全规则。例如，如果想让子网 1 中的主机 A 通过端口 80 与子网 2 中的主机 B 自由通信，就需要为两台主机在入站和出站方向上实现必要的规则。

正如之前例子中看到的，NSG 可以关联到 NIC 或子网，因此我们还需要从安全层考虑。一般来说，应该在主机级实现更严格的规则，而在子网级应用更宽松的规则。这与传统网络很相似。

创建 VM 时，我们为 SSH TCP 端口 22 入站方向设置了一个许可规则。下面来看为我们的第一个 VM（**myMPNVM1 - nsg**）创建的安全组，如图 11 - 25 所示。

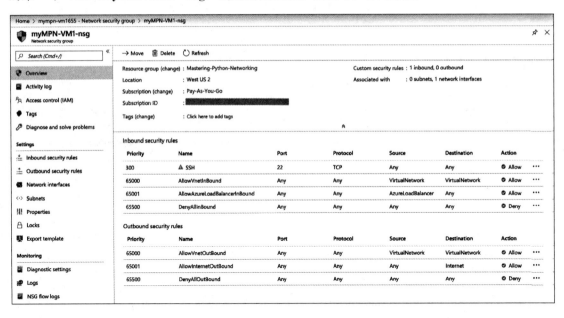

图 11 - 25　Azure VNet NSG

有几点需要指出：

- 系统实现的规则优先级很高，为 65，000 及以上。
- 默认地，虚拟网络可以在两个方向上相互自由通信。
- 默认地，内部主机允许访问互联网。

下面从门户为现有 NSG 组实现一个入站规则，如图 11 - 26 所示。

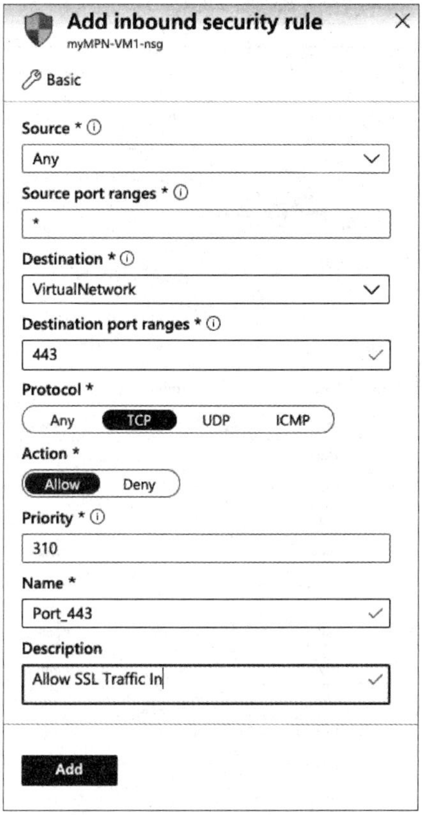

图 11 - 26　Azure 安全规则

　　还可以通过 Azure CLI 创建一个新的安全组和规则：

```
(venv) $ az network nsg create - g "Mastering - Python - Networking" - n
TestNSG
(venv) $ az network nsg rule create - g "Mastering - Python - Networking"
-- nsg - name TestNSG - n Allow_SSH -- priority 150 -- direction Inbound
-- source - address - prefixes Internet -- destination - port - ranges 22 -- access
Allow -- protocol Tcp -- description "Permit SSH Inbound"
(venv) $ az network nsg rule create - g "Mastering - Python - Networking"
-- nsg - name TestNSG - n Allow_SSL -- priority 160 -- direction Inbound
-- source - address - prefixes Internet -- destination - port - ranges 443 -- access
Allow -- protocol Tcp -- description "Permit SSL Inbound"
```

可以看到刚创建的新规则以及默认规则，如图 11 - 27 所示。

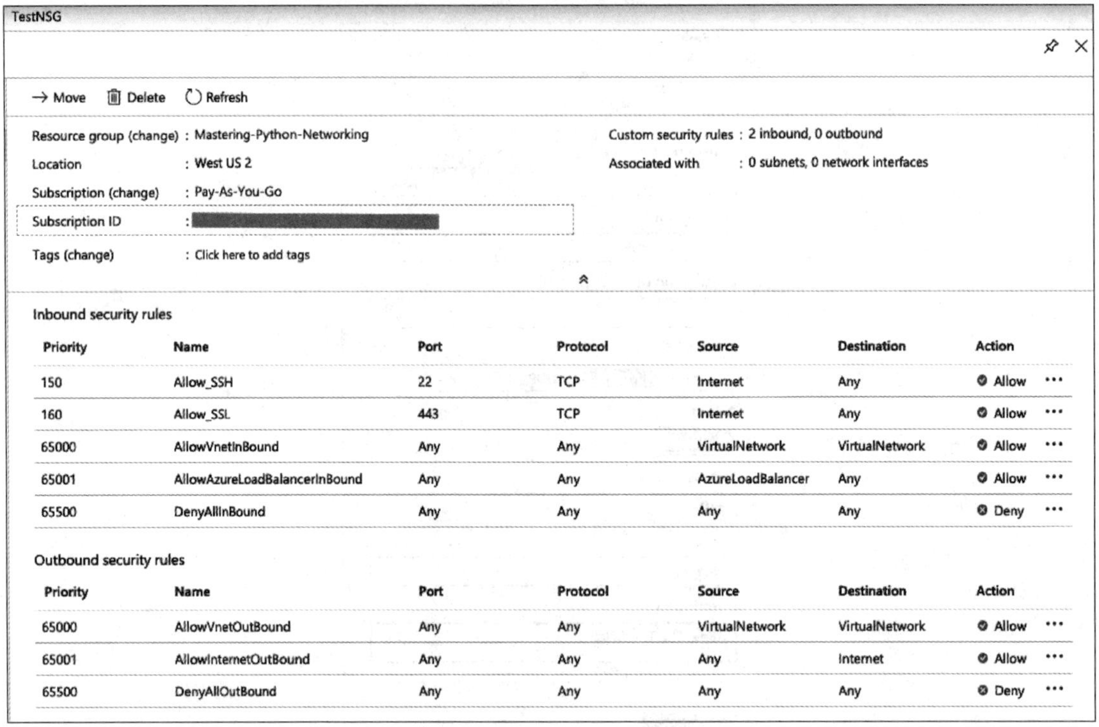

TestNSG

→ Move　　🗑 Delete　　↻ Refresh

Resource group (change) : Mastering-Python-Networking	Custom security rules : 2 inbound, 0 outbound
Location　　　　　　　 : West US 2	Associated with　　　 : 0 subnets, 0 network interfaces
Subscription (change)　 : Pay-As-You-Go	
Subscription ID　　　　 : ███████████████████	
Tags (change)　　　　　 : Click here to add tags	

Inbound security rules

Priority	Name	Port	Protocol	Source	Destination	Action	
150	Allow_SSH	22	TCP	Internet	Any	⊘ Allow	•••
160	Allow_SSL	443	TCP	Internet	Any	⊘ Allow	•••
65000	AllowVnetInBound	Any	Any	VirtualNetwork	VirtualNetwork	⊘ Allow	•••
65001	AllowAzureLoadBalancerInBound	Any	Any	AzureLoadBalancer	Any	⊘ Allow	•••
65500	DenyAllInBound	Any	Any	Any	Any	⊘ Deny	•••

Outbound security rules

Priority	Name	Port	Protocol	Source	Destination	Action	
65000	AllowVnetOutBound	Any	Any	VirtualNetwork	VirtualNetwork	⊘ Allow	•••
65001	AllowInternetOutBound	Any	Any	Any	Internet	⊘ Allow	•••
65500	DenyAllOutBound	Any	Any	Any	Any	⊘ Deny	•••

图 11 - 27　Azure 安全规则

最后一步是将这个 NSG 绑定到一个子网：

```
(venv) $ az network vnet subnet update - g "Mastering - Python - Networking"
- n WEST - US - 2_VNet_1_Subnet_1 -- vnet - name WEST - US - 2_VNet_1 -- networksecurity-
group TestNSG
```

在接下来的两节中，我们将介绍将 Azure 虚拟网络扩展到本地数据中心的两种主要方法：Azure VPN 和 Azure ExpressRoute。

11. 7　Azure VPN

随着网络的持续增长，可能有一天需要将 Azure VNet 连接到我们的内部站点。VPN 网关是一种 VNet 网关，它可以对 VNet、我们的内部网络和远程客户端之间的流量进行加密。每个 VNet 只能有一个 VPN 网关，但是可以在同一个 VPN 网关上建立多个连接。

关于 Azure VPN 网关的更多信息参见这个链接：https：//docs. microsoft. com/en‑us/azure/vpn‑gateway/。

VPN 网关实际上就是配置了加密和路由服务的虚拟机本身，但不能由用户直接配置。Azure 提供了一个基于隧道类型、并发连接数和总吞吐量的 SKU 列表（https：//docs. microsoft. com/en‑us/azure/vpn‑gateway/vpngateway‑about‑vpn‑gateway‑settings #gwsku），如图 11‑28 所示。

Gateway SKUs by tunnel, connection, and throughput

SKU	S2S/VNet-to-VNet Tunnels	P2S SSTP Connections	P2S IKEv2/OpenVPN Connections	Aggregate Throughput Benchmark	BGP	Zone-redundant
Basic	Max. 10	Max. 128	Not Supported	100 Mbps	Not Supported	No
VpnGw1	Max. 30*	Max. 128	Max. 250	650 Mbps	Supported	No
VpnGw2	Max. 30*	Max. 128	Max. 500	1 Gbps	Supported	No
VpnGw3	Max. 30*	Max. 128	Max. 1000	1.25 Gbps	Supported	No
VpnGw1AZ	Max. 30*	Max. 128	Max. 250	650 Mbps	Supported	Yes
VpnGw2AZ	Max. 30*	Max. 128	Max. 500	1 Gbps	Supported	Yes
VpnGw3AZ	Max. 30*	Max. 128	Max. 1000	1.25 Gbps	Supported	Yes

图 11‑28　Azure VPN 网关 SKU

（来源：https：//docs. microsoft. com/en—us/azure/vpn—gateway/point‑to‑site‑about）

从上表可以看出，Azure VPN 分为两类：点到站点（**Point‑to‑Site，P2S**）VPN 和站点到站点（**Site‑to‑Site，S2S**）VPN。P2S VPN 允许从单个客户计算机建立安全连接，主要用于远程工作者。加密方法可以是 SSTP、IKEv2 或 OpenVPN 连接。为 P2S 选择 VPN 网关 SKU 的类型时，我们将关注 SKU 表中对应连接数的第 2 列和第 3 列。

对于基于客户端的 VPN，可以使用 SSTP 或 IKEv2 作为隧道协议，如图 11‑29 所示。

除了基于客户端的 VPN，另一种 VPN 连接是站点到站点或多站点 VPN 连接。加密方法是 IKE/IPSec，而且 Azure 和内部网络都需要一个公共 IP，如图 11‑30 所示。

创建 S2S 或 P2S VPN 的完整示例超出了本节的范围。Azure 为 S2S 提供了教程（https：//docs. microsoft. com/en‑us/azure/vpn‑gateway/vpn‑gateway‑howto‑site‑to‑site‑

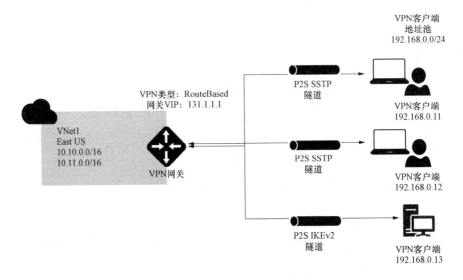

图 11-29　Azure 站点到站点 VPN 网关

（来源：https://docs.microsoft.com/en-us/azure/vpn-gateway/vpn-gateway-about-vpngateways）

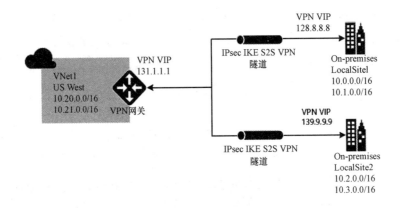

图 11-30　Azure 客户端 VPN 网关

（来源：https://docs.microsoft.com/en-us/azure/vpn-gateway/vpn-gateway-about-vpngateways）

resource-managerportal），也为 P2S VPN 提供了一个教程（https://docs.microsoft.com/en-us/azure/vpngateway/vpn-gateway-howto-point-to-site-resource-manager-portal）。

对于以前配置过 VPN 服务的工程师来说，这些步骤非常简单。只有一点可能让人有些困惑（而且文档中没有明确说明）：VPN 网关设备应当位于分配了一个 /27 IP 块的 VNet 的一个专用网关子网中，如图 11 - 31 所示。

Name	↑↓	Address range	↑↓	IPv4 available addresses	↑↓	Delegated to	↑↓	Security group	↑↓	
WEST-US-2_VNet_1_Subnet_2		192.168.0.128/25		122		-		-		...
WEST-US-2_VNet_1_Subnet_1		192.168.1.0/24		248		-		TestNSG		...

图 11 - 31　Azure VPN 网关子网

可以在以下地址找到已验证 Azure VPN 设备的一个列表（而且这个列表还在不断扩大）：https：//docs. microsoft. com/en - us/azure/vpn - gateway/vpn - gateway - about - vpn - devices，这里还提供了相应配置指南的链接。

11. 8　Azure ExpressRoute

组织需要将 Azure VNet 扩展到本地站点时，可以先从 VPN 连接开始。不过，随着连接承担更多关键任务流量，组织可能需要更稳定和更可靠的连接。与 AWS Direct Connect 类似，Azure 推出了 ExpressRoute 作为连接提供商提供的私有连接。从图 11 - 32 可以看到，我们的网络在转换到 Azure 的边缘网络之前先连接到 Azure 的合作伙伴边缘网络：

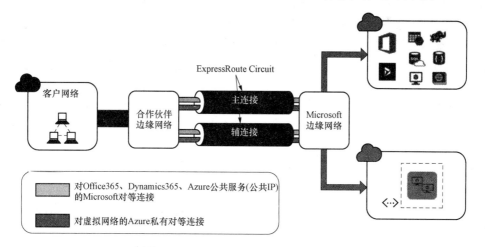

图 11 - 32　Azure ExpressRoute Circuit

（来源：https：//docs. microsoft. com/en - us/azure/expressroute/expressroute - introduction）

ExpressRoute 的优点包括：

- 更可靠，因为它不经过公共互联网。
- 更低延迟、速度更快的连接，因为私有连接在内部设备到 Azure 之间的跳数往往更少。
- 更好的安全措施，因为这是一个私有连接，特别是如果公司依赖于 Office 365 等 Microsoft 服务。

ExpressRoute 的缺点可能包括：

- 更难设置，这包括业务需求和技术需求。
- 由于端口费和连接费通常是固定的，所以前期成本更高。如果取代 VPN 连接，有些成本可以通过减少互联网成本来抵消。不过，ExpressRoute 的总拥有成本通常较高。

关于 ExpressRoute 更详细的描述可以参见：https：//docs. microsoft. com/en - us/az-ure/expressroute/expressroute - introduction。与 AWS Direct Connect 最大的区别之一是，ExpressRoute 可以提供跨一个地域中多个区域的连接。它还提供了一个附加特性，允许全球连接 Microsoft 服务，并提供对 Skype for Business 的 QoS 支持。

与 Direct Connect 类似，ExpressRoute 要求用户利用一个合作伙伴网络连接到 Azure，或者使用 ExpressRoute Direct（没错，这个词让人有些困惑）在某个指定位置连接 Azure。这通常是企业需要克服的最大障碍，因为他们需要在某个 Azure 位置建立他们的数据中心，通过一个运营商来连接（MPLS VPN），或者使用一个代理作为连接的中间人。这些选择通常需要商业合同、长期承诺以及承诺的每月成本。

开始时，我的建议与*第 10 章　AWS 云网络*中类似，就是使用现有的运营商代理来连接一个运营商数据交换中心。从这个运营商数据交换中心，可以直接连接 Azure，或者使用一个中介，如 Equinix CloudExchange（https：//www. equinix. com/resources/data - sheets/equinix - cloud - exchange - for - NSP/）。

下一节中，我们将介绍当服务超出单个服务器的处理能力时，如何高效地分发传入的流量。

11.9　Azure 网络负载均衡器

Azure 在基本 SKU 和标准 SKU 中都提供了负载均衡器。本节讨论负载均衡器时，是指第 4 层 TCP 和 UDP 负载分发服务，而不是应用网关负载均衡器（https：//azure. microsoft. com/en - us/services/application - gateway/），那是一个第 7 层负载均衡解决方案。

通常的部署模型是对来自互联网的一个入站连接完成一层或两层负载分发，如图 11 - 33 所示。

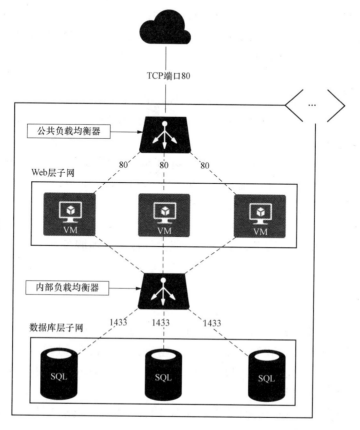

图 11 - 33　Azure 负载均衡器

（来源：https://docs.microsoft.com/en - us/azure/load - balancer/load - balancer - overvi ew）

　　负载均衡器对入站连接的五元组（源和目标 IP、源和目标端口以及协议）做散列，将流分配到一个或多个目标。标准负载均衡器 SKU 是基本 SKU 的一个超集，因此新设计应当采用标准负载均衡器。

　　与 AWS 类似，Azure 也在不断创新新的网络服务。这一章中我们介绍了一些基础服务，下面来看其他一些重要的服务。

11. 10　其他 Azure 网络服务

　　我们要知道的其他一些 Azure 网络服务包括：

- **DNS 服务**：Azure 有一组 DNS 服务（https：//docs. microsoft. com/en - us/azure/dns/

dns‐overview），包括公共和私有服务，可以用于对网络服务实现地域负载均衡。

- **容器网络（Container networking）**：近年来 Azure 一直在向容器推进。有关 Azure 面向容器的网络功能，更多信息可以参阅（https：//docs.microsoft.com/en‐us/azure/virtual‐network/container‐networking‐overview）。
- **VNet TAP**：Azure VNet TAP 允许连续将虚拟机网络流量传递到一个网络数据包收集器或分析工具（https：//docs.microsoft.com/en‐us/azure/virtual‐network/virtual‐network‐tap‐overview）。
- 分布式拒绝服务保护（**Distributed Denial of Service Protection**）：Azure DDoS 保护可以提供对 DDoS 攻击的防护（https：//docs.microsoft.com/en‐us/azure/virtual‐network/ddos‐protection‐overview）。

Azure 网络服务是 Azure 云家族中很重要的组成部分，而且还在继续快速发展。这一章中，我们只讨论了其中的部分服务，不过希望能为你探索其他服务奠定一个很好的基础。

11.11　小结

本章中，我们介绍了各种 Azure 云网络服务，讨论了 Azure 全球网络和虚拟网络的各个方面。我们使用了 Azure CLI 和 Python SDK 来创建、更新和管理这些网络服务。需要将 Azure 服务扩展到内部数据中心时，可以使用 VPN 或 ExpressRoute 进行连接。我们还简要介绍了多种 Azure 网络产品和服务。

下一章中，我们将用一个"一体化"技术栈 Elastic Stack 再来考虑数据分析流水线。

第 12 章　使用 Elastic Stack 完成网络数据分析

在*第 7 章　使用 Python 实现网络监控：第 1 部分*和*第 8 章　使用 Python 实现网络监控：第 2 部分*中，我们讨论了监控网络的多种方法。在这两章中，我们介绍了收集网络数据的两种不同方法：可以从网络设备（如 SNMP）获取数据，也可以使用基于流的导出模型监听网络设备发送的数据。收集数据后，需要将数据存储在数据库中，然后分析数据来认识数据，从而决定数据的含义。大多数情况下，分析的结果以图形方式显示，不论是折线图、柱状图还是饼图。我们可以对每个步骤使用 PySNMP、Matplotlib 和 Pygal 等单独的工具，也可以使用 Cacti 或 Ntop 等一体化工具来进行监控。这两章中介绍的工具会让我们对网络有基本的监控和了解。

然后我们转入*第 9 章　使用 Python 构建网络 Web 服务*，开始构建 API 服务，由更高层工具抽象网络。在*第 10 章　AWS 云网络*和*第 11 章　Azure 云网络*中，我们利用 AWS 和 Azure 将本地网络扩展到云。在这几章中，我们已经介绍了大量基础知识，并且提供了一组可靠的工具来帮助我们实现网络可编程。

从这一章开始，我们将在前几章基础上构建工具集，一旦熟悉了前几章介绍的工具，我就会做些新的尝试，在这个旅程中，我发现了另外一些有用的工具和项目，将在下面介绍。在这一章中，我们将介绍一个开源项目 Elastic Stack（https：//www. elastic. co），相比于我们之前看到的工具，它能帮助我们更好地分析和监控网络。

在这一章中，我们将介绍以下内容：
- 什么是 Elastic（或 ELK）Stack？
- Elastic Stack 安装。
- 使用 Logstash 实现数据摄取。
- 使用 Beats 实现数据摄取。
- 使用 Elasticsearch 实现搜索。
- 使用 Kibana 实现数据可视化。

首先来回答一个问题：Elastic Stack 到底是什么？

12. 1　Elastic Stack 是什么?

Elastic Stack 也称为" ELK" Stack。那么，这到底是什么呢？我们来看看开发人员是怎么说的（https：//www. elastic. co/what - is/elk - stack）：

"ELK" 是三个开源项目 Elasticsearch、Logstash 和 Kibana 的缩写。Elasticsearch 是一个搜索和分析引擎。Logstash 是一个服务器端数据处理流水线，它可以同时从多个来源摄取数据，转换数据，然后将其发送到一个"存储"，比如 Elasticsearch。Kibana 允许用户使用图表和图形可视化 Elasticsearch 中的数据。Elastic Stack 是 ELK Stack 的下一个进化，如图 12 - 1 所示。

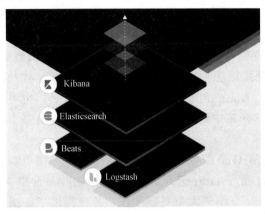

图 12 - 1　Elastic Stack
（来源：https：//www. elastic. co/what - is/elk - stack）

从这句话可以看到，Elastic Stack 实际上是不同项目的一个集合，这些项目相互协作，涵盖了数据收集、存储、检索、分析和可视化的全过程。这个技术栈的优点是它是紧密集成的，但每个组件也可以单独使用。如果不喜欢 Kibana 实现可视化，我们可以很容易地引入 Grafana。如果想使用其他数据摄取工具？没问题，我们可以使用 RESTful API 将数据提交到 Elasticsearch。这个技术栈的中心是 Elasticsearch，这是一个开源的分布式搜索引擎。创建其他项目就是为了增强和支持搜索功能。刚开始这听起来可能让人有些困惑，不过随着我们更深入地了解这个项目的组件，就能更清楚地看出这一点。

他们为什么把 ELK Stack 改名为 Elastic Stack？2015 年，Elastic 推出了一系列轻量级、单一用途的数据传送工具，名为 Beats。它们一问世就大获成功，并且一直很受欢迎，但创建者无法为"B"找到一个好的缩写词，于是决定将整个技术栈重新命名为 Elastic Stack。

我们将重点关注 Elastic Stack 的网络监控和数据分析方面，不过这个技术栈有很多不同的用例，包括风险管理、电子商务个性化、安全分析、欺诈检测等。它们得到了一系列组织的使用；从 Cisco、Box 和 Adobe 等 Web 公司，到 NASA JPL、美国人口普查局等政府机构，都在使用 Elastic Stack（https：//www. elastic. co/customers/）。

我们谈到 Elastic 时，指的是 Elastic Stack 背后的公司。这些工具是开源的，这个公司通过出售支持、托管解决方案和咨询开源项目来赚钱。公司股票在纽约证券交易所公开交易，股票代码为 ESTC。

现在我们对 ELKStack 有了更好的了解，下面来看看这一章将要使用的实验室拓扑。

12.2　实验室拓扑

对于网络实验室，我们将重用**第 8 章　使用 Python 实现网络监控：第 2 部分**中使用的网络拓扑。网络设备的管理接口在 172.16.1.0/24 管理网络中，并与 10.0.0.0/8 网络和/30 子网互联。

在实验室的什么位置安装 ELK Stack？一种选择是将 ELK Stack 安装在目前为止一直在使用的管理站上。另一种选择是把它安装在管理站之外的一个单独的虚拟机（VM）上，它有两个 NIC，一个连接到管理网络，另一个连接到外部网络。我个人倾向于将监控服务器与管理服务器分离，会选择后一种做法。原因是监控服务器通常有与其他服务器不同的硬件和软件需求，这在本章后面的小节中就会看到。这种分离的另一个原因是，这种设置更符合我们在生产环境中通常看到的情况；这使我们能够在两个服务器之间分离管理和监控。图 12 - 2 所示是我们的实验室拓扑的一个示意图。

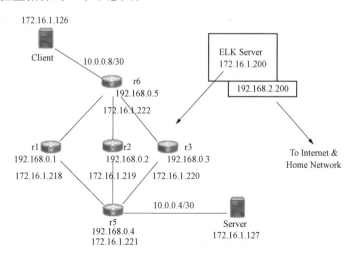

图 12 - 2　实验室拓扑

ELK Stack 将安装在一个新的 Ubuntu 18.04 服务器上，它有两个 NIC，第一个 NIC 的 IP 地址 172.16.1.200 在同一个管理网络中。这个 VM 还有第二个 NIC，IP 地址为 192.168.2.200，通过互联网连接到我的家用网络。

在生产环境中，通常希望 ELK 集群至少有一个 3 节点系统，包含主节点和数据节点。从功能上讲，ELK 主节点可以控制集群，索引数据，而数据节点可以完成数据检索操作。要实现冗余，推荐采用 3 节点系统：1 个节点是活动主节点，如果主节点宕机，另外 2 个节点可以作为主节点。所有这 3 个节点也是数据节点。对于这个实验室，我们不需要担心这一点，实际上，我们将安装一个 1 节点系统，只有一个节点，它既是主节点又是数据节点，而没有冗余。

ELK Stack 的硬件需求很大程度上取决于我们想要放入系统的数据量。因为这是一个实验室，我们不需要太高的硬件处理能力，因为不会有太多数据。

 关于设置的更多信息，参见 Elastic Stack 和生产文档：https：//www. elastic. co/guide/index. html。

一般来说，Elasticsearch 对内存的要求更高，但对 CPU 和存储的要求不高。我们将使用以下硬件规格创建一个单独的 VM：

- CPU：1vCPU。
- 内存：4GB（多多益善）。
- 磁盘：20GB。
- 网络：1 个 NIC 在实验室管理网络中，另一个 NIC（可选）用于互联网访问。

Elasticsearch 使用 Java 构建；每个发行版本包含 OpenJDK 的一个捆绑包版本。可以从 Elastic. co 下载最新的 Elasticsearch 版本：

```
echou@elk-stack-mpn:~ $ wget https://artifacts. elastic. co/downloads/
elasticsearch/elasticsearch-7. 4. 2-linux-x86_64. tar. gz
echou@elk-stack-mpn:~ $ tar -xvzf elasticsearch-7. 4. 2-linux-x86_64. tar. gz
echou@elk-stack-mpn:~ $ cd elasticsearch-7. 4. 2/
```

需要调整节点上默认的虚拟内存设置（https：//www. elastic. co/guide/en/elasticsearch/reference/current/vm-max-mapcount. html）：

```
echou@elk-stack-mpn:~ $ sudosysctl -w vm. max_map_count=262144
```

在默认情况下，Elasticsearch 节点会尝试发现并与其他节点形成一个集群。最佳实践是在启动之前更改节点名和与集群相关的项。下面在 elasticsearch. yml 文件中配置设置：

```
echou@elk-stack-mpn:~/elasticsearch-7. 4. 2 $ vim config/elasticsearch. yml
# change the following settings
node. name: mpn-node-1
network. host: <change to your host IP>
http. port: 9200
discovery. seed_hosts: ["mpn-node-1"]
```

```
cluster. initial_master_nodes：["mpn - node - 1"]
```

现在可以在后台运行 Elasticsearch：

```
echou@elk - stack - mpn：~/elasticsearch - 7. 4. 2 $  ./bin/elasticsearch&
```

可以在运行 Elasticsearch 的主机上完成一个 HTTP GET 请求来测试结果，这可以在管理主机上完成，也可以在监控主机上本地完成：

```
(venv) $ curl 192. 168. 2. 200：9200
{
  "name" : "mpn - node - 1",
  "cluster_name" : "elasticsearch",
  "cluster_uuid" : "9hTywXc - S9eg3jMi6__XSQ",
  "version" : {
    "number" : "7. 4. 2",
    "build_flavor" : "default",
    "build_type" : "tar",
    "build_hash" : "2f90bbf7b93631e52bafb59b3b049cb44ec25e96",
    "build_date" : "2019 - 10 - 28T20：40：44. 881551Z",
    "build_snapshot" : false,
    "lucene_version" : "8. 2. 0",
    "minimum_wire_compatibility_version" : "6. 8. 0",
    "minimum_index_compatibility_version" : "6. 0. 0 - beta1"
  },
  "tagline" : "You Know, for Search"
}
```

下面重复这个过程来安装我们的可视化工具 Kibana：

```
echou@elk - stack - mpn：~/ $ wget https：//artifacts. elastic. co/downloads/
kibana/kibana - 7. 4. 2 - linux - x86_64. tar. gz
echou@elk - stack - mpn：~/ $ tar - xvzf kibana - 7. 4. 2 - linux - x86_64. tar. gz
echou@elk - stack - mpn：~/ $ cd kibana - 7. 4. 2 - linux - x86_64/
```

也要在配置文件中更改一些配置：

```
echou@elk - stack - mpn：~/ kibana - 7. 4. 2 - linux - x86_64 $ vim config/kibana. yml
server. port：5601
server. host："192. 168. 2. 200"
server. name："mastering - python - networking"
```

elasticsearch.hosts：["http://192.168.2.200:9200"]

可以在后台启动 Kibana 进程：

echou@elk - stack - mpn：~/kibana - 7.4.2 - linux - x86_64 $ ./bin/kibana&

一旦进程启动，可以让我们的浏览器访问 http：//<ipaddress>：5601，如图 12 - 3 所示。

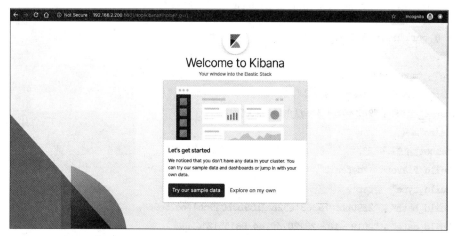

图 12 - 3　Kibana 启动页面

我们将看到一个选项来加载一些示例数据。这是熟悉这个工具的一个好办法，下面导入这个数据，如图 12 - 4 所示。

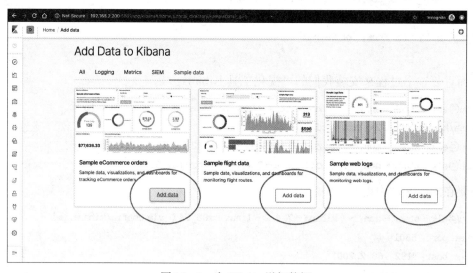

图 12 - 4　为 Kibana 增加数据

太棒了！就快要完成了。最后一块拼图是 Logstash。与 Elasticsearch 不同，Logstash 包没有包含 Java。我们需要先安装 Java 8 或 Java 11：

```
echou@elk-stack-mpn:~ $ sudo apt install openjdk-11-jre-headless
echou@elk-stack-mpn:~ $ java --version
openjdk 11.0.4 2019-07-16
OpenJDK Runtime Environment (build 11.0.4+11-post-Ubuntu-1ubuntu218.04.3)
OpenJDK 64-Bit Server VM (build 11.0.4+11-post-Ubuntu-1ubuntu218.04.3,
mixed mode, sharing)
```

就像 Elasticsearch 和 Kibana 一样，可以用相同的方式下载、解压缩和配置 Logstash：

```
echou@elk-stack-mpn:~ $ wget https://artifacts.elastic.co/downloads/
logstash/logstash-7.4.2.tar.gz
echou@elk-stack-mpn:~ $ tar -xvzf logstash-7.4.2.tar.gz
echou@elk-stack-mpn:~ $ cd logstash-7.4.2/
echou@elk-stack-mpn:~/logstash-7.4.2 $ vim config/logstash.yml
node.name: mastering-python-networking
http.host: "192.168.2.200"
http.port: 9600-9700
```

现在我们先不启动 Logstash。等到这一章后面安装了网络相关插件并且创建了必要的配置文件之后才会启动 Logstash 进程。

在下一节中，我们要花点时间看看如何将 ELK Stack 部署为一个托管服务。

12.3　Elastic Stack 作为服务

Elasticsearch 是一个很流行的服务，Elastic.co 和 AWS 都提供了相应的托管选项。Elastic Cloud（https://www.elastic.co/cloud/）没有自己的基础设施，但它提供了选项可以在 AWS、Google Cloud 平台或 Azure 上部署。因为 Elastic Cloud 建立在其他公共云 VM 产品之上，所以相对于直接从云提供商（比如 AWS）获得服务，其成本要高一些，如图 12-5 所示。

AWS 提供了一个托管的 Elasticsearch 产品（https://aws.amazon.com/elasticsearch-service/），它与现有 AWS 产品紧密集成。例如，AWS CloudWatch Logs 可以直接将数据传送到 AWS Elasticsearch 实例（https://docs.aws.amazon.com/AmazonCloudWatch/latest/logs/CWL_ES_Stream.html），如图 12-6 所示。

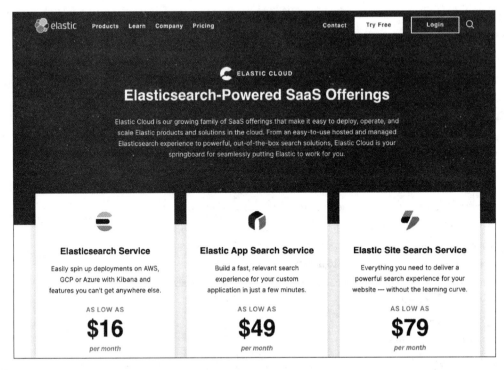

图 12 - 5　Elastic Cloud 产品

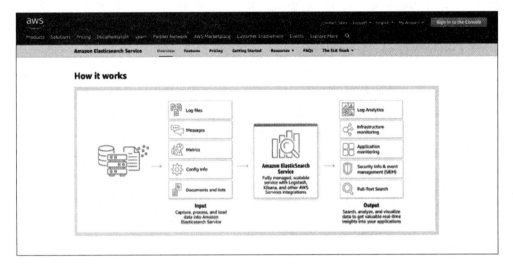

图 12 - 6　AWS Elasticsearch 服务

从我自己的经验来看，尽管 Elastic Stack 的优点很有吸引力，不过我觉得这个项目虽然开始很容易，但是倘若没有陡峭的学习曲线，将很难扩展。如果我们平常并不处理 Elasticsearch，学习曲线甚至更陡峭。如果你像我一样，希望利用 Elastic Stack 提供的特性，但是又不想成为全职的 Elastic 工程师，我强烈建议在生产环境中选择使用某个托管产品。

选择哪个托管提供商取决于你对云提供商锁定的偏好，以及是否希望使用最新的特性。由于 Elastic Cloud 是由 Elastic Stack 项目的相关人员构建的，他们往往会比 AWS 更快地提供最新特性。另外，如果你的基础设施完全构建在 AWS 云中，那么拥有一个紧密集成的 Elasticsearch 实例可以节省维护一个单独集群所需的时间和精力。

下一节中，我们来看一个从数据摄取到可视化的端到端示例。

12.4　第一个端到端示例

刚接触 Elastic Stack 的人最常见的一个反馈是：为了开始工作，需要了解大量的细节。为了在 Elastic Stack 中获得第一个可用的记录，用户需要构建一个集群，分配主节点和数据节点，摄取数据，创建索引，并通过 Web 或命令行界面进行管理。多年来，Elastic Stack 已经简化了这个安装过程，改进了文档，并为新用户创建了示例数据集，以便他们在生产环境中使用这个技术栈之前先熟悉这些工具。

在更深入地研究 Elastic Stack 的不同组件之前，先来看一个涵盖 Logstash、Elasticsearch 和 Kibana 的示例，这会对我们很有帮助。通过分析这个端到端示例，我们将熟悉每个组件提供的功能。在这一章后面更详细地介绍每个组件时，就能明确特定组件在整体中的位置。

首先将日志数据导入 Logstash。我们将配置各个路由器将日志数据导出到 Logstash 服务器：

```
r[1-6]#sh run | i logging
logging host 172.16.1.200 vrfMgmt-intf transport udp port 5144
```

在安装了所有组件的 Elastic Stack 主机上，我们将创建一个简单的 Logstash 配置，要监听 UDP 端口 5144，并将数据输出到 Elasticsearch 主机：

```
echou@elk-stack-mpn:~ $ cd logstash-7.4.2/
echou@elk-stack-mpn:~/logstash-7.4.2 $ mkdir network_configs
echou@elk-stack-mpn:~/logstash-7.4.2 $ touch network_configs/simple_
config.cfg
echou@elk-stack-mpn:~/logstash-7.4.2 $ cat network_configs/simple_config.
```

```
cfg
input {
  udp {
    port => 5144
    type => "syslog-ios"
  }
}

output {
  elasticsearch {
    hosts => ["http://192.168.2.200:9200"]
    index => "cisco-syslog-%{+YYYY.MM.dd}"
  }
}
```

这个配置文件只包含一个输入（input）部分和一个输出（output）部分，而没有修改数据。类型 syslog-ios 是我们选择用来标识索引的名字。在 output 部分，我们用表示当天日期的变量来配置索引名。可以直接从前台的二进制目录运行 Logstash 进程：

```
echou@elk-stack-mpn:~/logstash-7.4.2 $ sudo bin/logstash -f network_
configs/simple_config.cfg
[2019-11-03T09:54:37,201][INFO ][logstash.inputs.udp ][main]
UDP listener started {:address =>"0.0.0.0:5144", :receive_buffer_
bytes =>"106496", :queue_size =>"2000"}
<skip>
```

默认情况下，Elasticsearch 允许在发送数据时自动生成索引。我们可以重置接口、重新加载 BGP 或者只是进入配置模式再退出，从而在路由器上生成一些日志数据。一旦生成了新日志，下面来看所创建的 cisco-syslog-<date> 索引：

```
[2019-11-03T10:01:09,029][INFO ][o.e.c.m.MetaDataCreateIndexService]
[mpn-node-1] [cisco-syslog-2019.11.03] creating index, cause [auto(bulk
api)], templates [], shards [1]/[1], mappings []
[2019-11-03T10:01:09,130][INFO ][o.e.c.m.MetaDataMappingService] [mpnnode-
1] [cisco-syslog-2019.11.03/00NRNwGlRx2OTf_b-qt9SQ] create_mapping
[_doc]
```

现在可以使用 curl 快速查看 Elasticsearch 上创建的索引：

```
(venv) $ curl http://192.168.2.200:9200/_cat/indices/cisco*
```

```
yellow open cisco-syslog-2019.11.03 00NRNwGlRx2OTf_b-qt9SQ 1 1 7 0 20.2kb
20.2kb
```

下面使用 Kibana 通过 **Settings**－＞**Kibana**－＞**Index Patterns** 创建索引，如图 12-7 所示。

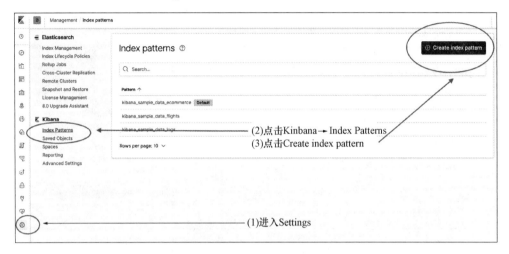

图 12-7　Elasticsearch 增加索引模式

既然索引已经在 Elasticsearch 中，我们只需要匹配索引名。应该记得，我们的索引名是一个基于时间的变量，可以使用星号通配符（＊）来匹配以单词 **Cisco** 开头的所有当前和未来的索引，如图 12-8 所示。

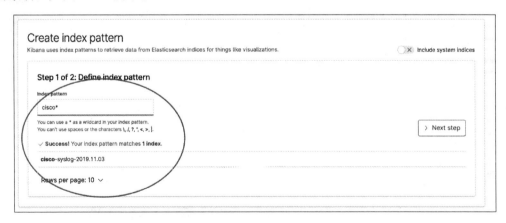

图 12-8　Elasticsearch 定义索引模式

我们的索引是基于时间的，也就是说，我们有一个可以用作为时间戳的字段，并且可以基于时间搜索。我们应当指定作为时间戳的字段。在我们的例子中，Elasticsearch 足够聪明，可以从 syslog 中选择一个字段作为时间戳，只需要在第二步从下拉菜单选择这个字段，如图 12 - 9 所示。

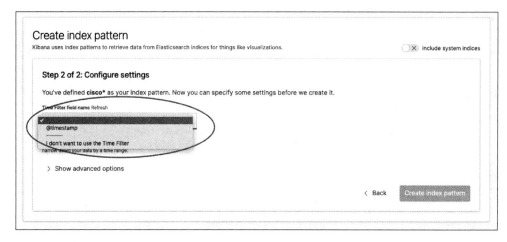

图 12 - 9　Elasticsearch 配置索引模式时间戳

创建了索引模式之后，可以使用 Kibana **Discover** 标签页查看条目，如图 12 - 10 所示。

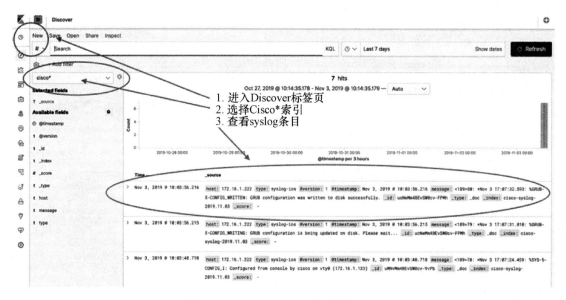

图 12 - 10　Elasticsearch 索引文档发现

收集到更多的日志信息之后，可以在 Elastic Stack 服务器上使用*Ctrl ＋ C* 停止 Logstash 进程。第一个示例展示了如何利用 Elastic Stack 完成从数据摄取到存储再到可视化的全过程。Logstash（或 Beats）中使用的数据摄取是一个连续的数据流，自动流向 Elasticsearch。Kibana 可视化工具为我们提供了一种方法，可以更直观地分析 Elasticsearch 中的数据，如果我们对结果满意，就可以创建一个永久可视化。使用 Kibana 可以创建更多的可视化图形，我们将在本章后面看到更多示例。

即使只有这一个例子，我们也可以看到这个工作流中最重要的部分是 Elasticsearch。正是由于具有简单的 RESTful 接口、存储可伸缩性、自动索引和快速搜索结果等特性，使得这个技术栈能够适应我们的网络分析需求。

在下一节中，我们来看如何使用 Python 与 Elasticsearch 交互。

12.5　Elasticsearch 与 Python 客户端交互

可以使用一个 Python 库通过 Elasticsearch 的 HTTP RESTful API 与 Elasticsearch 交互。例如，在下面的示例中，我们将使用 requests 库完成一个 GET 操作，从 Elasticsearch 主机检索信息。例如，我们知道对以下 URL 端点的 HTTP GET 可以检索以 kibana 开头的当前索引：

```
(venv) $ curl http://192.168.2.200:9200/_cat/indices/kibana*
green open kibana_sample_data_ecommerce Pg5I-1d8SIu-LbpUtn67mA 1 0 4675
0 5mb 5mb
green open kibana_sample_data_logs 3Z2JMdk2T5OPEXnke9l5YQ 1 0 14074
0 11.2mb 11.2mb
green open kibana_sample_data_flights sjIzh4FeQT2icLmXXhkDvA 1 0 13059
0 6.2mb 6.2mb
```

可以使用 requests 库在一个 Python 脚本中（Chapter12_1.py）建立一个类似的函数：

```
#! /usr/bin/env python3
import requests

def current_indices_list(es_host, index_prefix):
    current_indices = []
    http_header = {'content-type': 'application/json'}
    response = requests.get(es_host + "/_cat/indices/" + index_prefix
+ "*", headers=http_header)
    for line in response.text.split('\n'):
```

```
            if line:
                current_indices. append(line. split()[2])
        return current_indices

    if __name__ = = "__main__":
        es_host = 'http://192.168.2.200:9200'
        indices_list = current_indices_list(es_host, 'kibana')
        print(indices_list)
```

执行这个脚本会返回以 kibana 开头的索引的一个列表：

```
(venv) $ python Chapter12_1.py
['kibana_sample_data_ecommerce', 'kibana_sample_data_logs', 'kibana_
sample_data_flights']
```

还可以使用 Python Elasticsearch 客户端（https://elasticsearchpy. readthedocs. io/en/ master/）。这个客户端设计为一个瘦包装器，包装了 Elasticsearch 的 RESTful API，来支持最大的灵活性。下面来安装这个客户端并运行一个简单的例子：

```
(venv) $ pip install elasticsearch
```

示例 Chapter12 _ 2 会连接到 Elasticsearch 集群，搜索的匹配结果是以 kibana 开头的索引：

```
#! /usr/bin/env python3
from elasticsearch import Elasticsearch

es_host = Elasticsearch("http://192.168.2.200/")

res = es_host. search(index = "kibana * ", body = {"query": {"match_all":
{}}})
print("Hits Total: " + str(res['hits']['total']['value']))
```

默认的，结果会返回前 10000 个条目：

```
(venv) $ python Chapter12_2. py
Hits Total: 10000
```

如果使用简单脚本，客户库的优势并不明显。不过，需要创建更复杂的搜索操作时，客户库会非常有用，比如需要滚动时，这里需要使用每个查询的返回标记来继续执行后续查询，直到返回所有结果。客户端还可以帮助完成更复杂的管理任务，比如需要重新索引一个已有的索引。这一章的后面会看到更多使用客户库的例子。

下一节中，我们来看更多由 Cisco 设备 syslog 摄取数据的例子。

12.6　使用 Logstash 实现数据摄取

上一个示例中，我们使用了 Logstash 从网络设备摄取日志数据。下面在这个例子基础上再增加一些配置变更，如 network_config/config_2.cfg 所示：

```
input {
  udp {
    port => 5144
    type => "syslog-core"
  }
  udp {
    port => 5145
    type => "syslog-edge"
  }
}
filter {
  if [type] == "syslog-edge" {
    grok {
      match =>{ "message" => ".*" }
      add_field => [ "received_at", "%{@timestamp}" ]
    }
  }
}
<skip>
```

在输入部分，我们要监听两个 UDP 端口 5144 和 5145。接收到日志时，我们将使用 syslog-core 或 syslog-edge 标记日志条目。我们还在配置中增加了一个过滤（filter）部分，专门匹配 syslog-edge 类型，并对消息应用一个 Grok 正则表达式。在这个例子中，我们将匹配所有条目并增加一个额外的字段 received_at，字段值为时间戳。

> 关于 Grok 的更多信息，参见以下文档：https://www.elastic.co/guide/en/logstash/current/plugins-filters-grok.html。

我们将修改 r5 和 r6，将 syslog 信息发送到 UDP 端口 5145：

```
r[5 - 6]# sh run | i logging
logging host 172.16.1.200 vrfMgmt - intf transport udp port 5145
```

启动 Logstash 服务器时，会看到现在这两个端口都在监听：

```
echou@elk - stack - mpn:~/logstash - 7.4.2$ sudo bin/logstash - f network_
configs/config_2.cfg
<skip>
[2019 - 11 - 03T15:31:35,480][INFO ][logstash.inputs.udp ][main]
Starting UDP listener {:address = >"0.0.0.0:5145"}
[2019 - 11 - 03T15:31:35,493][INFO ][logstash.inputs.udp ][main]
Starting UDP listener {:address = >"0.0.0.0:5144"}
<skip>
```

通过使用不同类型来分解条目，可以在 Kibana Discover 仪表板中具体搜索这些类型，如图 12 - 11 所示。

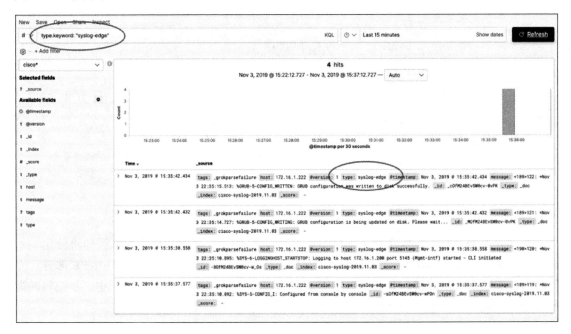

图 12 - 11　Syslog 索引

如果展开有 syslog - edge 类型的条目，可以看到我们增加的新字段，如图 12 - 12 所示。Logstash 配置文件在输入、过滤和输出中提供了很多选项。具体来说，过滤部分为我们

```
Table    JSON

{
  "_index": "cisco-syslog-2019.11.03",
  "_type": "_doc",
  "_id": "D8OqM248EvSW0cv-YvRY",
  "_version": 1,
  "_score": null,
  "_source": {
    "type": "syslog-edge",
    "host": "172.16.1.221",
    "@version": "1",
    "received_at": "2019-11-03T23:47:14.527Z",
    "@timestamp": "2019-11-03T23:47:14.527Z",
    "message": "<189>106: *Nov  3 22:46:17.202: %GRUB-5-CONFIG_WRITTEN: GRUB configuration was written to disk successfully."
  },
  "fields": {
    "@timestamp": [
      "2019-11-03T23:47:14.527Z"
    ]
  },
  "highlight": {
    "type.keyword": [
      "@kibana-highlighted-field@syslog-edge@/kibana-highlighted-field@"
    ]
  },
  "sort": [
    1572824834527
  ]
}
```

图 12 - 12　Syslog 时间戳

提供了一些方法来增强数据，可以有选择地匹配数据，并在输出到 Elasticsearch 之前进一步处理数据。可以利用模块扩展 Logstash，每个模块提供一个快速的端到端解决方案，可以使用专门构建的仪表板完成数据摄取和可视化。

 关于 Logstash 模块的更多信息可以参见：https://www.elastic.co/guide/en/logstash/7.4/logstash-modules.html。

　　Elastic Beats 类似于 Logstash 模块。它们是单一用途的数据传送器，通常安装为代理，在主机上收集数据，并将输出数据直接发送到 Elasticsearch，或者发送到 Logstash 进一步处理。

　　实际上有数百种不同的 Beat 可供下载，如 Filebeat、Metricbeat、Packetbeat、Heartbeat 等。在下一节中，我们将看到如何使用 Filebeat 将 syslog 数据摄取到 Elasticsearch 中。

12.7　使用 Beats 实现数据摄取

　　虽然 Logstash 很不错，但数据摄取的过程可能很复杂且难以扩展。如果扩展我们的网络日志示例，可以看到，即使只是网络日志，如果想解析来自 IOS 路由器、NXOS 路由器、ASA 防火墙、Meraki 无线控制器等的不同日志格式，也会变得非常复杂。如果我们需要从 Apache Web 日志、服务器主机健康状况和安全信息中摄取日志数据，该怎么办？诸如 Net-Flow、SNMP 和计数器等数据格式又要怎么做呢？我们需要聚合的数据越多，就会越复杂。

尽管无法完全摆脱聚合和数据摄取的复杂性，不过当前的趋势是转向尽可能靠近数据源的更轻量级、单一用途的代理。例如，我们可以在专门收集 Web 日志数据的 Apache 服务器上直接安装一个数据收集代理，或者可以有一个主机，它只收集、聚合和组织 Cisco IOS 日志。Elastic Stack 将这些轻量级数据传送器统称为 Beats：https：//www. elastic. co/products/beats。

Filebeat 是 Elastic Beats 软件的一个版本，用于转发和集中日志数据。它会查找我们在配置中指定要收集的日志文件，一旦处理结束，将把新日志数据发送到一个底层进程，这个进程将聚合事件并输出到 Elasticsearch。在这一节中，我们来看如何使用 Filebeat 和 Cisco 模块来收集网络日志数据。

下面安装 Filebeat，并为 Elasticsearch 主机设置绑定的可视化模板和索引：

```
echou@elk-stack-mpn：~ $ curl -L -O https://artifacts. elastic. co/downloads/
beats/filebeat/filebeat-7. 4. 2-amd64. deb
echou@elk-stack-mpn：~ $ sudodpkg -i filebeat-7. 4. 2-amd64. deb
```

这个目录布局可能让人有些困惑，因为它们安装在不同的/usr、/etc/和/var 位置，如图 12-13 所示。

Type	Description	Location
home	Home of the Filebeat installation.	/usr/share/filebeat
bin	The location for the binary files.	/usr/share/filebeat/bin
config	The location for configuration files.	/etc/filebeat
data	The location for persistent data files.	/var/lib/filebeat
logs	The location for the logs created by Filebeat.	/var/log/filebeat

图 12-13 Elastic Filebeat 文件位置

（来源：https：//www. elastic. co/guide/en/beats/filebeat/7. 4/directory-layout. html）

我们将对配置文件/etc/filebeat/filebeat.yml 做一些变更，修改 Elasticsearch 和 Kibana 的位置：

```
setup.kibana:
  host: "192.168.2.200:5601"
output.elasticsearch:
  hosts: ["192.168.2.200:9200"]
```

Filebeat 可以用来设置索引模板和示例 Kibana 仪表板：

```
echou@elk-stack-mpn:~ $ sudofilebeat setup -- index-management
- E output.logstash.enabled = false - E 'output.elasticsearch.
hosts = ["192.168.2.200:9200"]'
echou@elk-stack-mpn:~ $ sudofilebeat setup - dashboards
```

下面为 Filebeat 启用 Cisco 模块：

```
echou@elk-stack-mpn:~ $ sudofilebeat modules enable cisco
```

先为 syslog 配置 Cisco 模块。这个文件位于/etc/filebeat/modules.d/cisco.yml。在这个例子中，我还要指定一个自定义日志文件位置：

```
- module: cisco
  ios:
    enabled: true
    var.input: syslog
    var.syslog_host: 0.0.0.0
    var.syslog_port: 514
    var.paths: ['/home/echou/syslog/my_log.log']
```

可以使用常用的 Ubuntu Linux 命令 service Filebeat [start | stop | status] 启动、停止和检查 Filebeat 服务的状态：

```
echou@elk-stack-mpn:~ $ sudo service filebeat start
```

在我们的设备上为 syslog 修改或增加 UDP 端口 514。应该能看到 **filebeat - *** 索引搜索下的 syslog 信息，如图 12 - 14 所示。

如果与前面的 syslog 示例进行比较，可以看到这里有更多与各记录关联的字段和元信息，如 agent.version、event.code 和 event.severity，Elastic Filebeat Cisco 日志如图 12 - 15 所示。

图 12 - 14　Elastic Filebeat 索引

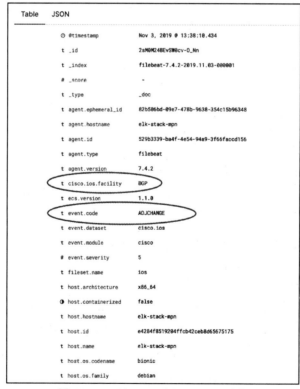

图 12 - 15　Elastic Filebeat Cisco 日志

为什么这些额外的字段很重要？除了其他优点外，这些字段会使搜索聚合更容易，进一步我们可以更好地对结果绘图。下一节讨论 Kibana 时，我们会看到绘图的例子。

除了 cisco 模块，还有面向 Palo Alto Networks、AWS、GoogleCloud、MongoDB 等的模块。最新的模块列表参见 https：//www. elastic. co/guide/en/beats/filebeat/7. 4/filebeatmodules. html。

如果我们想监控 NetFlow 数据呢？没问题，这也有相应的模块！与启用 Cisco 模块一样，可以完成相同的过程，启用这个模块并设置仪表板：

```
echou@elk - stack - mpn：~ $ sudofilebeat modules enable netflow
echou@elk - stack - mpn：~ $ sudofilebeat setup - e
```

然后，配置模块配置文件/etc/filebeat/modules. d/netflow. yml：

```
- module: netflow
  log:
    enabled: true
    var:
      netflow_host: 0. 0. 0. 0
      netflow_port: 2055
```

我们将配置设备从而将 NetFlow 数据发送到 2055 端口。如果需要复习，请参阅*第 8 章 使用 Python 实现网络监控：第 2 部分*中的相关配置。现在应该能看到新的 **netflow** 数据输入类型，如图 12 - 16 所示。

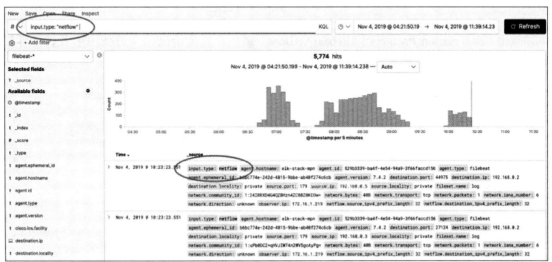

图 12 - 16　Elastic NetFlow 输入

　　还记得吧？每个模块都预绑定了可视化模板。我不想太早介绍可视化，不过如果点击左侧面板的 **visualization** 标签页，然后搜索 **netflow**，可以看到为我们创建的一些可视化，如图 12 - 17 所示。

图 12 - 17　Kibana 可视化

　　点击 **Conversation Partners〔FilebeatNetflow〕** 选项，这会给出一个最高用量者表，可以按各个字段重新排序，如图 12 - 18 所示。

Source	Destination	Bytes ▾	Packets	Flow Records
172.16.1.124	172.16.1.220	135.1KB	1,847	3
172.16.1.124	172.16.1.218	135.1KB	1,847	3
172.16.1.124	172.16.1.221	139KB	1,848	3
10.0.0.5	10.0.0.9	133.9KB	654	126
172.16.1.124	172.16.1.222	90.1KB	1,098	2
172.16.1.124	172.16.1.219	90.1KB	1,098	2
10.0.0.18	224.0.0.5	75.3KB	937	5
10.0.0.26	224.0.0.5	70.4KB	883	5
10.0.0.34	224.0.0.5	67KB	838	5
10.0.0.14	224.0.0.5	64.7KB	803	4

Export: Raw Formatted

1 2 3 4 5 ... 6 »

filebeat-*

Data Options

Metrics

> Metric Sum of network.bytes
> Metric Sum of network.pack...
> Metric Count
　　● Add

Buckets

> Split rows source.ip: Descen...
> Split rows destination.ip: De...

图 12 - 18　Kibana 表格

如果你有兴趣使用 ELK Stack 实现 NetFlow 监控，还可以参考 ElastiFlow 项目：https：//github. com/robcowart/elastiflow。

下一节中，我们将把注意力转向 ELKStack 的 Elasticsearch 部分。

12. 8　使用 Elasticsearch 实现搜索

我们要在 Elasticsearch 中加入更多数据来让搜索和图表更有趣。我建议重新加载一些实验室设备，来得到接口重置、BGP 和 OSPF 建立以及设备启动消息的日志条目。或者，完全可以使用这一章开始时我们为这一节导入的示例数据。

如果回顾 Chapter12 _ 2. py 脚本示例，进行搜索时，每次查询中有两部分信息可能变化：索引和查询主体。我通常喜欢把这些信息分解为输入变量，这样我就可以在运行时动态改变这些变量，将搜索逻辑与脚本本身分离。下面来创建一个名为 query _ body _ 1. json 的文件：

```
{
  "query": {
    "match_all": {}
  }
}
```

我们要创建一个脚本 Chapter12 _ 3. py，使用 argparse 得到命令行的用户输入：

```
import argparse
parser = argparse. ArgumentParser(description = 'Elasticsearch Query
Options')
parser. add_argument("- i", "-- index", help = "index to query")
parser. add_argument("- q", "-- query", help = "query file")

args = parser. parse_args()
```

然后采用与之前相同的做法，使用两个输入值来构造搜索：

```
# load elastic index and query body information
query_file = args. query
with open(query_file) as f:
    query_body = json. loads(f. read())
```

```
# Elasticsearch instance
es = Elasticsearch(['http://192.168.2.200:9200'])
# Query both index and put into dictionary
index = args.index
res = es.search(index = index, body = query_body)
print(res['hits']['total']['value'])
```

可以使用 help 选项来查看要为这个脚本提供哪些参数。下面是对所创建的两个不同索引使用相同查询得到的结果：

```
(venv) $ python3 Chapter12_3.py --help
usage: Chapter12_3.py [-h][-i INDEX][-q QUERY]

Elasticsearch Query Options

optional arguments:
  -h, --help                    show this help message and exit
  -i INDEX, --index INDEX
                                index to query
  -q QUERY, --query QUERY
                                query file

(venv) $ python3 Chapter12_3.py -q query_body_1.json -i "cisco*"
50
(venv) $ python3 Chapter12_3.py -q query_body_1.json -i "filebeat*"
10000
```

开发搜索时，在得到我们想要的结果之前，通常需要尝试几次。Kibana 提供的工具中，有一个开发人员控制台工具，它允许我们尝试搜索条件，并在同一页面上查看搜索结果。例如，在下面的图中，我们执行了与前面相同的搜索，可以看到返回的 JSON 结果。这是 Kibana 界面上我最喜欢的工具之一，如图 12-19 所示。

许多网络数据是基于时间的，例如我们收集的日志和 NetFlow 数据。这些值从一个时间快照中获取，我们可能会按一个时间范围对这些值分组。例如，可能想知道“过去 7 天里的 NetFlow 最高用量者是什么？”或者“在过去一小时内哪个设备有最多的 BGP 重置消息？”。这些问题大多与聚合和时间范围有关。下面来看一个限制时间范围的查询，query_body_2.json：

```
{
```

```
"query": {
  "bool": {
    "filter": [
      {
        "range": {
          "@timestamp": {
            "gte": "now - 10m"
          }
        }
      }
    ]
  }
}
```

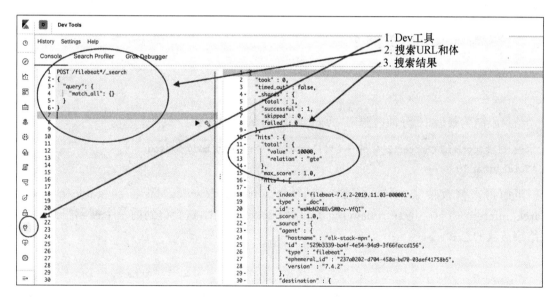

图 12 - 19　Kibana Dev 工具

这是一个布尔查询（https：//www.elastic.co/guide/en/elasticsearch/reference/current/query-dsl-bool-query.html），这说明，它可以接受其他查询的组合。在我们的查询中，使用过滤器将时间范围限制为最后 10 分钟。我们将 Chapter12_3.py 脚本复制到 Chapter12_4.py，修改输出来获取命中次数，并循环处理实际返回的结果列表。

```
<skip>
res = es.search(index = index, body = query_body)
print("Total hits: " + str(res['hits']['total']['value']))
for hit in res['hits']['hits']:
    pprint(hit)
```

执行这个脚本将显示在最后 10 分钟里我们只有 68 次命中：

(venv) $ python3 Chapter12_4.py − i "filebeat * " − q query_body_2.json

Total hits：68

可以在查询中增加另一个过滤器选项，通过 query _ body _ 3.json 限制源 IP：

```
{
  "query": {
    "bool": {
      "must": {
        "term": {
          "source.ip": "192.168.0.1"
        }
      }
    },
<skip>
```

结果限制为最后 10 分钟内源 IP 为 r1 回送 IP 的命中次数：

(venv) $ python3 Chapter12_4.py − i "filebeat * " − q query_body_3.json

Total hits：18

下面再来修改搜索主体，增加一个聚合，https：//www.elastic.co/guide/en/elastic-search/reference/current/searchaggregations - bucket.html，这会得到前一个搜索得到的所有网络字节数的总和：

```
{
  "aggs": {
    "network_bytes_sum": {
      "sum": {
        "field": "network.bytes"
      }
    }
  },
<skip>
```

```
}
```

每次运行脚本 Chapter12_5.py 时，结果都不同。我连续运行这个脚本时，对我来说当前的结果是大约 1 MB：

```
(venv) $ python3 Chapter12_5.py -i "filebeat*" -q query_body_4.json
1089.0
(venv) $ python3 Chapter12_5.py -i "filebeat*" -q query_body_4.json
990.0
```

可以看到，构建搜索查询是一个迭代的过程；通常从一个宽泛的网络开始，然后逐渐缩小标准来调整结果。开始时，你可能要花很多时间阅读文档，并搜索确切的语法和过滤器。随着获得更多的经验，搜索语法就会更容易。再来看之前完成的可视化（netflow 模块设置为获取 NetFlow 最高用量者），我们可以使用检查工具查看 **Request** 体，如图 12-20 所示。

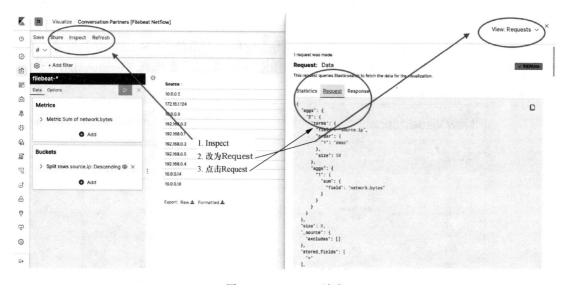

图 12-20　Kibana 请求

可以把它放在一个查询 JSON 文件 query_body_5.json 中，用这个文件执行 Chapter12_6.py 文件。我们会收到绘图所基于的原始数据：

```
(venv) $ python3 Chapter12_6.py -i "filebeat*" -q query_body_5.json
{'1': {'value': 8156040.0}, 'doc_count': 8256, 'key': '10.0.0.5'}
{'1': {'value': 4747596.0}, 'doc_count': 103, 'key': '172.16.1.124'}
```

{'1'：{'value'：3290688.0}，'doc_count'：8256，'key'：'10.0.0.9'}
{'1'：{'value'：576446.0}，'doc_count'：8302，'key'：'192.168.0.2'}
{'1'：{'value'：576213.0}，'doc_count'：8197，'key'：'192.168.0.1'}
{'1'：{'value'：575332.0}，'doc_count'：8216，'key'：'192.168.0.3'}
{'1'：{'value'：433260.0}，'doc_count'：6547，'key'：'192.168.0.5'}
{'1'：{'value'：431820.0}，'doc_count'：6436，'key'：'192.168.0.4'}

下一节中，我们将更深入地介绍 ElasticStack 的可视化部分：Kibana。

12.9　使用 Kibana 实现数据可视化

到目前为止，我们已经使用 Kibana 来发现数据，在 Elasticsearch 中管理索引，使用开发人员工具开发查询，还使用了其他一些特性。我们还看到了从 NetFlow 预填充的可视化图表，可以由我们的数据显示最高用量者。在这一节中，将介绍创建我们自己的图的步骤。首先来创建一个饼图。

饼图最适合可视化表示部分相对于整体的一个比例。下面基于 Filebeat 索引创建一个饼图，根据记录数为前 10 个源 IP 地址绘图，如图 12 - 21 所示。要选择 **Visualization** => **New Visualization** => **Pie**：

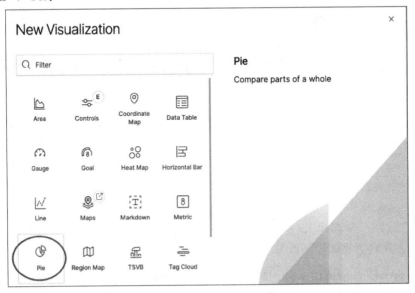

图 12 - 21　Kibana 饼图

然后在搜索栏键入 **netflow**，选择我们的［**Filebeat NetFlow**］索引，如图 12 - 22 所示。

图 12 - 22　Kibana 饼图数据源

默认地，会为我们提供默认时间范围内的所有记录的总数。这个时间范围可以动态改变，如图 12 - 23 所示。

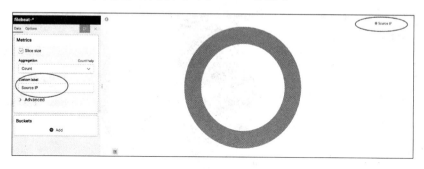

图 12 - 23　Kibana 时间范围

可以为这个图指定一个自定义标签，如图 12 - 24 所示。

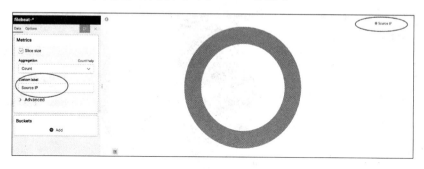

图 12 - 24　Kibana 图标签

下面点击 **Add** 选项来增加更多桶。我们将选择划分切片（Split Slices），聚合（Aggregation）中选择 Terms，并从下拉菜单选择 **source. ip** 字段。我们将保留 **Descending** 选项，但将 **Size** 增加到 10。

只有单击上方的 **apply（应用）** 按钮时（见图 12 - 25），才会应用所做的变更。使用现代网站时，一个常见的错误是期望变更实时发生，而没有单击 **apply** 按钮：

可以点击上方的 **Options** 链接关闭 **Donut** 并打开 **Show labels**，如图 12 - 26 所示。

图 12 - 25　Kibana 应用按钮

图 12 - 26　Kibana 图选项

最后的图是一个不错的饼图，显示了基于记录数得到的前 10 个源 IP，如图 12 - 27 所示。

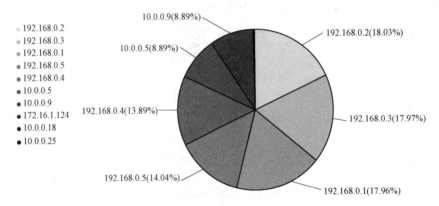

图 12 - 27　Kibana 饼图

与 Elasticsearch 类似，Kibana 图也是一个迭代过程，通常需要几次尝试才能得到正确的结果。如果我们将结果分成不同的图表，而不是同一个图上的切片，会怎么样呢？没错，这样看起来不太好，如图 12 - 28 所示。

下面还是在同一个饼图上划分切片，并将时间范围改为 **Last 1 hour**（最后 1 小时），然后保存这个图，以便以后查看。

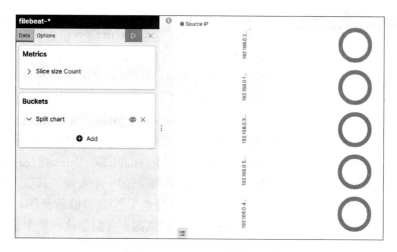

图 12 - 28　Kibana 划分图表

需要说明，还可以通过一个嵌入的 URL（如果可以从一个共享位置访问 Kibana）或通过快照共享这个图，如图 12 - 29 所示。

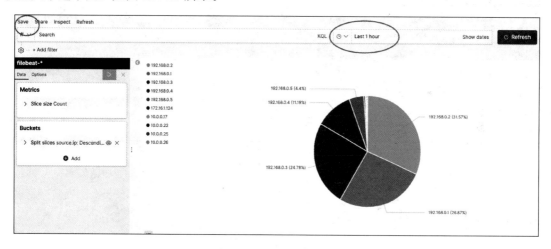

图 12　29　Kibana 保存图

利用指标操作还可以完成更多工作。例如，可以选择数据表图表类型，并重复之前对源 IP 的桶划分。不过，还可以增加第二个指标，累加每个桶的网络字节总数，如图 12 - 30 所示。

得到的结果是一个表，会显示记录数和网络字节总和。可以下载为 CSV 格式本地存储，

图 12‑30　Kibana 指标

如图 12‑31 所示。

　　Kibana 是 Elastic Stack 中一个非常强大的可视化工具。我们只是稍稍触及其可视化功能的一点皮毛。除了有很多其他图形选项来更好地描述数据，还可以把多个可视化分组到一个仪表板上显示。我们也可以使用 Timelion（https：//www.elastic.co/guide/en/kibana/7.4/timelion.html）对独立的数据源分组来实现可视化，或者使用 Canvas（https：//www.elastic.co/guide/en/kibana/current/canvas.html）作为基于 Elasticsearch 数据的一个表现工具。

　　Kibana 通常在这个工作流的最后使用，采用一种有意义的方式表现我们的数据。我们在这一章中介绍了从数据摄取到存储、检索和可视化的基本工作流。在类似 Elastic Stack 的集成开源技术栈的帮助下，我们可以在很短的时间内完成如此之多的工作，这确实让我惊讶不已。

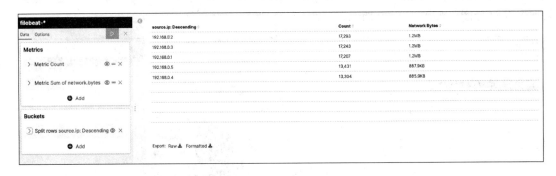

图 12‑31　Kibana 表

12.10　小结

　　在本章中，我们使用 Elastic Stack 来摄取、分析和可视化网络数据。我们使用 Logstash 和 Beats 来摄取网络 syslog 和 NetFlow 数据。然后使用 Elasticsearch 对数据进行索引和分类，以便于检索。最后使用 Kibana 可视化这些数据。我们使用 Python 与这个技术栈交互，从而帮助我们对数据有更深入的了解。Logstash、Beats、Elasticsearch 和 Kibana 共同构成了一个强大的一体化项目，使我们能更好地理解数据。

　　在下一章中，我们将介绍如何使用 Git 完成 Python 网络开发。

第 13 章　使用 Git

我们已经使用 Python、Ansible 和许多其他工具研究了网络自动化的不同方面。如果你一直跟着我们实践这些示例，在这本书的前 12 章中，我们已经使用了 150 多个文件，包含超过 5，300 行代码。这对于在读本书之前主要使用命令行界面的网络工程师来说很有帮助！有了我们这个新的脚本和工具集，现在就可以着手攻克网络任务了，是这样吗？嗯，不要着急，网络忍者们。

在具体着手处理任务之前，还有一些问题需要考虑。我们会逐一讨论要注意的这些问题，并说明版本控制（或源代码控制）系统 Git 如何提供帮助。

我们将讨论以下主题：

- 内容管理问题和 Git。
- Git 介绍。
- 设置 Git。
- Git 使用示例。
- 使用 Python 操作 Git。
- 自动化配置备份。
- 利用 Git 协作。

首先来讨论到底有哪些要注意的问题，并说明 Git 在帮助我们处理这些问题时扮演的角色。

13.1　内容管理问题和 Git

创建代码文件时，我们必须考虑的第一件事就是如何将文件保存到适当的位置，使我们和其他人能获取和使用。理想情况下，这个位置是保存文件的唯一中心位置，不过如果需要，也可以有备份副本。代码首次发布之后，将来我们可能会增加特性和修复 bug，因此希望有一种方法来跟踪这些变更，并保持可以下载最新版本。如果新的变更不能正常工作，我们希望有办法回滚这些变更，并在文件历史中反映这些差别。这会让我们更清楚地了解代码文件的演进。

第二个问题是团队成员之间的协作过程。如果我们与其他网络工程师一起工作，很可能需要协作处理文件。这些文件可能是 Python 脚本、Ansible Playbook、Jinja2 模板、INI 配置文件等。关键是任何基于文本的文件都要用多个输入进行跟踪，团队中的每个人都应该能看到这些输入。

　　第三个问题是问责。一旦系统允许有多个输入和变更，我们需要标记这些变更，有一个适当的跟踪记录来反映变更的所有者。跟踪记录还应该包括变更的简要原因，这样回顾历史的人就能了解当初为什么会做这个变更。

　　这些正是版本控制（或源代码控制）系统（如 Git）试图解决的一些主要挑战。公平地讲，版本控制过程并不一定要采用专用软件系统的形式。例如，如果我打开我的 Microsoft Word 程序，文件会自动保存，我可以随时返回去查看所做的变更，或者可以回滚到以前的版本。这就是版本控制的一种形式，不过，这个 Word 文档很难扩展到我的笔记本电脑之外。这一章关注的版本控制系统是一个独立的软件工具，主要作用是跟踪软件变更。

　　软件工程中不乏各种源代码控制工具，包括专有工具和开源工具。一些比较流行的开源版本控制系统包括 CVS、SVN、Mercurial 和 Git。在这一章中，我们将重点关注源代码控制系统 Git。这本书中使用的许多软件都使用这个版本控制系统来跟踪变更、协作实现特性以及与用户交流。我们将深入地介绍这个工具。Git 是很多大型开源项目事实上的标准版本控制系统，包括 Python 和 Linux 内核。

　　截至 2017 年 2 月，CPython 开发过程已经转移到 GitHub。这是从 2015 年 1 月开始进行的一项工作。有关的更多信息，请查看 PEP 512：https：// www. python. org/dev/peps/pep‑0512/。

　　在深入研究 Git 的实用示例之前，先来看看 Git 系统的历史和优点。

13. 2　Git 介绍

　　Git 是由 Linux 内核的创建者 Linus Torvalds 在 2005 年 4 月创建的。以他的冷幽默，他亲切地把这个工具称为"来自地狱的信息管理器"（the information manager from hell）。在对 Linux 基金会的一次采访中，Linus 提到，他觉得源代码控制管理是计算机世界中最无趣的事情（https：//www. linuxfoundation. org/blog/2015/04/10‑yearsof‑git‑an‑interview‑with‑git‑creator‑linus‑torvalds/）。尽管如此，他还是在 Linux 内核开发者社区与 BitKeeper（他们当时使用的专用系统）发生分歧后创建了这个工具。

　　Git 这个名字代表什么？在英式英语俚语中，git 是一个贬义词，表示一个讨厌、烦人、幼稚的人。以他的冷幽默，Linus 说他是一个"自大的混蛋"，他的所有项目都以他自己的名字命名。首先是 Linux，现在是 Git。不过，有人建议这个名字是 **Global Information Tracker (GIT)** 的缩写。你可以自己判断更喜欢哪一种解释。

这个项目很快就完成了。创建后大约 10 天（是的，你没有看错），Linus 觉得 Git 的基本理念是正确的，并开始用 Git 提交第一个 Linux 内核代码。正如他们所说，后来的情况就众所周知了。在创建十多年后，它仍然能满足 Linux 内核项目的所有期望。尽管许多开发人员在转换源代码控制系统时存在固有的惰性，但 Git 还是成为许多其他开源项目的版本控制系统。在 Mercurial 托管 Python 代码（https：//hg. python. org/）很多年之后，这个项目于 2017 年 2 月转移到 GitHub 上的 Git。

我们已经了解了 Git 的历史，下面来看它的一些好处。

13. 2. 1　Git 的好处

托管大型分布式开源项目（如 Linux 内核和 Python）的成功证明了 Git 的优势。我的意思是，如果这个工具对于世界上最流行的操作系统（在我看来）和最流行的编程语言（再次强调，这只是我的观点）的软件开发都足够好，那么它对于我的项目可能也很好。Git 的流行尤其重要，因为它是一个相对较新的源代码控制工具，除非新工具比老工具有显著的优势，否则人们通常不会转向新工具。下面来看 Git 的一些好处：

- **分布式开发**：Git 支持在私有存储库中离线并行、独立和同步开发。很多其他版本控制系统需要与一个中央存储库保持同步。Git 的分布式和离线特性为开发人员提供了更大的灵活性。

- **可扩展到支持成千上万的开发人员**：在一些开源项目不同部分工作的开发人员可能达到数千人。Git 能可靠地支持开发人员工作的集成。

- **性能**：Linus 决心确保 Git 的速度和效率。为了节省大量更新 Linux 内核代码所需的空间和传输时间，使用了压缩和增量检查来保证 Git 的速度和效率。

- **问责和不变性**：Git 要求每一个变更文件的提交都要有一个变更日志，从而能跟踪所有变更及其背后的原因。Git 中的数据对象在创建并放入数据库之后就不能修改，这使得它们是不可变的。这进一步保证了问责。

- **原子事务**：由于不同但相关的变更要么全部执行，要么根本不执行，因此可以确保存储库的完整性。这会确保存储库不会处于部分变更或被破坏的状态。

- **完整存储库**：每个存储库都有各个文件所有历史版本的完整副本。

- **自由（Free，as in freedom）**：Git 工具的起源是 Linux 和 BitKeeper VCS 之间关于软件是否应该免费以及原则上是否应该拒绝商业软件所发生的分歧，所以不难理解这个工具有非常自由的使用许可。

在深入了解 Git 之前，先来看看 Git 中使用的一些术语。

13. 2. 2　Git 术语

下面是我们应该熟悉的一些 Git 术语：

- **Ref（引用）**：以 refs 开头的名字指向一个对象。
- **Repository（存储库或仓库）**：这是一个数据库，包含一个项目的所有信息、文件、元数据和历史。它包含所有对象集合的引用（refs）集合。
- **Branch（分支）**：这是一个积极的开发线。最新提交是该分支的 tip 或 HEAD。存储库可以有多个分支，但是你的工作树或工作目录只能与一个分支关联。有时这被称为当前分支或已签出（checked out）分支。
- **Checkout（签出）**：这是将所有或部分工作树更新到某个特定点的动作。
- **Commit（提交）**：这是 Git 历史中的一个时间点，或者可能表示在存储库中存储一个新快照。
- **Merge（合并）**：这是将另一个分支的内容放入当前分支的动作。例如，我要把 development 分支与 master 分支合并。
- **Fetch（获取）**：这是从一个远程存储库获得内容的动作。
- **Pull（拉取）**：获取和合并一个存储库。
- **Tag（标签）**：这是存储库中一个重要时间点的标记。在*第 4 章　Python 自动化框架：Ansible 基础*中，我们已经见过使用标记指定版本点 v2. 5. 0a1。

这并不是一个完整的列表，更多术语及其定义请参见 Git 术语表，https：//git - scm. com/docs/gitglossary。

最后，在具体介绍 Git 的实际设置和使用之前，先来讨论 Git 和 GitHub 之间的重要区别；不熟悉这二者的工程师很容易忽视这一点。

13. 2. 3　Git 和 GitHub

Git 和 GitHub 不是一回事。有时，对于刚接触版本控制系统的工程师来说，这让人有些困惑。Git 是一个版本控制系统，而 GitHub（https：//github. com/）是为 Git 存储库提供的一个集中托管服务。这家名为 GitHub 的公司成立于 2008 年，2018 年被 Microsoft 收购，不过仍继续独立运营。

由于 Git 是一个去中心化的系统，GitHub 会存储我们的项目存储库的一个副本，就像所有其他分布式离线副本一样。通常，我们会指定 GitHub 存储库作为项目的中心存储库，然后所有其他开发人员向这个存储库推送变更或者由这个存储库拉取变更。

GitHub 在 2018 年被 Microsoft 收购之后（https：//blogs. microsoft. com/ blog/2018/10/26/microsoftcompletes - github - acquisition/），开发者社区中 很多人非常担心 GitHub 的独立性。不过如新闻稿所述，"GitHub 将保持其 开发者至上的精神，独立运营，并继续作为一个开源平台"。

通过使用 fork 和 pull request 机制，GitHub 将作为分布式系统中集中存储库的想法更进 了一步。对于在 GitHub 上托管的项目，项目维护者通常鼓励其他开发人员派生（fork）存储 库，或者会创建存储库的一个副本，并将该副本作为其中心存储库开展工作。做出变更之后， 他们可以向主项目发送一个拉取请求（pull request），项目维护者会审查这些变更，如果他们 认为合适，则提交（commit）变更。除了命令行之外，GitHub 还为存储库增加了 Web 界 面；这使 Git 更为友好。

既然已经了解了 Git 和 GitHub 的区别，我们可以开始了！首先来介绍如何设置 Git。

13. 3 设置 Git

到目前为止，我们一直在使用 Git 从 GitHub 下载文件。在这一节，我们将更进一步，来 了解如何在本地设置 Git，从而能开始提交我们的文件。在这个例子中，我还是使用同样的 Ubuntu 18. 04 管理主机。如果你使用的是不同版本的 Linux 或其他操作系统，可以快速搜索 安装过程，应该能找到正确的安装说明。

如果你还没有安装 Git，可以通过 apt 包管理工具来安装 Git：

```
(venv) $ sudo apt update
(venv) $ sudo apt install - y git
(venv) $ git -- version
git version 2. 17. 1
```

一旦安装了 git，我们需要做一些配置，使我们的提交消息包含正确的信息：

```
$ git config -- global user. name "Your Name"
$ git config -- global user. email "email@domain. com"
$ git config -- list
user. name = Your Name
user. email = email@domain. com
```

或者，也可以修改～/. gitconfig 文件中的信息：

```
$ cat ～/. gitconfig
[user]
```

```
name = Your Name
email = email@domain.com
```

Git 中有很多选项可以更改，不过只有名字和电子邮件可以直接提交变更而不会收到警告。就我个人而言，我喜欢使用 VIM 文本编辑器而不是默认的 Emac 来输入提交消息：

```
(optional)
$ git config --global core.editor "vim"
$ git config --list
user.name = Your Name
user.email = email@domain.com
core.editor = vim
```

具体使用 Git 之前，下面来回顾一下 gitignore 文件的概念。

Gitignore

你不希望 Git 将某些文件签入 GitHub 或其他存储库，比如包含密码、API 密钥或其他敏感信息的文件。要防止文件意外签入存储库，最容易的方法是在存储库的顶层文件夹中创建一个 .gitignore 文件。Git 在提交之前将使用这个 gitignore 文件来确定要忽略哪些文件和目录。

gitignore 文件应该尽早提交到存储库中，并与其他用户共享。

想象一下，如果不小心将你的组 API 密钥签入公共 Git 存储库，你会多么恐慌。创建一个全新的存储库时，创建 gitignore 文件总是很有帮助。事实上，在这个平台上创建存储库时，GitHub 为此提供了一个选项。

这个文件中可以包括特定于某个语言的文件，例如，下面要排除 Python Byte-compiled 文件：

```
# Byte-compiled / optimized / DLL files
  pycache/
*.py[cod]
*$py.class
```

还可以包括特定于某个操作系统的文件：

```
# OSX
# =========================
.DS_Store
```

```
.AppleDouble
.LSOverride
```

可以在 GitHub 的帮助页面上更多地了解 .gitignore：https：//help.github.com/arti-cles/ignoring‑files/。以下是另外一些参考资料：

- Gitignore 手册：https：//git‑scm.com/docs/gitignore。
- GitHub 的 .gitignore 模板集合：https：//github.com/github/gitignore。
- Python 语言 .gitignore 示例：https：//github.com/github/gitignore/blob/master/Python.gitignore。
- 本书存储库的 .gitignore 文件：https：//github.com/PacktPublishing/Mastering‑Python‑Networking‑Third‑Edition/blob/master/.gitignore。

我认为，创建任何新的存储库时应当同时创建 .gitignore 文件。正是这个原因，我们尽早介绍了这个概念。下一节我们来看一些 Git 使用示例。

13.4　Git 使用示例

从我的经验来看，使用 Git 时，大多数时候我们都会使用命令行和各种选项。需要回溯变更、查看日志和比较提交差异时，图形化工具会很有用，不过对于正常的分支和提交，则很少使用图形化工具。可以使用 help 选项来查看 Git 的命令行选项：

```
(venv) $ git -- help
usage：git [ -- version] [ -- help] [ -C <path>] [ -c <name> = <value>]
          [ -- exec - path[ = <path>]] [ -- html - path] [ -- man - path] [ -- infopath]
          [ -p | -- paginate | -- no - pager] [ -- no - replace - objects] [ -- bare]
          [ -- git - dir = <path>] [ -- work - tree = <path>] [ -- namespace = <name>]
          <command> [<args>]
```

我们要创建一个存储库（repository），并在这个存储库中创建一个文件：

```
(venv) $ mkdir TestRepo - 1
(venv) $ cd TestRepo - 1/
(venv) $ git init
Initialized empty Git repository in /home/echou/Mastering_Python_
Networking_third_edition/Chapter13/TestRepo - 1/.git/
(venv) $ echo "this is my test file" > myFile.txt
```

用 Git 初始化存储库时，会为目录增加一个新的隐藏文件夹 .git 。它包含所有与 Git 相关的文件：

```
(venv) $ ls - a
.....git myFile.txt
(venv) $ ls .git/
branches config description HEAD hooks info objects refs
```

Git 会以层次格式在几个位置接收其配置。默认情况下会从 system、global 和 repository 读取文件。存储库的位置越特定，覆盖优先级就越高。例如，存储库配置将覆盖全局配置。可以使用 git config - l 命令查看组合配置：

```
$ ls .git/config
.git/config

$ ls ~/.gitconfig
/home/echou/.gitconfig

$ git config - l
user.name = Eric Chou
user.email = <email>
core.editor = vim
core.repositoryformatversion = 0
core.filemode = true
core.bare = false
core.logallrefupdates = true
```

在存储库中创建一个文件时，并不会跟踪记录。要让 git 知道这个文件，我们需要增加该文件：

```
$ git status
On branch master
Initial commit

Untracked files：
    (use "git add <file>..." to include in what will be committed)

myFile.txt

nothing added to commit but untracked files present (use "git add" to
track)
```

```
$ git add myFile.txt
$ git status
On branch master

Initial commit

Changes to be committed：
    (use "git rm -- cached <file>..." to unstage)
new file：myFile.txt
```

增加这个文件时，它处于暂存状态。为了让变更成为正式变更，需要提交变更：

```
$ git commit -m "adding myFile.txt"
[master (root-commit) 5f579ab] adding myFile.txt
 1 file changed, 1 insertion(+)
 create mode 100644 myFile.txt


$ git status
On branch master
nothing to commit, working directory clean
```

 上一个示例中，我们在执行提交语句时用 -m 选项提供了提交消息。如果不使用这个选项，就会进入一个页面来提供提交消息。在这里，我们将文本编辑器配置为 Vim，从而能用它编辑消息。

下面对文件做一些变更并再次提交（commit）。注意，文件变更之后，Git 知道文件已经修改：

```
$ vim myFile.txt
$ cat myFile.txt
this is the second iteration of my test file
$ git status
On branch master
Changes not staged for commit：
(use "git add <file>..." to update what will be committed)
(use "git checkout -- <file>..." to discard changes in working directory)

modified：myFile.txt
```

```
$ git add myFile.txt
$ git commit - m "made modifications to myFile.txt"
[master a3dd3ea] made modifications to myFile.txt
1 file changed, 1 insertion( + ), 1 deletion( - )
```

git 提交号（git commit number）是一个 SHA-1 散列，这是一个重要特性。如果我们在另一台计算机上执行同样的步骤，SHA-1 散列值（SHA-1 hash）是相同的。Git 就是以此知道两个存储库相同，即使它们在并行工作。

 如果你想知道 SHA-1 值是否被意外或故意修改而发生重叠，GitHub 博客上有一篇关于检测这种 SHA-1 冲突的有趣的文章：https://github.blog/2017-03-20-sha-1-collision-detectionon-github-com/。

可以用 git 日志（git log）显示提交的历史。日志条目按时间的逆序显示；每个提交会显示作者的姓名和电子邮件地址、日期、日志消息以及提交的内部标识号：

```
(venv) $ git log
commit ff7dc1a40e5603fed552a3403be97addefddc4e9 (HEAD - > master)
Author：Eric Chou <echou@yahoo.com>
Date：   Fri Nov 8 08:49:02 2019 - 0800

    made modifications to myFile.txt

commit 5d7c1c8543c8342b689c66f1ac1fa888090ffa34
Author：Eric Chou <echou@yahoo.com>
Date：   Fri Nov 8 08:46:32 2019 - 0800

    adding myFile.txt
```

还可以使用提交 ID 显示有关变更的更多详细信息：

```
(venv) $ git show ff7dc1a40e5603fed552a3403be97addefddc4e9
commit ff7dc1a40e5603fed552a3403be97addefddc4e9 (HEAD - > master)
Author：Eric Chou <echou@yahoo.com>
Date：   Fri Nov 8 08:49:02 2019 - 0800

    made modifications to myFile.txt

diff -- git a/myFile.txt b/myFile.txt
index 6ccb42e..69e7d47 100644
--- a/myFile.txt
```

```
+ + + b/myFile.txt
@@ -1 +1 @@
- this is my test file
+ this is the second iteration of my test file
```

如果需要恢复所做的变更，可以在恢复（revert）和重置（reset）之间进行选择。Revert 会把一个特定提交的所有文件恢复到提交前的状态：

```
(venv) $ git revert ff7dc1a40e5603fed552a3403be97addefddc4e9
[master 75921be] Revert "made modifications to myFile.txt"
1 file changed, 1 insertion( + ), 1 deletion( - )

(venv) $ cat myFile.txt
this is my test file
```

revert 命令会保留你恢复的 commit，并建立一个新的 commit。你能看到直至这一点的所有变更，包括恢复：

```
(venv) $ git log
commit 75921bedc83039ebaf70c90a3e8d97d65a2ee21d (HEAD - > master)
Author：Eric Chou <echou@yahoo.com>
Date：    Fri Nov 8 09:00:23 2019 - 0800

    Revert "made modifications to myFile.txt"

    This reverts commit ff7dc1a40e5603fed552a3403be97addefddc4e9.

     On branch master
     Changes to be committed：
            modified： myFile.txt
```

reset 选项将存储库的状态重置为一个较老的版本，并丢弃其间的所有变更：

```
(venv) $ git reset -- hard ff7dc1a40e5603fed552a3403be97addefddc4e9
HEAD is now at ff7dc1a made modifications to myFile.txt

(venv) $ git log
commit ff7dc1a40e5603fed552a3403be97addefddc4e9 (HEAD - > master)
Author：Eric Chou <echou@yahoo.com>
Date：    Fri Nov 8 08:49:02 2019 - 0800

    made modifications to myFile.txt
```

```
commit 5d7c1c8543c8342b689c66f1ac1fa888090ffa34
Author：Eric Chou <echou@yahoo.com>
Date：  Fri Nov 8 08:46:32 2019 -0800

    adding myFile.txt
```

就个人而言，我喜欢保留所有历史记录，包括我做的所有回滚。因此，需要回滚一个变更时，我通常选择 revert 而不是 reset。在这一节中，我们已经了解了如何处理单个文件。在下一节中，我们要介绍如何处理将分组到一个特定包（bundle）的文件集合，称为分支（branch）。

13.5 Git 分支

git 中的分支（branch）是存储库中的开发线。Git 允许一个存储库中有多个分支，相应地可以有不同的开发线。默认情况下，我们有一个主分支（master branch）。创建分支有很多原因，什么时候要创建分支或者什么时候只使用主分支？对此没有硬性规则。大多数时候，我们会在修复 bug、发布客户软件或开发阶段创建分支。在我们的例子中，下面来创建一个表示开发的分支，很恰当地命名为 dev 分支：

```
(venv) $ git branch dev
(venv) $ git branch
  dev
* master
```

注意在创建之后，我们需要具体转入 dev 分支。这可以用 checkout 做到：

```
(venv) $ git checkout dev
Switched to branch 'dev'
(venv) $ git branch
* dev
  master
```

下面向 dev 分支增加第二个文件：

```
(venv) $ echo "my second file" > mySecondFile.txt
(venv) $ git add mySecondFile.txt
(venv) $ git commit -m "added mySecondFile.txt to dev branch"
[dev a537bdc] added mySecondFile.txt to dev branch
 1 file changed, 1 insertion(+)
```

```
create mode 100644 mySecondFile.txt
```

可以回到 master 分支，验证两条开发线是分开的。注意，当我们切换到主分支时，目录中只有一个文件：

```
(venv) $ git branch
* dev
  master
(venv) $ git checkout master
Switched to branch 'master'
(venv) $ ls
myFile.txt
(venv) $ git checkout dev
Switched to branch 'dev'
(venv) $ ls
myFile.txt mySecondFile.txt
```

为了将 dev 分支的内容写入 master 分支，需要将它们合并（merge）：

```
(venv) $ git branch
* dev
  master
(venv) $ git checkout master
Switched to branch 'master'
(venv) $ git merge dev master
Updating ff7dc1a..a537bdc
Fast-forward
 mySecondFile.txt | 1 +
 1 file changed, 1 insertion(+)
 create mode 100644 mySecondFile.txt
(venv) $ git branch
  dev
* master
(venv) $ ls
myFile.txt mySecondFile.txt
```

可以使用 git rm 删除一个文件。为了了解这是如何工作的，下面创建第 3 个文件并将它删除：

```
(venv) $ touch myThirdFile.txt
```

```
(venv) $ git add myThirdFile.txt
(venv) $ git commit -m "adding myThirdFile.txt"
[master 169a203] adding myThirdFile.txt
 1 file changed, 0 insertions(+), 0 deletions(-)
 create mode 100644 myThirdFile.txt
(venv) $ ls
myFile.txt mySecondFile.txt myThirdFile.txt
(venv) $ git rm myThirdFile.txt
rm 'myThirdFile.txt'
(venv) $ git status
On branch master
Changes to be committed:
  (use "git reset HEAD <file>..." to unstage)

    deleted:      myThirdFile.txt
(venv) $ git commit -m "deleted myThirdFile.txt"
[master 1b24b4e] deleted myThirdFile.txt
 1 file changed, 0 insertions(+), 0 deletions(-)
 delete mode 100644 myThirdFile.txt
```

在日志中可以看到最后两个变更：

```
(venv) $ git log
commit 1b24b4e95eb0c01cc9a7124dc6ac1ea37d44d51a (HEAD -> master)
Author: Eric Chou <echou@yahoo.com>
Date:   Fri Nov 8 10:02:45 2019 -0800

    deleted myThirdFile.txt

commit 169a2034fb9844889f5130f0e42bf9c9b7c08b05
Author: Eric Chou <echou@yahoo.com>
Date:   Fri Nov 8 10:00:56 2019 -0800

    adding myThirdFile.txt
```

我们已经介绍了使用 Git 的大部分基本操作。下面来看如何使用 GitHub 共享我们的存储库。

GitHub 示例

在这个例子中，我们将使用 GitHub 作为集中位置来同步本地存储库并与其他用户共享。

我们将在 GitHub 上创建一个存储库。GitHub 一直允许免费创建公共开源库。从 2019 年 1 月开始，他们还提供了无限制的免费私有存储库。在本例中，我们将创建一个私有存储库，并增加许可和 .gitignore 文件，如图 13 - 1 所示。

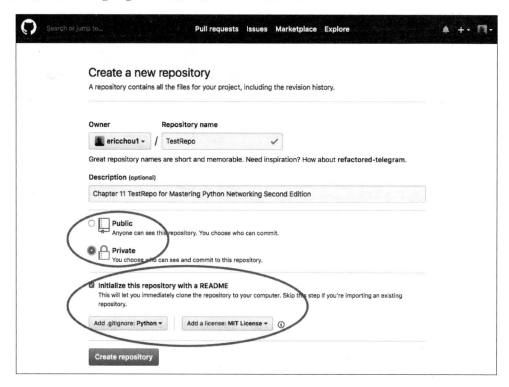

图 13 - 1　GitHub 中创建一个私有存储库

一旦创建了存储库，可以找到这个存储库的 URL，如图 13 - 2 所示。

我们将使用这个 URL 创建一个远程目标（remote target），这将用作为项目的"信息源"（source of truth）。将这个远程目标重命名为 gitHubRepo：

```
(venv) $ git remote add gitHubRepo https://github.com/ericchou1/TestRepo.
git
(venv) $ git remote -v
gitHubRepo    https://github.com/ericchou1/TestRepo.git (fetch)
gitHubRepo    https://github.com/ericchou1/TestRepo.git (push)
```

由于我们在创建过程中选择了创建 README.md 和 LICENSE 文件，远程存储库和本地存储库是不一样的。

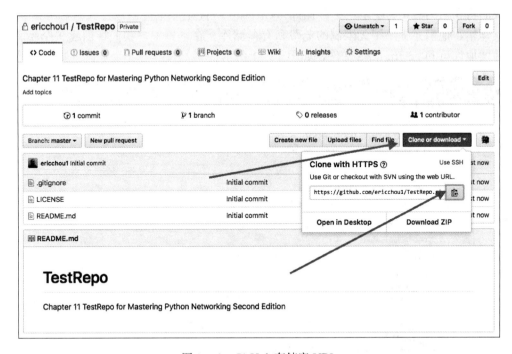

图 13-2　GitHub 存储库 URL

如果我们将本地变更推送到 GitHub 存储库，会收到以下错误：

(venv) $ git push gitHubRepo master
Username for 'https://github.com'：<skip>
Password for 'https://echou@yahoo.com@github.com'：<skip>
To https：//github.com/ericchou1/TestRepo.git
![rejected] master -> master (fetch first)
error：failed to push some refs to 'https://github.com/ericchou1/
TestRepo.git'

我们将使用 git pull 从 GitHub 获取新文件：

(venv) $ git pull gitHubRepo master
Username for 'https://github.com'：<skip>
Password for 'https://<username>@github.com'：<skip>
From https：//github.com/ericchou1/TestRepo
* branch master -> FETCH_HEAD
Merge made by the 'recursive' strategy.

```
.gitignore | 104
+++++++++++++++++++++++++++++++++++++++++++++++++++++++++++++++ LI-
CENSE |
21 ++++++++++++
README.md | 2 ++
3 files changed, 127 insertions(+)
create mode 100644 .gitignore
create mode 100644 LICENSE
create mode 100644 README.md
```

现在我们能够用 push 把内容推送到 GitHub：

```
$ git push gitHubRepo master
Username for 'https://github.com': <username>
Password for 'https://<username>@github.com':
Counting objects: 15, done.
Compressing objects: 100% (9/9), done.
Writing objects: 100% (15/15), 1.51 KiB | 0 bytes/s, done. Total 15
(delta 1), reused 0 (delta 0)
remote: Resolving deltas: 100% (1/1), done.
To https://github.com/ericchou1/TestRe po.git a001b81..0aa362a master ->
master
```

可以在网页上验证 GitHub 存储库的内容，如图 13-3 所示。

现在另一个用户可以建立存储库的一个副本或克隆（clone）：

```
[This is operated from another host]
$ cd /tmp
$ git clone https://github.com/ericchou1/TestRepo.git
Cloning into 'TestRepo'...
remote: Counting objects: 20, done.
remote: Compressing objects: 100% (13/13), done.
remote: Total 20 (delta 2), reused 15 (delta 1), pack-reused 0
Unpacking objects: 100% (20/20), done.
$ cd TestRepo/
$ ls
LICENSE m yFile.txt
README.md mySecondFile.txt
```

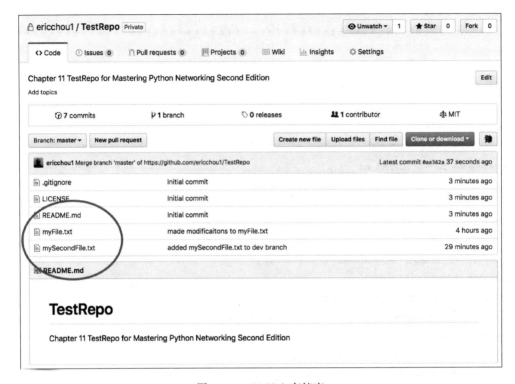

图 13 - 3　GitHub 存储库

　　复制的存储库将是原存储库的准确副本，包括所有提交历史：

```
$ git log
commit 0aa362a47782e7714ca946ba852f395083116ce5 (HEAD -> master,
origin/master, origin/HEAD)
Merge：bc078a9 a001b81
Author：Eric Chou <skip>
Date：Fri Jul 20 14:18:58 2018 - 0700

    Merge branch 'master' of https://github.com/ericchou1/TestRepo

commit a001b816bb75c63237cbc93067dffcc573c05aa2
Author：Eric Chou <skip>
Date：Fri Jul 20 14:16:30 2018 - 0700
```

Initial commit

...

我还可以在存储库设置下邀请另一个人作为项目的协作者，如图 13-4 所示。

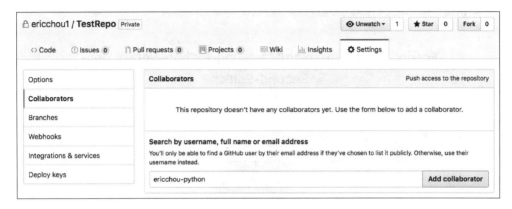

图 13-4　Repository 邀请

在下一个例子中，我们来看如何派生一个存储库，另外对并非我们维护的一个存储库完成一个拉取请求。

协作完成拉取请求

前面已经提到，Git 支持开发人员为一个项目开展协作。我们来看在 GitHub 上托管代码时如何完成协作。

在这里，我们将使用 Packt 的 GitHub 公共存储库中本书第二版的 GitHub 存储库。我要使用一个不同的 GitHub 句柄，因此我会显示为一个非管理员用户。点击 **Fork** 按钮，在我的个人账户中建立这个存储库的一个副本，如图 13-5 所示。

图 13-5　Git Fork 按钮

建立副本需要几秒钟时间，如图 13-6 所示。

完成派生之后，我的个人账户中会有存储库的一个副本，如图 13-7 所示。

可以按照以前使用的步骤对文件做一些修改。在这里，我会对 README. md 做一些更

图 13 - 6　GitFork 正在处理

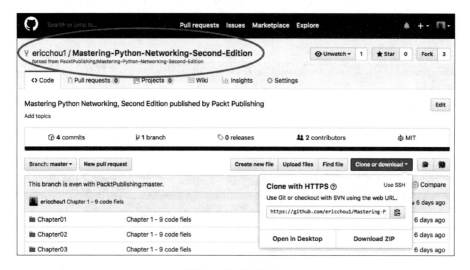

图 13 - 7　Git Fork

改。变更完成后，可以点击 **New pull request**（新建拉取请求）按钮来创建一个拉取请求，如图 13 - 8 所示。

　　建立一个拉取请求时，要尽可能多地填入信息来为变更提供依据，如图 13 - 9 所示。

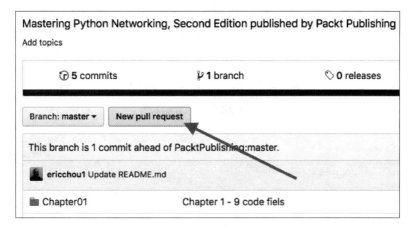

图 13 - 8　拉取请求

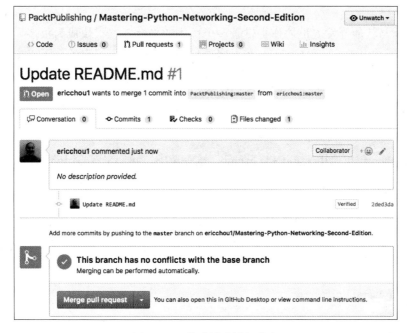

图 13 - 9　拉取请求详细信息

　　存储库维护者会接收到这个拉取请求的通知，如果接受变更，将在原存储库完成这个变更，如图 13 - 10 所示。

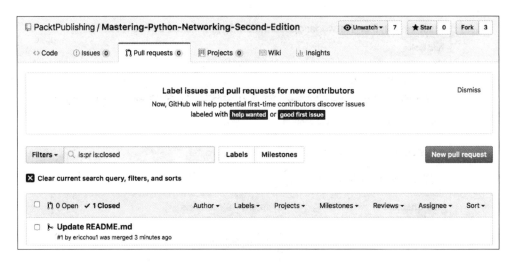

图 13 - 10　拉取请求记录

GitHub 为与其他开发人员协作提供了一个优秀的平台；这很快成为很多大型开源项目事实上的开发选择。由于 Git 和 GitHub 在很多项目中广泛使用，很自然，下一步就是自动化这一节看到的过程。在下一节中，我们来看如何使用 Python 操作 Git。

13.6　使用 Python 操作 Git

有很多 Python 包可以用于 Git 和 GitHub。这一节中，我们来看 GitPython 和 PyGithub 库。

13.6.1　GitPython

可以使用 GitPython 包（https：//gitpython. readthedocs. io/en/stable/index. html）处理 Git 存储库。我们要安装这个包并使用 Python shell 构造一个 Repo 对象。利用这个对象，可以列出存储库中的所有提交：

```
(venv) $ pip install gitpython
(venv) $ python
>>> from git import Repo
>>> repo = Repo('/home/echou/Mastering_Python_Networking_
third_edition/Chapter13/TestRepo - 1')
>>> for commits in list(repo. iter_commits('master')):
... print(commits)
```

```
...
1b24b4e95eb0c01cc9a7124dc6ac1ea37d44d51a
169a2034fb9844889f5130f0e42bf9c9b7c08b05
a537bdcc1648458ce88120ae607b4ddea7fa9637
ff7dc1a40e5603fed552a3403be97addefddc4e9
5d7c1c8543c8342b689c66f1ac1fa888090ffa34
```

还可以查看 repo 对象中的索引条目：

```
>>> for (path, stage), entry in repo.index.entries.items():
... print(path, stage, entry)
...
myFile.txt 0 100644 69e7d4728965c885180315c0d4c206637b3f6bad 0 myFile.txt
mySecondFile.txt 0 100644 75d6370ae31008f683cf18ed086098d05bf0e4dc 0
mySecondFile.txt
```

GitPython 提供了与所有 Git 功能的很好的集成。不过，对于初学者来说，这可能不是最容易使用的库。为了充分利用 GitPython，我们需要理解 Git 的术语和结构。不过记住这些总是好的，因为其他项目中也可能用到。

13.6.2　PyGitHub

下面来看如何使用 PyGitHub 库（http：//pygithub.readthedocs.io/en/latest/）与 GitHub 存储库交互。这个包是 GitHub APIv3（https：//developer.github.com/v3/）的一个包装器：

```
(venv) $ pip install PyGithub
```

下面使用 Python shell 打印用户的当前存储库：

```
(venv) $ python
>>> from github import Github
>>> g = Github("<username>", "<password>")
>>> for repo in g.get_user().get_repos():
... print(repo.name)
...
Mastering-Python-Networking-Second-Edition
Mastering-Python-Networking-Third-Edition
```

对于更程序化的访问，还可以使用访问令牌创建更细粒度的控制。GitHub 允许令牌关联所选择的权限，如图 13-11 所示。

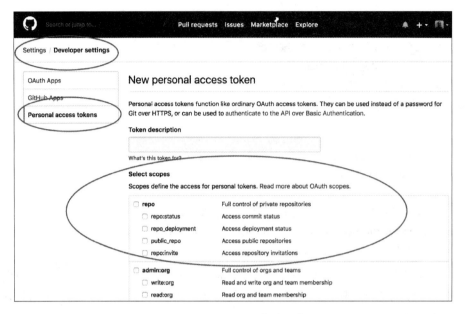

图 13 - 11　GitHub 令牌生成

如果使用访问令牌作为认证机制，输出稍有些不同：

```
>>> from github import Github
>>> g = Github("<token>")
>>> for repo in g.get_user().get_repos():
... print(repo)
...
Repository(full_name = "oreillymedia/distributed_denial_of_service_
ddos")
Repository(full_name = "PacktPublishing/ - Hands - on - Network - Programmingwith -
Python")
Repository(full_name = "PacktPublishing/Mastering - Python - Networking")
Repository(full_name = "PacktPublishing/Mastering - Python - Networking - Second -
Edition")
...
```

既然我们已经熟悉了 Git、GitHub 和一些 Python 包，下面可以利用它们来使用这个技术。在下一节中，我们来看一些实际的例子。

13.7　自动化配置备份

在这个例子中，我们将使用 PyGithub 备份一个包含路由器配置的目录。我们已经了解如何用 Python 或 Ansible 从设备获取信息；现在可以把它们签入 GitHub。

我们有一个名为 config 的子目录，其中包含文本格式的路由器配置：

```
$ ls configs/
iosv - 1 iosv - 2

$ cat configs/iosv - 1
Building configuration...

Current configuration : 4573 bytes
!
! Last configuration change at 02:50:05 UTC Sat Jun 2 2018 by cisco
!
version 15. 6
service timestamps debug datetime msec
...
```

可以使用以下脚本（Chapter13_1. py）从 GitHub 存储库获取最新的索引，构建我们要提交的内容，并自动提交配置：

```python
#! /usr/bin/env python3
# reference: https://stackoverflow. com/questions/38594717/how - do - ipush -
new - files - to - github

from github import Github, InputGitTreeElement
import os

github_token = '<token>'
configs_dir = 'configs'
github_repo = 'TestRepo'

# Retrieve the list of files in configs directory
file_list = []
for dirpath, dirname, filenames in os. walk(configs_dir):
    for f in filenames:
```

```
        file_list.append(configs_dir + "/" + f)

g = Github(github_token)
repo = g.get_user().get_repo(github_repo)

commit_message = 'add configs'
master_ref = repo.get_git_ref('heads/master')
master_sha = master_ref.object.sha
base_tree = repo.get_git_tree(master_sha)

element_list = list()

for entry in file_list:
    with open(entry, 'r') as input_file:
        data = input_file.read()
    element = InputGitTreeElement(entry, '100644', 'blob', data)
    element_list.append(element)

# Create tree and commit
tree = repo.create_git_tree(element_list, base_tree)
parent = repo.get_git_commit(master_sha)
commit = repo.create_git_commit(commit_ message, tree, [parent])
master_ref.edit(commit.sha)
```

在 GitHub 存储库中可以看到 configs 目录，如图 13 - 12 所示。

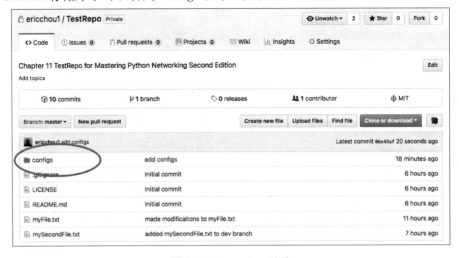

图 13 - 12　configs 目录

提交历史显示了脚本所做的提交，如图 13-13 所示。

图 13-13　提交历史

在 GitHub 示例一节，我们已经看到如何通过派生存储库和建立拉取请求与其他开发人员协作。下面来看如何进一步使用 Git 协作。

13.8　使用 Git 协作

Git 是一种非常好的协作技术，而 GitHub 是共同开发项目的一种很有效的方式。GitHub 为世界上所有能访问互联网的人提供了一个免费分享想法和代码的地方。我们已经知道如何使用 Git 以及使用 GitHub 的一些基本协作步骤，不过如何加入一个项目并做出贡献呢？

当然，对于给了我们这么多好处的这些开源项目，我们希望为它们做出回报，但是如何着手呢？

在这一节中，我们将介绍使用 Git 和 GitHub 进行软件开发协作需要知道的几点：

• **从小事做起**：要了解的最重要的事情之一是我们在团队中扮演的角色。我们可能在网络工程方面很厉害，但在 Python 开发方面却很一般。即使不是一个水平高超的开发人员，我们也可以做很多事情。不要害怕从小事做起，帮助建立文档和完成测试就是作为贡献者的两个好办法。

• **了解生态系统**：对于任何项目，无论大小，都有一套既定的约定和文化。我们都被 Python 易读的语法以及对初学者友好的文化所吸引，而且还有一个以这种理念为中心的开发指南（https://devguide.python.org/）。另外，Ansible 项目也有一个内容丰富的社区指南（https://docs.ansible.com/ansible/latest/community/index.html），包括行为准则、拉取请求过程、如何报告错误以及发布过程。请阅读这些指南，了解你感兴趣的项目的生态系统。

- **创建分支**：我原先犯过这样一个错误：我派生了一个项目，然后对主分支做了一个拉取请求。主分支应该留给核心贡献者来做变更。我们应该为自己的贡献创建一个单独的分支，并允许以后合并这个分支。
- **保持派生存储库同步**：一旦派生了一个项目，并没有规则强制要求克隆存储库与主存储库同步。我们应该定期执行 git pull（获取代码并在本地合并）或 git fetch（在本地获取有变更的代码），以确保拥有主存储库的最新副本。
- **友好**：与现实世界中一样，虚拟世界也不喜欢敌意。讨论一个问题时，即使有不同的意见，也要礼貌友好。

Git 和 GitHub 使人们能很容易地为项目协作，从而为任何有意愿的个人提供了一个途径来做些工作。我们都能够为感兴趣的任何开源或私有项目做出贡献。

13.9　小结

在这一章中，我们介绍了版本控制系统 Git 和它的"兄弟"GitHub。Git 是 Linus Torvolds 在 2005 年开发的，用于帮助开发 Linux 内核，后来被其他开源项目采用，作为他们的源代码控制系统。Git 是一个快速、分布式、可伸缩的系统。GitHub 提供了一个集中的位置在互联网上托管 Git 存储库，使得任何能访问互联网的人都能协作。

我们介绍了如何在命令行使用 Git 及其各种操作，以及如何在 GitHub 中应用这些操作。我们还研究了两个处理 Git 的流行 Python 库：GitPython 和 PyGitHub。这一章的最后我们给出了一个配置备份示例，并关于项目协作做了一些说明。

在**第 14 章　使用 Jenkins 持续集成**中，我们将介绍用于持续集成和部署的另一个流行开源工具：Jenkins。

第 14 章　使用 Jenkins 持续集成

网络触及技术栈的每一部分，在我工作过的所有环境中，网络总是一个 Tier0 服务。它是其他服务赖以工作的基础服务。在其他工程师、业务经理、运维人员和支持人员的心目中，网络应该总能正常工作。它应该始终是可访问的，并且正确地发挥作用：一个好的网络应该让人熟视无睹。

当然，作为网络工程师，我们知道网络与任何其他技术栈一样也很复杂。由于其复杂性，组成一个可用网络的组件有时可能很脆弱。有时候，我很想知道一个网络到底是如何工作的，特别是如何运行数月甚至数年而不对业务产生影响。

我们之所以对网络自动化感兴趣，部分原因就是为了找到方法来可靠而一致地重复我们的网络变更过程。通过使用 Python 脚本或 Ansible 框架，可以确保我们所做的变更保持一致并且可靠地应用。正如上一章中看到的，可以使用 Git 和 GitHub 可靠地存储这个过程的组件，比如模板、脚本、需求和文件。构成基础设施的代码有版本控制、可以协作而且可以对变更问责。不过，怎么把所有这些部分集成在一起呢？

在这一章中，我们会介绍一个流行的开源工具，名为 Jenkins，它能优化网络管理流水线。

这一章我们将讨论以下主题：
- 传统变更管理过程的挑战。
- 持续集成和 Jenkins 介绍。
- Jenkins 安装和示例。
- 使用 Python 操作 Jenkins。
- 持续集成实现网络工程。

首先我们来看传统的变更管理过程。任何经过实战考验的网络工程师都会告诉你，传统的变更管理过程通常涉及大量的体力劳动和人工判断。我们会看到，这些过程是不一致的，而且很难流水线处理。

14.1　传统变更管理过程

对于在大型网络环境中工作过的工程师，他们知道网络变更出错的影响可能非常大。我们可能做了几百个变更都没有任何问题，但只要有一个不正确的变更，就可能导致网络对整个企业产生负面影响。

关于网络中断导致企业危机的痛苦经历层出不穷。其中最有名的事件之一是 2011 年的大规模 AWS EC2 宕机，这就是由一个网络变更引起的，这个变更是 AWS US - East 区域正常扩容活动的一部分。变更发生在太平洋夏令时凌晨 00：47 分，造成了超过 12 个小时的全面服务中断，Amazon 在这个过程中损失了数百万美元。更重要的是，这个新服务的声誉受到了严重打击。IT 决策者将这次宕机作为不迁移到新 AWS 云的理由。AWS 云花了很多年的时间才重建声誉。关于这次事故报告的更多内容参见 https：//aws. amazon. com/ message/65648/。

由于潜在的影响和复杂性，在很多环境中，为网络实现了变更咨询委员会（**change - advisory board**，CAB）。典型的 CAB 过程如下：

（1）网络工程师设计变更并写出变更所需的详细步骤。这可能包括变更的原因、涉及的设备、要应用或删除的命令、如何验证输出以及每个步骤的预期结果。

（2）通常需要网络工程师首先请同行进行技术审查。根据变更的性质，可以有不同层次的同行审查。简单的变更可能需要一个同行技术审查；更复杂的变更可能需要指定的一个高级工程师批准。

（3）通常会在固定时间安排 CAB 会议，紧急情况下也可以安排临时会议。

（4）工程师向委员会提出变更。委员会询问必要的问题，评估影响，然后批准或拒绝变更请求。

（5）在计划变更窗口期间，由原工程师或其他工程师完成变更。

这个过程听起来很合理，也很包容，不过实践证明还存在一些挑战：

• 撰写文档很费时间：设计工程师通常要花很长时间来撰写文档，有时写文档的过程比应用变更的时间还要长。这通常因为，所有网络变更都可能会带来很大影响，我们需要为 CAB 的技术以及非技术成员描述这个过程。

• 工程师经验：高级工程师经验是一种有限的资源。工程师经验有不同层次。有些人经验更丰富，他们通常是最抢手的资源。我们应该把他们的时间留给解决最复杂的网络问题，而不是审查基本的网络变更。

• 会议很耗费时间：组织会议和让每个成员出席会议要花费很多精力。如果一个必不可少的审批人员休假或生病了怎么办？如果需要在预定的 CAB 会议之前完成网络变更又该怎么办？

这种基于人的 CAB 过程有很多问题，这些只是其中一些比较大的挑战。就我个人来说，我非常反感 CAB 过程。我并不反对同行审查和确定优先次序的必要性。但是，我认为需要尽可能地减少潜在开销。在这一章后面，我们将介绍 CAB 的一个合适的替代流水线，以及一般的变更管理，这种方法已经被软件工程世界所采用。

14.2　持续集成介绍

软件开发中的持续集成（**Continuous Integration**，CI）是一种利用内置代码测试和验证快速向代码库发布小变更的方法。其关键是划分变更来做到 CI 兼容，也就是说，变更不会过于复杂，而且要足够小以便应用，从而能很容易地撤销。测试和验证过程以一种自动化方式建立，从而有基本的信心，能相信应用这些变更不会破坏整个系统。

在 CI 之前，对软件的变更通常是大批量进行的，并且往往需要一个很长的验证过程（听起来是不是很熟悉？）。开发人员可能需要几个月的时间才能在生产环境中看到他们的变更、收到反馈并修正 bug。简言之，CI 过程的目标就是要缩短从想法到变更的过程。

一般的工作流通常包括以下步骤：

（1）第一个工程师得到代码库的当前副本，并完成他们的变更。

（2）第一个工程师将变更提交到存储库。

（3）存储库可能将存储库中一个变更的必要方面通知一组审查变更的工程师。他们可能批准或拒绝这个变更。

（4）CI 系统可以持续地从存储库中拉取变更，或者存储库可以在发生变更时向 CI 系统发送通知。无论哪一种方式，CI 系统都将拉取代码的最新版本。

（5）CI 系统将运行自动化测试来捕捉可能的任何问题。

（6）如果没有发现错误，CI 系统可以选择将这个变更合并到主代码中，并且部署到生产系统中（可选）。

这是一个一般的步骤列表。每个组织的流程可能各有不同。例如，一旦检查 delta 代码就可以运行自动化测试，而不是在代码审查之后才运行。有时，组织可能会选择让一个人类工程师参与这些步骤之间的完整性检查。

在下一节中，我们将展示在 Ubuntu 18.04 系统上安装 Jenkins 的指令。

14.3　安装 Jenkins

对于本章将使用的示例，我们可以在管理主机或一个单独的机器上安装 Jenkins。如前几章所述，我的个人偏好是将它安装在单独的虚拟机上。这个虚拟机的网络设置与目前为止的管理主机类似，一个接口用于互联网连接，另一个接口用于通过 VMNet2 连接 VIRL 管理网络。

每个操作系统的 Jenkins 映像和安装说明参见 https：//jenkins. io/download/ 和 ht-tps：//jenkins. io/doc/book/installing/。

下面是我在 Ubuntu 主机上安装 Jenkins 时使用的指令。Jenkins 不需要太高硬件能力；我的实验室使用了一个 vCPU 和 2GB 内存。另外还需要安装 Java 8 或 Java 11。服务器将使用 OpenJDK - 11：

```
$ sudo apt install openjdk - 11 - jre - headless
$ java -- version
openjdk 11. 0. 4 2019 - 07 - 16
OpenJDK Runtime Environment (build 11. 0. 4 + 11 - post - Ubuntu - 1ubuntu218. 04. 3)
OpenJDK 64 - Bit Server VM (build 11. 0. 4 + 11 - post - Ubuntu - 1ubuntu218. 04. 3,
mixed mode, sharing)

$ wget - q - O - https://pkg. jenkins. io/debian/jenkins. io. key | sudoaptkey
add -
$ sudosh - c 'echo deb https：//pkg. jenkins. io/debian - stable binary/ > /
etc/apt/sources. list. d/jenkins. list'
$ sudo apt - get update
$ sudo apt - get install Jenkins
$ sudo /etc/init. d/jenkins start
Correct java version found
[ ok ] Starting jenkins (via systemctl)：jenkins. service.
```

 关于 Java 版本依赖性，Jenkins 有点挑剔。在写这一章时，它只支持 Java 8 和 Java 11，而不支持 Java 版本 9、10 和 12（https：//jenkins. io/doc/ad-ministration/requirements/java/）。

一旦安装了 Jenkins，可以让浏览器访问这个 IP 的端口 8080 继续完成这个过程，如图 14 - 1 所示。

如屏幕上所述，可以从/var/lib/jenkins/secrets/initialAdminPassword 得到管理员密码，并把输出粘贴到屏幕上：

```
$ sudo cat /var/lib/jenkins/secrets/initialAdminPassword
<one time admin password>
```

一旦粘贴了密码，下一个屏幕会询问如何设置 Jenkins。我们将选择 **Install suggested plu-gins** 选项（安装建议的插件），如图 14 - 2 所示。

下面会重定向到创建管理员用户，一旦创建了管理员用户，就可以使用 Jenkins 了。

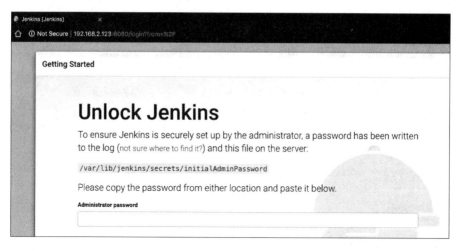

图 14 - 1　Unlock Jenkins 屏幕

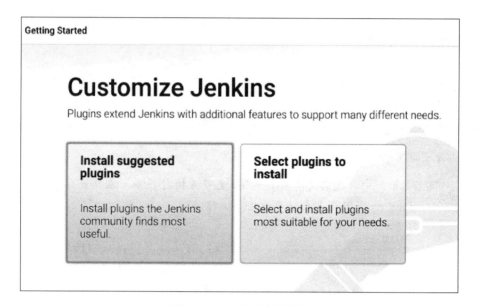

图 14 - 2　安装建议的插件

如果能看到 Jenkins 仪表板，说明安装成功了，如图 14 - 3 所示。

现在可以使用 Jenkins 调度我们的第一个作业。

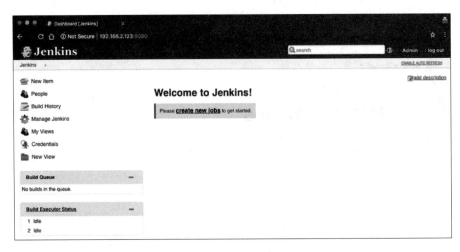

图 14 - 3　Jenkins 仪表板

14.4　Jenkins 示例

在这一节中，我们来看几个 Jenkins 示例，了解如何结合使用本书中介绍的各种技术。之所以在这本书的最后几章才介绍 Jenkins，原因就在于它利用了前面介绍的很多其他工具，如 Python 脚本、Ansible、Git 和 GitHub。如果需要，可以随时查阅前面的章节复习有关内容。

在示例中，我们将使用 Jenkins 主节点执行作业。在生产环境中，建议增加 Jenkins 代理节点来处理作业的执行。

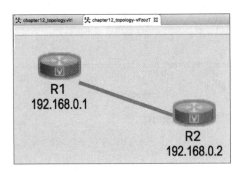

图 14 - 4　实验室拓扑

在我们的实验室中，我们将对 IOSv 设备使用简单的两节点拓扑，如图 14 - 4 所示。

下面来建立我们的第一个作业。

14.4.1　执行 Python 脚本的第一个作业

对于我们的第一个作业，下面使用*第 2 章　低层网络设备交互*中构建的 Paramiko 脚本 chapter2 _3.py。如果还记得，这是一个使用 Paramiko 通过 SSH 连接远程设备并获取 show run 和 show version 输出的脚本。在创建 Jenkins 作业之前，总是应该先检查，以确保脚本在机器上能正常工作：

```
$ ls chapter14_1.py
chapter14_1.py
$ python3 chapter14_1.py
$ ls ios *
iosv-1_output.txt iosv-2_output.txt
```

我们将使用 **create new item（新建项目）** 链接创建作业，并选择 **Freestyle project（自由风格软件项目）** 选项，如图 14-5 所示。

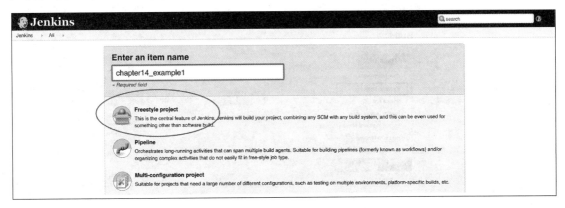

图 14-5　Jenkins 项目

输入我们自己的描述，所有其他选项保持默认设置（不选中）。向下滚动页面，选择 **Execute shell**（执行 shell）作为构建选项，如图 14-6 所示。

出现提示窗口时，要输入我们在 shell 中使用的具体命令，如图 14-7 所示。

一旦保存这个作业配置，会把我们重定向到项目仪表板。可以选择 **Build Now（现在构建）** 选项，作业会出现在 **Build History**（构建历史）如图 14-8 所示画面。

可以点击选择左边面板上的 **Console Output（控制台输出）** 来检查构建状态，如图 14-9 所示。

作为一个可选步骤，我们可以调度定期执行这个作业，就像 cron 一样。可以导航到 **job**（作业）菜单并选择 **configure**（配置）。在 **Build Triggers**（构建触发器）下面调度作业。选择 **Build periodically**（周期构建）并输入类似 cron 的调度计划。在这个示例中，这个脚本将在每天的 02：00 和 20：00 运行，如图 14-10 所示。

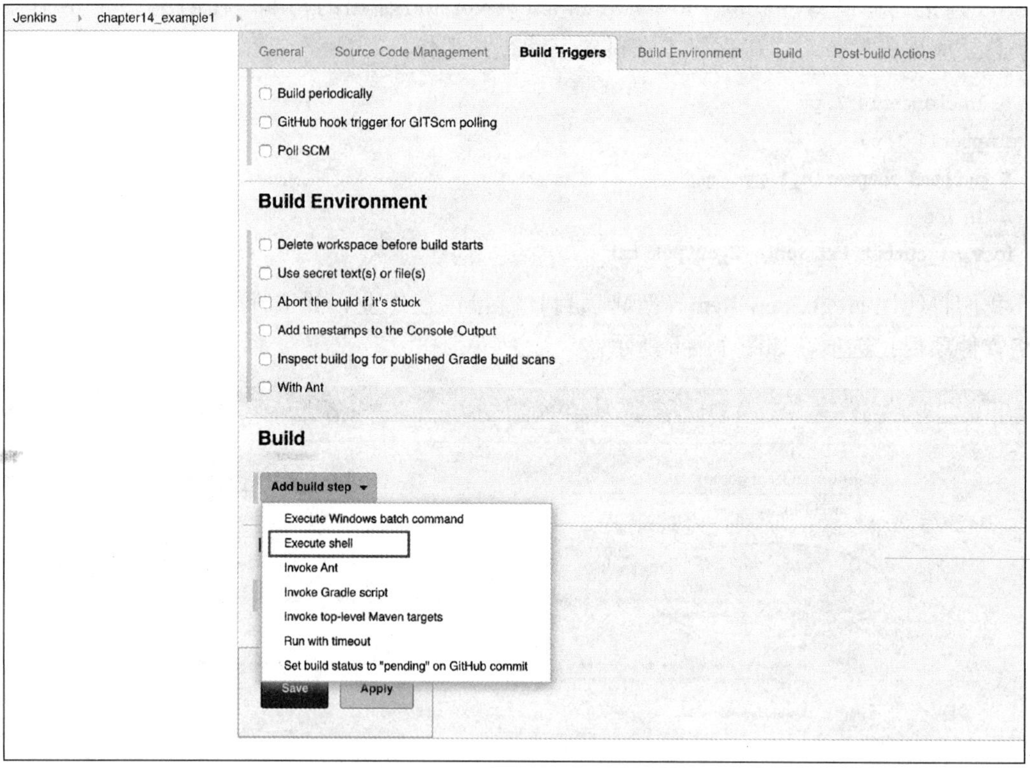

图 14 - 6　Jenkins 构建触发器

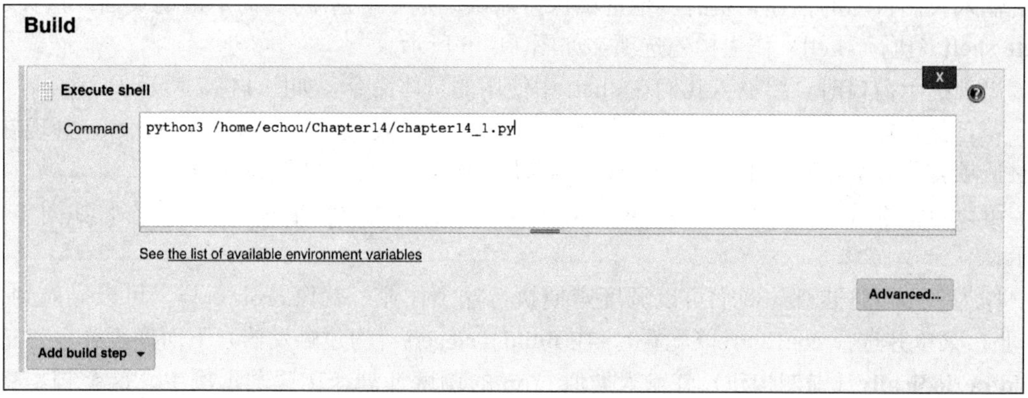

图 14 - 7　Jenkins 执行 shell

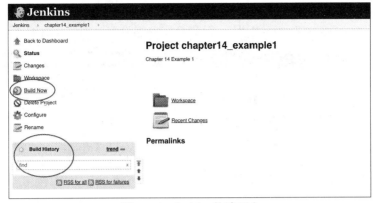

图 14 - 8　Jenkins 构建历史

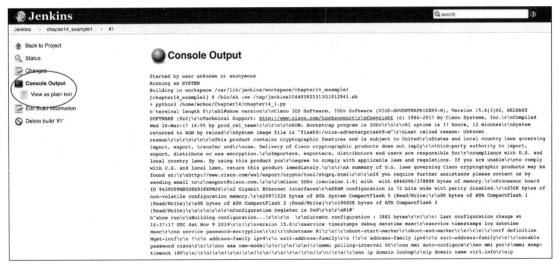

图 14 - 9　Jenkins 控制台输出

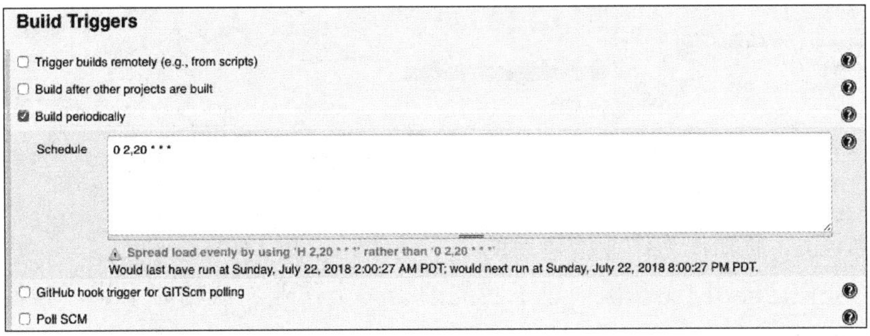

图 14 - 10　构建触发器

还可以在 Jenkins 上配置 SMTP 服务器，允许通知构建结果。首先，需要在主菜单的 **ManageJenkins** | **Configure System** 下配置 SMTP 服务器设置，如图 14 - 11 所示。

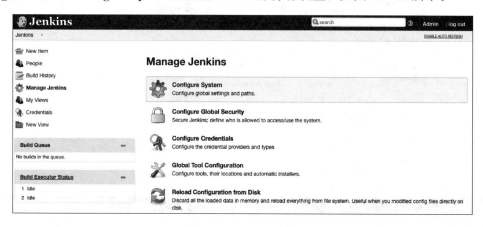

图 14 - 11　配置系统

会在页面下方看到 SMTP 服务器设置。点击 **Advanced settings**（高级设置）来配置 SMTP 服务器设置，并发送一个测试 email，如图 14 - 12 所示。

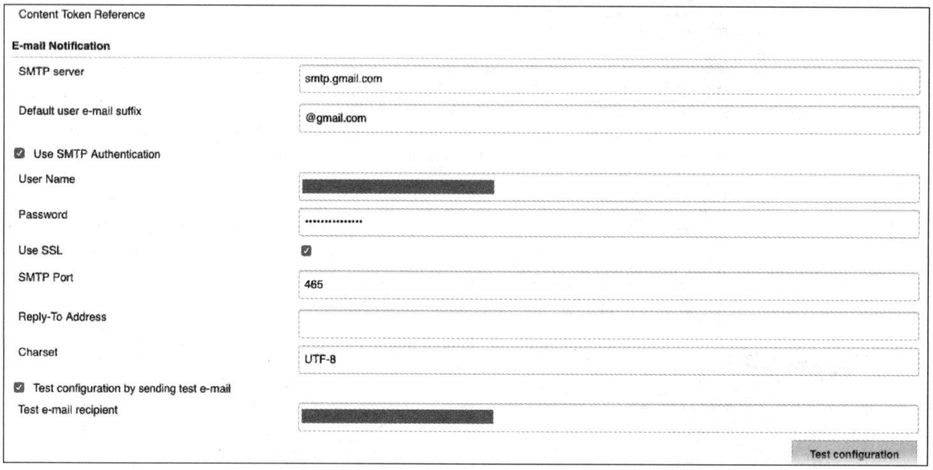

图 14 - 12　配置 SMTP

可以配置 email 通知作为作业构建后的一个动作，如图 14 - 13 所示。

祝贺你！我们已经用 Jenkins 创建了我们的第一个作业。从功能上讲，与使用管理主机所实现的功能相比，这个作业并没有做更多工作。

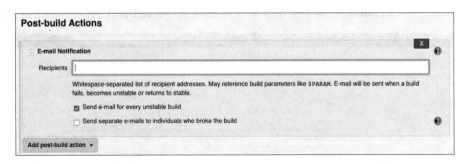

图 14 - 13　Email 通知

不过，使用 Jenkins 有几个优点：

- 可以利用 Jenkins 的各种数据库认证集成（比如 LDAP）允许现有用户执行我们的脚本。
- 可以使用 Jenkins 基于角色的授权来限制用户。例如，一些用户只能执行作业而没有修改访问权限，而另外一些用户有完全的管理访问权限。
- Jenkins 提供了一个基于 Web 的图形界面，允许用户轻松地访问脚本。
- 我们可以使用 Jenkins 电子邮件和日志服务来集中我们的作业，并得到结果通知。

Jenkins 本身就是一个绝妙的工具。与 Python 类似，它也有一个庞大的第三方插件生态系统，可以用来扩展 Jenkins 的特性和功能。下一节我们就来看这个生态系统。

14. 4. 2　Jenkins 插件

我们将安装一个简单的调度插件作为一个例子来介绍插件安装过程。插件在 **Manage Jenkins** | **ManagePlugins** 下管理，如图 14 - 14 所示。

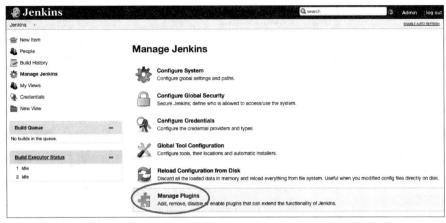

图 14 - 14　Jenkins 插件

我们可以在 **Available** 标签页下使用搜索功能查找 **Schedule Build** 插件，如图 14-15 所示。

图 14-15　Jenkins 插件搜索

在这里直接选择 **Install without restart**，可以在下一个页面检查安装进度，如图 14-16 所示。

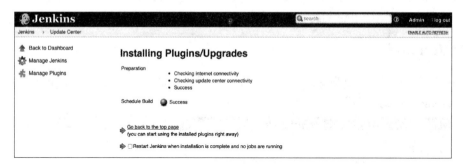

图 14-16　Jenkins 插件安装

安装完成后，我们会看到一个新图标，允许我们更直观地调度作业，如图 14-17 所示。

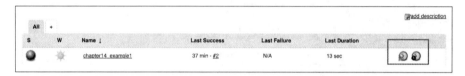

图 14-17　Jenkins 插件结果

能随时间发展是流行的开源项目的优势之一。对于 Jenkins 来说，插件提供了一种方法，可以根据不同的客户需求定制工具。在下一节中，我们将介绍如何在我们的工作流中集成版本控制和批准程序。

14.4.3　网络持续集成示例

这一节中，我们将集成 GitHub 存储库和 Jenkins。通过集成 GitHub 存储库，可以充分利用 GitHub 代码审查和协作工具。

首先，我们将创建一个新的 GitHub 存储库。这个存储库名为 chapter14 _ example2。我们可以在本地克隆这个存储库，并把我们想要的文件增加到这个存储库。在本例中，我要增加一个 Ansible playbook，它将 show version 命令的输出复制到一个文件：

```
---
- name: show version
  hosts: "ios - devices"
  gather_facts: false
  connection: local

  vars:
    cli:
      host: "{{ ansible_host }}"
      username: "{{ ansible_user }}"
      password: "{{ ansible_password }}"

  tasks:
    - name: show version
      ios_command:
        commands: show version
        provider: "{{ cli }}"

      register: output

    - name: show output
      debug:
        var: output.stdout

    - name: copy output to file
      copy: content = "{{ output }}" dest = ./output/{{ inventory_hostname
}}.txt
```

现在，我们应该已经很熟悉如何运行一个 Ansible playbook。我会忽略 host_vars 和清单文件的输出。不过，最重要的是，提交到 GitHub 存储库之前，首先要验证它在本地机器上是否能正常运行：

```
$ ansible-playbook -i hosts chapter14_playbook.yml

PLAY [show version]
*********************************************************************

TASK [show version]
*********************************************************************
ok: [iosv-1]
ok: [iosv-2]
...
TASK [copy output to file]
*************************************************************
changed: [iosv-1]
changed: [iosv-2]

PLAY RECAP
*********************************************************************
iosv-1 : ok=3 changed=1 unreachable=0 failed=0
iosv-2 : ok=3 changed=1 unreachable=0 failed=0
```

现在可以把这个 playbook 和相关的文件推送到我们的 GitHub 存储库，如图 14-18 所示。

下面登录 Jenkins 主机来安装 Git 和 Ansible：

```
$ sudo apt-get install software-properties-common
$ sudo apt-get update
$ sudo apt-get install ansible
$ sudo apt-get install git
```

作为参考，有些工具可以在 **Global Tool Configuration**（全局工具配置）下安装：Git 就可以这样安装。不过，由于我们要安装 Ansible，所以会在同一个命令提示窗口中安装 Git，如图 14-19 所示。

可以创建一个新的自由格式软件项目，名为 chapter14_example2。在 **Source Code Management**（源代码管理）下面，可以指定这个 GitHub 存储库作为源，如图 14-20 所示。

图 14 - 18　Jenkins GitHub 示例存储库

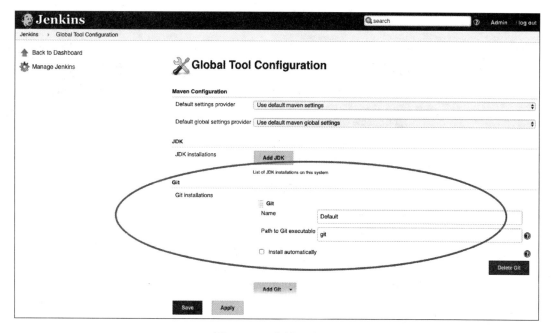

图 14 - 19　全局工具配置

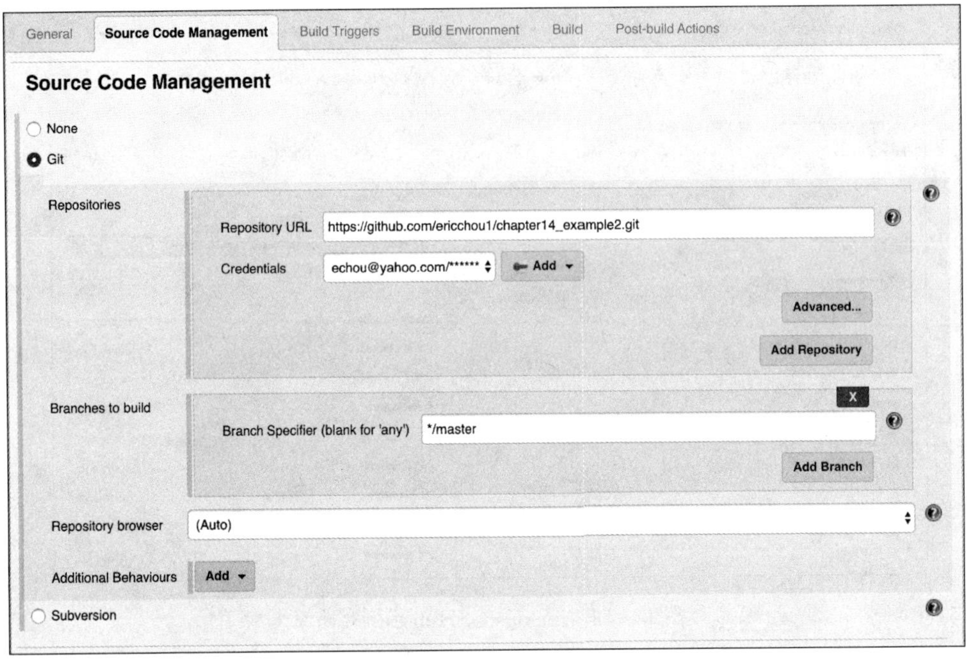

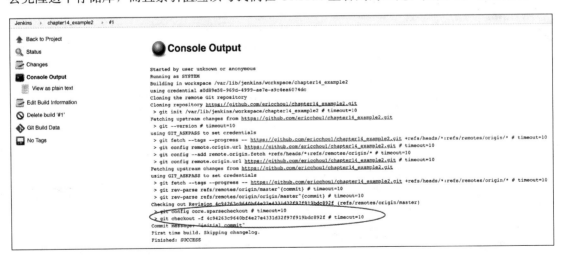

图 14 - 20　Jenkins 源代码管理

　　转入下一步之前，下面保存这个项目，并运行构建。在构建控制台输出中，应该能看到会克隆这个存储库，而且索引值应该与我们在 GitHub 上看到的匹配，如图 14 - 21 所示。

图 14 - 21　再看 Jenkins 控制台输出

现在可以在 **Build**（构建）部分增加 Ansible playbook 命令，如图 14 - 22 所示。

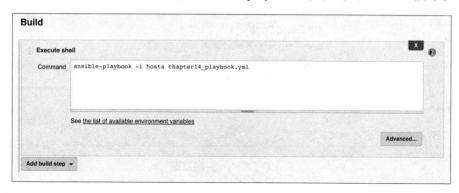

图 14 - 22　Jenkins 执行 shell

　　如果再次运行这个构建，从控制台输出可以看到，Jenkins 在执行 Ansible playbook 之前会从 GitHub 获取代码，如图 14 - 23 所示。

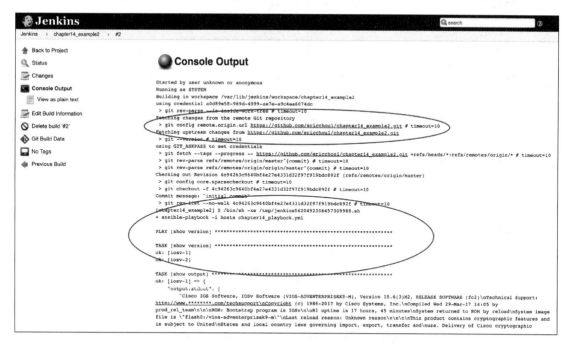

图 14 - 23　进一步研究 Jenkins 控制台输出

GitHub 与 Jenkins 集成的好处之一是，我们可以在同一个屏幕上看到所有 Git 信息，如

图 14 - 24 所示。

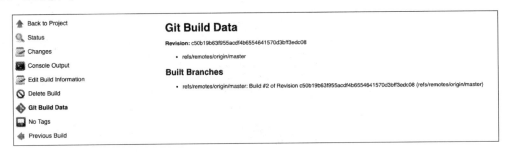

图 14 - 24　Git 构建数据

这个项目的结果（如 Ansible playbook 的输出）放在 **Workspace** 文件夹中，如图 14 - 25 所示。

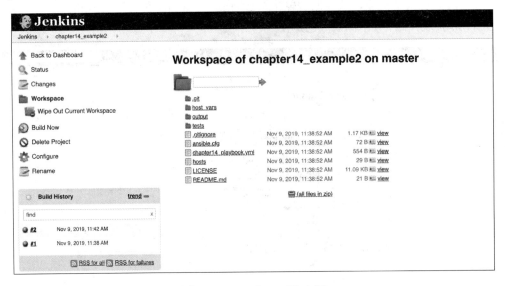

图 14 - 25　Jenkins 工作空间

现在，我们可以按照之前同样的步骤使用 **periodic build**（周期构建）作为构建触发器。如果 Jenkins 主机可以公开访问，我们还可以使用 GitHub 的 Jenkins 插件作为构建触发器来通知 Jenkins。这是一个两步的过程。第一步是在 GitHub 存储库上启用 Webhook，如图 14 - 26 所示。

第二步是安装必要的插件，并启用 GitHub 作为项目的构建触发器。我们应该已经安装了 Git 插件。接下来安装 GitHub 插件（如果还没有安装），如图 14 - 27 所示。

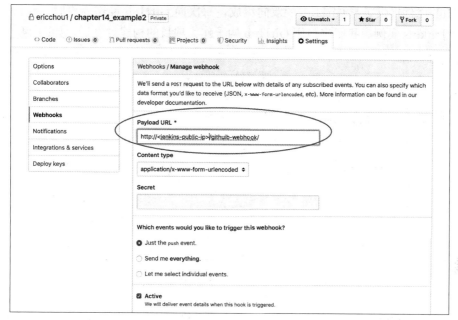

图 14 - 26　GitHub Webhook

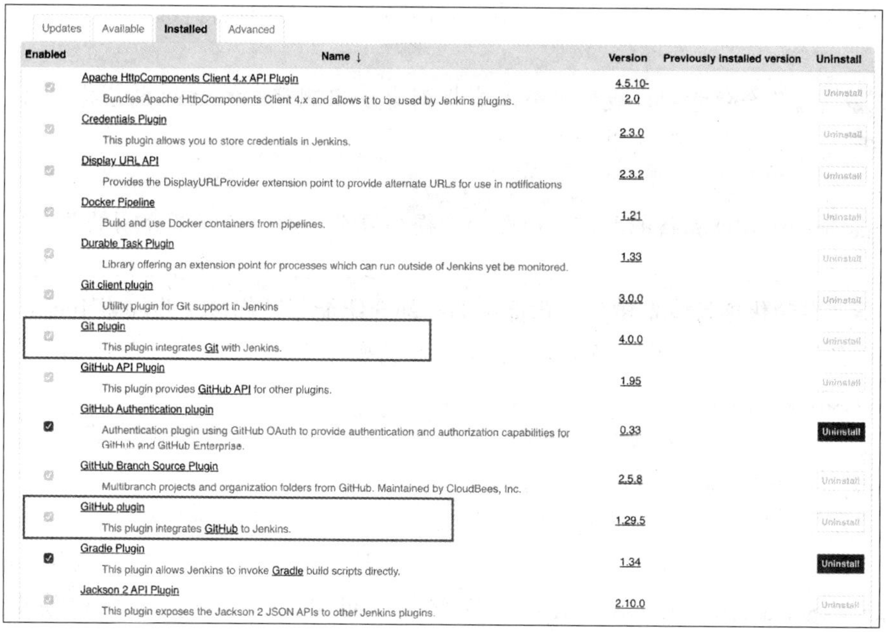

图 14 - 27　Jenkins Git 和 GitHub 插件

GitHub 插件提供了与 GitHub 的双向集成，每次向 GitHub 推送变更时，允许一个服务钩子访问 Jenkins 实例。我们将启用 GitHub 钩子作为项目的构建触发器，如图 14-28 所示。

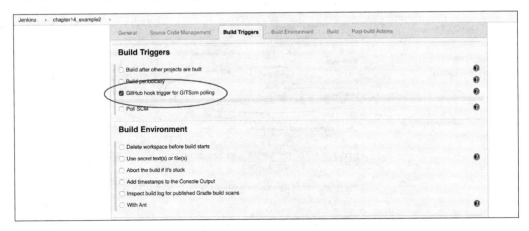

图 14-28　Jenkins GitHub 钩子触发器

通过将 GitHub 存储库作为代码源，这就为"基础设施即代码"带来了很多全新的可能性。现在我们可以使用 GitHub 的派生、拉取请求、问题跟踪和项目管理工具高效地协同工作。一旦代码准备就绪，Jenkins 就能自动拉取代码并代表我们执行代码。

你会注意到，我们完全没有提到自动化测试。测试的内容将在第 15 章网络测试驱动开发中讨论。

Jenkins 是一个功能完备的系统，可能会变得很复杂。通过这一章介绍的两个例子，我们仅仅触及了一点皮毛。Jenkins 流水线、环境设置、多分支流水线等都是很有用的特性，可以用于最复杂的自动化项目。希望这一章提供的有趣介绍能帮助你进一步探索 Jenkins 工具。

这一章到目前为止，我们一直在使用 Web 界面操作 Jenkins。下一节我们将介绍如何使用 Python 库来操作 Jenkins。

14.5　使用 Python 操作 Jenkins

Jenkins 提供了一组完备的 RESTful API 来实现其功能：https：//wiki. jenkins. io/display/JENKINS/Remote＋access＋API。另外还有大量 Python 包装器，可以使交互更为容易。下面来看 python-jenkins 包：

```
(venv) $ pip install python-jenkins
```

可以用以下交互式提示 shell 测试这个包：

```
>>> import jenkins
>>> server = jenkins.Jenkins('http://192.168.2.124:8080',
username='<user>', password='<pass>')
>>> user = server.get_whoami()
>>> version = server.get_version()
>>> print('Hello %s from Jenkins %s' % (user['fullName'], version))
Hello Admin from Jenkins 2.121.2
```

可以处理服务器管理，如 plugins：

```
>>> plugin = server.get_plugins_info()
>>> plugin
[{'active': True, 'backupVersion': None, 'bundled': False, 'deleted':
False, 'dependencies': [{'optional': False, 'shortName': 'workflow-scmstep',
'version': '2.9'}, {'optional': False, 'shortName': 'workflowstep-
api', 'version': '2.20'}, {'optional': False, 'shortName':
'credentials', 'version': '2.3.0'}, {'optional': False, 'shortName':
'git-client', 'version': '3.0.0'}, {'optional': False, 'shortName':
'mailer', 'version': '1.23'}, {'optional': False, 'shortName': 'scm-api',
<skip>
```

还可以管理 Jenkins 作业：

```
>>> job = server.get_job_config('chapter14_example1')
>>> import pprint
>>> pprint.pprint(job)
("<?xml version='1.1' encoding='UTF-8'?>\n"
'<project>\n'
'<actions/>\n'
'<description>Chapter 14 Example 1</description>\n'
'<keepDependencies>false</keepDependencies>\n'
'<properties/>\n'
'<scm class="hudson.scm.NullSCM"/>\n'
'<canRoam>true</canRoam>\n'
'<disabled>false</disabled>\n'
<skip>
```

通过使用 Python—Jenkins，我们能够以一种编程的方式与 Jenkins 交互。下一节中，我们将讨论如何在网络工作流中使用持续集成和 Jenkins。

14.6　网络的持续集成

软件开发领域采用持续集成已经有很长一段时间了，不过对于网络工程，这还是一个比较新的概念。必须承认，对于在网络基础设施中使用持续集成，这方面我们有些落后了。我们还在努力确定如何停止使用 CLI 管理设备，在这种状况下，毫无疑问，从代码的角度考虑我们的网络确实是一个挑战。

有很多使用 Jenkins 实现网络自动化的很好的例子。其中一个例子是 Tim Fairweather 和 Shea Stewart 在 AnsibleFest 2017 会议网络专题发表的文章：https：//www. ansible. com/ ansible - for - networks - beyond - static - configtemplates。另一个例子是 Dyn 的 Carlos Vicente 在 NANOG 63 分享的文章：https：//www. nanog. org/sites/default/files/monday _ general _ autobuild _ vicente _ 63. 28. pdf。

尽管持续集成对于刚刚开始学习编码和工具集的网络工程师来说可能是一个高级主题，但在我看来，开始学习并在生产环境中使用持续集成很有必要，是很值得的。即使很基本，这方面的经验也会带来更多创新的网络自动化方法，毫无疑问，这会帮助行业向前发展。

14.7　小结

在这一章中，我们研究了传统的变更管理过程，并解释了为什么这不适合当今快速变化的环境。网络需要随着业务的发展而发展，要更加敏捷，并且能快速而可靠地适应变化。

我们介绍了持续集成的概念，特别是开源的 Jenkins 系统。Jenkins 是一个功能完备、可扩展的持续集成系统，在软件开发中得到了广泛使用。我们安装并使用 Jenkins 按周期间隔来执行一个基于 Paramiko 的 Python 脚本，并发送电子邮件通知。我们还介绍了如何为 Jenkins 安装插件来扩展它的特性。

我们介绍了如何使用 Jenkins 与 GitHub 存储库集成，并基于代码检查触发构建。通过 Jenkins 与 GitHub 集成，我们就能利用 GitHub 的协作过程。

在**第 15 章　网络测试驱动开发**中，我们将介绍使用 Python 的测试驱动开发。

第 15 章　网络测试驱动开发

在前几章中，我们已经能够使用 Python 与网络设备通信、监控和保护网络安全、自动化处理过程，并将本地网络扩展到公共云提供商。从独占使用终端窗口和使用 CLI 管理网络到现在，我们已经走过了很长的路。协同工作时，我们构建的服务就像一台上了油的机器，可以为我们提供一个美丽的、自动化的可编程网络。不过，网络绝对不是静止的，它总在不断变化以满足业务的需求。我们构建的服务不能最有效地工作时，会发生什么？正如监控和源代码控制系统所做的一样，我们会主动地尝试检测错误。

这一章中，我们将用测试驱动开发（**test－drivendevelopment**，**TDD**）扩展主动检测概念。将介绍以下内容：

- 测试驱动开发概述。
- 拓扑作为代码。
- 为网络编写测试。
- pytest 与 Jenkins 集成。
- pyATS 和 Genie。

在深入研究 TDD 在网络中的应用之前，这一章首先给出 TDD 的一个概述。我们将介绍使用 Python 实现 TDD 的例子，并逐步从特定的测试转向更大的基于网络的测试。

15.1　测试驱动开发概述

TDD 的概念已经出现一段时间了。通常认为美国软件工程师 Kent Beck（以及其他一些人）领导了 TDD 运动和敏捷软件开发。敏捷软件开发需要非常短的构建－测试－部署开发周期；所有的软件需求都转化为测试用例。这些测试用例通常在编写代码之前先编写，只有测试通过时才会接受软件代码。

同样的概念也可以用在网络工程中。例如，面对设计现代网络的挑战时，我们可以把这个过程分解为以下步骤，从高级设计需求转化为可部署的网络测试：

（1）首先从新网络的总体需求开始。为什么需要设计一个新网络或新网络的一部分？这可能是因为新的服务器硬件、新的存储网络或者新的微服务软件体系结构。

（2）将新需求分解成更小、更特定的需求。这可以是评估一个新的交换平台，测试一个可能更高效的路由协议，或者一个新的网络拓扑（例如，胖树拓扑）。可以将各个较小的需求划分为必要（**required**）或可选（**optional**）两大类。

（3）制定测试计划，并对候选解决方案进行评估。

（4）测试计划以相反的顺序完成；首先测试特性，然后将新特性集成到更大的拓扑。最后，在尽可能接近生产环境的情况下运行我们的测试。

我想指出的是，尽管也许没有意识到，但实际上我们可能已经在平常的网络工程流程中采用了一些 TDD 方法。这是我在研究 TDD 思维模式时发现的一点。我们已经隐含地遵循了这个最佳实践，尽管没有正式地描述这种方法。

通过逐步将部分网络转移到代码，我们可以更多地将 TDD 用于网络。如果我们的网络拓扑用 XML 或 JSON 采用层次格式描述，那么可以正确地映射并用所需的状态表示各个组件，有些人把这称为"信息源"（the source of truth）。我们可以根据所需的状态编写测试用例，来测试生产环境与这个状态的偏差。例如，如果所需的状态需要 iBGP 邻居的全连接，就可以编写一个测试用例来检查生产设备的 iBGP 邻居数。

TDD 过程大致基于以下 6 个步骤：

（1）按照所考虑的结果编写一个测试。

（2）运行所有测试，查看新测试是否失败。

（3）编写代码。

（4）再次运行测试。

（5）如果测试失败，做必要的修改。

（6）重复这个过程。

与任何过程一样，要在多大程度上遵循原则是一个主观判断。就我个人而言，我更喜欢将这些原则看作是目标，而不会太严格地遵循这些原则。例如，TDD 过程要求在编写任何代码之前先编写测试用例，或者对我们来说，就是要在构建网络的任何组件之前先编写测试用例。但出于个人偏好，我在编写测试用例之前，总是想看到一个可用的网络或代码。这会给我更大的信心，所以如果有人对我的 TDD 过程打分，我的成绩可能会很差。另外，我还喜欢在不同层次的测试之间来回变动，有时我会测试网络的一小部分，另外一些时候，我可能会完成一个系统级端到端测试，例如 ping 或 traceroute 测试。

关键是，对于测试，我认为并不存在一种放之四海而皆准的方法。这取决于个人偏好和项目的范围。与我共事过的大多数工程师都是如此。在脑海里记住这个框架是个好主意，这样我们就有了一个可以遵循的蓝图，不过还是要由你来决定解决问题的具体方式。

在更深入地研究 TDD 之前，下一节我们要介绍最常用的一些术语，从而在介绍更详细的内容之前有一个很好的概念基础。

测试定义

下面来看 TDD 中常用的一些术语：

- 单元测试（**Unit test**）：检查一小段代码。这是对单个函数或类运行的测试。
- 集成测试（**Integration test**）：检查代码库的多个组件，会合并多个单元，并作为一个组进行测试。这可能是检查一个或多个 Python 模块的测试。
- 系统测试（**System test**）：从头到尾进行检查。这是一个尽可能接近最终用户所见结果而运行的测试。
- 功能测试（**Functional test**）：检查单个功能。
- 测试覆盖率（**Test coverage**）：这个术语定义为确定测试用例是否覆盖应用代码。通常通过检查运行测试用例时执行了多少代码来得出这个测试覆盖率。
- 测试固件（**Test fixtures**）：这是一个固定状态，构成了运行测试的一个基准。测试固件的作用是确保有一个众所周知的固定环境来运行测试，使测试是可重复的。
- 安装（**Setup**）和释放（**teardown**）：所有前置步骤增加到 setup 中，所有清理工作增加到 teardown。

这些术语看起来很大程度上以软件开发为中心，有些可能与网络工程无关。要记住，术语是我们交流概念或步骤的一种方法。本章后面将使用这些术语。随着我们在网络工程上下文中更多地使用这些术语，它们会更为清晰。了解了这些术语之后，下面来讨论网络拓扑作为代码。

15.2　拓扑作为代码

讨论拓扑作为代码时，工程师可能会跳出来说："网络太复杂了，不可能把网络总结成代码！"从我个人的经验来看，我参加的一些会议上就发生过这种情况。在会上，可能有一些软件工程师想把基础设施作为代码，但会议室里的传统网络工程师却宣称这是不可能的。如果你也想这么做，看着这本书的这几页对我嚷嚷，这样做之前，请保持开放的心态。如果我告诉你，其实这本书一直就是在用代码描述我们的拓扑，会不会对你有帮助？

如果看看我们在这本书中使用的任何 VIRL 拓扑文件，就会发现，它们都只是 XML 文件，包含节点间关系的一个描述。例如，在本章中，我们的实验室将使用如图 15 - 1 所示拓扑。

如果我们用一个文本编辑器打开拓扑文件

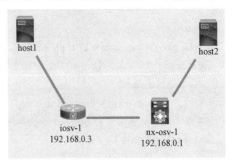

图 15 - 1　实验室拓扑图

chapter15 _ topology. virl，会看到这个文件是一个描述节点以及节点之间关系的 XML 文件。顶层或根一级有一个＜topology＞节点，它有一些子节点＜node＞。每个子节点包括各种扩展和条目：

```
<? xml version = "1.0" encoding = "UTF - 8" standalone = "yes"? >
<topology xmlns = "http://www.cisco.com/VIRL" xmlns:xsi = "http://
www.w3.org/2001/XMLSchema - instance" schemaVersion = "0.95"
xsi:schemaLocation = "http://www.cisco.com/VIRL https://raw.github.com/
CiscoVIRL/schema/v0.95/virl.xsd">
<extensions>
<entry key = "management_network" type = "String">flat</entry>
</extensions>
```

　　子节点属性中嵌入了名称、类型和位置等属性。可以在＜entry key=" config" ＞元素的文本值中看到各个节点的配置：

```
<node name = "iosv - 1" type = "SIMPLE" subtype = "IOSv" location = "182,162"
ipv4 = "192.168.0.3">
<extensions>
<entry key = "static_ip" type = "String">172.16.1.20</entry>
<entry key = "config" type = "string">
! IOS Config generated on 2018 - 07 - 24 00:23
! by autonetkit_0.24.0
!
hostname iosv - 1
boot - start - marker
boot - end - marker
!
...
</node>
<node name = "nx - osv - 1" type = "SIMPLE" subtype = "NX - OSv"
location = " 281,161" ipv4 = "192.168.0.1">
    <extensions>
        <entry key = "static_ip" type = "String">172.16.1.21</entry>
        <entry key = "config" type = "string">! NX - OSv Config generated on
2018 - 07 - 24 00:23
! by autonetkit_0.24.0
!
```

```
version 6.2(1)
license grace-period
!
hostname nx-osv-1
```

即使节点是主机，也可以在同一个文件中用一个 XML 元素来表示：

```
...
<node name="host2" type="SIMPLE" subtype="server" location="347,66">
    <extensions>
        <entry key="static_ip" type="String">172.16.1.23</entry>
        <entry key="config" type="string">#cloud-config
```

```
bootcmd:
ln -s -t /etc/rc.d /etc/rc.local
hostname: host2
manage_etc_hosts: true
runcmd:
start ttyS0
systemctl start getty@ttyS0.service
systemctl start rc-local
<annotations/>
<connection dst="/virl:topology/virl:node[1]/virl:interface[1]" src="/
virl:topology/virl:node[3]/virl:interface[1]"/>
<connection dst="/virl:topology/virl:node[2]/virl:interface[1]" src="/
virl:topology/virl:node[1]/virl:interface[2]"/>
<connection dst="/virl:topology/virl:node[4]/virl:interface[1]" src="/
virl:topology/virl:node[2]/virl:interface[2]"/>
</topology>
```

通过将网络表示为代码，可以为网络声明一个信息源。可以编写测试代码将生产环境中的实际值与这个蓝图进行比较。我们将使用这个拓扑文件作为基础，将生产环境的网络值与之比较。

可以使用 Python 从这个拓扑文件中抽取元素，将其存储为 Python 数据类型以便处理。在 chapter15_1_xml.py 中，我们将使用 ElementTree 来解析 virl 拓扑文件，并构造一个包含设备信息的字典：

```
#! /usr/env/bin python3
```

```
import xml.etree.ElementTree as ET
import pprint

with open('chapter15_topology.virl', 'rt') as f:
    tree = ET.parse(f)

devices = {}

for node in tree.findall('.//{http://www.cisco.com/VIRL}node'):
    name = node.attrib.get('name')
    devices[name] = {}
    for attr_name, attr_value in sorted(node.attrib.items()):
        devices[name][attr_name] = attr_value

# Custom attributes
devices['iosv-1']['os'] = '15.6(3)M2'
devices['nx-osv-1']['os'] = '7.3(0)D1(1)'
devices['host1']['os'] = '16.04'
devices['host2']['os'] = '16.04'

pprint.pprint(devices)
```

结果是一个 Python 字典，包含拓扑文件中描述的设备。
还可以在这个字典中增加惯用项目：

```
(venv) $ python chapter15_1_xml.py
{'host1': {'location': '117,58',
           'name': 'host1',
           'os': '16.04',
           'subtype': 'server',
           'type': 'SIMPLE'},
 'host2': {'location': '347,66',
           'name': 'host2',
           'os': '16.04',
           'subtype': 'server',
           'type': 'SIMPLE'},
 'iosv-1': {'ipv4': '192.168.0.3',
            'location': '182,162',
            'name': 'iosv-1',
```

```
              'os': '15. 6(3)M2',
              'subtype': 'IOSv',
              'type': 'SIMPLE'},
'nx - osv - 1': {'ipv4': '192. 168. 0. 1',
              'location': '281,161',
              'name': 'nx - osv - 1',
              'os': '7. 3(0)D1(1)',
              'subtype': 'NX - OSv',
              'type': 'SIMPLE'}}
```

如果我们想要对这个"信息源"与生产设备版本进行比较，可以使用**第 3 章　API 和意图驱动网络**中的脚本 cisco_nxapi_2. py 获取生产 NX—OSv 设备的软件版本。然后，将从拓扑文件接收的值与生产设备的信息进行比较。之后，我们可以使用 Python 的内置 unittest 模块编写测试用例。

 稍后我们会讨论 unittest 模块。如果愿意，可以先跳过去学习 unittest 模块，之后再回来看这个示例。

下面是 chapter15_2_validation. py 中的相关 unittest 代码：

```
import unittest
<skip>
# Unittest Test case
class TestNXOSVersion(unittest. TestCase):
    def test_version(self):
        self. assertEqual(nxos_version, devices['nx - osv - 1']['os'])

if __name__ == '__main__':
    unittest. main()
```

运行验证测试时，可以看到测试通过了，因为生产环境的软件版本与我们的预期的一致：

```
(venv) $ python chapter15_2_validation. py
.
------------------------------------------------------------------
Ran 1 test in 0. 000s

OK
```

如果我们手动更改预期的 NX‑OSv 版本值来引入一个失败用例，会看到以下失败输出：

```
(venv) $ python chapter15_3_test_fail.py
F
================================================================
FAIL：test_version (__main__.TestNXOSVersion)
----------------------------------------------------------------
Traceback (most recent call last)：
  File "chapter15_3_test_fail.py", line 50, in test_version
    self.assertEqual(nxos_version, devices['nx-osv-1']['os'])
AssertionError：'7.3(0)D1(1)' != '7.4(0)D1(1)'
- 7.3(0)D1(1)
?    ^
+ 7.4(0)D1(1)
?    ^



----------------------------------------------------------------
Ran 1 test in 0.001s

FAILED ( failures = 1)
```

可以看到测试用例结果返回为失败；失败的原因是两个版本值不匹配。正如上一个例子中看到的，Python unittest 模块是基于预期结果测试现有代码的一个非常好的方法。下面来更深入地了解这个模块。

15.2.1　Python 的 unittest 模块

Python 标准库包括一个名为 unittest 的模块，它会处理测试用例，可以比较两个值来确定测试是否通过。在前面的例子中，我们看到了如何使用 assertEqual（）方法比较两个值来返回 True 或 False。下面再来看一个例子（chapter15_4_unittest.py），它使用内置 unittest 模块比较两个值：

```
#! /usr/bin/env python3

import unittest

class SimpleTest(unittest.TestCase)：
    def test(self)：
```

```
one = 'a'
two = 'a'
self.assertEqual(one, two)
```

使用 python3 命令行界面，unittest 模块可以自动发现脚本中的测试用例：

(venv) $ python - m unittest chapter15_4_unittest. py

.

Ran 1 test in 0. 000s

OK

　　除了比较两个值，还有很多例子会测试期望值是 True 还是 False。失败时，我们还可以生成自定义的失败消息：

```
#! /usr/bin/env python3
# Examples from https://pymotw. com/3/unittest/index. html#moduleunittest

import unittest

class Output(unittest. TestCase):
    def testPass(self):
        return

    def testFail(self):
        self. assertFalse(True, 'this is a failed message')

    def testError(self):
        raise RuntimeError('Test error! ')

    def testAssesrtTrue(self):
        self. assertTrue(True)

    def testAssertFalse(self):
        self. assertFalse(False)
```

　　可以使用 - v 选项来显示更详细的输出：

(venv) $ python - m unittest - v chapter15_5_more_unittest. py
testAssertFalse (chapter15_5_more_unittest. Output)... ok
testAssesrtTrue (chapter15_5_more_unittest. Output)... ok

```
testError (chapter15_5_more_unittest. Output) ... ERROR
testFail (chapter15_5_more_unittest. Output) ... FAIL
testPass (chapter15_5_more_unittest. Output) ... ok


======================================================================
ERROR: testError (chapter15_5_more_unittest. Output)
----------------------------------------------------------------------
Traceback (most recent call last):
  File "/home/echou/Mastering_Python_Networking_third_edition/Chapter15/
chapter15_5_more_unittest. py", line 14, in testError
    raise RuntimeError('Test error! ')
RuntimeError: Test error!


======================================================================
FAIL: testFail (chapter15_5_more_unittest. Output)
----------------------------------------------------------------------
Traceback (most recent call last):
  File "/home/echou/Mastering_Python_Networking_third_edition/Chapter15/
chapter15_5_more_unittest. py", line 11, in testFail
    self. assertFalse(True, 'this is a failed message')
AssertionError: True is not false : this is a failed message


----------------------------------------------------------------------
Ran 5 tests in 0. 001s

FAILED (failu res = 1, errors = 1)
```

从 Python 3.3 开始，unittest 模块默认包括一个 mock 对象库（https：//docs. python. org/3/library/unittest. mock. html）。这是一个非常有用的模块，可以用来对远程资源做一个虚拟的 HTTP API 调用，而不必实际做出调用。例如，我们已经看到使用 NX - API 获取 NX - OS 版本号的例子。如果我们想运行这个测试，但是没有可用的 NX - OS 设备怎么办？这就可以使用 unittest 模拟（mock）对象。

在 chapter15_5_more_unittest_mocks. py 中，我们创建了一个类，它包括一个方法，会做 HTTP API 调用并返回一个 JSON 响应：

```
# Our class making API Call using requests
class MyClass:
```

```
def fetch_json(self, url):
    response = requests.get(url)
    return response.json()
```

我们还创建了一个模拟两个 URL 调用的函数：

```
# This method will be used by the mock to replace requests.get
def mocked_requests_get(*args, **kwargs):
    class MockResponse:
        def __init__(self, json_data, status_code):
            self.json_data = json_data
            self.status_code = status_code

        def json(self):
            return self.json_data

    if args[0] == 'http://url-1.com/test.json':
        return MockResponse({"key1": "value1"}, 200)
    elif args[0] == 'http://url-2.com/test.json':
        return MockResponse({"key2": "value2"}, 200)

    return MockResponse(None, 404)
```

最后，在我们的测试用例中，对这两个 URL 做 API 调用。不过，这里使用了 mock.patch 装饰器来截获这些 API 调用：

```
# Our test case class
class MyClassTestCase(unittest.TestCase):
    # We patch 'requests.get' with our own method. The mock object is
    # passed in to our test case method.
    @mock.patch('requests.get', side_effect=mocked_requests_get)
    def test_fetch(self, mock_get):
        # Assert requests.get calls
        my_class = MyClass()
        # call to url-1
        json_data = my_class.fetch_json('http://url-1.com/test.json')
        self.assertEqual(json_data, {"key1": "value1"})
        # call to url-2
        json_data = my_class.fetch_json('http://url-2.com/test.json')
        self.assertEqual(json_data, {"key2": "value2"})
```

```
# call to url－3 that we did not mock
json_data = my_class.fetch_json('http://url－3.com/test.json')
self.assertIsNone(json_data)
```

```
if __name__ == '__main__':
    unittest.main()
```

运行这个测试时，可以看到通过了测试，而无需对远程端点做实际的 API 调用。是不是很棒？

(venv) $ python chapter15_5_more_unittest_mocks.py

.

Ran 1 test in 0.000s

OK

关于 unittest 模块的更多信息，Doug Hellmann 的 "Python module of the week"（https：//pymotw.com/3/unittest/index.html♯module－unittest）是一个绝好的资源，其中提供了有关 unittest 模块的很多简短的例子。与以往一样，Python 文档也是一个很好的信息来源：https：//docs.python.org/3/library/unittest.html。

15.2.2 关于 Python 测试

除了内置的 unittest 库之外，Python 社区还有很多其他测试框架。pytest 是其中最健壮、最直观的 Python 测试框架之一，值得一看。pytest 可以用于各种类型和级别的软件测试。开发人员、QA 工程师、采用 TDD 的个人以及开源项目都可以使用这个测试框架。

很多大型开源项目已经从 unittest 或 nose（另一个 Python 测试框架）转换到 pytest，包括 Mozilla 和 Dropbox。pytest 吸引人的特性包括第三方插件模型、一个简单的固件模型和断言重写。

 如果你想更多地了解 pytest 框架，强烈推荐 Brian Okken 的《*Python Testing with pytest*》（ISBN 978－1－68050－240－4）。另一个非常好的资源是 pytest 文档：https：//docs.pytest.org/en/latest/。

pytest 是命令行驱动的；它能自动找到我们编写的测试，通过在函数中添加 test 前缀来运行测试。使用 pytest 之前，我们需要先安装这个框架：

(venv) $ pip install pytest
(venv) $ python
Python 3.6.8 (default, Oct 7 2019, 12:59:55)

```
[GCC 8.3.0] on linux
Type "help", "copyright", "credits" or "license" for more information.
>>> import pytest
>>> pytest.__version__
'5.2.2'
```

下面来看使用 pytest 的一些例子。

15.2.3　pytest 示例

第一个 pytest 示例 chapter15_6_pytest_1.py 是对两个值的简单断言：

```
#!/usr/bin/env python3

def test_passing():
    assert(1, 2, 3) == (1, 2, 3)

def test_failing():
    assert(1, 2, 3) == (3, 2, 1)
```

运行 pytest 并提供 - v 选项时，pytest 会对失败原因给出一个相当详细的答案。这个详细输出正是很多人喜欢 pytest 的原因之一：

```
(venv) $ pytest - v chapter15_6_pytest_1.py
=================================== test session starts ==================================
==================
platform linux -- Python 3.6.8, pytest - 5.2.2, py - 1.8.0, pluggy - 0.13.0 --
/home/echou/venv/bin/python3
cachedir: .pytest_cache
rootdir: /home/echou/Mastering_Python_Networking_third_edition/Chapter15
collected 2 items

chapter15_6_pytest_1.py::test_passing PASSED
[ 50 %]
chapter15_6_pytest_1.py::test_failing FAILED
[100 %]


========================================== FAILURES =====================
==================
_____ test_failing _____
```

――――――――――――

```
    def test_failing():
>       assert(1, 2, 3) = = (3, 2, 1)
E       assert (1, 2, 3) = = (3, 2, 1)
E         At index 0 diff: 1 ! = 3
E         Full diff:
E         - (1, 2, 3)
E         ? ^^
E         + (3, 2, 1)
E         ? ^^

chapter15_6_pytest_1.py:7: AssertionError


=============================== 1 failed, 1 passed in 0.03s
===============================
```

在第二个 pytest 示例 chapter15 _ 7 _ pytest _ 2. py 中，我们将创建一个 router 对象，这里用一些 None 值和一些默认值初始化这个 router 对象。我们将使用 pytest 来测试一个有默认值的实例和一个没有默认值的实例：

```python
#! /usr/bin/env python3

class router(object):
    def __init__(self, hostname = None, os = None, device_type = 'cisco_
        ios'):
        self.hostname = hostname
        self.os = os
        self.device_type = device_type
        self.interfaces = 24


def test_defaults():
    r1 = router()
    assert r1.hostname == None
    assert r1.os = = None
    assert r1.device_type == 'cisco_ios'
    assert r1.interfaces == 24


def test_non_defaults():
```

```
r2 = router(hostname = 'lax - r2', os = 'nxos', device_type = 'cisco_
nxos')
assert r2. hostname == 'lax - r2'
assert r2. os == 'nxos'
assert r2. device_type == 'cisco_nxos'
assert r2. interfaces == 24
```

运行这个测试时，会看到实例是否正确地应用了默认值：

```
(venv) $ pytest chapter15_7_pytest_2. py
================================ test session starts ================
================
platform linux -- Python 3. 6. 8, pytest - 5. 2. 2, py - 1. 8. 0, pluggy - 0. 13. 0
rootdir：/home/echou/Mastering_Python_Networking_third_edition/Chapter15
collected 2 items

chapter15_7_pytest_2. py ..
[100 % ]


================================ 2 passed in 0. 01s ================
================
```

如果要把前面的 unittest 示例 chapter15 _ 8 _ pytest _ 3. py 换为使用 pytest，可以看到使用 pytest 的语法更简单：

```
# pytest test case
def test_version()：
    assert devices['nx - osv - 1']['os'] == nxos_version
```

然后用 pytest 命令行运行这个测试：

```
(venv) $ pytest chapter15_8_pytest_3. py
================================ test session starts ================
================
platform linux -- Python 3. 6. 8, pytest - 5. 2. 2, py - 1. 8. 0, pluggy - 0. 13. 0
rootdir：/home/echou/Mastering_Python_Networking_third_edition/Chapter15
collected 1 item

chapter15_8_pytest_3. py .
[100 % ]
```

```
================================== 1 passed in 0.09s =====  ===========
==================
```

在 unittest 和 pytest 之间，我发现 pytest 使用时更直观。不过，由于 unittest 包含在标准库中，很多团队可能更倾向于使用 unittest 模块来完成测试。

除了对代码进行测试，我们还可以编写测试来测试整个网络。毕竟，用户更关心他们的服务和应用是否能正常运行，而不只是单个部分的功能是否正常。下一节中，我们将介绍如何为网络编写测试。

15.3 编写网络测试

到目前为止，我们主要为 Python 代码编写测试。我们使用了 unittest 和 pytest 库来断言 True/False 和 equal/non‑equal 值。如果没有支持 API 的实际设备，但仍然想运行测试，我们还能编写 mock 测试来拦截 API 调用。

 几年前，Matt Oswalt 宣布了 **Testing On Demand：Distributed（ToDD）** 网络变更验证工具。这是一个开源框架，旨在测试网络连接和分布式能力。可以在其 GitHub 页面上找到有关该项目的更多信息：https：//github. com/tod‑dproject/todd。Oswalt 在 Packet Pushers Priority Queue 81，Network Testing with ToDD（https：//packetpushers. net/podcast/podcasts/pqshow‑81 ‑network‑testing‑todd/）也介绍了这个项目。

在这一节中，我们来看如何编写与网络世界相关的测试。关于网络监控和测试，不乏商业产品。多年来，我见过很多这样的商业产品。不过在本节中，我想使用一个简单的开源工具来完成我们的测试。

15.3.1 测试可达性

通常，故障排除的第一步是进行一个小的可达性测试。对于网络工程师，要测试网络可达性，ping 是我们最好的朋友。这种方法通过在网络上向目标发送一个小包来测试 IP 网络上一个主机的可达性。

可以通过 OS 模块或 subprocess 模块自动化完成 ping 测试：

```
>>> import os
>>> host_list = ['www.cisco.com', 'www.google.com']
>>> for host in host_list:
```

```
...        os. system('ping - c 1 ' + host)
...
PING www. cisco. com(2001:559:19:289b::b33 (2001:559:19:289b::b33)) 56 data
bytes
64 bytes from 2001:559:19:289b::b33 (2001:559:19:289b::b33): icmp_seq = 1
ttl = 60 time = 11. 3 ms

--- www. cisco. com ping statistics ---
1 packets transmitted, 1 received, 0 % packet loss, time 0ms
rtt min/avg/max/mdev = 11. 399/11. 399/11. 399/0. 000 ms
0
PING www. google. com(sea15s11 - in - x04. 1e100. net (2607:f8b0:400a:808::2004))
56 data bytes
64 bytes from sea15s11 - in - x04. 1e100. net (2607:f8b0:400a:808::2004): icmp_
seq = 1 ttl = 54 time = 10. 8 ms

--- www. google. com ping statistics ---
1 packets transmitted, 1 received, 0 % packet loss, time 0ms
rtt min/avg/ma x/mdev = 10. 858/10. 858/10. 858/0. 000 ms
0
```

subprocess 模块提供了一个额外的好处，可以捕获输出：

```
>>> import subprocess
>>> for host in host_list:
...        print('host: ' + host)
...        p = subprocess. Popen(['ping', '- c', '1', host],
stdout = subprocess. PIPE)
...
host: www. cisco. com
host: www. google. com
>>> print(p. communicate())
(b'PING www. google. com(sea15s11 - in - x04. 1e100. net
(2607:f8b0:400a:808::2004)) 56 data bytes\n64 bytes from sea15s11 - in-
x04. 1e100. net (2607:f8b0:400a:808::2004): icmp_seq = 1 ttl = 54 time = 16. 9
ms\n\n--- www. google. com ping statistics ---\n1 packets transmitted,
1 received, 0 % packet loss, time 0ms\nrtt min/avg/max/mdev =
```

16.913/16.913/16.913/0.000 ms\n', None)
>>>

已经证实，这两个模块在很多情况下都很有用。在 Linux 和 UNIX 环境中执行的任何命令都可以通过 OS 或 subprocess 模块执行。

15.3.2 测试网络延迟

网络延迟的话题有时可能有些主观。作为一个网络工程师，我们经常听到用户说网络太慢。不过，"慢"是一个非常主观的词。

如果我们能构建测试，将主观概念转化为客观值，这会很有帮助。我们应当始终这么做，从而能够基于时间序列数据比较这些值。

有时这很难做到，因为网络在设计上是无状态的。一个包发送成功并不能保证下一个包也成功。这些年来，我见过的最好的方法就是经常在多个主机上使用 ping 并记录数据，建立一个 ping - mesh 图。我们可以利用前面示例中所用的相同工具，捕获返回结果时间，并保存记录。chapter15 _ 10 _ ping. py 中完成了这个工作：

```python
#! /usr/bin/env python3

import subprocess

host_list = ['www.cisco.com', 'www.google.com']

ping_time = []

for host in host_list:
    p = subprocess.Popen(['ping', '-c', '1', host], stdout = subprocess.PIPE)
    result = p.communicate()[0]
    host = result.split()[1]
    time = result.split()[13]
    ping_time.append((host, time))

print(ping_time)
```

在这里，结果保存在一个元组（tuple）中，并放入一个列表（list）：

```
(venv) $ python chapter15_10_ping. py
[(b'www. cisco. com(2001;559;19;289b;;b33', b'time = 16. 0'), (b'www. google.
com(sea15s11 - in - x04. 1e100. net', b'time = 11. 4')]
```

这并不完美，只是实现监控和故障排除的一个起点。不过，在没有其他工具的情况下，这可以提供客观值的一些基准。

15.3.3　测试安全性

我们在**第 6 章　使用 Python 实现网络安全**中见过完成安全性测试的最好的工具之一，即 Scapy。有很多用于安全性的开源工具，但是没有一个开源工具能够提供构建数据包相应的灵活性。

完成网络安全性测试的另一个很好的工具是 hping3（http：//www. hping. org/）。它提供了一种简单的方法来立即生成大量数据包。例如，可以使用以下单行代码生成一个 TCP Syn 泛洪攻击：

```
# DON'T DO THIS IN PRODUCTION #
echou@ubuntu:/var/log $ sudo hping3 - S - p 80 -- flood 192. 168. 1. 202
HPING 192. 168. 1. 202 (eth0 192. 168. 1. 202): S set, 40 headers + 0 data
bytes hping in flood mode, no replies will be shown
^C
--- 192. 168. 1. 202 hping statistic ---
2281304 packets transmitted, 0 packets received, 100 % packet loss roundtrip
min/avg/max = 0. 0/0. 0/0. 0 ms
echou@ubuntu:/var/log $
```

再次说明，由于这是一个命令行工具，所以可以使用 subprocess 模块自动执行我们想要的任何 hping3 测试。

15.3.4　测试事务

网络是基础设施的关键部分，但也只是其中的一部分。用户关心的通常是在网络上运行的服务。如果用户想观看 YouTube 视频或收听播客，但是没能看到或听到，在他们看来，这个服务就是中断的。我们可能知道网络传输并不是问题所在，但这并不能安慰用户。

由于这个原因，我们应该实现尽可能类似于用户体验的测试。以 YouTube 视频为例，我们可能无法 100％复制 YouTube 的体验（除非你是 Google 的一员），但我们可以实现一个尽可能接近网络边缘的第 7 层服务。然后，作为事务测试可以定期模拟客户发起的事务。

需要快速测试一个 web 服务的第 7 层可达性时，我经常使用 Python HTTP 标准库模块。在**第 5 章　Python 自动化框架：进阶**中，我们已经见过完成网络监控时如何使用这个模块，不过很有必要再回顾一下：

```
# Python 3
(venv) $ python3 - m http. server 8080
```

```
Serving HTTP on 0.0.0.0 port 8080 ...
127.0.0.1 - - [25/Jul/2018 10:15:23] "GET / HTTP/1.1" 200 -
```

如果可以为期望的服务模拟一个完整事务，那就更好了。不过，Python 标准库中简单的 HTTP 服务器模块对于运行一些特定 Web 服务测试确实很不错。

15.3.5　测试网络配置

在我看来，对网络配置最好的测试是使用标准化模板来生成配置并经常备份生产配置。我们已经了解如何使用 Jinja2 模板标准化每个设备类型或角色的配置。这样可以消除很多人为造成的错误，如复制粘贴。

一旦生成了配置，在将配置推送到生产设备之前，可以根据我们预期的已知特性配置编写测试。例如，对于回送 IP，所有网络中应该不存在重叠的 IP 地址，所以我们可以写一个测试，看看新配置是否包含设备上唯一的一个回送 IP。

15.3.6　测试 Ansible

我使用 Ansible 时，想不起来用 unittest 之类的工具测试 Playbook。在大多数情况下，Playbook 都会使用经过模块开发人员测试的模块。

 如果你想要一个轻量级的数据验证工具，请参见 Cerberus（https：// docs. python‑cerberus. org/en/stable/）。

Ansible 为其模块库提供了单元测试。Ansible 中的单元测试是目前 Ansible 持续集成过程中从 Python 驱动测试的唯一方式。可以在这里找到当前运行的单元测试：/test/units（https：//github. com/ansible/ansible/tree/devel/test/units）。

Ansible 测试策略可以参见以下文档：
- **测试 Ansible**：https：//docs. ansible. com/ansible/2. 5/dev_guide/testing. html。
- **单元测试**：https：//docs. ansible. com/ansible/2. 5/dev_guide/testing_units. html。
- **Ansible 模块单元测试**：https：//docs. ansible. com/ansible/2. 5/dev_guide/testing_units_modules. html。

Molecule（https：//pypi. org/ project/molecule/2. 16. 0/）是一个很有意思的 Ansible 测试框架。这个框架着力为 Ansible 角色的开发和测试提供帮助。Molecule 支持使用多个实例、操作系统和发行版进行测试。我没有使用这个工具，不过如果我想对 Ansible 角色完成更多测试，就会从这个工具开始。

现在我们应该知道了如何为网络编写测试，无论是测试可达性、延迟、安全性、事务还是网络配置。能把测试与类似 Jenkins 的源代码控制工具集成在一起吗？答案是肯定的。下一节就来看如何做到这一点。

15.4　pytest 与 Jenkins 集成

持续集成（**Continuous Integration**，CI）系统（比如 Jenkins）经常用于在每次代码提交后启动测试。这是使用 CI 系统的主要好处之一。

想象有一个看不见的工程师，他一直在注视着网络的任何变化，一旦检测到变化，这个工程师就会忠实地测试一组功能，确保没有任何问题。谁不想有这样一个工程师呢？

下面来看在 Jenkins 任务中集成 pytest 的一个例子。

Jenkins 集成

在 CI 中插入测试用例之前，我们来安装一些插件，这些插件可以帮助我们显示操作。我们要安装的两个插件是 **build - name - setter** 和 **Test Results Analyzer**，如图 15 - 2 所示。

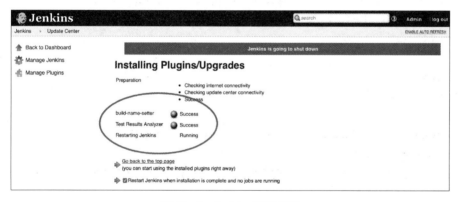

图 15 - 2　Jenkins 插件安装

我们要运行的测试将访问 NX - OS 设备并获取操作系统版本号。由此可以确保我们能访问这个 Nexus 设备的 API。完整的脚本内容见 chapter15 _ 9 _ pytest _ 4. py。相关的 pytest 部分和结果如下：

```
def test_transaction():
    assert nxos_version ! = False
```

```
(venv) $ pytest chapter15_9_pytest_4.py
================================ test session starts =================
```

```
==================
platform linux -- Python 3.6.8, pytest-5.2.2, py-1.8.0, pluggy-0.13.0
rootdir：/home/echou/Mastering_Python_Networking_third_edition/Chapter15
collected 1 item


chapter15_9_pytest_4.py.
[100%]


================================ 1 passed in 0.10s ==================
==================
```

我们将使用——junit－xml＝results.xml 选项来生成 Jenkins 需要的文件：

```
(venv) $ pytest -- junit-xml=result.xml chapter15_9_pytest_4.py
================================ test session starts ==================
==================
platform linux -- Python 3.6.8, pytest-5.2.2, py-1.8.0, pluggy-0.13.0
rootdir：/home/echou/Mastering_Python_Networking_third_edition/Chapter15
collected 1 item


chapter15_9_pytest_4.py.
[100%]


- generated xml file：/home/echou/Mastering_Python_Networking_third_
edition/Chapter15/result.xml -
================================ 1 passed in 0.10s ==================
==================
```

下一步是将这个脚本签入 GitHub 存储库。我喜欢把测试放在单独的目录中。所以，我创建了一个/**tests** 目录，并把测试文件放在这个目录中，如图 15‑3 所示。

图 15‑3　项目存储库

我们将创建一个名为 chapter15 _ example1 的新项目，如图 15 - 4 所示。

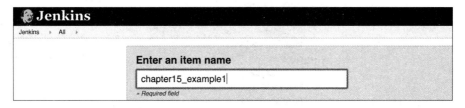

图 15 - 4　Jenkins 中命名项目

可以复制之前的任务，这样就不需要重复所有步骤了，如图 15 - 5 所示。

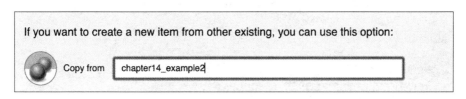

图 15 - 5　使用 Jenkins 的 copy from（复制）功能

下面在执行 shell 部分增加 pytest 步骤，如图 15 - 6 所示。

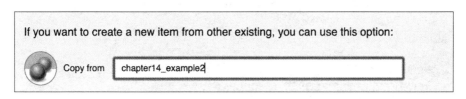

图 15 - 6　执行 shell

我们要增加一个构建后步骤 **Publish JUnit test result report**（发布 **JUnit** 测试结果报告），如图 15 - 7 所示。

指定 **results. xml** 文件作为 JUnit 结果文件，如图 15 - 8 所示。

运行几次后，就能看到 **Test Results Analyzer（测试结果分析）** 图（见图 15 - 9）。

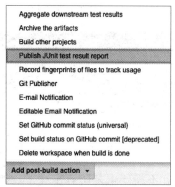

图 15-7　构建后步骤

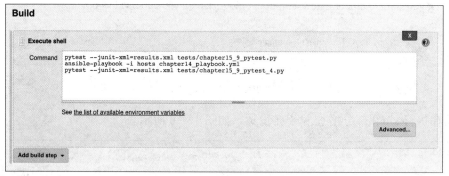

图 15-8　测试报告 XML 位置

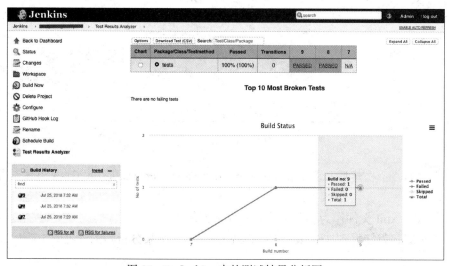

图 15-9　Jenkins 中的测试结果分析图

测试结果在项目主页上也可以看到。下面关闭 Nexus 设备的管理接口来引入一个测试失败。如果出现一个测试失败，我们能立即在项目仪表板的 **Test Result Trend（测试结果趋势）**图上看到（见图 15-10）。

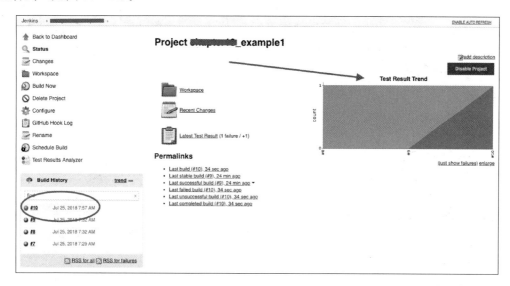

图 15-10　Jenkins 中的测试结果趋势图

这是一个简单但很完整的示例。我们可以使用相同的模式在 Jenkins 中构建其他集成测试。

在下一节中，我们将介绍 Cisco 开发的一个丰富的测试框架，名为 pyATS（最近已经作为开源项目发布）。将这样一个丰富的框架为社区作为开源发布，这确实是 Cisco 的一大壮举，非常值得称赞。

15.5　pyATS 和 Genie

pyATS（https：//developer.cisco.com/pyats/）是一个开源的端到端测试生态系统，最初由 Cisco 开发，于 2017 年底向公众开放。pyATS 库以前名为 Genie；很多时候在相同上下文中可能这二者都会提到。由于源自 Cisco，这个框架非常注重网络测试。

 pyATS 和 pyATS 库（也称为 Genie）被授予 2018 年 Cisco Pioneer Award。我们都应该为 Cisco 将这个框架开源并对公众开放鼓掌。做得好，Cisco DevNet！

可以在 PyPI 上得到这个框架：

(venv) echou@network‑dev‑2：~ $ pip install pyats

首先，我们来看 GitHub 存储库上的一些示例脚本：https：//github. com/CiscoDevNet/ pyats‑sample‑scripts。这些测试首先创建 YAML 格式的一个测试床文件。我们将为 iovs‑1 设备创建一个简单的 chapter15 _ pyats _ testbed _ 1. yml 测试床文件。这个文件看起来与之前见过的 Ansible 清单文件很类似：

```
testbed：
    name：Chapter_15_pyATS
    tacacs：
        username：cisco
    passwords：
        tacacs：cisco
        enable：cisco

devices：
    iosv‑1：
        alias：iosv‑1
        type：ios
        connections：
        defaults：
            class：unicon. Unicon
        management：
            ip：172. 16. 1. 20
            protocol：ssh

topology：
    iosv‑1：
        interfaces：
            GigabitEthernet0/2：
                ipv4：10. 0. 0. 5/30
                link：link‑1
                type：ethernet
            Loopback0：
                ipv4：192. 168. 0. 3/32
                link：iosv‑1_Loopback0
```

```
                type：loopback
```

在第一个脚本 chapter15_11_pyats_1.py 中，我们要加载这个测试床文件，连接设备，执行一个 show version 命令，然后与设备断开连接：

```
from pyats.topology import loader

testbed = loader.load('chapter15_pyats_testbed_1.yml')

testbed.devices
ios_1 = testbed.devices['iosv-1']

ios_1.connect()

print(ios_1.execute('show version'))

ios_1.disconnect()
```

执行这个命令时，可以看到输出是 pyATS 设置和设备实际输出的一个混合结果。这与我们以前看到的 Paramiko 脚本类似，不过要注意，pyATS 会为我们处理底层连接：

```
(venv) $ python chapter15_11_pyats_1.py
[2019-11-10 08:11:55,901] +++ iosv-1 logfile /tmp/iosv-1-default-
20191110T081155900.log +++
[2019-11-10 08:11:55,901] +++ Unicon plugin generic +++
<skip>
[2019-11-10 08:11:56,249] +++ connection to spawn：ssh -l cisco
172.16.1.20, id：140357742103464 +++
[2019-11-10 08:11:56,250] connection to iosv-1
[2019-11-10 08:11:56,314] +++ initializing handle +++
[2019-11-10 08:11:56,315] +++ iosv-1：executing command 'term length 0'
+++
term length 0
iosv-1#
[2019-11-10 08:11:56,354] +++ iosv-1：executing command 'term width 0'
+++
term width 0
iosv-1#
[2019-11-10 08:11:56,386] +++ iosv-1：executing command 'show version'
+++
show version
```

\<skip\>

在第二个例子中，我们将看到连接设置、测试用例、然后断开连接的一个完整示例。首先，在 chapter15_pyats_testbed_2.yml 中将 nxosv-1 设备增加到我们的测试床。需要这个额外的设备作为连接到 iosv-1 的设备来完成我们的 ping 测试：

```
nxosv-1：
    alias：nxosv-1
    type：ios
    connections：
      defaults：
        class：unicon.Unicon
      vty：
        ip：172.16.1.21
        protocol：ssh
```

在 chapter15_12_pyats_2.py 中，我们将使用 pyATS 的 aest 模块以及多个装饰器。除了设置和清理，ping 测试会放在 PingTestCase 类中：

```
@aetest.loop(device = ('ios1',))
class PingTestcase(aetest.Testcase):

    @aetest.test.loop(destination = ('10.0.0.5', '10.0.0.6'))
    def ping(self, device, destination)：
        try：
            result = self.parameters[device].ping(destination)
```

最佳实践做法是运行时在命令行引用这个测试床文件：

```
(venv) $ python chapter15_12_pyats_2.py -- testbed chapter15_pyats_
testbed_2.yml
```

输出与我们的第一个例子类似，不过对每个测试用例增加了 STEPS Report 和 Detailed Results。输出还指出了写入/tmp 目录的日志文件名：

```
2019-11-10T08：23：08：% AETEST-INFO：Starting common setup
<skip>
2019-11-10T08：23：22：% AETEST-INFO：+ ------------------------------------
---------------------+
2019-11-10T08：23：22：% AETEST-INFO：| STEPS Report
|
```

```
2019 - 11 - 10T08:23:22: % AETEST - INFO: + -----------------------------------
----------------------+
```

<skip>

```
2019 - 11 - 10T08:23:22: % AETEST - INFO: + -----------------------------------
---------------------------------------+
```

```
2019 - 11 - 10T08:23:22: % AETEST - INFO: |
Detailed Results |
```

```
2019 - 11 - 10T08:23:22: % AETEST - INFO: + -----------------------------------
---------------------------------------+
```

```
2019 - 11 - 10T08:23:22: % AETEST - INFO: SECTIONS/TESTCASES RESULT
```

```
2019 - 11 - 10T08:23:22: % AETEST - INFO: + -----------------------------------
---------------------------------------+
```

```
2019 - 11 - 10T08:23:22: % AETEST - INFO: | Summary|
```

```
2019 - 11 - 10T08:23:22: % AETEST - INFO: + -----------------------------------
---------------------------------------+
```

<skip>

```
2019 - 11 - 10T08:23:22: % AETEST - INFO: Number of PASSED
3
```

　　pyATS 框架是一个实现自动化测试的非常好的框架。不过，由于它的起源，对 Cisco 以外供应商的支持还有点缺乏。

实现网络验证的另一个开源工具是 Batfish（https：//github. com/batfish/batfish），由 IntentionNet 开发。Batfish 的一个主要用例是在部署之前验证配置变更。

　　使用 pytest 需要有一些学习曲线；实际上它有自己的测试方式，这需要一些时间来适应。可以理解，当前的版本主要把重点放在 Cisco 平台上。但由于现在它是一个开源项目，如果想增加对其他供应商的支持，或者想要对语法或流程做些更改，我们都能有所贡献。

　　这一章就要结束了，下面来回顾这一章介绍了哪些内容。

15.6　小结

　　在这一章中，我们讨论了测试驱动开发，以及如何在网络工程中应用。首先是 TDD 的一个概述；然后介绍了使用 unittest 和 pytest Python 模块的一些示例。可以使用 Python 和简单的 Linux 命令行工具构建各种网络可达性、配置和安全性测试。

我们还讨论了如何在 Jenkins（一个 CI 工具）中利用测试。通过在 CI 工具中集成测试，我们会对变更的正确性更有信心。至少，希望能比用户更早捕获到错误。pyATS 是 Cisco 最近发布的一个开源工具。这是一个以网络为中心的自动化测试框架，我们可以充分加以利用。

简单地说，如果没有经过测试，就是不可信的。网络中的所有一切都应该尽可能地通过编程方式进行测试。与很多软件概念一样，TDD 是一个永不停转的服务轮子。我们总是努力让测试尽可能地全面覆盖，但即使测试覆盖率达到了 100%，也总会发现需要实现新的方法和测试用例。在网络中尤其如此，这里所说的网络通常是互联网，而对互联网的 100% 测试覆盖率是不可能的。

这本书就要结束了，希望你发现读这本书是一种乐趣，就像我写书得到的乐趣一样。真诚地感谢你花时间读这本书。祝你的 Python 网络之旅成功快乐！

请留言评论，让其他读者了解你的看法

请在购买本书的网站上留言评论，分享你对这本书的想法。如果你从 Amazon 购买了这本书，请在本书 Amazon 页面上留下中肯的评论。这很重要，这样潜在读者就能看到你的公正的观点，并以此决定是否购买这本书。作为出版商，我们能从中了解顾客对我们的书有什么想法。另外作者能看到读者对他的 Packt 书的反馈。你只需要花几分钟时间，但是对其他潜在顾客、我们的作者以及 Packt 都很有意义。谢谢！

贡献者

关于作者

Eric Chou 是一位有超过 20 年从业经验的资深技术专家。他在 Amazon、Azure 和其他财富 500 强公司工作期间，曾管理业内最大的一些网络。Eric 热衷于网络自动化、Python 以及帮助公司建立更好的安全状况。

除了本书外，他还是《*Distributed Denial of Service（DDoS）: Practical Detection and Defense*》（O'Reilly Media）的共同作者。

Eric 还是美国两项 IP 电话专利的主要发明人。他通过他的书、课程和博客与人们分享他对技术的理解，并对一些受欢迎的 Python 开源项目做出了贡献。

我要感谢开源、网络工程和 Python 社区成员与开发人员的热情，并慷慨地分享他们的知识和代码。没有他们，这本书中提到的很多项目就不可能实现。希望我也以自己的方式为这些美妙的社区做出了小小的贡献。

我要感谢 Packt 团队，Tushar、Tom、Ian、Alex、Jon，还有其他很多人，感谢有这个机会能和大家一起合作完成本书的第 3 版。特别感谢技术审校 Rickard Körkkö 欣然同意审校这本书。

感谢 Mandy 和 Michael 为这本书作序。我的感激无以言表。你们实在太好了！

感谢我的父母和家人，是你们不断的支持和鼓励造就了我，我爱你们。

关于审校

Rickard Körkkö 是 SDNit（https：//sdnit. se）的一位 NetDevOps 顾问，是这里经验丰富的技术专家组的一员，对新兴的网络技术有着极大的兴趣，并专注于相关的研究。

他是一个自学成才的程序员，主要专注于 Python。他的日常工作包括使用编排工具（如 Ansible）管理网络设备。

他还曾作为 Mark G. Sobell 所著的《*A Practical Guide to LinuxCommands，Editors，and Shell Programming*》第 3 版的技术审校。